Verlagsredaktion: Erich Schmidt-Dransfeld
Technische Umsetzung und Abbildungen: Holger Stoldt, Düsseldorf
Umschlaggestaltung: Knut Waisznor, Berlin

Informationen über Cornelsen Fachbücher und Zusatzangebote:
www.cornelsen-berufskompetenz.de

2. Auflage

Druck: CS-Druck CornelsenStürtz, Berlin

ISBN-13: 978-3-589-23635-0
ISBN-10: 3-589-23635-3

Gedruckt auf säurefreiem Papier, umweltschonend hergestellt aus chlorfrei gebleichten Faserstoffen.

Inhaltsverzeichnis

Die Autoren

Christel Becker-Kolle

Jahrgang 1952, Dipl.-Psychologin und Betriebswirtin, Wirtschaftsphilosophie- und Kulturmanagement-Studium. Sie ist als Beraterin und Trainerin tätig und baut dabei auf Erfahrungen auf, die sie als Personalleiterin und Leiterin von Organisations- und Personalentwicklungsbereichen in Unternehmen gewinnen konnte, die sie durch Auf- und Abbauphasen begleitet hat.

Thomas Fischer

Jahrgang 1966, Dipl. -Psychologe. Er arbeitete als Change-Management-Berater bei einer Unternehmensberatung. Danach sammelte er langjährige Erfahrung als Management-Trainer und Coach in einer großen Bank. Hier leitete er Change-Projekte und beriet Projektleiter und Führungskräfte in Veränderungsprozessen.
Seit 1998 trainiert und coacht er Führungskräfte und Projektleiter als selbstständiger Berater und begleitet Change-Projekte.

Dr. Georg Kraus

Jahrgang 1965, Dipl.-Wirtschaftsingenieur. Er ist Dozent an der Universität Karlsruhe und verfügt über langjährige Erfahrung als Change-Management-Berater. Er begleitet Unternehmen im Rahmen von Turnaround-Prozessen.

Teil A

Grundlagen des Change-Managements

Im vorliegenden Buch geht es um solche Veränderungsprozesse in Unternehmen und Organisationen, die nicht von selbst oder gar zufällig ablaufen, sondern um solche, die gezielt initiiert und gesteuert werden.

Kapitel 1 grenzt im Rahmen einer Einführung zunächst die in Rede stehenden Prozesse ab und führt in den Steuerungsprozess, ins Change-Mangement ein.

In Kapitel 2 werden die aktuellen Arten von Change-Prozessen unterschieden und mit ihren Vor- und Nachteilen sowie ihren Erfolgsaussichten beleuchtet:
- Reengineering
- Strategisches Redesign
- Organisationsentwicklung
- Kaizen und kontinuierlicher Verbesserungsprozess
- Lernende Organisation

Die Kapitel 3 bis 6 führen in die drei wesentlichen Aspekte ein, die einen Veränderungsprozess bestimmen:
- die handelnden Menschen (Kapitel 3: Mitarbeiterführung unter dem speziellen Blickwinkel von Change-Prozessen),
- der Prozess als solcher (Kapitel 4: Dynamik von Veränderungen) und
- das Umfeld in Unternehmen oder Organisation (Kapitel 6: Unternehmenskultur/Organisationskultur).

1 Einführung

Veränderungen gehören allgemein zum Alltag der Menschen

Das vorliegende Buch befasst sich mit Verändungen, mit Chance-Prozessen in Unternehmen und Organisationen. Werfen wir aber zuvor einen kurzen Blick auf Veränderungen im Allgemeinen. Veränderungen gehören zum Alltag des Menschen. Trotz dieser offensichtlichen Tatsache ist zu beobachten, dass Menschen gerne Stabilität suchen. Der Wunsch, Dinge überschauen zu können und der Wunsch nach Sicherheit und Ordnung prägen oft unser Handeln und Denken.

Menschen suchen dennoch Stabilität

Woher diese Sehnsucht kommt, ist schwer zu sagen. Die Psychologen gehen dieser Frage bekanntlich auf unterschiedliche Weise nach: Sind es, wie die Psychoanalyse annimmt, frühkindliche Sehnsüchte nach Geborgenheit? Ist es der permanente Versuch, die Komplexität der Wirklichkeit so zu reduzieren, bis ein Sinn erkennbar wird? Erklärungsmodelle, weswegen Menschen oft den Hang haben, an Bestehendem zu verharren, gibt es viele. Obwohl die Analyse dieser Grundmuster sicher interessant und aufschlussreich ist, wollen wir uns in diesem Buch mehr den Symptomen und Verhaltensmustern widmen, aber darauf verzichten, die psychologischen und evolutionsbiologischen Erklärungsmodelle des Wesens Mensch näher zu analysieren.

In unserer Arbeit als externe Berater und als Führungskraft in Unternehmen begegnen uns tagtäglich Situationen, die von Veränderung, Chaos, Zukunftsangst, Starre, Widerstand, Energie, Visionen und vielen weiteren Aspekten des modernen Business geprägt sind. Kaum ein Unternehmen, kaum eine Institution bleibt ohne Veränderung, auch Behörden und öffentliche Einrichtungen stellen sich dem bewussten Wandel der Organisation. Manchmal sind es betriebwirtschaftliche Notwendigkeiten, manchmal „der Sand im Getriebe“ zwischen den Mitarbeitern, die es erfordern, professionelles Change-Management einzusetzen.

Wo Veränderungen gegen Beharrungsvermögen durchzusetzen sind, ist professionelles Change-Management gefragt

ES SIND NICHT NUR DIE SPEKTAKULÄREN FUSIONEN VON INTERNATIONALEN UNTERNEHMEN, SONDERN AUCH KLEINE FIRMEN ODER INSTITUTIONEN, DIE ZUNEHMEND DIE METHODEN DES VERÄNDERUNGSMANAGEMENTS NUTZEN, UM WANDEL PLANMÄSSIG VORANZUTREIBEN.

Das zunehmende Interesse am Change-Management, der steigende Bedarf an geschickter Planung und Steuerung von Veränderungsprozessen und die zunehmende Einbindung von Führungskräften, Mitarbeitern, Projektmanagern und Betriebsräten haben uns dazu veranlasst, dieses umfassende Buch zum Change-Management zu schreiben.

Wer ist angesprochen?

Wir wollen damit allen, die mit Veränderungsprozessen direkt oder indirekt zu tun haben, ein Werk an die Hand geben, das sowohl Grundlagen und Hintergründe zum Change-Management aufzeigt als auch Methoden und Instrumente vorstellt. Dabei spielt die Firmen- bzw. Institutionsgröße nur an wenigen Stellen eine Rolle. Zahlreiche Organisationsmodelle und Managementinstrumente haben ihren Ursprung zwar in größeren Organisationen und diese bringen teils auch spezifische Probleme hervor. Als Leser/in aus einem kleinen oder mittelständischen Unternehmen können Sie das allermeiste aber leicht auf Ihre Situation übertragen. Beispielsweise kann das, was im großen Unternehmen zum Top-Management aufgeführt wird, sinngemäß auf den Inhaber oder Geschäftsführer des kleinen Unternehmens bezogen werden.

Zielgruppe dieses Buches

Wie ist das Buch aufgebaut?

Gliederung des Buches in vier Teile

Im **Teil A** haben wir wichtige Grundlagen zusammengefasst. Nach einer Einführung und Vorstellung der verschiedenen Arten von Veränderungsprozessen wird auf die Besonderheiten der Führung im Change-Management hingewiesen. Um manche Verhaltens- oder Reaktionsweisen von Menschen und Gruppen besser verstehen und steuern zu können, zeigen wir ebenfalls psychologische Modelle auf. Da nicht nur die psychologischen, sondern auch die kulturellen Bedingungen für Veränderungen mitbestimmend sind, erläutern wir die Bedeutsamkeit der Unternehmenskultur für Veränderungen. Da auch die Unternehmenskultur selbst Gegenstand der Veränderung sein kann, werden zu diesem Change-Management-Prozess ebenfalls Erläuterungen gegeben.

Teil B haben wir den Erfolgsfaktoren gewidmet. Um die Leser vor Gefahren und Fehlerquellen zu warnen, zeigen wir auch typische Fehlentwicklungen auf, die sich immer wieder in Veränderungsprozessen einschleichen können. Da dieses Buch besonders für die aktiv Tätigen im Change-Management geschrieben wurde, sind in **Teil C** Instrumente und Interventionen erklärt, die konkret in Maßnahmen eingesetzt werden können. Damit bekommen Sie als Leser relevante Methoden an die Hand. Ergänzend werden im **Teil D** rechtliche Aspekte des Change-Managements, der Umgang mit dem Betriebsrat und verschiedene Organisationsformen erörtert.

1.1 Reflexionen über Veränderungen

Kommen wir unmittelbar zum Gegenstand dieses Buches. Einige Grundlagen zum Thema Veränderung haben wir als Statements zusammengefasst. Es sind Aussagen, die nur selten beim Analysieren von Situationen reflektiert werden, die man aber als Involvierter von Change-Prozessen kennen und bedenken sollte.

Einleitende Statements zum Thema Veränderung

Alles ist permanent im Wandel. Es gibt kaum statische Phänomene.

Allein dadurch, dass wir täglich älter werden, verändern wir uns rein biologisch. Unser Wissensstand ändert sich und unser Denken verändert sich (durch Alter und Information). Ebenso verändern sich Organisationen, die als „punktuelle Anhäufungen" von Menschen verstanden werden können. Auch die Menschen in der Organisation werden älter und verändern täglich ihren Erfahrens- und Wissensstand. Obwohl dies eine unwiderlegbare Tatsache ist, glauben wir allzu oft an die Beständigkeit der Dinge, an die wir uns gewöhnt haben.

Der Wandel bzw. die Veränderung ist nicht immer für den Beobachter erkennbar.

Es gibt Veränderungen, die für den Beobachter nicht sichtbar sind. Die eigene Evolution des Homo sapiens ist für den Homo sapiens nicht erkennbar. Er kann zwar aus der Sicht der Gegenwart auf die Vergangenheit eine Evolutionstheorie aufstellen, er kann jedoch nicht erkennen, dass er als Mensch selbst diesem biologischen Veränderungsprozess unterliegt. Dies gilt auch für die Beobachtung von Naturphänomenen. Die Erosion eines Berges ist für den Beobachter so minimal, dass er in seinem Zeitverständnis keine Veränderung wahrnimmt. Change-Manager erläutern dies gern am makabren „Boiled-frog"-Beispiel: Wenn ein Frosch in heißes Wasser geworfen wird, wird er sofort wieder herausspringen. Legen Sie den Frosch dagegen in kaltes Wasser und erwärmen das Wasser langsam, so wird der Frosch die stetige und langsame Erwärmung nicht wahrnehmen. In der Regel verpasst er dann den Zeitpunkt, an dem er aus dem Topf springen könnte. Ab einem bestimmten Punkt ist das Wasser schon so sehr erhitzt, dass seine Beine ihm nicht mehr gehorchen und er, obwohl er dann springen will, nicht mehr springen kann. Dieses Beispiel zeigt auch, wie gefährlich das Nichterkennen von Veränderungen ist.

Der eigene Wandel ist oft nicht erkennbar.

Eigene Veränderungen nehmen Menschen oft nicht wahr. Manchmal bedarf es eines Spiegels, um Teile seiner selbst zu erkennen. Besonders Menschen, die über gute Abwehrstrategien verfügen, die wenig Feedback bekommen oder die selten Kritik annehmen, laufen Gefahr, Entwicklungen in ihnen selbst auszublenden. Hier ist auch oft von der so genannten „Treppenstufenerkenntnis" (Abb. 1.1) die Rede.

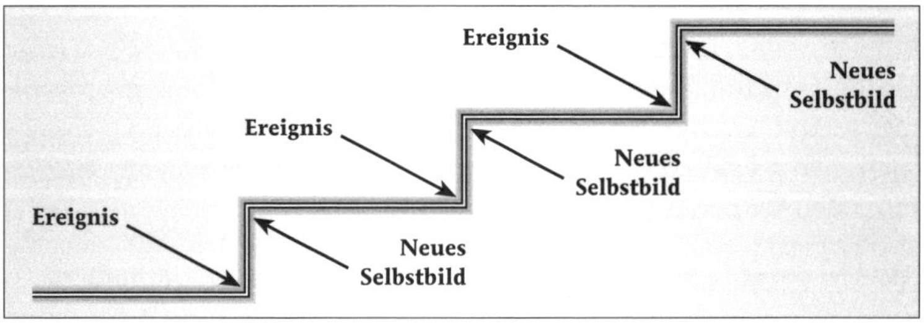

Abb. 1.1: Veranschaulichung des Modells der Treppenstufenerkenntnis

Jemand glaubt so lange, dass er sich nicht verändert hat, bis ein bestimmtes Ereignis, eine „Ent-Täuschung" oder Feed-back ihm ein neues Bild von sich selbst vermitteln. Beispielhaft sei der Manager erwähnt, der nach sehr stresshaften Arbeitsphasen nicht mehr konzentriert zuhören kann und dies selbst nicht bemerkt.

Veränderung bringt Unsicherheit und wird deshalb gern vermieden.

Menschen brauchen klare Orientierung und einen Zustand mit eindeutigen Sachverhalten. Rituale und Traditionen geben uns das Gefühl, dass die Welt beherrschbar und überschaubar ist. Dieses Streben nach einer vermeintlichen Sicherheit ist sowohl beim einzelnen Menschen anzutreffen (z.B. aufgeräumter Schreibtisch) als auch in ganzen Kulturen (z.B. Traditionen, Religionen). Das Erschaffen von „Sicherheitsillusionen" ist ein wesentlicher Motor menschlichen Handelns.

Veränderung erfordert geistige und körperliche Energie und wird deshalb manchmal vermieden.

Sich mit Veränderungen auseinander zu setzen ist anstrengend. Es müssen die Entwicklungen im Umfeld und bei sich selbst beobachtet werden, sie werden bewertet und es werden entsprechend neue Entscheidungen getroffen. Diese oft unbewussten Vorgänge und Entscheidungen beziehen sich auf das Denken und Verhalten.

Bei Veränderungen gibt es Gewinner und Verlierer.

Veränderungen führen in der Regel zu einer Verschiebung der Machtverhältnisse. Die sozialen Strukturen und auch die Rangordnungen verschieben sich oft. Lieb gewonnene Vergünstigungen werden abgeschafft, andere kommen vielleicht hinzu. Soziale Ansprüche werden infrage gestellt. Auch die Zuständigkeiten verschieben sich. Es wird dann von Betroffenen und Beteiligten gesprochen.

Ein drastisches Beispiel hierfür ist das der „Rühreier mit Speck". Wenn Sie Rühreier mit Speck machen wollen, ist das Huhn beteiligt, weil es nur das Ei liefert und am Leben bleibt. Das Schwein hingegen ist betroffen, denn es liefert den Speck und muss dafür sein Leben lassen. Bei Veränderungen gibt es die Beteiligten, die die Prozesse und Bedingungen mitgestalten, und die Betroffenen, die die Veränderungen erleben und leben müssen.

Entsprechend der Intensität der Teilnahme sind Widerstände unterschiedlich intensiv. Die Beteiligten sind Befürworter oder Beobachter, die Betroffenen kämpfen, offen oder verdeckt, gegen den Wandel. Da sich jeder Mensch zunächst um sich selbst bemüht, wird die Person den Wandel blockieren und boykottieren, die als Verlierer aus dem Wandel herausgeht. Das extremste Beispiel kennen wir aus der Politik, es sind die Diktatoren, die aus eigenem Selbsterhaltungstrieb nicht bereit sind, Wandel in ihrem Land zuzulassen.

Die Zeit verfestigt Strukturen im Denken und im Handeln.

Je länger Menschen bestimmte Strukturen erleben und diese als richtig empfinden, desto schwieriger ist es, sich davon zu lösen. Dies kann dazu führen, dass Menschen, die lange in Organisationen mit bestimmten Denkstrukturen gelebt haben, sich schwer tun, sich neuen Strukturen anzupassen. Im Laufe der Zeit werden die „traditionellen Organisationskulturen und -strukturen" als „gegeben" angesehen und nicht hinterfragt. Mit dieser „vereinfachenden Denke" müssen nicht ständig aufs Neue die Wahrnehmungen infrage gestellt werden. Andererseits führt dies jedoch dazu, dass Menschen dazu neigen, bestimmte Situationen als gegeben zu akzeptieren und sie nicht mehr zu verbessern. Damit entsteht die so genannte „Betriebsblindheit".

Schaut man Veränderungsprozesse im Laufe der Vergangenheit an, lassen sich oft so genannte „Big Bangs" erkennen. Abgesehen von natürlichen Einflussfaktoren, wie z.B. Vulkanausbrüchen oder Dürreperioden, gingen große Veränderungen oft mit Krisen einher. In der Regel wurden Situationen so lange stabil gehalten, bis aufs Äußerste „ausgereizt" und letztendlich in der Beharrung „der Bogen überspannt", bis sich die Menschen entschlossen haben, etwas zu unternehmen. Erkennbar ist auch, dass in einigen Fällen die Veränderungsresistenz so stark war, dass ganze Gesellschaften eher untergingen, als sich an neue Gegebenheiten anzupassen.

1.2 Was ist Change-Management?

Abgrenzung von (reaktivem) Krisen- und aktivem Change-Management

Das Reagieren auf Krisen kann zwar auch als „Umgang mit Veränderungen" bezeichnet werden, es hat jedoch wenig mit einem intelligenten Vorgehen gemeinsam. Dies ist der Unterschied zum **Krisenmanagement**. Weitaus sinnvoller ist es, einen Veränderungsprozess kontinuierlich zu steuern, d. h., die Beteiligten setzen sich stetig mit Veränderungen auseinander und richten sich neu aus. Dies sollte sowohl für Führende als auch für Geführte gelten. Dieses Buch zeigt auf, was Menschen in Führungspositionen beachten können, um Veränderungen intelligent zu planen. Nur wer verstanden hat, dass Change-Management der wichtigste Bestandteil managerialen Handelns ist, kann erfolgreich die Anforderungen der Zukunft bewältigen.

Historie der Begriffsentwicklung

Der Begriff Change-Management ist erst seit einigen Jahren in aller Munde und stammt wie viele andere Begriffe der Managementtheorien aus dem Angelsächsischen. Die deutsche Bezeichnung, die oft gleichbedeutend verwendet wird, ist „Veränderungsmanagement" oder „Transformationsmanagement". Oft wird auch der Begriff „Organisationsentwicklung" verwendet, der aus unserer Sicht jedoch nur einen Teil des Change-Managements bezeichnet. Entsprechend dem allgemeinen Sprachgebrauch haben wir im vorliegenden Buch den Begriff Change-

Management als **Überbegriff für professionelles Management von Veränderungen verwendet**.

Definition von Change-Management

Damit ist jedoch nicht direkt ein bestimmtes Methodenkonzept verknüpft.

CHANGE-MANAGEMENT IST SOMIT EIN META-BEGRIFF, DER EINZELNE KONZEPTE SUBSUMMIERT, DIE SICH DURCHAUS ERGÄNZEN ODER AUCH WIDERSPRECHEN KÖNNEN.

Im vorliegenden Buch stellen wir neben der Beschreibung der einzelnen Fassetten vom Managen der Veränderungen auch ausgewählte Beispiele von großen Change-Management-Konzepten vor. Damit wird eine möglichst breite und umfassende Darstellung des Veränderungsmanagements möglich.

Entwicklung des Change-Managements seit den 50er-Jahren des 20. Jahrhunderts

Change-Management hat seine Ursprünge in den 50er-Jahren des letzten, d.h. des 20. Jahrhunderts. Bis in die 60er-Jahre waren die meisten Organisationen sehr stark hierarchisch organisiert. Jeder Mitarbeiter hatte in der Regel klar zugeordnete Aufgaben. Die Organisation wurde als „gegeben" hingenommen und die Autorität des Vorgesetzten akzeptiert.

In den 70er-Jahren kam der Wunsch nach einer stärkeren Mitarbeiterzentrierung auf (wofür es das Erklärungsmodell gibt, dass dies durch die so genannte 68er-Generation bedingt war). Gruppendynamische „Events", „Teamtrainings" bzw. „Teamentwicklungen" hielten Einzug in Unternehmen. Diese mitarbeiterzentrierten Ansätze wurden im Laufe der Zeit stetig ausgebaut und ab den 80er-Jahren oft als „Organisationsentwicklung" bezeichnet. Die meisten Organisationsentwicklungsansätze haben ihren Ursprung in der Gruppendynamik.

Bis Mitte der 90er-Jahre des letzten Jahrhunderts gab es bei Veränderungen in Organisationen eine klare Trennung zwischen **strukturellen bzw. strategiegeleiteten Veränderungen** und **mitarbeiterzentrierten Ansätzen**. Dies ist auch verständlich, da die Vertreter dieser Ansätze verschiedene Professionen vertreten. Erst in den letzten zehn Jahren kristallisiert sich eine ganzheitliche Betrachtung des Themas „Veränderungen steuern" heraus.

Präzisierung der Definition von Change-Management

Das Gabler-Wirtschaftslexikon hat hierfür eine aus unserer Sicht treffende Begriffserklärung: Change-Management ist die „*Strategie des geplanten und systematischen Wandels, der durch die Beeinflussung der Organisationsstruktur, Unternehmenskultur und individuellem Verhalten zu Stande kommt, und zwar unter größtmöglicher Beteiligung der betroffenen Arbeitnehmer. Die gewählte ganzheitliche Perspektive berücksichtigt die Wechselwirkung zwischen Individuen, Gruppen, Organisationen, Technologie, Umwelt, Zeit sowie die Kommunikationsmuster, Wertestrukturen, Machtkonstellationen etc., die in der jeweiligen Organisation real existieren.*"

1.2.1 Gründe und Ursachen für Change-Management

Die Gründe für eine Veränderung sind vielfältig. Folgende Auflistung zeigt beispielhaft, welche Ursachen Veränderungsprozesse auslösen können:

Ursachen für Veränderungen

- finanzielle Krise
- Änderung der Marktlage
- neue Technologien
- neue Geschäftsleitung
- globale Projekte/Zusammenarbeiten
- Wissensmanagement
- Management-Trainings
- Veränderungen des Umfelds (z.B. Privatisierungen, neue Gesetze)
- Organisationsveränderungen
- Fusionen
- Outsourcing
- Prozessänderungen
- Projektarbeit
- neue Formen der Arbeitsorganisation

Drei grundsätzliche Wege für Veränderung

Grundsätzlich können Veränderungen über drei Wege erfolgen:

- Krise bzw. Revolution
- Erneuerung bzw. Wandel
- Anpassung bzw. Evolution

Bei einer **Krise** handelt es sich um eine Veränderung, die auf Grund externer Faktoren eingeleitet wurde. Hier sind schnelles Handeln und tiefe Eingriffe nötig. Die Organisation muss sich anpassen oder wird untergehen. Eine **Erneuerung** bzw. der geplante Wandel ist ein gesteuerter, strategischer „Umbau" eines Unternehmens. Die Unternehmensleitung erkennt die Notwendigkeit und „erfindet" sich neu. Im Falle einer **Anpassung** handelt es sich eher um den evolutionären Ansatz, bei dem die Beteiligten permanent an der Weiterentwicklung von sich selbst arbeiten.

1.2.2 Segmente des Change-Managements

Bei Change-Prozessen sind Strategie, Struktur und Kultur zu beachten

Obwohl die meisten Change-Prozesse und Methoden ihre eigenen Gegebenheiten haben, lassen sich bestimmte Gemeinsamkeiten auf einer übergeordneten Ebene feststellen, was die Autoren durch die Erfahrungen bestätigt sehen, die sie im Rahmen ihrer Beratertätigkeit sammeln konnten. So ist deutlich, dass im Rahmen von Change-Prozessen die drei Segmente Strategie, Struktur und Kultur immer beachtet werden müssen (Abb. 1.2).

Anders gesagt: Veränderungen bedürfen stets der Klärung der

- Richtung (Strategie),
- Abläufe und Aufbauorganisationen (Struktur) und
- Einbindung der Menschen in die Veränderung (Kultur).

Abb. 1.2: Strategie-Struktur-Kultur-Dreieck

GANZ GLEICH, WIE AUFWÄNDIG UND KOMPLEX SICH DER CHANGE-PROZESS GESTALTET, MIT DIESEN DREI ASPEKTEN WERDEN SIE ES IMMER SCHAFFEN, DIE WESENTLICHSTEN STELLSCHRAUBEN ZU DREHEN, UM EINE TRANSFORMATION ERFOLGREICH ZU GESTALTEN.

1.2.3 Aspekte des Change-Managements

Wesentlicher Erfolgsfaktor ist der professionelle Fahrplan

Neben Strategie, Struktur, Kultur liegt ein weiterer Schwerpunkt zum erfolgreichen Change-Management in der Architektur bzw. im Fahrplan der Veränderung. Es kommt darauf an, den Prozess klar und professionell zu gestalten und zu begleiten. Dies kann als Hauptaufgabe des Change-Managers bezeichnet werden. Folgende Aspekte sind dabei wichtig:

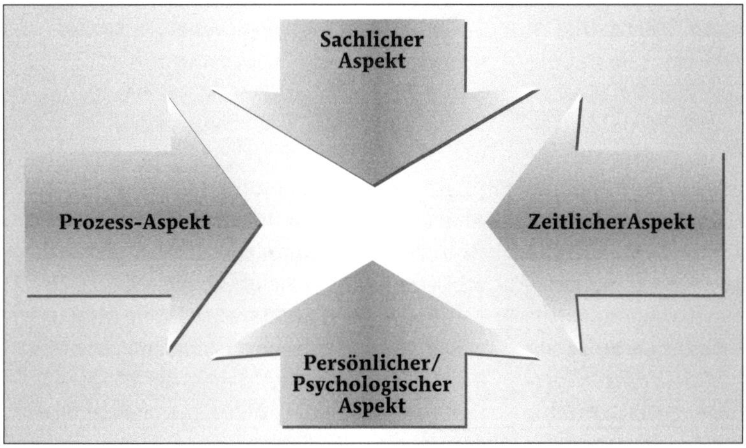

Abb. 1.3: Hauptaspekte des Change-Managements

Die vier Aspekte für den Fahrplan eines Veränderungsprozesses

Sachliche Aspekte

Die sachlichen Aspekte des Change-Managements beziehen sich auf alle Sachthemen wie Informationen, Organisationsstrukturen, Finanzplan oder Personalplan.

Da Change-Management häufig mit Veränderungen der Organisation zu tun hat, ist es wichtig, sorgfältige Analysen anzustellen, Pläne zu entwerfen und Maßnahmen umzusetzen. Dazu sind vollständige und aktuelle Daten nötig, sodass die sachlichen Aspekte Basis für Veränderungsmaßnahmen sind.

Zeitlicher Aspekt

Der zeitliche Aspekt berücksichtigt – wie auch der Aspekt des Prozesses – die Abfolge der einzelnen Schritte. Jedoch wird beim zeitlichen Aspekt noch mehr die Geschichte und die Dauer der Schritte beachtet. Durch das Verstehen der Historie, durch Kenntnis des bisherigen Werdegangs und durch das Wissen um die Erfahrungen lassen sich zielführende Veränderungsmaßnahmen einsetzen. Nur wenn der Change-Manager versteht, welche alten Traditionen und Rituale die Menschen in Organisationen pflegen, ist er in der Lage, den Change-Prozess richtig anzulegen und zu steuern.

Prozessaspekte

Alle Aspekte, die sich auf den Prozess und damit auf Richtungen, Schritte und Energien beziehen, wurden in der Vergangenheit oft unterschätzt. Ein Wandel kann nicht auf „Knopfdruck" geschehen. In anderen Kontexten sind Schritte und Entwicklungen eher akzeptiert: Eine Schwangerschaft kann auch bei noch so großem Kinderwunsch nicht abgekürzt werden; es bedarf der kindlichen Entwicklung, bis das Kind allein lebensfähig ist und auf die Welt kommen kann. Erstaunlicherweise wird im Berufsalltag der Prozessaspekt oft übersehen. Besonders der Ablauf einer Organisationsänderung, in dem sich die Menschen, die Strukturen, die Kulturen und die Verhaltensweisen gleichzeitig entwickeln, ist nicht von heute auf morgen zu bewältigen. Oft dauern große Change-Maßnahmen Monate oder auch Jahre. In dieser Zeit müssen die Änderungen in einer bestimmten Folge ablaufen, in der auch Rückschritte oder Widerstände ihren Platz haben. Jeder einzelne Schritt im Prozess baut auf den vorhergehenden auf und bereitet den nächsten Schritt vor.

Persönlicher oder psychologischer Aspekt

Der persönliche oder psychologische Aspekt betrachtet das individuelle Verhalten, die Einstellungen, Gefühle, Motivation, den Widerstand eines Menschen. Menschen reagieren auf geplante oder reale Veränderungen verschieden, je nachdem, ob sie damit Verbesserungen oder Verschlechterungen erwarten.

DESHALB IST ES FÜR JEDE FÜHRUNGSKRAFT UNVERZICHTBAR, WIDERSTÄNDE GEGEN DIE VERÄNDERUNG ZU ERKENNEN UND ENTSPRECHEND DAMIT UMZUGEHEN.

Ängste müssen genommen werden, um die Menschen persönlich „dort abzuholen", wo sie in dem Moment mit ihren Veränderungsschritten sind. Die Relevanz der persönlichen Aspekte wird oft unterschätzt. Viele Manager gehen an Veränderungen eher mechanisch heran und vergessen dabei, die Menschen mit ihren Gedanken, Befürchtungen und Lösungen einzubinden.

1.2.4 Standard-Ablauf von Change-Management

Sichtweise von Change-Prozessen als Projekt

Change-Management wird oft als „Projekt" angesehen, d.h., es wird erkannt, dass etwas geändert werden muss. Die Unternehmensleitung entscheidet, ein Projekt aufzusetzen. Im Projektauftrag werden die Ziele formuliert, Teammitglieder ausgesucht und ein Zeitplan aufgestellt. Danach beginnt das Projektteam zu arbeiten und die Regeln des Projekt-Managements führen weit gehend zu einem Standard-Ablauf.

Standardablauf eines Change-Prozesses (als Projekt)

Analyse betreiben
- Probleme identifizieren
- den „Case for change" formulieren
- Energie für die Transformation lokalisieren

Ziele formulieren
- eine Vision kreieren
- bereits vorhandene Ideen und Vorstellungen bzgl. der Zukunft formulieren
- Ziele für die Veränderung festlegen
- Erfolgskriterien für die Zielerreichung bestimmen

Committment erreichen
- Überzeugung von Keyplayer
- Einbindung von Keyplayer
- Spielregeln festlegen

Interventionsdesign erstellen
- Veränderungsorganisation gestalten und einrichten
- Festlegen von Teilprojekten, die durchgeführt werden sollen
- Kommunikationsstrategie festlegen
- Meilensteine der Veränderung definieren

Projektmanagement
- Teilprojekte werden durchgeführt
- Veränderungen laufend reporten, bilanzieren und eventuell anpassen

Weiterer Verlauf
- Reviews und Feed-back-Schleifen durchführen
- das Projekt abschließen oder einen kontinuierlichen Change-Prozess anschließen
- gegebenenfalls einen neuen Veränderungsprozess aufsetzen bzw. ein neues Projekt beginnen.

Es ist sicherlich eine weit verbreitete Auffassung, dass diese „projekthafte" Vorgehensweise die richtige ist, um Veränderungen in Organisationen durchzuführen.

Abgrenzung von Projekt und stetiger Veränderung

In den letzen 20 Jahren setzte sich aber auch immer mehr die Forderung nach „permanenter Veränderung" durch, und solche **stetigen Veränderungen** sind dann nicht mehr in Projekten zu bewältigen. Begriffe wie „Kaizen" (kontinuierlicher Verbesserungsprozess) oder „Lernende Organisation" tauchen in diesem Zusammenhang auf. Solche Formen des Change-Managements sind subtiler und nicht direkt mit einem singulären Veränderungsbedarf zu koppeln. Es geht in diesen Fällen mehr darum, die Organisation ständig „fit" zu machen, um sie so flexibel zu gestalten, dass sie Veränderungen des Umfelds selbst frühzeitig erkennen und gegensteuern kann.

1.2.5 Veränderungsmanie

Obwohl der professionelle Umgang mit dem Wandel immer mehr an Bedeutung gewonnen hat, beobachten wir bei unserer Beratungstätigkeit in letzter Zeit einige Fehlentwicklungen. In manchen Unternehmen scheint sich eine „Veränderungsmanie" auszubreiten. Moderne Manager schreiben sich das Thema Veränderung auf ihre Agenda, meinen damit oft nur Organisationsänderungen. Die Folge ist, dass Mitarbeiter in manchen Unternehmen im Halbjahrestakt mit neuen – oft nicht nachvollziehbaren – Organisationskonzepten konfrontiert werden. Dies ist aus unserer Sicht eine Fehlinterpretation des Themas Change-Management. Wir formulieren diese Einschätzung insbesondere deshalb, da die verschiedenen Aspekte ausgeblendet bleiben (z.B. persönliche Aspekte, zeitliche Aspekte).

Zu schnelle Change-Prozesse überfordern die betriebliche Umsetzbarkeit

Kernproblem ist die Realisierung bei laufendem Betrieb

Das Problem, dem sich die meisten Veränderungsmanager ausgesetzt sehen, ist die Tatsache, dass die Veränderung **begleitend zum Unternehmensalltag** erfolgen muss. Die Firma kann nicht geschlossen werden, bis die notwendigen Veränderungen durchgeführt sind. Die Veränderungen müssen während des laufenden Betriebs umgesetzt werden. Ein Change-Manager verglich einen großen Veränderungsprozess in seinem Unternehmen mit einem Flugzeug, das während des Flugs komplett umgebaut werden soll, ohne dass die Sicherheit der Passagiere beeinträchtigt werden darf. Dieser Anspruch führt zu einer sehr hohen Belastung aller Mitarbeiter der Organisation.

> ERFOLGREICHES CHANGE-MANAGEMENT BEDEUTET, DIE DUALITÄT VON OPERATIVEM GESCHÄFT UND NOTWENDIGEN VERÄNDERUNGEN WOHL DOSIERT ZU MANAGEN.

2 Arten von Change-Prozessen

Im Laufe des 20. Jahrhunderts haben sich mehrere Konzepte zum Thema „Umgang mit Veränderungen in Organisationen" etabliert. Die Wirksamkeit der entsprechenden Konzepte ist von der jeweiligen Situation im Unternehmen abhängig. Organisationen, die beispielsweise in einer Krise stecken und sich komplett neu ausrichten müssen, benötigen andere Ansätze als Organisationen, die bereits gut aufgebaut sind, sich aber noch weiter verbessern wollen. Unternehmensführer müssen zunächst ihr Unternehmen analysieren und diagnostizieren, wie hoch sie den Veränderungsbedarf des Unternehmens und die Veränderungsbereitschaft der Mitarbeiter einschätzen. Je höher der Veränderungsbedarf der Organisation ist, desto aggressiver und härter müssen die Konzepte für die Begleitung der Veränderung sein. Je höher die Veränderungsbereitschaft ist, desto integrativer und mitarbeiterzentrierter kann vorgegangen werden.

Kerndimensionen sind Veränderungsbedarf und Veränderungsbereitschaft

Abb. 2.1 stellt die bekanntesten Konzepte vor, die in den letzen 50 Jahren als Konzepttrends zum Begleiten von Organisationsveränderungen eingesetzt werden.

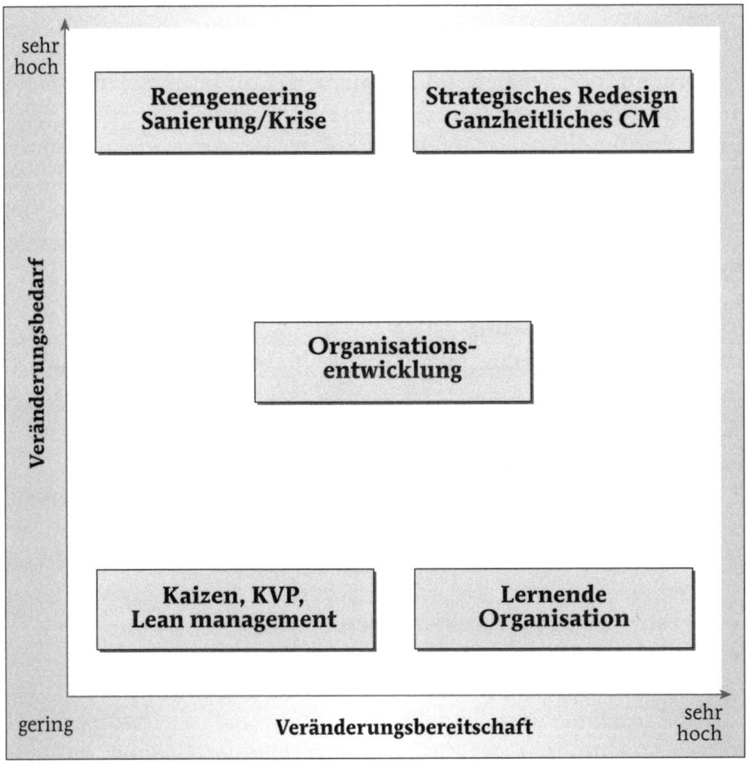

Abb. 2.1: Die fünf wesentlichsten Konzepttrends

Kundenzufriedenheit und Leistungsfähigkeit stehen im Vordergrund

2.1 Reengineering, Sanierung und Krise

Hammer und Champy haben 1993 mit ihrem Buch „Business reengineering“ diesen Begriff öffentlich gemacht. Ziel des Reengineering ist es, die Kundenzufriedenheit und Leistungsfähigkeit des Unternehmens in einer revolutionären Größenordnung zu erhöhen. In manchen Fällen wird von Optimierungen im Ausmaß von „Quantensprüngen“ gesprochen.

Dabei wird das Geschäftsmodell fundamental neu durchdacht, um das Unternehmen auf die neuen Anforderungen des Markts auszurichten. Um dieses Ziel zu erreichen, werden alle Unternehmensprozesse radikal verändert, bis Kosten reduziert und Qualitätssteigerungen erreicht sind.

> DIE KONZEPTION IST TOP-DOWN ANGELEGT UND WIRD VOR ALLEM DORT ERFOLGREICH, WO HOHER VERÄNDERUNGSDRUCK ODER EINE KRISE BESTIMMEND SIND.

Die Kernthemen im Business Reengineering sind:
- Orientierung an den erfolgskritischen Geschäftsprozessen (Kernprozesse),
- Ausrichtung der Kernprozesse auf den Kunden hin (Fokus Kunde),
- Konzentration auf die Kernkompetenzen (Core business) und
- Nutzung modernster Informationstechnologien.

Reengineering-Konzepte sind von der Vorgehensweise sehr mechanistisch. Der Mensch spielt dabei eher eine untergeordnete Rolle. Der Schwerpunkt der Veränderungsarbeit liegt in der Neustrukturierung des Unternehmens, die in folgenden vier Schritten abläuft: Positionierung, Prozessbeschreibung, Prozessdesign und Controlling.

2.1.1 Positionierung

Die Positionierung bildet die Grundlage, auf der das Unternehmen den gesamten BPR-Prozess (Business-process-reengineering) initiieren und erfolgreich realisieren kann.
Für die Positionierung ist es erforderlich,
- die Ausgangslage des Unternehmens und deren Performanz zu analysieren,
- die operativen und strategischen Ziele des Unternehmens neu festzulegen,
- die betriebliche Infrastruktur zu bestimmen,
- die vorliegende Unternehmenskultur zu beschreiben.

Der Change-Manager kann hierzu Werkzeuge verwenden, wie sie in der Abb. 2.2 zusammengestellt und kurz umrissen sind (die Darstellung erfolgt in Anlehnung an das erwähnte Buch Hammer/Champy, Business reengineering, 1993).

Benchmarking
Systematischer Leistungsvergleich von Produkten, Prozessen und Funktionen des eigenen Unternehmens mit denen eines Best-Practise-Unternehmens (Unternehmen, das eine bestimmte Problemlösung oder Verfahrensweise „am besten“ beherrscht, nicht zwingend aus der gleichen Branche).
Ziel: Von den Besten lernen.

Controlling
Grundsätzliche Verlagerung des traditionellen Controllings weg von einem zentralisierten Fremd-Controlling hin zu einem dezentralen Selbst-Controlling der Prozessgruppen und der einzelnen Prozessbeteiligten.
Ziel: Bildung eines prozessorientierten Selbstverständnisses.

Entgeltmodelle
Bestehende Lohn- und Gehaltsverfahren werden an den organisatorischen Wandel angepasst.
Ziel: Orientierung des Entgeltmodells, z.B. am Unternehmenserfolg.

Change-Management
Begleitung und Unterstützung (z.B. Einzel- und Gruppencoaching durch interne oder externe Berater) der Veränderungsprozesse, die bei den Mitarbeitern im Unternehmen Ängste und Widerstände auslösen.
Ziel: Vorbereitung und Begleitung der Mitarbeiter bei der Implementierung tief greifender Veränderungen.

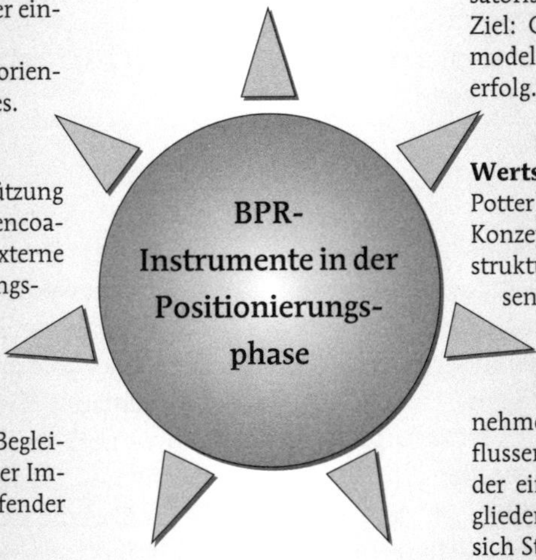

Wertschöpfungskette (nach Potter)
Konzept zur Analyse der Makrostruktur von Geschäftsprozessen. Bestimmung der kritischen Geschäftsprozesse, die die Wettbewerbsposition eines Unternehmens am stärksten beeinflussen. Durch die Darstellung der einzelnen Wertschöpfungsglieder wird u.a. anschaulich, wo sich Stärken und Schwächen im Unternehmensprozess auf die Kostenstruktur und den Kundennutzen der gesamten Wertschöpfungskette auswirken.
Ziel: Bildung von Prozessketten mit möglichst wenig Schnittstellen, um Durchlaufzeiten und Kosten zu reduzieren.

Prozesskostenrechnung
Sie hilft die Verzerrung der Kosten- und Erlössituation durch die Vollkostenrechnung in Unternehmen mit einem hohen Gemeinkostensatz zu korrigieren.
Grundprinzip: Gemeinkosten aus Bereichen mit überwiegend dispositiven (z.B. planende, vorbereitende, Bereitschaft garantierende) Tätigkeiten werden, soweit möglich, als Einzelkosten auf die entsprechenden Kostenträger verrechnet.
Ziel: Prozessorientierte Erfassung und Steuerung der Kosten aus indirekten Leistungsbereichen.

DV-Werkzeug/IT
Implementierung einer verursachergerechten, geschäftsprozessorientierten IT-Architektur, z.B. eines Windows-Management-Systems (automatisierte Vorgangsbearbeitung).
Ziel: Automatisierte Überwachung von Terminen und Fristen, Reduzierung der Transport- und Liegezeiten auf einen Bruchteil der zuvor benötigten Zeit.

Abb. 2.2: Instrumente zur Positionierung beim Reengineering (aus einer Hausarbeit von Michaela Nüssel, Friedrich-Alexander-Universität, Erlangen-Nürnberg/WS 1999)

2.1.2 Prozessbeschreibung

Der Prozessanalyse und -beschreibung kommt in diesem Konzept eine große Bedeutung zu. Hierzu werden folgende Instrumente, Techniken und Schritte genutzt:

Instrument	Technik
Prozess-modellierung	- Bildliche Darstellung der Geschäftsprozesse eines Unternehmens, - Darstellung der zum Prozess gehörenden Funktionen (Aufgaben, Tätigkeiten) in ihren inhaltlichen und zeitlichen Abhängigkeiten durch Verknüpfungsoperatoren (und, oder, exklusiv), dies ist aufgrund der hohen Komplexität meist nur noch PC-gestützt durchzuführen
Prozess-simulation	- Simulation der Zeiten (für verschiede Aufgaben), - Simulation von Wahrscheinlichkeitsverteilungen, - Horizontalisierung von vertikalen Geschäftsabläufen zu Geschäftsprozessen.

2.1.3 Prozessdesign

Hier werden betriebliche Abläufe neu gestaltet und auf die strategischen Herausforderungen ausgerichtet. Folgende Ziele sind wichtig:

- Verlagerung von Entscheidungen und Verantwortung auf Prozessteams,
- Zusammenfassung von Personalstellen, Minimierung von Schnittstellen,
- Durchführung der Aufgaben an dem Ort, an dem es sinnvoll ist (Verursacherprinzip),
- Parallelisierung der Prozesse bzgl. der einzelnen Prozessschritte,
- Kombination zentraler und dezentraler Aufgaben.

2.1.4 Controlling

Die umgesetzten Maßnahmen und die Reorganisationen werden kontrolliert. Je nach Ergebnisse müssen weitere Optimierungen an den Prozessen vorgenommen werden.

2.1.5 Fazit

Hammer und Champy haben selbst zugestanden, dass die Reorganisationen in annähernd neun von zehn Fällen scheitern, wofür zwei Gründe nahe liegen:

- Die Revolutionierung von Organisationen aus rein mechanistischer Sicht stellt kein gutes Erfolgsmodell dar. Die Komplexität der Realität kann oft nicht „ingenieurhaft“ abgebildet werden, Beispiele und Regeln für das Funktionieren sind nicht für alle Geschäftsvorfälle im Voraus planbar.
- Die fehlende Einbindung der Mitarbeiter führt zu erheblichen Widerständen, sodass häufig mit „Sand im Getriebe“ zu rechnen ist, sodass die Umsetzung der Pläne in der Realität oft scheitert.

2.2 Strategisches Redesign

Ausgehend von den Reengineering-Konzepten hat sich ein weiteres Modell entwickelt, das ähnlich radikal im Denken ist, aber stärker auf Ressourcenerhaltung und Selbstorganisation ausgerichtet ist. Es handelt sich um ein Konzept, das zum Ziel hat, die Organisation stark an die Bedürfnisse des Umfelds anzupassen. Die Vorgehensweise ist ähnlich wie die des Reengineering, d. h., es ist ein Top-down-Prozess. Der wesentliche Unterschied liegt darin, dass die Mitarbeiter und das mittlere Management von Anfang an sehr stark in die Überlegungen und in die Umsetzung eingebunden werden. Dies führt zu deren hoher Identifikation.

Es werden neben den Methoden der „Optimierung des Geschäfts" auch Methoden zur Einbindung der Menschen in den Change-Prozess eingesetzt.

Im Interventionsdesign wird definiert, wann und in welchem Umfang die Mitarbeiter in den Prozess integriert werden und welche „Interventionen" geplant und umsetzt werden.

Das Redesign vollzieht sich durch Interventionen

Bei der Planung von Interventionen ist zu beachten, dass sie auf unterschiedlichen Dimensionen wirksam sein können (Willke, 1995):

- **Sachliche Dimension**: Damit sind die inhaltlichen Schwerpunkte und Zielsetzungen des Prozesses gemeint. Beispielhaft ist es das Aufzeigen möglicher Varianten einer Aufbauorganisation als inhaltlicher Input im Rahmen eines Veränderungsprozesses.
- **Zeitliche Dimension**: Durch das „timing" von Interventionen lassen sich Rahmenbedingungen und Sinnzusammenhänge herstellen, z.B. durch einen klaren Anfangs- und Endpunkt eines Projektes. Ferner gehören dazu Meilensteinpläne, inhaltliche Steuerung durch unterschiedliche Zeiten für Plenums- und Gruppenprozesse wie auch Auszeiten.
- **Soziale Dimension**: Die soziale Dimension bestimmt beispielsweise, wer mit wem in welcher Zusammensetzung zu welchen Ereignissen zusammenkommen wird. Es wird geplant, welche Entscheidungsträger involviert sind, wessen Anwesenheit zur Lösung von bestimmten Problemen notwendig ist und in welchem sozialen „Setting" bestimmte Themen durchgearbeitet werden.
- **Räumliche Dimension**: Wo finden die Interventionen statt? Innerhalb der Firma oder außerhalb, im Hotel oder „outdoor"? Wie sind die Arbeitsräume gestaltet (Tische, Sitzordnung)? Gibt es Orte für Ergebnissicherung, Arbeitsräume für Kleingruppen und wie ist es um die „Atmosphäre" im Raum, die Beleuchtung und die Farben bestellt?

2.2.1 Interventionen

Im Rahmen eines Interventionsdesigns ist dabei auf folgende drei Arten von Interventionen zu achten:

- Rolleninterventionen,
- Beziehungsinterventionen und
- Kommunikationsinterventionen.

2.2.1.1 Rolleninterventionen

Rolleninterventionen dienen dazu, die Rollen und Funktionen zu verdeutlichen, die der eine oder andere Beteiligte im Change-Prozess einnimmt. Besonders in Veränderungsphasen werden bestehende Rollen aufgeweicht und neue Rollen übernommen. Dies führt oft zur Rollenkonfusion beim Rollenträger und bei der Belegschaft. Letztendlich entsteht dann Frustration und Orientierungslosigkeit bezüglich der Funktionen. Das Hauptziel von Rolleninterventionen ist es, den Beteiligten und Betroffenen Klarheit über ihre Rollen zu geben oder diese gemeinsam neu zu definieren. Hilfreich sind dazu Workshops mit betroffenen Personen und Gruppen, um die folgenden Fragen zu klären:

Kompetenzen und Verantwortlichkeiten
Sind die beteiligten Personen den Rollenanforderungen gewachsen? Nehmen sie die darin definierten Verantwortungen wahr? Können die Personen in den definierten Rollen ihre persönlichen Ziele verwirklichen?

Mentale Modelle
Nach welchen mentalen Modellen von Rollendefinitionen und Verantwortungen arbeiten die Betroffenen? Welches kollektive mentale Modell der gemeinsamen Arbeit lässt sich feststellen? Gibt es Differenzen zwischen „Denken“ und „Sagen“ oder zwischen „Denken“ und „Handeln“?

Gemeinsame Ziele
Passen die definierten Rollen zu einem gemeinsamen Ziel? Wo liegt die Verantwortung für das gemeinsame Ziel? Wie verteilen sich die unterschiedlichen Rollen von hohem Engagement (commitment) bis zur Apathie?

Expertise
Was ist beim gegebenen Rollengefüge die besondere Kompetenz des Teams? Vergleich mit einem Team des Mannschaftssports! Spielen die Einzelnen so zusammen, dass das Ganze nicht weniger ist, sondern mehr als die Summe der Teile? Gibt es Ansätze für kollektive Expertise oder Hindernisse dafür?

2.2.1.2 Beziehungsinterventionen

Beziehungsinterventionen werden notwendig, wenn die Gestaltung der Beziehungen nicht zufrieden stellend verläuft. Soziale Beziehungen werden durch persönliche, soziale, sachliche und auch emotionale Faktoren beeinflusst. Beobachtbar ist die Beziehungsgestaltung auch durch die verbale und nonverbale Kommunikation. Sichtbar werden Beziehungsaspekte oft an Differenzen zwischen verbaler und nonverbaler Kommunikation sowie an Differenzen zwischen formalen und informellen Beziehungen. Konflikte, Intrigen oder Boykott sind die Folge von problematischen Beziehungen. Hilfreich können in Workshops Lösungen erarbeitet werden. Die Beteiligten klären dabei folgende Punkte:

- **Beziehungsnetz**: Wie liegen die beobachtbaren Beziehungen in den beiden Dimensionen Konsens und Kontrolle? Handelt es sich um passive, übersteuerte, dahintreibende oder aktive Beziehungen?
- **Beziehungsmuster**: Wie stehen die Beziehungen zwischen den Mitgliedern der Einheit in den beiden Dimensionen Autonomie und Kohärenz? Handelt es sich um eher reine Formen (Hierarchie, Netzwerk und Demokratie) oder um Mischformen?
- **Aufgabenverteilung**: Vor welchen Aufgaben steht die Einheit vorrangig? Gibt es Hauptrelevanzen? Wie verträgt sich das Beziehungsnetz mit diesen Aufgaben?
- **Evaluation der Eingriffsmöglichkeiten**: Welche Parameter der sozialen Beziehungen erscheinen als kritische Interventionspunkte? Grundlage ist das Verhältnis zwischen anstehenden Hauptaufgaben und Beziehungsmuster.

2.2.1.3 Kommunikationsinterventionen

Gelingende Kommunikation setzt relevante Informationen, Kontakt und Willen zur Verständigung voraus. Kommunikationsinterventionen richten sich auf dysfunktionale Kommunikationsmuster. Akzeptanz und Transparenz sollen ermöglicht und gestützt werden. Für eine gute Kommunikation sind drei Schritte unabdingbar (vgl. emd/mc 2000):

Abschied vom Telefon-Modell (Problem der Information)

Kommunikation besteht nicht in der Übertragung fertiger Informationspartikel vom Sender zum Empfänger. Im Telefon-Modell der Kommunikation scheinen Hindernisse für gelingende Kommunikation nur in der Unklarheit oder Unrichtigkeit von Informationen zu liegen. Sobald klare Informationen zur Verfügung stehen, müsste Kommunikation klappen. Der Glaube, dass es für die Qualität der Kommunikation nur auf „Richtigkeit" der zu Grunde liegenden Information ankomme, ist wohl häufigster und wichtigster Faktor misslingender Kommunikation. Entscheidend ist nicht „Richtigkeit", sondern die Frage, ob die Information beim Empfänger-Horizont Sinn macht und für ihn relevant ist.

Abschied vom Befehl-Gehorsam-Modell (Problem des Ankommens der Information)

In komplexen und professionellen Beziehungen kann man nicht nach dem Schema Befehl und Gehorsam kommunizieren, um gewünschte Wirkungen zu erhalten. Es gibt zu viele Möglichkeiten zum Ausweichen und für Widerstand. Im Befehl-Gehorsam-Modell der Kommunikation scheinen Probleme nur an zwei Seiten aufzutreten: Auf der Seite des Senders im Ausmaß seiner Autorität und auf der Seite des Empfängers im Ausmaß seiner Gehorsamsbereitschaft. Besitzt der Berater oder Manager hinreichend Autorität und sind hinreichende Gehorsamsmotive vorhanden, dann müsste Kommunikation klappen.

Hin zum Dialog-Modell

Kommunikation ist die Verarbeitung von relevanten Unterschieden. Ein angemessenes Modell sozialer Kommunikation ist unvermeidlicherweise komplexer gebaut. Es gründet auf der Einsicht, dass Kommunikation ein Verarbeitungsprozess ist, der in hohem Maße von Bedingungen der kommunizierenden Systeme (z.B. Personen, Gruppen, Abteilungen, Organisationen) bestimmt wird. Im Dialog-Modell der Kommunikation zeigt sich erst das wirkliche Ausmaß tatsächlich vorhandener Kommunikationsbarrieren oder -schwierigkeiten. Diese Barrieren müssen überwunden werden, um wirksam und erfolgreich zu kommunizieren.

Damit ist Kommunikation nicht mehr die Übertragung fertiger Informationspakete, sondern die Interpretation von Informationen. Dadurch können Fehldeutungen in nicht unerheblichem Umfang entstehen. Es werden zusätzliche „Übersetzungsarbeiten" nötig, um gelingende Kommunikationen zu ermöglichen.

> IM RAHMEN VON VERÄNDERUNGSPROZESSEN HAT DER CHANGE-MANAGER SOMIT DIE AUFGABE, DIE ÜBERSETZUNGSARBEITEN ZU ERMÖGLICHEN. KONKRETES ZIEL WIRD ES IMMER SEIN, DIE BETEILIGTEN SO EINZUBINDEN, DASS VERSTÄNDNIS FÜR ZIELE UND WEGE DES CHANGE-PROZESSES ENTSTEHT.

2.2.2 Fazit

Strategisches Redesign ist der zurzeit ganzheitlichste Ansatz

Das Strategische Redesign ist zur Zeit der ganzheitlichste Ansatz. Die Kombination von Veränderungen auf struktureller Seite unter Berücksichtigung der Menschen in der Organisation hat die größten Erfolgschancen. Zu beachten ist, dass auch dieser Ansatz von der Logik des „Veränderns auf Zeit" getrieben ist. Das Grundprinzip ist es, einen unbefriedigenden Zustand zu verändern, um anschließend einen neuen Zustand zu stabilisieren. Dem Modell fehlt jedoch die Logik der permanenten Veränderung.

2.3 Organisationsentwicklung

OE ist von einem prozesshaften, evolutionären Ansatz geprägt

Organisationsentwicklung (OE) ist als professionelles Instrumentarium zur Gestaltung von Veränderungsprozessen vor etwa 60 Jahren im sozialpsychologischen Umfeld entstanden. Das Konzept der Organisationsentwicklung lässt sich auf drei unterschiedliche Quellen zurückführen: auf die „Laboratoriumsmethode", den „Survey-feed-back"-Ansatz von Kurt Lewin und die Arbeiten des Londoner Tavistock-Institutes of Human Relation.

Die OE-Methoden und Konzepte sind von einem prozesshaften, evolutionären Entwicklungsansatz geprägt. Es geht in der Regel darum, vorhandenes Potenzial zu aktivieren und zu erweitern. Die Organisation und ihre Mitglieder werden aktiviert und befähigt, sich mit den Anforderungen interner und externer Umwelten auseinander zu setzen. Die entsprechenden Antworten auf die Herausforderungen werden selbst erarbeitet und umgesetzt. Dies geschieht in Coachingsitzungen und Supervisionen, in Workshops und Seminaren, in Team- und Bereichsentwicklungen, in Großgruppenveranstaltungen und Qualifizierungsmaßnahmen. Dabei gibt es grundsätzlich folgende Interventionsebenen:

Die Organisation und ihre Mitglieder werden aktiviert und qualifiziert

- Ebene des Individuums - z.B. Coachings, Supervisionen, Feed-backs, Schulungen,
- Interpersonelle und Teamebene - z.B. Coachings, Supervisionen, Rollenklärungen, Schulungen, Prozessberatungen, Teamentwicklungen,
- Intergruppen- und Organisationsebene - z.B. Organisationsdiagnose durch einen Berater, Einführung von Feed-back-Instrumenten wie Vorgesetztenbeurteilung oder Mitarbeiter-Feed-back.

Wichtig ist es, zu erkennen, dass die Probleme und Chancen der Mitarbeiter und Führungskräfte eine Reaktion auf die jeweilige Situation ist.

AUF DER GRUNDLAGE EINER SITUATIONSDIAGNOSE WERDEN MASSNAHMEN ENTWICKELT, DIE SOWOHL DIE VERBESSERUNG DER ARBEITSRESULTATE ALS AUCH DIE DER ARBEITSZUFRIEDENHEIT ZUM ZIEL HABEN.

Während Arbeitszufriedenheit in vielen anderen Konzepten als notwendige Bedingung für Leistungs- und Entwicklungsfähigkeit angesehen wird, ist sie hier Ausgangspunkt und Triebfeder für Veränderung.

Arbeitszufriedenheit ist Ausgangspunkt und Triebfeder

Die **Philosophie** der OE beinhaltet folgende Grundsätze:

- Die betroffenen Menschen und Gruppen werden aktiv in die Entwicklung und Umsetzung von Lösungen und Antworten einbezogen.
- Probleme und Chancen werden als Ausgangspunkt und Triebfeder für Veränderungen genutzt.
- Veränderungsmaßnahmen werden kontinuierlich und prozesshaft gesteuert und gestaltet.

Ziel der OE ist es, vor allem über die kulturelle Ebene die Entwicklung der Organisation voranzutreiben. Folgende Effekte sind nach Comelli (1995) dabei erzielbar:

Die Entwicklung soll auf der kulturellen Ebene vorangetrieben werden

- Veränderung des Führungsstils in Richtung zu mehr Mitarbeiterorientierung,
- Verbesserung des Betriebs- und Arbeitsklimas,
- offenere und direktere Kommunikation,
- effizientere Zusammenarbeit,
- Verbesserung der Fähigkeit, mit Konflikten umzugehen,

- Verbesserung der Entscheidungsqualität durch die Partizipation der Betroffenen,
- Erhöhung des Vertrauens in die Organisation, was sich u.a. durch weniger Widerstände bei notwendigen strukturellen Anpassungen zeigt,
- Anwendung effektiverer Techniken der Teamarbeit,
- Vergrößerung des Veränderungsbewusstseins und der Veränderungsbereitschaft,
- vermehrtes Engagement,
- höhere Arbeitszufriedenheit.

Das Modell bedarf einiger Grundvoraussetzungen

Der Erfolg von Organisationsentwicklung ist an bestimmte Bedingungen gebunden. Als Grundvoraussetzung muss gegeben sein, dass das Unternehmen oder die Gruppe für eine Organisationsentwicklung reif ist, d.h., die Betroffenen dürfen nicht durch die partizipativen Organisationsentwicklungsmethoden überfordert werden. Zusätzlich muss Problembewusstsein vorhanden sein. Da die Methode relativ zeitaufwändig ist, sollte darauf geachtet werden, dass kein Zeitdruck herrscht.

Zusammenfassung: Gestaltungsprinzipien

Keine Organisationsentwicklungsmaßnahme darf ohne gründliche Problemdiagnose beginnen. Die Aktionen und Maßnahmen sind sorgfältig zu planen. Die einzelnen Schritte werden so gewählt, dass die Arbeit leistbar und direkte Erfolgserlebnisse möglich sind. Dabei ist darauf zu achten, dass die Organisation „dort abgeholt wird, wo sie steht". Zur besseren Orientierung ist es wichtig, dass die Veränderungsziele klar definiert sind und allen Beteiligten kommuniziert wurden. Während des gesamten Organisationsentwicklungs-Prozesses gelten die Prinzipien Offenheit, Vertraulichkeit und Transparenz. Der gesamte OE-Prozess wird fortlaufend mit Verlaufs- und Erfolgskontrollen begleitet. Dabei ist die Einbindung eines externen Beraters, der den Veränderungsprozess reflektiert und die Supervisionen moderiert, besonders empfehlenswert.

2.4 Lean Management und Kaizen

Dieser Ansatz hat seine Ursprünge in der Automobilindustrie. Mit der Veröffentlichung der berühmten Studie des Massachusetts Institute of Technology (MIT) im Jahre 1990 durch Womack, Jones und Roos und deren Zusammenfassung in „The machine that changed the world" ist ein neuer Ansatz zur Gestaltung von Organisationen veröffentlicht worden. Noch nie zuvor wurden in dieser Deutlichkeit die Unterschiede zwischen den größten Unternehmen der Branche in Japan, Europa und den Vereinigten Staaten bezüglich ihrer Leistungsparameter und Versäumnisse der westlichen Automobilindustrie aufgezeigt (Haug, Martens & Pudeg, 1993).

Danach konnte nur der radikale Wandel der Fertigungsorganisation und der Unternehmenskultur Fehlentwicklungen der Wirtschaft verhindern. Die MIT-Autoren präsentierten der westlichen Industrie mögliche Lösungsansätze. Das damals fortschrittlichste und leistungsfähigste Management-Prinzip hieß Lean Management bzw. Lean Production. Die Philosophie dieser Prinzipien wurde mit Begriffen wie Kaizen und „Kontinuierlicher Verbesserungsprozess" (KVP) umschrieben. Mithilfe einer schlanken Produktion sollten die Vorteile der Massenproduktion (Stückkostenreduzierung und Schnelligkeit) mit den Vorteilen der handwerklichen Produktion (Qualität und Flexibilität) vernetzt werden. Im Zuge der Unternehmensreorganisationen entstanden in den 90er-Jahren zahlreiche ähnliche Management-Konzepte, die ihre Wurzeln allesamt in Lean Management haben. Diese Ansätze wirken vor allem auf eine Verbesserung der Arbeitsorganisation und eine stärkere Nutzung der Mitarbeiterkompetenzen.

Die Verbesserung der Arbeitsorganisation und die stärkere Nutzung der Mitarbeiterkompetenzen stehen im Vordergrund

Die Einführung von Lean Management erfolgt in folgenden Schritten:
- Definition der Unternehmensvision, -kultur und -identität,
- Ableitung der Lean Management-Strategie und -Ziele,
- Beschreibung der wichtigsten Erfolgsfaktoren,
- Festlegung von Maßnahmen zur Implementierung von Lean Management.

Dabei sind die Parameter zu beachten, die in Abb. 2.3 zusammengestellt sind.

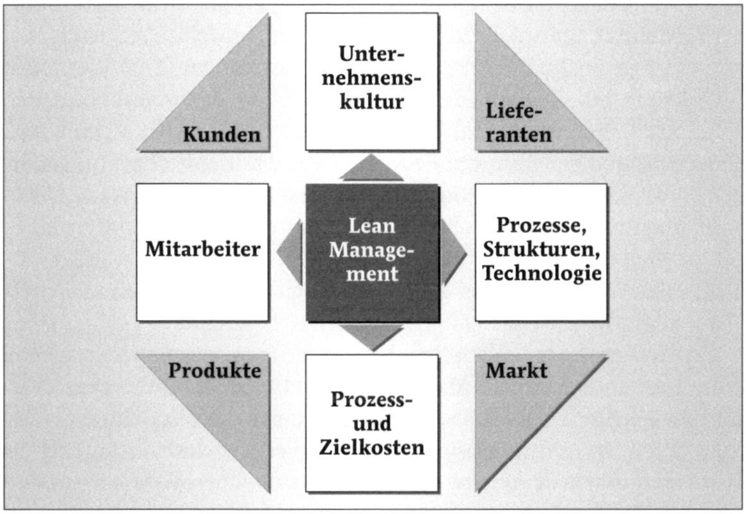

Abb. 2.3: Parameter für Lean Management (Darstellung in Anlehnung an Petra und Heinz-Günter Lohoff, Lean Management - Chance und Herausforderung für Unternehmen aller Branchen, in: DV-Management 2/93)

Lean Management hat seinen Schwerpunkt in der Optimierung der Fertigungsorganisation. Obwohl die Verfechter des Lean-Ansatzes behaupten, dass er auch auf die Verwaltungen übertragbar sei, zeigt die Praxis, dass hauptsächlich fertigungslastige Unternehmen die Lean-Konzepte konsequent einführen. Der Schwerpunkt zeichnet sich in der Einführung von den so genannten „Neuen Formen der Arbeitsorganisation" (NFAO) ab. Dazu gehören die Management-Konzepte **Gruppenarbeit** und **Kaizen** oder **„Kontinuierlicher Verbesserungsprozess"** (KVP).

Die Hauptanwendung findet in Fertigungsbetrieben statt

2.4.1 Gruppenarbeit

Idee der teilautonomen Arbeitsgruppen

Bei der Gruppenarbeit handelt es sich um „teilautonome Arbeitsgruppen". Die Idee ist, Mitarbeiter in Teams zusammenzuführen und für einen klar abgegrenzten Arbeitsumfang verantwortlich zu machen. Durch dieses Job-Enrichment und klare Verantwortlichkeit in der Gruppe entstehen eine höhere Identifikation der Mitarbeiter mit der Tätigkeit und höheres Engagement. Die Gruppenarbeit ist dabei Grundvoraussetzung und Ausgangspunkt zur Entwicklung von Handlungskompetenz.

2.4.2 Kaizen

Kontinuierliche Verbesserung

Kaizen bedeutet sinngemäß „kontinuierliche Verbesserung" (nach Imai 1986: „KAI" = „Veränderung", „ZEN" = „zum Besseren". In Deutschland wird Kaizen oft mit dem Begriff „Kontinuierlicher Verbesserungsprozess" (KVP) übersetzt und häufig synonym verwendet. Kaizen ist eine aus Japan stammende Form des mitarbeiterorientierten Managements. Es wird allgemein definiert als Philosophie der ewigen Veränderung und der Flexibilität, um auf die Veränderungen der Umwelt zu reagieren.

Der Ursprung für die Kaizen-Bewegung lässt sich bis in die 50er-Jahre zurückverfolgen. Zu dieser Zeit war Taiichi Ohno, der Produktionsleiter von Toyota, einer nach dem Zweiten Weltkrieg (damals!) kleinen und eher rückständigen Autoschmiede, auf Grund seiner Beobachtungen in den Ford-Werken von Detroit zu dem Schluss gekommen, dass die Fließbandarbeiter ihr Wissen nicht für den Betrieb einbringen konnten. Japanische Manager waren zu diesem Zeitpunkt bemüht, die gewaltigen industriellen Vorsprünge der USA einzuholen und dazu die westlichen Produktionssysteme mit kritischen Augen zu betrachten.

Das System der tayloristischen Massenfertigung war von Verschwendung hinsichtlich Arbeit, Material und Zeit geprägt. Ohno begann in kleinen Schritten, die Fließbandarbeit auf japanische Verhältnisse umzugestalten. In einem ersten Schritt gruppierte er deshalb Arbeiter zu Teams mit einem Teamleiter – an Stelle des üblichen Vorarbeiters. Die Teams erhielten ein Stück Fließband mit der Aufforderung, zusammen den besten Weg für die Erledigung der Arbeit zu finden. Aus diesem Kontext heraus entwickelte sich über Jahre ein Wirtschaftsprinzip, das heute im Westen als Lean Management bekannt ist. Das Management-Konzept wird folgendermaßen charakterisiert: Kaizen ...

- ist ein längerfristig angelegter organisationsumfassender Entwicklungs- und Veränderungsprozess, der über Jahre verläuft;
- findet grundsätzlich innerhalb und zwischen organisatorischen Einheiten hauptsächlich am Arbeitsplatz statt;
- löst konkrete Probleme am Arbeitsplatz und erfordert direkte Mitwirkung der Betroffenen.

ALS GRUNDSATZ DES KAIZEN GILT: „ES SOLL KEIN TAG VERGEHEN, OHNE VERBESSERUNGEN IM UNTERNEHMEN ERZIELT ZU HABEN.“ DABEI GILT, DASS VERBESSERUNG NICHT HEISST, NUR GROSSE UND TEURE INVESTITIONEN ZU BEWIRKEN, SONDERN SICH UM DIE TAUSEND KLEINIGKEITEN DES ALLTAGS ZU KÜMMERN.

Nicht nur große Änderungen sind gemeint, sondern alles im betrieblichen Alltag

Kaizen orientiert sich an den realen Tätigkeiten und dem „realen Wissen“ und entwickelt damit Führungs- und Organisationsmethoden für ein aktives, transparentes und wertschöpfungsorientiertes Selbstmanagement von Unternehmen im Unternehmen.

Als sehr wichtig wird im Kaizen die vernetzte Betrachtung der Werkzeuge und Ziele betont. Die Kundenorientierung und der Mensch stehen im Fokus. Das Topmanagement hat die Initiative zur Etablierung von Kaizen, wobei als Voraussetzung mitarbeiterorientierte Managementsysteme erforderlich sind. Als weitere Bedingungen werden von Imai (1986) gegenseitiges Vertrauen, die Schaffung eines Zusammengehörigkeitsgefühls sowie die Würdigung der Verbesserungsvorschläge besonders in der Anlaufphase genannt. Bezüglich Einführung und Umsetzung von Kaizen fordert die Japan Human Relations Organization (1994) eine langfristige zeitliche Perspektive.

Die wesentlichen Kriterien des Kaizen:

- Prozessbezogene Leistungen würdigen.
- Führungskräfte denken und handeln prozessorientiert.
- Innovationen erfolgen in kleinen Schritten.
- Kleine quantitative Veränderungen sind Grundlage neuer Qualität.
- Optimierungen werden sofort eingeleitet.
- Jede neu erreichte Qualität zum verbindlichen Standard wird kommuniziert.
- Prinzip: Ende gilt als Anfang, d. h., das Ende eines Innovationsprozesses ist der Anfang eines Optimierungsprozesses.
- Kaizen ist aktive Führungsaufgabe (Verbesserungsvorschläge der Mitarbeiter aktiv einholen).

Weiterhin ist Kaizen geprägt von:

- Vorschlagswesen (Prämien für die Mitarbeiter),
- Kundenorientierung,
- Mechanisierung, Automatisierung,
- umfassender Qualitäts- und Produktivitätskontrolle,
- Qualitätszirkeln,
- Kanban (direkte Belieferung der Produktion mit nötigem Material),
- Kleingruppenarbeit - Verantwortlichkeit in allen Bereichen,
- Kooperation als Arbeits- und Führungsverhalten.

Grundlegend ist ferner:

- Kaizen braucht Ziele (Zielvereinbarungen).

2.4.3 Fazit

Kaizen ist sicher das ganzheitlichste Konzept, das bis heute entwickelt ist.

> ES ZIELT AUF GRADUELLE UND STETIGE VERBESSERUNGEN DER UNTERNEHMENSLEISTUNG IN ALLEN UNTERNEHMENSBEREICHEN UND DURCH ALLE BESCHÄFTIGTEN.

Kosteneinsparungen, Qualitätsverbesserungen und Durchlaufzeitverkürzungen sind die wichtigsten Erfolgsbereiche. Dies wird durch die Eliminierung jeglicher Verschwendung und die Synchronisation von Abläufen mit dem Schwerpunkt auf Produktionsoptimierung erreicht.

Trotz hohen Potenzials scheitern zahlreiche Unternehmen mit dem Konzept

Die Anwendung von Kaizen birgt zwar ein hohes Potenzial mit Produktivitätssteigerungen, Verkürzung der Rüstzeiten, Reduzierung der Fehlerquoten und Bestandsreduzierungen durch konsequente Anwendung der Kaizen-Methoden, aber aus den verschiedensten Gründen scheitern viele Unternehmen mit ihren Veränderungsprozessen. Diese gescheiterten Kostensenkungs- und Verbesserungsprogramme zeigen, dass eine qualitative Veränderung der Unternehmenskultur nicht einfach umzusetzen ist. Eine Studie der Unternehmensberatung A.T. Kearney von 1985 verdeutlicht, dass etwa 80 % der 500 umsatzstärksten Unternehmen seit 1980 verschiedene Qualitätszirkel-Programme gestartet haben, aber 83 % (!) ihre Anstrengungen innerhalb von 18 Monaten nach Beginn eingestellt haben (Sekine, 1994). Die Ursachen liegen in der Regel in einer unzureichenden Einbindung der Mitarbeiter in die neue Philosophie. Auch hier zeigt sich, dass eine Veränderung der Unternehmenskultur und der Denke der Mitarbeiter keine kurzfristige Aktion ist, sondern langfristig angelegt werden muss. Unternehmen, die jedoch konsequent ihre Verbesserungswege gegangen sind, haben erstaunliche Produktivitätsvorsprünge erzielt.

Auch hier muss die Unternehmenskultur einbezogen werden

2.5 Lernende Organisation

Der Begriff der „lernenden Organisation" ist nicht neu und wird seit einigen Jahrzehnten in unterschiedlicher Anwendung genutzt. Definitionen hierfür gibt es ebenso in vielfältiger Form. Eine davon ist besonders treffend (vgl. Groth, U. & Kammel, A.,1998):

„Die lernende Organisation ist eine sich kontinuierlich verändernde Organisation. Sie unterstützt Individuen, Gruppen und die Organisation als Ganzes in einem ständigen Verbesserungsprozess bei der Transformation hinsichtlich der Struktur, der Steuerungspotenziale, der Umfeldwahrnehmung, des Wissensbestandes und des Verhaltens. Das in der lernenden Organisation stattfindende ‚organisationale Lernen' ist als aktive Auseinandersetzung mit dem jeweils spezifischen Umfeld darauf ausgerichtet, das kollektive Wissens- und Verhaltensrepertoire ständig zu verbessern, um eine Steigerung der organisationalen Effizienz zu bewirken."

Einer der Hauptbegründer des aktuellen Verständnisses der „Lernenden Organisation" ist Peter Senge, dessen Buch „Die fünfte Disziplin" allgemein als „Meilenstein zur Präzisierung des Modells betrachtet wird". Er betonte vor allem die so genannten „weichen Faktoren" für die Anpassungsflexibilität von Organisationen. Sein Konzept enthält fünf grundlegende Bausteine bzw. Disziplinen:

Fünf grundlegende Bausteine Lernender Organisationen

1. Personal Mastery (weit gehende Selbstführung im Gesamtinteresse der Organisation)
2. Mental Models (kritisches Hinterfragen von Denk- und Verhaltensmustern)
3. Shared Vision (gemeinsam getragene mittel- und langfristige Vision)
4. Team Learning (kooperativer Austausch von individuell und gemeinsam gesammelten Erfahrungen zur Weiterentwicklung der Handlungskompetenz der Organisation)
5. System Thinking (Denken in Systemen, ganzheitliche Problemanalyse)

Lernen spielt eine herausragende Rolle

Gerade die fünfte Disziplin, das Denken in Systemen, soll nach Senge der Garant für eine ganzheitliche Berücksichtigung aller fünf Faktoren bei der Organisationsgestaltung sein. Wichtig in diesem Zusammenhang ist noch die Definition der unterschiedlichen Arten des Lernens. In der Literatur werden im Allgemeinen drei unterschiedliche Niveaus des Lernens voneinander abgegrenzt:

Drei unterschiedliche Lernniveaus

- Single-loop-learning (Anpassungslernen, Assimilation von Wissen),
- Double-loop-learning (Veränderung des Verhaltensrepertoires, Evolutionslernen),
- Deutero learning (Lernen des Lernens, Entwicklungslernen).

2.5.1 Anpassungslernen (Single-loop-learning)

Bei dieser Art des Lernens passen sich die Mitarbeiter in kleinen, reaktiven Schritten den Umfeldveränderungen an. Die zu Grunde liegenden Grundannahmen, Werte und Normen werden jedoch nicht infrage gestellt. Die daraus entstehenden Veränderungen sind vornehmlich auf der operationalen Ebene der Organisation angesiedelt und zielen vor allem auf die Optimierung der Effizienz kleinerer Prozesse ab („doing the things right").

Einsatzbereich: kleine Prozesse (doing the things right)

Eine grundlegende Erweiterung der kollektiven Wissensbasis in der Organisation ist daher kaum möglich. Die Konzentration auf diese Form des Lernens ermöglicht einer Organisation zwar die Optimierung ihres bisheriges Geschäfts, kann aber nicht verhindern, dass dieses im Zweifelsfall nicht mehr den Bedürfnissen eines sich rapide wandelnden Umfelds entspricht.

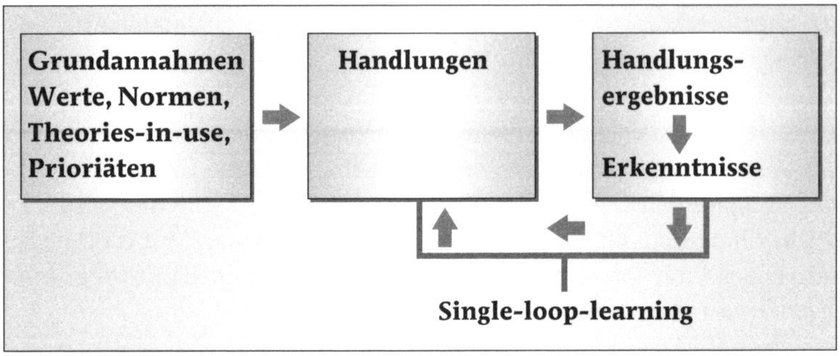

Abb. 2.4: Prinzip des Single-loop-learning (Darstellung in Anlehnung an Argyris, C.: Overcoming Organizational Defense. Boston 1990)

2.5.2 Veränderung des Reaktionsrepertoires (Double-loop-learning)

Einsatzbereich: Normen und Werte mit anpassen – doing the right things

Auf der nächsthöheren Lernebene werden die eigenen Normen und Werte infrage gestellt und gegebenenfalls verändert. Die Fragestellung lautet: „doing the right things". Als Ergebnis verfügt die Organisation durch die erweiterten Veränderungsmöglichkeiten zwar über ein größeres Repertoire an Verhaltens- und Reaktionsweisen, bleibt aber weiterhin auf ein insgesamt umweltbedingtes, reaktives Verhalten beschränkt.

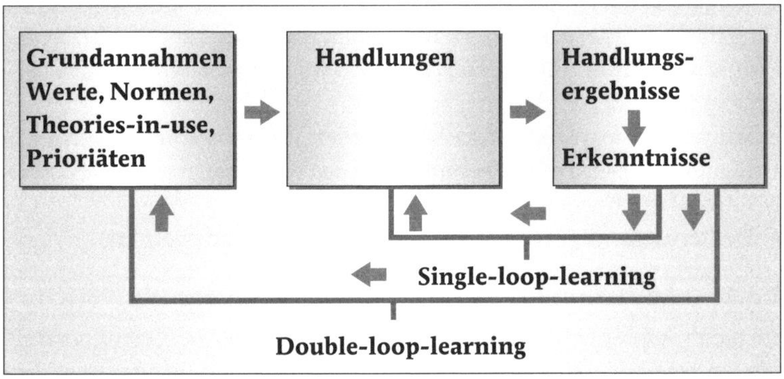

Abb. 2.5: Prinzip des Double-loop-learning (Darstellung wiederum in Anlehnung an Argyris, C. ,1990)

2.5.3 Das Lernen erlernen (Deutero learning)

Das Lernen lernen und Zukünftiges antizipieren können

Deutero learning ist die Fähigkeit, das Lernen zu lernen. Mitarbeiter kommen in die Lage, auf hohem Abstraktionsniveau zukünftige Prozesse und Entwicklungen aktiv zu antizipieren und frühzeitig zu handeln. Mit dieser Lernfähigkeit gelingt es der Organisation, ihre Veränderungsmöglichkeiten vom rein adaptiven Korrigieren von Fehlern zum aktiven und antizipatorisch gestaltenden Lernverhalten weiterzuentwickeln.

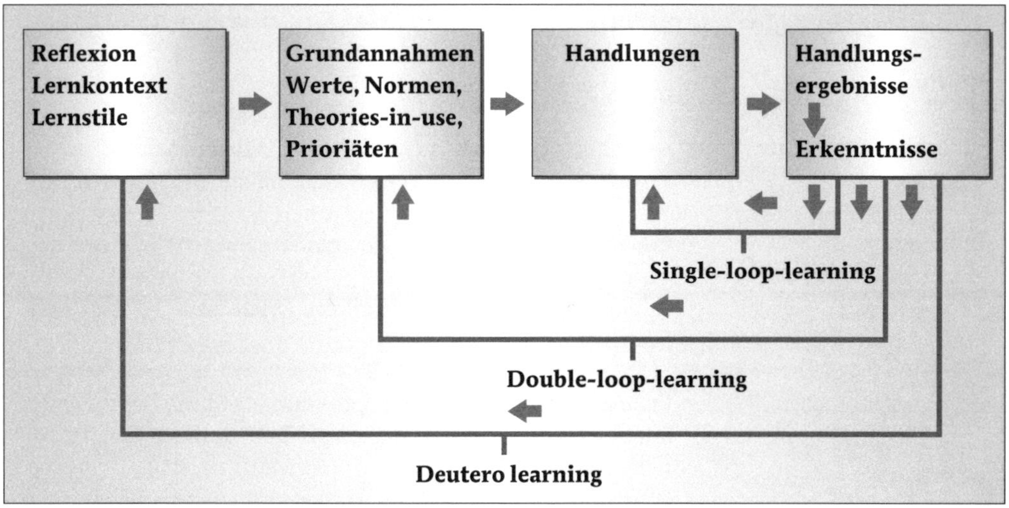

Abb. 2.6: Prinzip des Deutero learning (nach Argyris, C. ,1990)

Im Rahmen von der Einführung einer lernenden Organisation sind folgende Bedingungen zu schaffen:

- Es müssen infrastrukturelle Rahmenbedingungen geschaffen werden, die das Lernen ermöglichen bzw. vereinfachen.
- Die Menschen müssen zum Lernen angeregt und befähigt werden.
- Das Lernen muss gefördert werden.

Für dauerhafte Funktionstüchtigkeit sind drei Schlüsselprobleme zu lösen

Um eine Lernende Organisation in ihrer praktischen Umsetzung auf Dauer funktionstüchtig und erfolgreich zu erhalten, ist es wichtig, dass sich Führung und Mitarbeiter immer wieder drei Schlüsselproblemen stellen.

Es muss ihnen gelingen, das individuelle Wissen und Können möglichst unabhängig von eintretender Personalfluktuation zu sammeln, denn Wissen, das nur Einzelnen zugänglich ist oder bleibt, kann nicht zum Lernen aller beitragen.

Des Weiteren muss die unternehmensdienliche Verwendung des verfügbaren Wissens und Könnens sichergestellt werden. Eine reine Kollektivierung ohne entsprechende Anwendung des Wissens wäre wenig nutzenstiftend.

Schließlich muss es dem Unternehmen gelingen, die angestoßenen Sammlungs- und Anwendungsprozesse auch dauerhaft aufrechtzuerhalten. Dies erfordert eine stetiges Motivieren von Seiten der Führung und entsprechender Projektverantwortlicher.

Um alle diese Aufgaben stets zu bewältigen, ist es hilfreich, folgende Rollen einzurichten bzw. zu übernehmen:

Sinnvolle/erforderliche Rollen in Lernenden Organisationen	
Rolle	**zugehörige Führungsaufgabe**
Rolle des Organisators	• Gestaltung einer Infrastruktur für das Wissensmanagement • Erschließen interner und externer Lernquellen
Rolle des Lernmoderators	• Erklärung komplexer Unternehmenszusammenhänge und des organisatorischen Wandels • Initiierung spezieller Schulungen (Methoden-, Fach- und Sozialkompetenzen)
Rolle des Promotors	• Etablierung einer offenen Lernkultur (Klima, das Fehler erlaubt, Lernen von den anderen als Ziel, Innovationen haben hohen Stellenwert) • Schaffung von Anreizen für Lernanstrengungen, Belohnung konstruktiver, innovativer Beiträge von hoch motivierten MIt-arbeitern (Champions)

2.5.4 Fazit

Das Modell kommt der Idee ständigen Wandels am nächsten, hat aber operative Defizite

Die Lernende Organisation ist ein Modell, das der Idee des ständigen Wandels am nächsten kommt. Leider zeigt sich, dass dieses Modell wenig operative Handlungsanleitungen bietet. So versanden viele gute Ideen oft an der operativen Realität des Unternehmensalltags. Nicht berücksichtigt sind auch die „menschelnden“ Reaktionsweisen im Berufsleben. Wissen als Machtinstrument zu nutzen, Know-how nicht teilen zu wollen oder Neid zu erleben, sind Realitäten, die tagtäglich in Organisationen bestehen. Leider sind diese psychologischen Aspekte im Konzept der lernenden Organisation gar nicht oder nur wenig berücksichtigt.

3 Führung in Veränderungsprozessen

Veränderungen in Unternehmen gestalten sich oft so, als wolle man mit einem großen Öltanker schnell und reibungslos die Richtung wechseln. In solchen Situationen sind klare und weitsichtige Führungsimpulse gefragt. Veränderungssituationen in Unternehmen sind natürlich ungleich komplexer und schwieriger. Durch zunehmend häufige Veränderung wie Fusionen, Reorganisationen, Business Process Reengineering und Change-Prozesse ergeben sich neue, schwierige Herausforderungen für die Gestaltung der Führungsrolle.

Führungsalltag umfasst vielfach, Mitarbeiter durch Veränderungsprozesse zu führen

Heute finden sich Führungskräfte damit konfrontiert, Mitarbeiter sicher durch die mitunter raue See von Veränderungsprozessen führen zu müssen. Es gilt, Visionen und Strategien zu gestalten und diese motivierend und begeisternd zu vermitteln. Die Selbstständigkeit und Eigenmotivation von Mitarbeitern soll aktiviert werden. Gleichzeitig müssen Führungskräfte für die Umsetzung von Veränderungen sorgen und dabei auch unangenehme Probleme besprechen können. Zudem sollen sie die Arbeitsbereitschaft und Leistungsfähigkeit von Mitarbeitern auch in belastenden, sich ständig ändernden Situationen aufrechterhalten und ein produktives und konstruktives Arbeitsklima im Mitarbeiter-Team schaffen. Diesen Anforderungen sind immer mehr Führungskräfte kaum gewachsen. Viele flüchten sich in dieser Situation in die Sicherung ihrer eigenen Position durch mikropolitische Aktivitäten.

Den Führungskräften fällt eine Schlüsselrolle zu

Dabei sind die Führungskräfte der wichtigste Motor und damit auch einer der kritischen Faktoren für den Erfolg von Veränderungsprozessen in einem Unternehmen. Die Erfahrung aus unseren Beratungsprozessen hat gezeigt, dass ohne die Unterstützung aller Führungsebenen viele Veränderungsprozesse zum Scheitern verurteilt sind.

3.1 Grundlagen der Führung

Führung kann als „richtungsweisendes und steuerndes Einwirken auf das Verhalten anderer Menschen, um eine Zielvorstellung zu verwirklichen", definiert werden. Die Aufgaben, die zur Führung gehören, können in Anlehnung an ein Modell von Rosenstiel (1984) beschrieben werden:

Aufgaben der Führung

- Ziele und Aufgaben vereinbaren und deren Erreichung sicherstellen,
- Leistungsfähigkeit der Mitarbeiter und des Teams sichern,
- Leistungsbereitschaft der Mitarbeiter und des Teams sichern.

Darüber hinaus muss eine Führungskraft auch Aufgaben zur Vertretung der Einheit nach außen, gegenüber Kunden, anderen Firmen, anderen Abteilungen und auch gegenüber höheren Führungsebenen übernehmen. Ebenso gilt es, für die Einhaltung arbeitsrechtlicher Bestimmungen Sorge zu tragen, was vielen Führungskräften häufig nicht ausreichend bewusst ist.

Begriff der Führung

Der Begriff der Führung umfasst sowohl eine fachliche Führung als auch disziplinarische Führungsinstrumente, wie z.B. Ermahnung, Abmahnung, Kündigung, Beförderungen, Versetzungen etc. Dabei zeigt die Praxis, dass die ganze Palette der disziplinarischen Führungsinstrumente in vielen Unternehmen oftmals erst mittleren und höheren Ebenen zur Verfügung stehen. Einsteiger-Führungfunktionen wie Teamleitern oder Gruppenleitern steht vielerorts nur die fachliche Führung im Sinne von „wer soll was, wann, wie, wo machen" zu. Zusätzlich dürfen sie auch über den Urlaub entscheiden. Es liegt auf der Hand, dass untere Führungsebenen in solchen Konstellationen weniger Führung ausüben und Verantwortung übernehmen, als sie könnten und als es insbesondere in Veränderungsprozessen notwendig wäre.

Die Frage nach dem „Wie" des Führens

Neben der Frage, welche Aufgaben zur Führung gehören, stellt sich vielen Führungskräften natürlich noch viel mehr die Frage, wie und auf welche Art sie am besten führen sollten. Das ist die Frage nach ihrem Führungsstil. Führungsstile betonen Verhaltensweisen wie „autoritäre" oder „partizipative bzw. demokratische" Führung. Im Laufe der Zeit haben sich die situativen Ansätze zum optimalen Führungsstil entwickelt. Der Führungsstil einer Führungskraft soll der Situation angemessen sein, in der man sich gerade befindet.

Verbreitetes Modell: situatives Führen

So wurde im Modell von Vroom & Yetton (1973) propagiert, dass eine Führungskraft situativ entscheidet, welches der optimale Führungsstil ist. Diese Entscheidungskriterien lauten:

- Ist Qualität der Lösung bzw. der zu fällenden Entscheidung wichtig? (Je wichtiger, umso partizipativer der Führungsstil)
- Sind genügend Informationen vorhanden? (Je weniger Informationen vorhanden, umso partizipativer)
- Ist das Problem strukturiert? (Je strukturierter, umso autoritärer der Führungsstil)
- Ist die Akzeptanz der Entscheidung bei den Mitarbeitern wichtig? (Je wichtiger, umso partizipativer)
- Besteht Akzeptanz bei Alleinentscheidung? (Je mehr Akzeptanz, umso autoritärer)
- Sind die Ziele der Einheit akzeptiert? (Je akzeptierter, umso autoritärer)
- Ist ein Konflikt nach der Entscheidung wahrscheinlich? (Je wahrscheinlicher, umso partizipativer)

Das Modell von Hersey & Blanchard (1977) hingegen gibt Hinweise, wie der Führungsstil auf die spezifische Mitarbeitersituation angepasst werden kann. Der Grundgedanke dieses Modells besteht darin, dass unterschiedliche Qualifikation und Motivation von Mitarbeitern unterschiedliches Führungsverhalten erfordern.

Anpassung der Führung an die Mitarbeiter

Es werden die **Aufgabenorientierung** und die **Mitarbeiterorientierung** unterschieden (siehe Abb. 3.1).

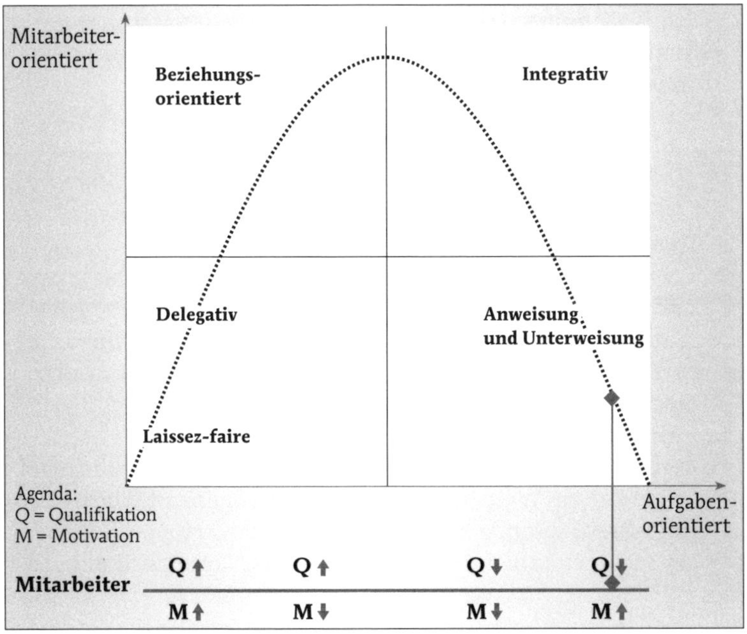

Abb. 3.1: Ausprägung von Mitarbeiter- bzw. Aufgabenorientierung im Führungsstil (nach dem Modells von Hersey und Blanchard)

Ein Mitarbeiter, der hoch motiviert, aber (noch) nicht gut qualifiziert ist, sollte also „anweisend und unterweisend" geführt werden. Sehr qualifizierte und motivierte Mitarbeiter werden nach diesem Modell nicht zu eng und weniger qualifizierte und motivierte Mitarbeiter nicht zu lasch geführt.

Wenn Führungskräfte Mitarbeiter leiten, kann man grundsätzlich zwei Arten von Führungsverhaltensweisen bzw. Steuerungsimpulsen unterscheiden:

Zwei grundsätzliche Verhaltensweisen der Führung

- **Inhaltlich, d.h. fachliche Führungs- und Steuerungsimpulse**, bei diesen handelt es sich um solche Impulse bzw. Verhaltensweisen von Führungskräften, die eine Interaktion inhaltlich und fachlich in eine bestimmte Richtung lenken sollen.
- **Prozessorientierte Führungs- und Steuerungsimpulse**, hierbei handelt es sich um Impulse, mit denen die Vorgehensweise bei einer Interaktion oder bei einer Handlung gesteuert werden soll. Prozessorientierte Führungsimpulse umfassen alle Regieanweisungen und -vorschläge, die sich auf die Vorgehensweise in Interaktionen und Handlungen beziehen sowie z.B. auch das „Führen durch Fragen".

In der Praxis ist zu beobachten, dass das Führungsverhalten vieler Führungskräfte vor allem durch fachliche Steuerungsimpulse geprägt ist. Prozessorientiertes Führungsverhalten wird viel zu selten, und wenn, dann oftmals unbeholfen genutzt.

GUTE FÜHRUNGSKRÄFTE MÜSSEN IN DER LAGE SEIN, JE NACH SITUATION SOWOHL INHALTLICHE ALS AUCH PROZESSORIENTIERTE FÜHRUNGSIMPULSE EINSETZEN ZU KÖNNEN.

Spielregeln einer prozessorientierten Führung

- Starte möglichst partizipativ.
- Wenn Schwierigkeiten auftauchen, muss man als Führungskraft nicht gleich autoritär werden.
- Manche Mitarbeiter nutzen die Gelegenheit, Verantwortung an ihre Führungskraft zurückzudelegieren. In diesem Fall gilt es, unbedingt partizipativ zu führen.
- Bleibe partizipativ, solange es möglich ist.
- Lassen sich Probleme auch mit mehrfachen Versuchen nicht auf partizipativem Wege lösen, muss eine Führungskraft schrittweise zunehmend autoritärer werden.
- Bei Zeitdruck ist in der Regel ein autoritärer Führungsstil sinnvoll.

Führungstechniken und -instrumente

Begriffe wie Techniken und Instrumente wecken bei Führungskräften in der Regel große Hoffnungen. Oftmals werden die Begriffe unbewusst mit der Illusion verbunden, leicht beherrschbare Instrumente in der Hand zu haben, die man wie ein Werkzeug einsetzen kann. Wir verstehen unter Führungstechniken und -instrumenten Ausrüstungen, Fähigkeiten und Kunstfertigkeiten, die zur effektiven Ausübung von Führung notwendig sind. Dabei wollen wir uns auf folgende Instrumente konzentrieren:

Zentrale Instrumente: MBO sowie Anerkennung und Kritik

- Management by Objectives (MBO) bzw. Führen mit Zielen und
- Anerkennung und Kritik.

Führen mit Zielen ist eine der wirksamsten Möglichkeiten, Richtungen vorzugeben und dennoch viel Selbstständigkeit bei der Erarbeitung der Ergebnisse und bei der Wahl des Weges zur Erreichung der Ziele zu lassen. Die Hintergründe und Vorteile dieser Vorgehensweise sind:

- Gut formulierte und vereinbarte Ziele motivieren Mitarbeiter und spornen sie an. Für diese motivierende Wirkung von Zielen gibt es inzwischen auch umfangreiche wissenschaftliche Belege, entgegen der Meinung einiger unverbesserlicher Führungskräfte.
- Ein Unternehmen muss sich und damit seine Mitarbeiter auf die Erreichung von Zielen ausrichten. Eine Verknüpfung der Unternehmensziele mit den Zielen der Mitarbeiter ist nur durch MBO möglich.
- Die Vereinbarung von Zielen ermöglicht Führungskräften eine Steuerung, Begleitung und Unterstützung der Mitarbeiter durch entsprechende Führungsimpulse und Zwischengespräche auf dem Weg zur Zielerreichung.

Schließlich ist es von enormer Bedeutung, dass Führungskräfte Ziele im Gespräch auch auf motivierende Art und Weise vermitteln.

Vier notwendige Schritte zur Vermittlung von Zielen gegenüber Führungskräften

- Zunächst müssen die Ziele besprochen und festgelegt werden.
- Danach müssen die Erfolgskriterien besprochen und vereinbart werden.
- Es müssen zudem die erforderlichen Voraussetzungen und Rahmenbedingungen besprochen werden, die zur Erreichung der Ziele notwendig sind (z.B. Unterstützung durch die Führungskraft).
- Schließlich gilt es, gemeinsam Zwischenschritte, Maßnahmen und Rückmeldungen einzuplanen.

Zwischengespräche

Natürlich gehört zum MBO auch die Steuerung der Zielerreichung durch **Zwischengespräche**. Damit kann eine Führungskraft Nachzügler anspornen und Leistungsträger bestätigen. Nur mit Zwischengesprächen ist überhaupt eine optimale Zielerreichung möglich. Zwischengespräche sollten genutzt werden, um den Mitarbeitern Rückmeldung über ihre Arbeit und ihre Leistung auf dem Weg zur Zielerreichung zu geben. Die Rückmeldungen und Feed-backs der Führungskraft können dann als Lob positiv oder als Kritik negativ gefärbt sein.

Lob

Lob ist ein starkes Mittel. Es motiviert, lenkt das Verhalten des Mitarbeiters in die richtige Richtung und verbessert zudem auch die Beziehung. Deshalb sollte man als Führungskraft so oft loben, wie es realistisch möglich ist. Das Ziel der Anerkennung ist dabei immer die Verhaltensstabilisierung, also die Bestärkung eines Mitarbeiters in seinem Tun. Auch **Kritik** ist ein starkes Führungsinstrument zur Steuerung von Mitarbeitern. Mitarbeitern offen entgegenzutreten und sie persönlich auf bemerkte Mängel hinzuweisen, gehört allerdings zu einer der schwierigsten Aufgaben einer Führungskraft.

Kritik

Spielregeln für Kritikgespräche

- Führen Sie Kritikgespräche generell ungestört unter vier Augen.
- In manchen Literaturquellen wird für ein Kritikgespräch die so genannte „Sandwichtechnik" empfohlen. Sie beinhaltet, mit Lob in ein Kritikgespräch einzusteigen, dann die Kritik auszusprechen und schließlich mit Lob abzuschließen. Von diesem Vorgehen wird unbedingt **abgeraten**. Der Mitarbeiter lernt bei häufigerer Anwendung nämlich sehr schnell, dass er von seiner Führungskraft nach einem

Lob immer kritisiert wird. Es wird in der Folge fast unmöglich, ein Lob auszusprechen, ohne dass der Mitarbeiter auf ein „Aber“ bzw. eine anschließende Kritik wartet. Auf diese Weise entsteht Misstrauen im Verhältnis zwischen Führungskraft und Mitarbeiter.

- An Stelle dessen wird empfohlen, zu Beginn des Gesprächs relativ zügig zum Thema zu kommen. Dann sollte der kritisierte Sachverhalt angesprochen und mit einer Ich-Botschaft verbunden werden (Formulierungsbeispiel: „Sie haben gestern am Telefon zu einem Kunden gesagt „Sie können mich mal kreuzweise ...“. Das gefällt mir gar nicht“).
- Danach muss die Führungskraft den Mitarbeiter mit einer offenen Frage zur Stellungnahme auffordern (Formulierungsbeispiel: „ Wie kam es dazu?“). Diese Frage dient dazu, die Hintergründe für das Verhalten des Mitarbeiters zu erfahren. Selbst, wenn er goldene Löffel gestohlen hat, muss er das Recht bekommen, dazu eine Stellungnahme abzugeben.
- Grundsätzlich ist beim Kritikgespräch das Verhalten des Mitarbeiters und nicht seine Person zu kritisieren. Es gilt sogar: „Wertschätzung gegenüber der Person und Kritik gegenüber dem Verhalten“.
- Die möglichen Reaktionen eines Mitarbeiters auf Kritik sind sehr vielfältig. Grundsätzlich kann man unterscheiden zwischen Einsicht, der Rechtfertigung und einer aggressiven Gegenwehr.
- Nach dem Austausch über die Gründe für das kritisierte Verhalten muss die Führungskraft ihre Veränderungsvorschläge, -wünsche oder -erwartungen klar benennen. Gegebenenfalls kann man als Führungskraft auch gemeinsam mit dem Mitarbeiter Lösungen entwickeln und entsprechende Maßnahmen verabreden. Hierüber sollten klare Vereinbarungen getroffen werden.
- Falls der Mitarbeiter aggressiv reagiert, heißt es einen kühlen Kopf zu bewahren und sich emotional zu distanzieren. Im Gespräch kann man sich als Führungskraft an folgende Phasen halten. Bleibt der Mitarbeiter aggressiv, geht man jeweils in die nächste Phase über:
  1. Lassen Sie den Mitarbeiter zunächst ausreden und geben Sie ihm eine Chance, sein Adrenalin abzubauen; mit Adrenalin im Blut denkt es sich nicht gut. Legen Sie Ihren Standpunkt und die damit verbundenen Erwartungen nochmals ruhig dar.
  2. Geben Sie dem Mitarbeiter eine Rückmeldung über Ihre Wahrnehmung des Gesprächsverlaufs. Fordern Sie ihn auf, sein Gesprächsverhalten zu ändern.
  3. Äußern Sie Ihre Erwartungen für die Zukunft klar und deutlich. Vertagen Sie das Gespräch.
  4. Bringt der neue Termin keinen Erfolg, ordnen Sie die gewünschte Forderung an. Notfalls sollten Sie eine Gesprächsnotiz mit Kopie an den Mitarbeiter gehen lassen.

3.2 Typische Verhaltensmuster in Veränderungssituationen

Konzepte schwieriger Lebensereignisse

Veränderungen sind für Menschen grundsätzlich schwierig. In der Psychologie kennt man schon seit geraumer Zeit verschiedene Konzepte schwieriger Lebensereignisse, die Stress auslösen. Der Tod eines nahestehenden Menschen, Heirat, Jobverlust oder Umzug sind als kritisches, stressauslösendes Ereignis identifiziert. Aber auch eigentlich positive bzw. nicht schlimme Ereignisse können Stress auslösen. Was bewirken dann erst komplexe und schwierige Veränderungsprozesse bei Menschen?

Schrittweise Verarbeitung von Veränderungen

In der Regel haben Menschen eine Vorahnung vor Veränderungen. Häufig wird diese durch ein auslösendes Ereignis unterstützt. Zunächst erfolgt eine meist sehr schnelle emotionale Bewertung der Veränderung. Fällt diese Bewertung auch nur in kleinen Teilbereichen negativ oder risikobehaftet aus, ist die erste Reaktion oftmals Ärger bis hin zur emotionalen Lähmung. Je negativer die Bewertung der Veränderung, umso stärker die innere Verleugnung. Darauf folgt eine innere und handlungsorientierte Auflehnung gegen die anstehende Veränderung. Je stärker das Kontrollbedürfnis eines Menschen ist, umso heftiger und aktiver wird er sich gegen eine Veränderung auflehnen. Kann ein Mensch eine Veränderung nicht aufhalten, sondern nur verzögern oder mitgestalten, tritt schnell Resignation auf. Aus dieser Resignation ergibt sich in den meisten Fällen das Loslassen des Alten, verbunden damit die Trauer um den Verlust.

An dieser Stelle variieren die weiteren Entwicklungsmöglichkeiten. Manche Menschen verharren in dieser Trauer oder fallen sogar wieder in ein früheres Stadium, z.B. der Resignation oder Auflehnung, zurück. Andere Menschen wiederum erleben einen emotionalen Umbruch. Aus diesem Umbruch resultiert ein Arrangement mit der neuen Situation bis hin zur Akzeptanz. Je positiver eine Veränderung bewertet wird, umso schneller wird diese Akzeptanz ereicht. Mit der Akzeptanz ist die Neuorientierung und eventuelle Wertschätzung der Veränderung verbunden.

3.2.1 Verhaltensmuster des Managements

Auch Manager und Führungskräfte reagieren wie oben beschrieben. Ihre spezielle Rolle im Unternehmen, ihr Einfluss und die zum Teil stark ausgeprägten Persönlichkeiten ermöglichen Führungskräften, zusätzlich besondere Verhaltensweisen zu zeigen.

Auch Manager zeigen unterschiedliche Verhaltensmuster hinsichtlich Veränderungen

Hier lassen sich vier typische Verhaltensweisen differenzieren, die in der Matrix auf der folgenden Seite zusammengestellt sind. Den Verhaltensweisen entsprechen „Prototypen“ handelnder Personen, nämlich die Treiber, die bereitwilligen Zuschauer, die Verweigerer und die missmutig Abwartenden, und diesen Gruppen wenden wir uns dann in den folgenden vier Abschnitten im Einzelnen zu.

Verhaltensmuster bzw. Kategorien Handelnder bei Veränderungsprozessen		
	Hohes Kontrollbedürfnis **Aktives Verhalten**	**Niedriges Kontrollbedürfnis** **Passives Verhalten**
Positive Beurteilung der Veränderung	**Treiber** • Gestaltung und Steuerung der Veränderung • Werbung für Veränderung • Hau-Ruck-Umsetzung • Schnell, schnell, auf in die nächste Veränderung • Es lebe die Strategie, die Umsetzung geht schon irgendwie • Optimistisches „Schön-Reden“ • Mikropolitik zur Sicherung eigener Vorteile	**Bereitwillig Passive** • Zuschauen und applaudieren • Ordnungsgemäße Umsetzung der Veränderung • Sicherung der eigenen Besitzstände
Negative Beurteilung der Veränderung	**Verweigerer** • Aktiver, oftmals mikropolitischer Widerstand gegen die Veränderung • Lähmung des Unternehmens • Unterdrückung von Informationen • Fälschung von Zahlen und Datenmaterial • Verteidigung der eigenen Besitzstände • Bewahrer alter Ordnung	**Missmutig Abwartender** • Abwarten und Tee trinken • Selbstlähmung • Keine Entscheidungen fällen • Kopf in den Sand stecken, Veränderung nicht wahrhaben wollen • Beibehalten alter, gewohnter Verhaltensweisen, es ändern sich ja sowieso nur die Namen • Kritik üben und Nein sagen, aber in der Deckung bleiben

3.2.1.1 Treiber

Treiber werden vom Top-Management meistens gern gesehen. Sie sind zur Einführung und Umsetzung von Veränderungen dringend notwendig. In der Anfangsphase von Veränderungen fördern Treiber die Veränderungsprozesse oft dadurch, dass sie selber schnelle Einsicht in die

Notwendigkeit für Veränderungen gewinnen. Diese eigene Einsicht wird schnell in gestaltendes Verhalten umgesetzt. Für die Veränderung wird geworben, Informationen im Unternehmen gestreut und es werden aktive Vorschläge zur Veränderung gemacht. In späteren Phasen des Change-Management steuern die Treiber aktiv und setzen sich gegen Widerstände durch.

Treiber erfüllen eine positive Rolle

GRUNDSÄTZLICH IST DAS VERHALTEN VON FÜHRUNGSKRÄFTEN, DIE ALS TREIBER IN VERÄNDERUNGSPROZESSEN AGIEREN, ALS POSITIV EINZUSCHÄTZEN. ALLERDINGS MACHT, WIE ÜBERALL IM LEBEN, DIE MENGE DAS GIFT. DESWEGEN WERDEN DIE PROBLEMATISCHEN AUSPRÄGUNGEN UND SPIELARTEN DES TREIBERS AUFGEZEIGT.

Treiber laufen aber auch Gefahr, über das Ziel hinauszuschießen

Es kommt vor, dass eine Führungskraft mit ihrer Begeisterung über das Ziel hinausschießt. In solchen Fällen zeigen sich drei typische Phänomene:

- Blindheit für die Zahlen, Daten, Fakten und Argumente, die gegen eine Veränderung sprechen;
- optimistisches Schönreden, sodass die Vorteile der Veränderung deutlich dargestellt werden, während reale Nachteile, Risiken und Gegenargumente abgetan werden;
- manchmal wird auch „mit Kanonen auf Spatzen geschossen", indem vermeintlichen Veränderungsgegnern übermäßig aggressiv gegenübergetreten wird.

Mit diesen Verhaltensweisen erreichen Führungskräfte häufig genau das Gegenteil von dem, was sie beabsichtigen. Insbesondere bei Mitarbeitern entsteht Reaktanz. Sie reagieren nach dem Motto „jetzt erst recht nicht" und erschaffen oft erheblichen Widerstand.

Treiber agieren gelegentlich zu unreflektiert

Darüber hinaus sind weitere Formen problematischer Verhaltensmuster zu beobachten. Manche Treiber neigen zu einer Hau-Ruck-Umsetzung. Der psychologische Grund lässt sich in der Transaktionsanalyse finden. Die Hau-Ruck-Umsetzer leben unter dem stark ausgeprägten Antreiber „Mach schnell". Diese Führungskräfte stehen unter einer starken Ungeduld. Diese Ungeduld führt dazu, dass neue Strategien nicht gut genug durchdacht werden und dass schnell versucht wird, diese undurchdachten Veränderungen im „Hau-Ruck"-Verfahren möglichst schnell umzusetzen. Gleiches erwarten diese Führungskräfte auch von ihren Mitarbeitern. Tun sie dies nicht, ergeben sich unangenehme Reaktionen. Die Literatur bietet dazu den Leitsatz an: „Und sind die Mitarbeiter nicht willig, so brauche ich Gewalt". Sicher ist bei der Realisierung und Umsetzung von Veränderungen auch eine gewisse Konsequenz erforderlich. Nur muss diese dosiert und situativ angemessen eingesetzt werden.

Zunehmend ist bei den Treibern unter den Führungskräften ebenfalls zu beobachten, dass sie von einer Veränderung in die nächste hetzen. Das

Motto scheint zu sein: „Schnell, schnell, auf in die nächste Veränderung". Die Vermutung liegt nahe, dass dieses Verhalten mit dem zunehmend stärker werdenden wirtschaftlichen Druck zusammenhängt. So gesehen sind diese Führungskräfte selbst von einer Veränderungsmanie gehetzt. Weitere Ursachen sind in ihrer Persönlichkeitsstruktur zu sehen. Manche Manager mögen keinen Stillstand und keine Stagnation und fühlen sich nach einer Veränderung erst wieder wohl, wenn sie die nächste Veränderung begonnen haben. Problematisch dabei ist, dass Realisierung und Umsetzung von Veränderungen nicht Schritt mit der Planung halten können. So ist ein Manager schon mit der vierten Veränderung beschäftigt, während die Mitarbeiter emotional und gedanklich noch große Schwierigkeiten mit der ersten Veränderung haben. Gleichzeitig kämpft das Unternehmen oft damit, z.B. technische Neuerungen, neue Kundensegmentierung sauber in die Praxis umzusetzen.

Uns sind Fälle bekannt, in denen die Mitarbeiter eines Bereichs innerhalb von drei aufeinander folgenden Jahren drei Reorganisationen, vier neue Führungskräfte und sage und schreibe sechsmal einen Softwarewechsel über sich ergehen lassen mussten. Sie mögen sagen: „Bei uns passiert so etwas nicht". Täuschen Sie sich nicht! Es gilt die folgende Empfehlung. Wenn Sie wollen, dass Veränderungen in Ihrem Unternehmen erfolglos sind, brauchen Sie nur möglichst viele Veränderungen gleichzeitig anzustoßen. Das ist genauso wie mit dem Motor eines Autos. Fährt man zu lange mit überhöhter Drehzahl und füllt kein Öl nach, wird der Motor nach einiger Zeit defekt sein. Auch Mitarbeiter leiden unter einer zu hohen Veränderungsgeschwindigkeit. Sie tun dies in der Regel nicht laut, sondern wählen oft die leise, aber problematische innere Kündigung.

Manche Führungskräfte nehmen diese Problematik nicht sehr ernst. Es gibt unter den Treibern Manager, die stark in der Planung, allerdings äußerst schwach in der Umsetzung sind.

DAHER SOLLTE JEDES VERÄNDERUNGSKONZEPT NICHT NUR EINE HOHE INHALTLICHE QUALITÄT, SONDERN AUCH GUTE MACHBARKEIT UND PRAKTIKABILITÄT BERÜCKSICHTIGEN.

Man trifft in der Praxis immer wieder Führungskräfte, die sich um die Umsetzbarkeit ihrer Konzepte wenig kümmern. Aus Mitarbeiterkreisen wird ihnen unterstellt, theoretisch und abgehoben zu sein. Dieses Erleben kann von vielen Beratern leider nur zu oft bestätigt werden.

Da Treiber Veränderungen positiv bewerten, versprechen sie sich meistens auch einen Nutzen. Dies kann ein Nutzen für das Unternehmen, aber auch für sie selbst sein. Viele Führungskräfte nutzen die Gelegenheit, das Change-Management so zu gestalten, dass für sie persönliche Vorteile entstehen. Dazu werden alle möglichen mikropolitischen Verhaltensweisen eingesetzt. Es werden Intrigen gesponnen, Informa-

Mikropolitisches Agieren zum eigenen Vorteil birgt Gefahren

tionen manipuliert, Koalitionen geschmiedet, Druckmittel eingesetzt, Fakten geschaffen, Schuldzuweisungen verteilt und viele weitere übliche Techniken der subtilen Manipulation eingesetzt. Derartiges Verhalten hat zwei elementar negative Auswirkungen auf Veränderungsprozesse. Es lähmt die Umsetzung und Realisierung, insbesondere, wenn die Akteure unterschiedliche Interessen verfolgen, was meistens der Fall ist.

Obwohl das Management häufig der Meinung ist, dass seine Schachzüge von anderen Führungskräften und den Mitarbeitern nicht bemerkt werden, ist in der Regel genau das Gegenteil der Fall. Auch unbeteiligte Mitarbeiter und Führungskräfte bemerken sehr schnell, was „gespielt" wird. Da Führungskräfte eine Vorbildfunktion haben, lernen die Mitarbeiter auch dieses Verhalten und nutzen es für sich ähnlich. Dies behindert die Umsetzung von Veränderungen zusätzlich. Deshalb müssen mikropolitische Verhaltensweisen von Führungskräften, die zur Sicherung eigener Vorteile dienen, vom Top-Management schnellstmöglich und konsequent unterbunden werden.

Führungskräfte müssen unbedingt ihre Vorbildfunktion beachten

3.2.1.2 Bereitwillig Passiver

Wider Erwarten gibt es im Management passive Mitglieder

Üblicherweise geht man davon aus, dass Manager keine Zuschauer, sondern nur aktive Gestalter sind. Weit gefehlt – auch unter Führungskräften gibt es nicht wenige passive Mitläufer, die ihr Fähnchen nach dem Wind hängen. Es wird insbesondere beobachtet, wie die mächtigeren Manager entscheiden, um dann anschließend höflich Applaus zu spenden. Manchmal kommt dieses Verhalten zu Stande durch fehlenden Willen, mangelnden Mut oder schlecht ausgeprägte Fähigkeiten, Einfluss auf andere nehmen zu können.

Sie lassen ordnungsgemäße Realisierung erwarten

Von diesen Führungskräften wird man eine knapp ordnungsgemäße Realisierung von Veränderungen erwarten können. Dabei kann es sein, dass dies nicht mit großer Geschwindigkeit vonstatten geht. Das hat zwei mögliche Ursachen. Einerseits gelingt es diesen Führungskräften nicht, den Mitarbeitern die Einsicht und das Engagement für die Veränderungen zu vermitteln. Mitarbeiter erledigen nur das, was notwendigerweise gemacht werden muss. Andererseits fehlt oft die Fähigkeit, angemessen mit Widerstand umzugehen und konsequent zu reagieren. Widerstände zu überwinden, kostet diese Führungskräfte viel Zeit und Kraft.

Jeder Mensch ist bestrebt, für sich zu sorgen. Dies trifft auch auf Führungskräfte zu. Im Rahmen von Change-Prozessen gibt es offene oder verdeckte Möglichkeiten, für sich zu sorgen. Wer über ein hohes Kontrollbedürfnis und ein gewisses Standing verfügt, kann seine Interessen kraftvoll durchsetzen. Die geschieht meistens in Projektmeetings, in Sitzungen eines Lenkungsausschusses oder beim Vorstand. Hat eine Führungskraft ein niedriges Kontrollbedürfnis und weniger Möglichkeiten, offen Einfluss zu nehmen, werden eher verdeckte Strategien eingesetzt. So nutzen die bereitwillig Passiven unter den Führungskräften häufig den Einsatz verdeckter mikropolitischer Techniken.

Auch die passiven Führungskräfte nutzen mikropolitische Techniken

Dies können sein:
- Koalitionsbildung mit mächtigeren Managern,
- zaghafte manipulative Kommunikationsversuche in Sitzungen,
- deutlichere manipulative Kommunikationsversuche in Vier-Augen-Gesprächen,
- Abschieben und Verschieben von Entscheidungen, um ja nichts falsch zu machen,
- höheren Managern nach dem Mund reden,
- vorauseilender Gehorsam gegenüber höheren Führungskräften, um Punkte zu sammeln,
- überzogen positive Darstellung der eigenen Leistungen und der eigenen Gruppe.

Hingegen: Druckmittel werden typischermaßen nicht eingesetzt.

3.2.1.3 Verweigerer

Verweigerung resultiert meist aus Interessenkollisionen

Verwunderlich, aber nicht unmöglich ist es, dass es im Führungskreis eines Unternehmens Verweigerer gibt. Eine solche Haltung wird nur bei Mitarbeitern erwartet. Allgemein wird oft angenommen, dass Manager alles für das Wohl des Unternehmens tun. Neben diesen Unternehmensinteressen berücksichtigt jeder Mensch jedoch immer auch seine eigenen Interessen. Spätestens dann, wenn es zu einer Interessenkollision kommt, wird zwischen den Vorteilen und Nachteilen abgewogen. Veränderungen bringen auch Nachteile für bestimmte Führungskräfte mit sich. Eine Führungskraft verliert ganze Aufgabenbereiche, verfügt über weniger Mitarbeiter, muss Verantwortung abgeben, verliert an Einfluss oder Unabhängigkeit, bekommt einen neuen Chef oder wird einfach nur „geparkt".

Es ist verständlich, dass Manager in solchen Situationen an ihre eigenen Interessen denken. Handelt es sich um aktive Manager mit hohem Kontrollbedürfnis, werden sie entsprechend aktiv für ihre Interessen eintreten und diese durchsetzen. Ein bekanntes Beispiel hierfür ist der Verkauf von Mannesmann D2 an Vodafone, bei dem sich, so der Vorwurf, der zur gerichtlichen Auseinandersetzung geführt hat, einige Manager selbst hohe Abfindungen genehmigt haben sollen. Manchmal ist es aber auch nur der als zu stark empfundene Leidensdruck, der solche Führungskräfte dann zum Handeln treibt.

Aktive Behinderung des Change-Prozesses ist nicht auszuschließen

Wer sich als Führungskraft gegen eine Veränderung wehren will, findet in den frühen Phasen des Veränderungsprozesses gute Möglichkeiten. Bereits im Volksmund heißt es: „Wehret den Anfängen". Was bietet sich für Verweigerer besser an, als die Notwendigkeit für eine Veränderung vehement zu bestreiten? Dabei sind folgende Verhaltensweisen zu beobachten. Es wird darauf verwiesen, dass es bisher doch eigentlich gar nicht so schlecht, sondern eher gut läuft. Informationen über Probleme und Notwendigkeit zur Veränderung werden systematisch unterdrückt. Das geht so weit, dass Zahlen oder Datenmaterial übermäßig positiv dargestellt und teilweise sogar gefälscht werden. Mögliche Neuerungen werden schon im Ansatz abgewertet und als „Quatsch" oder „Blödsinn" bezeichnet. Die Nachteile und Risiken des Change-Management werden überbetont, die Vorteile heruntergespielt. Es folgen intensive Überzeugungsversuche gegenüber anderen, um die Notwendigkeit zu einer Veränderung zu leugnen.

Taktisch gesehen, sind die aufgelisteten Verhaltensweisen äußerst geschickt. Sie zielen unbewusst, aber hochwirksam auf zwei der drei hauptsächlichen Gründe, warum Menschen überhaupt Veränderungen anstreben: Man verspricht sich einen Nutzen von einer Veränderung. Dieser wird von Verweigerern heruntergespielt. Es wird ein hoher Leidensdruck empfunden. Dieser wird von Verweigerern mit allen zur Verfügung stehenden Mitteln bestritten. Dies geschieht oft sogar noch im Rückblick. Aus unserer Beratungserfahrung ist Leidensdruck einer der stärksten Auslöser für Veränderungen. Damit ist gleichzeitig Erfolg mit bestehenden Strukturen einer der größten Feinde von Veränderungen. Je weitsichtiger und frühzeitiger eine Veränderung geplant ist, je weiter eine potenzielle wirtschaftliche Schwierigkeit in der Zukunft liegt, umso geringer ist der empfundene Leidensdruck und umso größer der Widerstand gegen Veränderungen. Wenn die bestehende Situation lange nicht verändert wurde, wird sie als statisch, monoton und langweilig erlebt. Das ist ein häufiger Grund für persönliche Veränderungen.

Auch in späteren Phasen von Veränderungsprozessen kämpfen die Verweigerer mit allen Mitteln gegen die Realisierung. Dies zeigt sich in aktivem, oftmals mikropolitischem Widerstand. Die Mitarbeit an Entscheidungen wird verzögert, die Realisierbarkeit von Konzepten wird bestritten, die Umsetzung wird verschleppt, behindert oder sogar einfach ignoriert, während nach oben falsche Informationen hinsichtlich der Realisierung gemeldet werden. Dadurch kann ein Change-Prozess verzögert, gestoppt oder sogar das Unternehmen gelähmt werden.

Die mittlere Führungsebene kann sich als Lähmschicht erweisen

Daher ist das mittlere Management einer der wichtigsten Erfolgs- oder auch Misserfolgsfaktoren für einen Veränderungsprozess. Deswegen wird die mittlere Führungsschicht auch als die „Lähmschicht" bezeichnet.

Verweigerung kann aber auch positive, Werte erhaltende Gründe haben

Nicht alles, was alt ist, ist auch schlecht. Deshalb üben Verweigerer aus systemischer Perspektive trotzdem eine positive Funktion aus. Sie helfen dem Unternehmen, Altes zu bewahren. Das kann eine wichtige und gute Funktion sein, wenn die alten Strukturen, Vorgehensweisen, Prozesse oder Verhaltensweisen gut funktioniert haben.

Es ist sinnvoll, bremsendes Verhalten einer Führungskraft differenziert zu betrachten. Erst nach einer detaillierten Analyse des Verhaltens und der Beweggründe kann entschieden werden, ob es sich um einen Verweigerer, einen Bewahrer oder vielleicht sogar beides handelt.

3.2.1.4 Missmutig Abwartender

Wenn Führungskräfte etwas nicht gutheißen, muss es nicht sein, dass sie sich wehren. Im Gegenteil, es gibt eine eine große Zahl von Managern, die in manchen Situationen zunächst abwarten. Das sind die missmutig Abwartenden. Ihr Verhalten resultiert aus taktischen Erwägungen, mangelnden Mut, einem geringen Kontrollbedürfnis oder einer Unterschätzung der eigenen Einflussmöglichkeiten.

Grundsätzlich ist das Verhalten dieser Führungskräfte geprägt durch die Haltung: „Abwarten und Tee trinken; möglichst keine Nachteile erleiden und wo möglich, bremsen". Mit dieser Grundstimmung gehen drei verschiedene Verhaltensmuster einher: Kritik üben und Nein sagen, aber in der Deckung bleiben; den Kopf in den Sand stecken und die Veränderung nicht wahrhaben wollen oder die Selbstlähmung.

Missmutig Abwartende fördern eine „Motzkultur"

Die missmutig Abwartenden unter den Führungskräften üben Kritik und sagen Nein zu anstehenden Veränderungen. Gleichzeitig versuchen sie, in der Deckung zu bleiben und mit ihrer negativen Haltung nicht zu sehr aufzufallen. Auf diese Weise wird eine „Motzkultur" gefördert, die es äußerst schwer macht, geplante Veränderungen umzusetzen. Die Schwierigkeit besteht insbesondere darin, die entstehenden Widerstände und deren Verursacher zu lokalisieren, um konstruktiv einen Dialog zu fühen. Für das Top-Management entsteht die Situation, dass Veränderungen aus irgendwelchen schwer zu greifenden Gründen nicht umgesetzt werden.

... und sie verschleppen Maßnahmen

Führungskräfte, die den Kopf in den Sand stecken, die die anstehenden Veränderungen nicht wahrhaben wollen, verzögern notwendige Entscheidungen. Beispielsweise müssen zur Realisierung einer neuen Kundensegmentierung in den Filialen die Kunden neu sortiert und den Beratern neu zugeordnet werden. Es sind Führungskräfte bekannt, die auf Grund ihrer missmutig abwartenden Haltung keine Anweisungen zu solchen Veränderungen an ihre Mitarbeiter gegeben haben. In einem anderen Beispiel sollten die Aufgaben neu verteilt werden. Getreu dem Motto „Es ändern sich ja sowieso nur die Namen, aber ansonsten bleibt alles beim Alten", wurden auf Grund mangelnder Anleitungen der Führungskraft die alten Aufgaben weiter ausgeführt. Dies geschah so lange, bis andere Führungskräfte darauf aufmerksam wurden und sich beim Vorstand beklagten. Diese Muster sind insbesondere häufig zu beobachten, wenn es um die Veränderung von Verhaltensweisen geht. Sollen beispielsweise Vertriebsmitarbeiter neue Aufgaben beim Kunden wahrnehmen, ist die Umsetzung sehr schwer zu kontrollieren. Missmutig abwartende Führungskräfte kümmern sich wenig bis überhaupt nicht um solche Kontrollen. Man lässt es oftmals laufen und stimmt sogar teilweise noch in die Diskussion mit ein, wie unsinnig die „verordneten" Veränderungen seien.

Durch die negative Einstellung und die gleichzeitig passive Haltung entsteht bei manchen Führungskräften eine teils bewusste, teils unbewusste Selbstlähmung. Während die einen sagen „Ich warte erst mal ab, ob das alles wirklich so kommt“, fällen die anderen keine Entscheidungen mehr, um auf diese Weise zu bremsen. Meistens bremsen sie damit auch sich selbst und ihre Mitarbeiter. Aus unserer Beratungserfahrung kennen wir Firmen, bei denen die Führungskräfte ganzer Unternehmensbereiche monatelang keine Entscheidung gefällt haben. Gerne wird der gute Wille vorgeschoben. „Wir wollen ja für das Unternehmen nichts falsch machen“, heißt es dann. Dabei ist es eine der wichtigsten, aber sicher auch schwierigsten Aufgaben von Führungskräften, Entscheidungen auch unter Unsicherheit zu treffen. Um es noch mal klarzustellen: Es geht hierbei nicht um Führungskräfte, die wegen mangelnder Informationen noch einen kurzen Zeitraum abwarten wollen, sondern um die Manager, die auf Grund einer negativen Einstellung zur Veränderung über Monate Entscheidungen verzögern.

Erfahrungen zeigen, dass es oft Entscheidungsblockaden gibt

3.2.2 Das Top-Management

Das Top-Management mit seinem Umsetzungswillen ist ein wichtiger Erfolgsfaktor für Veränderungsprozesse. An dieser Stelle kommen wir noch einmal auf die Einführung zu diesem Buch und den dortigen HInweis zurück, dass sich zahlreiche, für große Unternehmen getroffene Aussagen sinnfällig auf kleinere übertragen lassen. Was nachfolgend über das Top-Management gesagt wird, stimmt – unabhängig von den Funktionsbezeichnungen – im Kern für die analog Verantwortlichen in den kleineren Unternehmen.

Die eingangs aufgezeigten Typen und Verhaltensmuster gelten natürlich ebenso für das Top-Management. Auch unter ihnen gibt es Treiber, Verweigerer, bereitwillige Zuschauer und missmutig Abwartende. Nur haben die positiven und negativen Verhaltensmuster dieser Typen im Top-Management ungleich stärkere Auswirkungen auf das ganze Unternehmen. Für viele Veränderungsprozesse gilt, was alle Mitarbeiter oft wissen, was aber die Top-Führungskräfte selbst nicht gerne wahrhaben wollen: „Der Fisch fängt am Kopf an zu stinken“. So wird die mangelnde Überzeugung eines Top-Managers für einen Change-Prozess mit Sicherheit dazu führen, dass keine oder nur eine halbherzige Umsetzung stattfindet.

Die Verhaltensmuster sind auch im Top-Management anzutreffen

> MITARBEITER SCHAUEN SEHR STARK DARAUF, WIE SICH DIE TOP-FÜHRUNGSKRÄFTE VERÄNDERUNGEN GEGENÜBER VERHALTEN. ABER NICHT NUR DARAUF WIRD GEACHTET. MITARBEITER NEHMEN GENAU WAHR, WAS IN DER UNTERNEHMENSSPITZE GESCHIEHT UND WIE TOP-MANAGER DARAUF REAGIEREN. DIESE JEDOCH SIND SICH IHRER AUSSENWIRKUNG OFTMALS NICHT ODER NUR WENIG BEWUSST.

Aus unserer Beratungspraxis verfügen wir über eine Reihe von Erfahrungen, die verblüffen mögen: Vielfach ist es Top-Führungskräften einfach

Top-Führungskräfte sind sich oft ihrer Außenwirkung nicht bewusst

egal, wie über sie gedacht wird. Es gibt Top-Führungskräfte, die sich im Rahmen einer Reorganisation in Diskussionsrunden den Fragen der Mitarbeiter stellen wollen, um dann bei jeder Frage gelangweilt aus dem Fenster zu schauen und Ausflüchte statt Antworten zu geben. Natürlich wird dies von den Mitarbeitern als Desinteresse an ihnen und an der Veränderung interpretiert.

Führungskräfte haben eine Vorbildfunktion, die sie leider häufig unterschätzen und der sie oft nicht gerecht werden. Aus dieser Vorbildfunktion resultiert eine Vorbildwirkung. Letztendlich gilt dann „wie der Herr, so's Gescherr" oder anders ausgedrückt, hat jede Führungskraft auf Dauer auch die Mitarbeiter, die sie verdient.

Ziele werden oftmals nicht offen gelegt

Top-Führungskräfte verfolgen mit Veränderungsprozessen häufig viele Ziele. Aus verschiedenen Gründen werden nicht alle diese Ziele immer offiziell genannt. So entstehen die so genannten Hidden-Agendas. Manchmal werden die Ziele einer Veränderung erst „häppchenweise" aufgedeckt. Es gibt die Wahrheit auf Raten. Mitarbeiter vermuten diese verdeckten Ziele und verzögerten Wahrheiten meistens sehr schnell. Selbst, wenn sie dabei nicht genau die wirklichen verdeckten Ziele erspüren, entstehen doch die wildesten Gerüchte, von denen der Kern der Sache oft nahe an der Wahrheit liegt. Aus unerfindlichen Gründen glauben viele Top-Manager allerdings nicht, dass ihre Strategien und Techniken von Mitarbeitern durchschaut werden. Weit gefehlt, in der Regel wissen die Mitarbeiter sehr genau, was Sache ist. Sie sind dann meistens nicht besonders glücklich über die verdeckten Ziele und zusätzlich fühlen sie sich verschaukelt und verraten. Informationskontrolle, -manipulation, -verzögerung oder sogar das Verschweigen von Informationen bewirken die Zunahme von Widerstand.

Es werden untaugliche bis unreelle Verhaltsweisen praktiziert

Top-Manager zeigen, und auch das sind wiederum eigentlich erstaunliche Erkenntnisse aus unserer Beratungspraxis, folgende Verhaltensmuster besonders häufig:

- Manipulation und Unterdrückung von Informationen (Hidden Agenda, Wahrheit auf Raten etc.),
- „Schnell, schnell, auf in die nächste Veränderung",
- Optimistisches „Schönreden" oder
- „Es lebe die Strategie, die Umsetzung geht schon irgendwie".

Auf Grund der Position von Top-Führungskräften haben diese Verhaltensweisen allerdings besondere Auswirkungen auf Unternehmen. Besonders Menge und Geschwindigkeit von immer neuen Veränderungsmaßnahmen, die die Spitzenmanager heute anstoßen, sind für ein Unternehmen und deren Mitarbeiter nur sehr schwer zu verkraften. Oft wird darauf verwiesen, dass für eine effiziente Bearbeitung des Marktes solche Veränderungen erforderlich sind. Was nützt jedoch eine Umstrukturierung, bei der man sich nach den Kundensegmenten aufstellt, wenn das gleichzeitig die vierte Reorganisation für bestimmte Mitarbeiter ist und diese dadurch zutiefst demotiviert sind? Manche Unternehmen beschäftigen sich heute so sehr mit sich selbst und ihren Veränderungen, dass für den Kunden sowieso viel zu wenig Zeit bleibt.

Viele Mitarbeiter sind frustriert über die optimistischen „Schönreden" mancher Top-Manager. In solchen Reden werden Risiken von Veränderungen heruntergespielt, negiert und offensichtliche Nachteile abgewertet oder als Krimskram abgetan. Selbst wenn die Nachteile offen zu Tage treten und für jeden sichtbar sind, wird noch so getan, als würde alles gut funktionieren. So wurde zum Beispiel bei einer notwendigen sechsmonatigen Umbaumaßnahme eines Schulungszentrums durch einen Spitzenmanager verkündet: „Alle lauten und Lärm verursachenden Tätigkeiten werden in der dreimonatigen Sommerpause durchgeführt. Danach entsteht kein Lärm mehr." Jeder Leser wird sofort wissen, wie unsinnig diese Behauptung ist. Bei einem Umbau entsteht natürlich auch in späteren Phasen häufig Lärm. Nur sind viele Top-Führungskräfte daran gewöhnt, die Dinge positiv darzustellen. Dies liegt in vielen Fällen daran, dass sie in der Öffentlichkeit der Shareholder und der Presse stehen und dort mit negativen Aussagen äußerst vorsichtig sein müssen. Nur intern führt diese Form der Kommunikation zu heftigen Vertrauensverlusten gegenüber dem Top-Manager.

Ein typischer Fehler ist das „Schönreden"

Ähnliche Wirkungen erzielen die Top-Führungskräfte, die sich vor allem um die strategische Konzeption von Veränderungen kümmern, dann aber alles seinen Gang gehen lassen und sich nicht weiter um die Umsetzung kümmern. Natürlich ist es eine der wichtigsten Aufgaben eines Top-Managers, strategische Ziele und Konzepte zu entwerfen. Aber es ist ebenso seine Aufgabe, deren Wirksamkeit zu überprüfen. Man findet in der Praxis viele Manager, die diese Aufgabe vernachlässigen. Auf diese Weise kommt es zu einem Phänomen, was man in vielen Unternehmen antrifft. Das Top-Management und die Mitarbeiter haben sich voneinander abgekoppelt. „Die da oben" entscheiden irgendetwas, was „die da unten" mit Stirnrunzeln zur Kenntnis nehmen und, wenn überhaupt, eher widerwillig umsetzen.

Ein weiterer Fehler ist das fehlende Herunterbrechen ins Operative

Abschließend sei darauf hingewiesen, dass es auf der Ebene der Top-Manager auch viele positive Beispiele für das Vorantreiben und die Unterstützung von Veränderungsprozessen gibt. Aus unserer Beratungspraxis kennen wir Geschäftsleiter, die klare, offene und vollständige Informationen über anstehende Veränderungen kommunizieren, diese mit einem großen persönlichen Aufwand und Engagement den Mitarbeitern vermitteln und die Umsetzung effektiv kontrollieren und konsequent steuern. Wenn wir Ihnen in diesem Abschnitt Fehlverhalten ausführlich dargelegt haben und zum Schluss positive Beispiele erwähnen, möchten wir Sie einfach darauf hinweisen und zum Reflektieren darüber anregen, dass nicht überall selbstverständlich das „Richtige" getan wird, sondern dass in der Gestaltung von Change-Prozessen die im Menschen liegenden Hindernisse auch auf der Top-Ebene zu beachten sind.

3.3 Führungsaufgaben in Veränderungsprozessen

Ohne die Unterstützung von Führungskräften lassen sich Veränderungen nicht erfolgreich umsetzen. Führung und Ausführung von Veränderungen sind aufeinander angewiesen und voneinander abhängig. Führungskräften ist ihre zentrale Rolle manchmal nicht bewusst. So kann es geschehen, dass Neuerungen, die im Auftrag des Vorstandes konzipiert wurden, kommentarlos an Mitarbeiter gegeben werden.

Beispiel

Man trifft bei bei Fusionen den Fall an, dass man aus Kostengründen die Nutzung einer gemeinsamen Software wünscht. Stehen Zeit und Geld bereit, kann man sich entscheiden, die besten Softwarebestandteile aus beiden fusionierenden Häusern zu einem System zu integrieren. In der heutigen wirtschaftlichen Situation ist dies eher selten. Also fällt oft die Entscheidung für das Softwaresystem eines der beiden fusionierenden Unternehmen, mit dem dann auch die Mitarbeiter des anderen Unternehmens arbeiten dürfen oder müssen. In einer solchen Situation ist es die Aufgabe aller Führungskräfte, diese Entscheidung nicht nur einfach zu verkünden, sondern verständlich und verständig zu erläutern und alle Hintergründe zu erklären.

BEI JEDER VERÄNDERUNG SIND FÜHRUNGSKRÄFTE AUF DEN GUTEN WILLEN, DAS ENGAGEMENT UND DIE UNTERSTÜTZUNG IHRER MITARBEITER ANGEWIESEN. DIESE HALTUNG DER MITARBEITER KOMMT ZU STANDE, WENN SIE DIE ANSTEHENDE VERÄNDERUNG VERSTANDEN HABEN UND SICH DARAUF EINLASSEN WOLLEN.

Eine Führungskraft kann das nicht befehlen, sondern muss vielfältige Maßnahmen und Handlungen schrittweise durchführen. Insgesamt ergeben sich vier Kernaufgaben bzw. Aufgabensäulen für einen effektiven Veränderungsmanager.

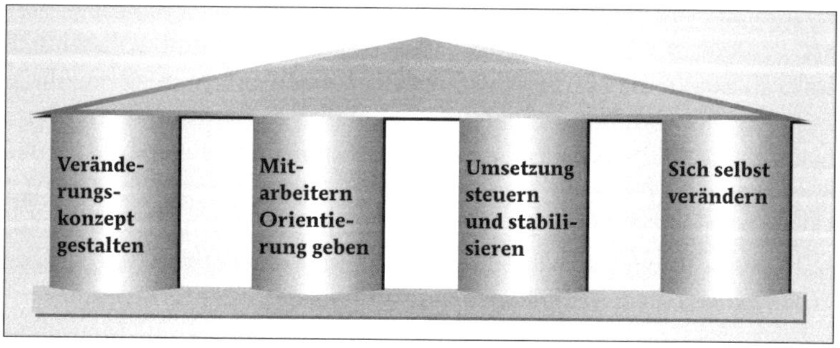

Abb. 3.2: Das Vier-Säulen-Modell

3.3.1 Veränderungskonzept gestalten

Zuallererst gilt es, das Konzept für eine Veränderung zu gestalten. Es ist gefährlich und sollte nur in Notsituationen geschehen, ein Unternehmen unvorbereitet und ohne Konzeption in eine Veränderung zu führen. Folgende Aufgaben fallen bei der Vorbereitung und Gestaltung eines Veränderungskonzepts an:

Kein Veränderungsprozess ohne vorheriges Konzept!

- Fundierte Prüfung der Sinnhaftigkeit und Machbarkeit einer Veränderung,
- systematische Erarbeitung eines Konzeptes, inklusive der Ziele und der Realisierungsplanung für die geplante Veränderung,
- möglichst rationelle Entscheidungsfindung auf Basis von Zahlen, Daten und Fakten und
- Aufsetzen einer sauberen Projektstruktur und Projektvorgehensweise.

Die Aufgabe von Führungskräften besteht in dieser Phase nicht darin, alle aufgelisteten Tätigkeiten selber abzuarbeiten. Diese Aufgaben können delegiert werden und dies in größeren Unternehmen nicht nur an Einzelne, sondern an Projektteams.

Die Erarbeitung sollte delegiert werden ...

Das setzt eine sorgfältige Kontrolle voraus. Aufgabe der Führungskräfte ist es, dafür zu sogen, dass die Konzepte ordnungsgemäß erstellt werden. Klare Rückmeldungen, Feed-backs und Entscheidungen folgen. Besonders bei Entscheidungen ist es wichtig, dass Manager nicht zu lange zögern oder halbherzig entscheiden.

Gleichzeitig ist es die Aufgabe von Führungskräften, die Konzeption mitzugestalten. Dies kann in mittelbarer Form durch die Beteiligung an Lenkungsausschüssen oder in unmittelbarer Form durch die direkte Mitarbeit in Veränderungsprojekten geschehen. Risiken und potenzielle Nachteile dürfen nicht einfach ausgeklammert werden.

... aber unter Mitgestaltung durch die Führungskräfte

Ebenso wichtig ist es, die Bedürfnisse und Erwartungen der Mitarbeiter zu berücksichtigen.

3.3.2 Orientierung und Motivation geben

Zur Einleitung stellen wir zunächst ein Fallbeispiel dar.

Beispiel

Stellen Sie sich folgende Situation vor: Eine Bank beschließt, einen Teil ihrer Filialen umzugestalten, um sie für den Kunden attraktiver zu machen. In wenigen ausgewählten Pilotfilialen werden die alten Schalter entfernt und durch Kontaktpunkte zum Kunden ersetzt; in diesem Fall einfache runde Bistrotische. An diesen Tischen soll zukünftig der Kunde empfangen werden, indem er aktiv angesprochen und dann zu einem Kundenberater in einer abgeschirmten Ecke oder einem Büro geleitet wird. Dazu wurden noch einige Multimedia-Informationsterminals aufgestellt, zudem gibt es noch Kunst an der Wand.

Stellen Sie sich nun weiter vor, wie ein Kunde in diese Filiale kommt. Am Bistrotisch steht ein Kundenberater und vermeidet den Augenkontakt mit dem Kunden. Die ganze Sache ist ihm irgendwie unangenehm. Der Kunde spricht den Berater an und erkundigt sich über die Gestaltung der Filiale: „Das ist aber interessant hier, wieso haben Sie denn das so gestaltet, was sollen denn die Terminals hier und wieso sind denn keine der üblichen Schalter mehr da?“ Der Berater antwortet: „Das kann ich Ihnen auch nicht sagen, ich weiß es nicht, aber kommen Sie doch einfach mit.“

Sie glauben es nicht? Es handelt sich um einen real erlebten Fall aus der Praxis. Was war geschehen? Der Mitarbeiter hatte keine Informationen, aus welchen Gründen die Filiale so gestaltet war, geschweige denn, was man mit diesem neuen Filialkonzept erreichen wollte. Zudem war ihm die ganze Sache auch noch außerordentlich unangenehm. Mitarbeiter finden dann ihren eigenen Ausweg aus der Situation. In unserem Fallbeispiel wurde schnellstmöglich wieder eine vertraute Situation aufgesucht; man ging in ein Büro mit einem schalterähnlichen Schreibtisch.

Engagement der Mitarbeiter setzt Sinngebung voraus

WER ENGAGEMENT MÖCHTE, MUSS SINN BIETEN. UM VERÄNDERUNGEN EFFEKTIV UMZUSETZEN, IST DAS VERSTÄNDNIS, DIE AKZEPTANZ UND DAS ENGAGEMENT DER MITARBEITER UNBEDINGT ERFORDERLICH.

Dies lässt sich nicht anordnen, sondern manchmal nur mühsam erreichen. Dazu ist es notwendig,

- selbst eine klare Orientierung zu haben, wo es wozu hingehen soll,
- Mitarbeitern die Einsicht in die Notwendigkeit von Veränderungen zu vermitteln, indem ein Problembewusstsein geschaffen wird,
- die Ausgangslage, die Hintergründe, Sinn und Notwendigkeiten von Veränderungen klar zu kommunizieren,
- die geplanten Ziele, Maßnahmen und deren Sinn zu erläutern,
- die Mitarbeiter zu überzeugen und sie für diese Ziele und Maßnahmen zu motivieren und vielleicht sogar zu begeistern sowie
- auch während eines Veränderungsprozesses regelmäßig über Zwischenstände und Zwischenerfolge zu informieren.

Nicht alle Führungskräfte sind selbst überzeugt von einer Veränderung (wie wir in Abschnitt 3.2 schon aufgezeigt haben). Dies ist jedoch nötig, um andere zu überzeugen und ihnen Orientierung zu geben. Dabei reicht es nicht aus, nur zu sagen, was in Zukunft anders geregelt ist oder anders gemacht werden soll. Es müssen Hintergründe, Sinn und Notwendigkeiten vermittelt werden. Eine erhebliche Anzahl an Managern der mittleren Führungsebene kennt solche Hintergründe teilweise selbst nicht oder ist nicht davon überzeugt. Vermutlich haben die Top-Führungskräfte ebenfalls mangelhafte Informationen über Hintergründe gegeben. Nur die Beweggründe dafür sind andere:

- Man möchte noch keine unfertigen Konzepte bekannt geben.
- Man verfolgt geheime eigene Ziele.
- Man hält manipulative Informationspolitik für ein gutes Mittel, eigene Interessen durchzusetzen.
- Man glaubt, die Veränderungen werden auch ohne Hintergrundinformationen umgesetzt, weil es einfach sein muss; ein Unternehmen ist schließlich keine Demokratie.
- Man hat nur wenig Zeit für umfangreiche Kommunikation.
- Auch wenn Sie es vielleicht nicht glauben, zum Teil werden Hintergrundinformationen sogar einfach vergessen, weil sonst so viel zu tun ist.

FÜR ALLE FÜHRUNGSKRÄFTE GILT: GEBEN SIE IHREN MITARBEITERN INFORMATIONEN ÜBER ZIELE, MASSNAHMEN, SINN, NOTWENDIGKEIT UND HINTERGRÜNDE VON VERÄNDERUNGEN. STEHEN SIE ZUDEM FÜR FRAGEN ZUR VERFÜGUNG.

3.3.3 Umsetzung steuern und stabilisieren

Information und Aufklärung schützt nicht vor Kritik und Widerstand

Auch wenn Mitarbeiter gut informiert sind und die Notwendigkeit für Veränderungen verstanden haben, müssen sie die Veränderung weder akzeptieren noch gut finden. Im Gegenteil, auch bei guter Aufklärungs- und Überzeugungsarbeit gibt es weitere Hindernisse für die Umsetzung von Veränderungen. Mitarbeiter zeigen weiterhin Widerstand, denn Orientierung zu haben, ist eine notwendige, aber keine hinreichende Bedingung für den Erfolg von Change-Prozessen.

Führungskräfte müssen aktiv und konsequent für die Umsetzung von Veränderungen sorgen.

Checkliste: Führungsaufgaben zur Steuerung der Umsetzung von Veränderungen

- Klare Aussagen darüber, was sich verändert und was Mitarbeiter zukünftig anders tun sollen
- Gewinnung von Meinungsführern und Multiplikatoren
- Motivation und Überzeugung der Mitarbeiter
- Regelmäßige (auch kritische) Kontrolle und Reflexion des Umsetzungsfortschritts
- Kommunikation der Zwischen-Ergebnisse
- Konstruktiver Umgang mit Widerständen
- Gespräche mit Mitarbeitern, die Vorteile verlieren oder Nachteile erleiden
- Konsequente Führungsentscheidungen

Checkliste:
Gespräche mit Mitarbeitern bei Widerständen

- Verständnis wecken
- Ziele klar und deutlich definieren
- Vor- und Nachteile besprechen, ohne diese „schön zu reden"
- Unterstützung erörtern
- Alternativen und Perspektiven ehrlich (!) aufzuzeigen
- Realisierung vereinbaren

In der Natur werden Evolutions- und Entwicklungsprozesse oftmals durch Konsequenzen gesteuert. Wenn irgendeine Art zum Beispiel ein neues Verhalten oder Merkmal entwickelt, entscheidet sich über die Konsequenzen sehr schnell, wie erfolgreich diese Neuerung ist. Bringt sie Vorteile mit sich, hat die Art eine bessere Erfolgs- und damit höhere Überlebenschance. Bringt sie Nachteile mit sich, hat die Art schlechtere Chancen im Überlebenskampf.

Auf diese Weise haben sich neue Verhaltensweisen und Merkmale entwickelt. So sind natürlich auch wir Menschen durch unsere eigene Evolution darauf eingestellt, aus Konsequenzen zu lernen. Zum Beispiel wird die heiße Herdplatte oftmals erst durch die selbst gespürte Hitze ein Tabu für Kinder. Schokolade entfaltet durch ihren wunderbaren Geschmack ihre verführerische Wirkung. Das sind nur Beispiele und wir möchten uns nicht in die genauere Ableitung psychologischer Erkenntnisse vertiefen, sondern nur festhalten:

Es muss auch mit Konsequenzen gearbeitet werden

Selbstverständlich muss auch in Veränderungsprozessen mit Konsequenzen gearbeitet werden. Dabei gelten für Führungskräfte folgende Spielregeln:

- Alle Veränderungen bei Mitarbeitern, die im Sinne der geplanten Change-Maßnahmen liegen, sollten positive Konsequenzen für den Mitarbeiter haben. Damit sind vor allem immaterielle positive Konsequenzen wie Lob, Anerkennung und Wertschätzungen gemeint. In besonderen Situationen sind auch materielle positive Konsequenzen sinnvoll.
- Nicht jeder Mitarbeiter sieht die Notwendigkeit von Veränderungen ein oder lässt sich durch Gespräche davon überzeugen. Manche Mitarbeiter warten erst mal ab und überlegen sich, ob die „ganze Sache" wohl wirklich ernst gemeint ist. Sie versuchen, ihre Möglichkeiten und Grenzen auszutesten. Auch in solchen Fällen sind zunächst unbedingt kritische Gespräche und Mobilisierungsversuche erforderlich.

  Bei einigen Mitarbeitern bleibt es erfahrungsgemäß trotz dieser Gespräche bei einer Blockadehaltung. In diesen Fällen muss eine negative Konsequenz für den Mitarbeiter zunächst angekündigt und dann durchgeführt werden.

Nach der Realisierung von Veränderungen lassen sich oft noch nostalgische Impulse beobachten. Das Motto lautet „Früher war vieles oder alles schöner". Führungskräfte haben dann die „Trauerarbeit" zu unterstützen. Es ist die Nachbearbeitung und damit Stabilisierung der Änderungen. Meistens ist dies mit verständnisvollen Äußerungen erledigt. Manche Mitarbeiter hingegen verharren weiterhin in der Vergangenheit. Dann sind weitere Gespräche erforderlich.

Nach Veränderungen ist im übertragenen Sinn „Trauerarbeit" zu leisten

Es gibt Fälle, wo Machtspiele der Führungskräfte untereinander dem Top-Management sehr gelegen kommen. Das geht so weit, dass der Standpunkt besteht, die eigene Spitzenposition bleibe ungefährdet, solange sich das mittlere Management untereinander bekämpft. Diese Situationen haben sehr schlechte Auswirkungen auf die Moral der Mitarbeiter, die oft mit Unverständnis auf solche „Kleinkriege" reagieren. Deshalb gilt:

MACHT- UND MIKROPOLITISCHE „SPIELCHEN" MÜSSEN DEUTLICH AUS DER TOP-MANAGEMENT-EBENE UNTERBUNDEN WERDEN. ERST DANN KANN EINE GUTE REALISIERUNG DER CHANGE-PROZESSE STATTFINDEN.

3.3.4 Sich selbst verändern

Zum Veränderungsprozess gehört auch, dass die Menschen sich selbst verändern. Viele geplante Change-Prozesse gelingen erst durch die Veränderung des eigenen Denkens und Verhaltens. Auch dazu betrachten wir ein kleines Fallbeispiel.

Beispiel

Ein Unternehmen der Baubranche führt ein Projektmanagement-Handbuch ein. Von der Unternehmensleitung ist geplant, dass die im Unternehmen typischen Projekte zukünftig mit Eigenverantwortung abgewickelt werden sollen.

Die Unterschriftskompetenz wird dazu neu geregelt. Das traditionelle Unternehmen hatte bisher die Unterschriften hierarchisch geregelt, die Niederlassungsleiter waren eingebunden und die Projektleiter ebenfalls. Da die Niederlassungsleiter nun nicht mehr gefragt wurden, boykottierten sie die neue Unterschriftenregelung. Die Geschäftsleitung wollte die Niederlassungsleiter nicht kritisieren, sodass Einführung und Nutzung von Projektmanagement nur rudimentär erfolgte.

Wichtig wäre für alle Beteiligten gewesen, sich selbst in seinem Verhalten zu ändern, damit die organisatorischen Neuerungen umgesetzt werden können. So beginnt der Fisch nicht nur am Kopf zu stinken, sonder dort beginnt er auch, sich zu verändern.

3.4 Der Umgang mit Widerständen

Begriff des Widerstands

Es ist natürlich, dass Neues oder Unvorhergesehenes negativ bewertet wird. Ein großer Teil der Mitarbeiter mag Veränderungen nicht, sodass er Widerstand entwickelt. Der Begriff Widerstand wird heutzutage inflationär verwendet. In Anlehnung an Doppler & Lauterburg (2002) verstehen wir darunter:

> WIDERSTAND UMFASST PASSIVE ODER AKTIVE VERHALTENSWEISEN VON BETROFFENEN MITARBEITERN, GRUPPEN ODER DER GANZEN BELEGSCHAFT, DIE DIE VERÄNDERUNGSZIELE BLOCKIEREN, ABLEHNEN, INFRAGE STELLEN, UNTERLAUFEN ODER NICHT UNTERSTÜTZEN.

Beweggründe für Widerstand

Die Beweggründe des Widerstandsverhaltens sind meistens nicht offen nachvollziehbar oder nicht artikuliert und bleiben damit für Dritte diffus. Eine offene Auseinandersetzung findet meistens nicht statt.

Zunächst ist es wichtig, Widerstände als solche zu erkennen. In der folgenden Tabelle sind typische Symptome aufgeführt, die auf Widerstände hindeuten (Gliederung und Auflistung in Anlehnung an Doppler & Lauterburg, 2002):

Typische Widerstandssymptome in Change-Prozessen

	Verbal/Reden	**Nonverbal/Verhalten**
Aktiv/Angriff	Widerspruch Gegenargumentation Vorwürfe Abwertungen Gerüchte Streit Drohungen Polemik	Aufregung Aufregung Abwertende Gestik und Mimik Aktive Verhinderung einer Umsetzung Intrigen Cliquenbildung
Passiv/Flucht	Ausweichen Schweigen Bagatellisieren Blödeln Ins Lächerliche ziehen Nebensächliches debattieren	Lustlosigkeit Unaufmerksamkeit Müdigkeit Innere Kündigung Fernbleiben Krankheit

Diagnose von Widerstand

Aktiver verbaler Widerstand ist am einfachsten zu erkennen. Hierbei wird offen – meist mit rational nur schwer nachvollziehbaren Argumenten – dagegen geredet und Vorwürfe gegen das Management werden erhoben. Oftmals hört man, dass „die da oben sowieso keine Ahnung haben". Manchmal werden auch Gerüchte gestreut, die sich nachteilig auf die Umsetzung von Veränderungen auswirken. Thematisch sind Gerüchte über anstehenden Personalabbau sehr wirkungsvoll. Teilweise fangen Mitarbeiter auch Streit über geplante oder umgesetzte Veränderungen an. Dieser Streit wird jedoch selten offen mit dem Management, sondern meistens mit Kollegen ausgetragen. Vereinzelt werden auch Drohungen eingesetzt, um Veränderungen aus dem Weg zu gehen, beispielsweise die Androhung von „Dienst nach Vorschrift" oder dem eigenen Weggang.

Am einfachsten wird Widerstand gelebt, indem Neuerungen nicht umgesetzt werden. Diese Form des Widerstandes ist häufig anzutreffen. Gelegentlich werden Intrigen angezettelt, die oft das Ziel haben, die Unmöglichkeit der geplanten Veränderungen zu beweisen.

Schwieriger wird es, wenn sich der Widerstand in passiver Form zeigt. Dabei wird die Notwendigkeit für Veränderungen heruntergespielt und bagatellisiert, die geplanten Veränderungen werden ins Lächerliche gezogen, bei der Ankündigung von Veränderungen wird geblödelt und es werden nebensächliche Details bis ins Unendliche debattiert. Der passive Widerstand kann sich auch in einfacher Unaufmerksamkeit oder Müdigkeit von Mitarbeitern, dem Fernbleiben vom Arbeitsplatz und, damit einhergehend, höheren Fehlzeiten bis hin zu stark erhöhten Krankheitszahlen zeigen.

Beispiel

Eine Führungskraft beschrieb den Widerstand folgendermaßen: „Irgendwie lief die Arbeit mehr schlecht als recht. Es ging eigentlich nur mühsam voran. Unsere Meetings waren zäh und bei den Mitarbeitern war eine gewisse Lustlosigkeit zu verspüren. Zudem haben wir endlos um Kleinigkeiten diskutiert. Unsere Entscheidungsprozesse verzögerten sich zusehends. Auf meine Fragen habe ich oft nur unklare und nebulöse Antworten erhalten. Selbst ehemals engagierte Mitarbeiter haben sich schließlich zurückgehalten."

In solchen Situationen gilt es, als Führungskraft einen kühlen Kopf zu bewahren und zunächst einmal ganz einfache Ursachenforschung zu betreiben.

ERST, WENN DIE GRÜNDE FÜR DIE ABLEHNUNG HERAUSGEARBEITET SIND, KANN DER WIDERSTAND KONSTRUKTIV BEARBEITET WERDEN.

Beweggründe für Widerstand

Diese Ursachen können sehr vielfältig sein; häufig anzutreffen sind:
- Es existieren irrationale Ängste vor der neuen Situation.
- Sinn, Notwendigkeit und Ziele sind nicht verstanden.
- Es wird nicht geglaubt, was gesagt wurde.
- Ohne Nutzen wird kein Engagement gezeigt.
- Es gibt keinen Leidensdruck für Veränderungen.

Jeder, der Widerstand zeigt, hat viele Beweggründe dafür, die einerseits in seiner Person, in seiner eigenen Geschichte, seinem sozialen Umfeld oder seinen sonstigen Lebensumständen liegen.

Am meisten werden Einkommenseinbußen, längere Anreisezeiten, Verschlechterung der Arbeitsbedingungen und Arbeitsplatzgefährdung befürchtet. Auch das Verlieren von sozialen Kontakten bei Versetzungen kann ein Grund für Widerstand sein. Der Verlust von Macht, Status, Einfluss, Identifikation und Anerkennung spielt ebenso eine wichtige Rolle.

Für den Manager hingegen ist Widerstand der Sand im Getriebe, der die Arbeit stört. Erster Impuls ist oft, mit Druck auf Widerstand zu reagieren. Dies ist meistens die falsche Reaktion. Widerstände sind Lernchancen und keine persönlichen Angriffe. Es gilt, Ursachenforschung zu betreiben. Nur wer weiß, warum jemand gegen Veränderungen agiert, kann gut damit umgehen.

TRETEN SIE ALS FÜHRUNGSKRAFT IN EINEN KONSTRUKTIVEN DIALOG MIT „WIDERSTÄNDIGEN" MITARBEITERN. ES IST UNBEDINGT ERFORDERLICH, DASS FÜHRUNGSKRÄFTE SOLCHE GESPRÄCHE MIT GEDULD UND MIT ECHTEM INTERESSE FÜHREN.

Wichtig ist, die Hintergründe zu verstehen

Dabei sollte die Führungskraft alles daran setzen, die wirklichen Beweggründe des Mitarbeiters für seinen Widerstand sowie seine Anliegen, Bedürfnisse und Wünsche zu verstehen. Erst danach kann man als Führungskraft nochmals die Hintergründe, Ziele und Vorgehensweisen bei der anstehenden Veränderung erläutern. Wenn es nötig und möglich ist, kann es sogar sinnvoll sein, bestimmte Aspekte des Veränderungsprozesses kritisch zu überdenken und nach neuen Lösungen zu suchen, die für beide Seiten vorteilhaft sind.

Verständnisvolle Lösungen haben Vorrang, erst nach deren Scheitern sollte stringent durchgesetzt werden

Wenn Geduld, Verständnis und Maßnahmen nicht helfen, muss die Gangart intensiver und konsequenter werden. Dabei sind klare Anweisungen und Direktiven zur Umsetzung der Veränderungsmaßnahmen zu geben. Manche Mitarbeiter zeigen sich auch dann noch sehr uneinsichtig und blockieren. In diesen Fällen sollten Führungskräfte zunächst darüber aufklären, welche Konsequenzen eine fortgesetzte Blockadehaltung für den Mitarbeiter haben wird. Es ist dabei ein Gebot der Fairness, dem Mitarbeiter eine mögliche Konsequenz seines Verhaltens zunächst anzukündigen, bevor man sie eintreten lässt. Die möglichen Konsequenzen ergeben sich aus dem verfügbaren fachlichen und disziplinarischen Instrumentarium der jeweiligen Führungskraft. Diesen Schritt sollte man sich als Führungskraft jedoch sehr genau überlegen. Kündigt man dem Mitarbeiter nämlich eine Konsequenz an und lässt sie trotz fortwährender Blockade des Mitarbeiters nicht eintreten, lernt dieser, dass er tun und lassen kann, was er will. Es passiert ihm letztendlich doch nichts. Deswegen gilt folgende Regel: Kündigen Sie keine Konsequenz an, wenn Sie nicht bereit sind, sie auch eintreten zu lassen.

SCHLIESSLICH IST ES SINNVOLL, SICH ALS FÜHRUNGSKRAFT BERATEN UND COACHEN ZU LASSEN. DABEI KÖNNEN LÖSUNGSMÖGLICHKEITEN REFLEKTIERT UND VORGEHENSWEISEN ERARBEITET WERDEN.

3.5 Führungsstile im Veränderungsprozess

Der Einsatz des partizipativen oder des autoritären Führungsstiles muss in Veränderungsprozessen der Situation angemessen sein. Zur näheren Betrachtung dient das Modell von Vroom & Yetton (siehe Kapitel 3.1.). Wir wollen im Folgenden einige Entscheidungskriterien dieses Modells am Beispiel eines Veränderungsprozesses durchgehen, um zu sehen, welcher Führungsstil sich optimalerweise anbietet.

Die Wahl des Führungsstils muss sorgfältig getroffen werden und hängt von den Gegebenheiten ab

- Ist die Qualität der Lösung bzw. der zu fällenden Entscheidungen wichtig?
  Dies kommt letztendlich auf die Art und den Inhalt eines Veränderungsprozesses an. In der Regel jedoch hängen von Veränderungen viele äußerst wichtige Konsequenzen ab. Beispielsweise geht es bei neuen Strategien, Reorganisationen oder Fusionen häufig darum, das Geschäft des Unternehmens zukunftsträchtig zu sichern. Meistens ist bei Veränderungsprozessen also die Qualität der Lösungen und Entscheidungen sehr wichtig.
- Sind genügend Informationen vorhanden?
  Meistens verfügen Führungskräfte nicht von Anfang an über alle Informationen, Zahlen, Daten und Fakten, die für eine fundierte Entscheidung erforderlich wären. Gleichzeitig ist es auch die Aufgabe von Führungskräften, unter Unsicherheit entscheiden zu können. Weil allerdings bei Veränderungsprozessen immer auch Informationen für Führungskräfte recherchiert und aufbereitet werden müssen, lässt sich sagen, dass zumindest zu Beginn einer Veränderung nicht genügend Informationen vorliegen.
- Ist das Problem strukturiert?
  Meistens stehen am Anfang von Veränderungsprozessen schlechte Zahlen, die man sich aber irgendwie nicht erklären kann. Daraus resultieren in frühen Phasen von Veränderungen diffuse Unzufriedenheiten beim höheren Management. Somit ist ganz häufig gerade die Ausgangslage bzw. die Ausgangsproblemsituation bei Veränderungen

eher unstrukturiert, komplex und kompliziert. Was zu tun ist und welche Veränderungen konkret notwendig sind, weiß zunächst noch niemand.
- Ist die Akzeptanz der Entscheidungen bei den Mitarbeitern wichtig? Bei allgemeinen Veränderungen, den einzelnen Mitarbeiter nicht betreffend, wäre eine Akzeptanz der Mitarbeiter nicht erforderlich. Meistens betreffen Veränderungsprozesse jedoch die Mitarbeiter direkt. Sie sollen schließlich neue Arbeitsabläufe in die Praxis umsetzen, sie sollen neue Softwareprogramme benutzen, sie sollen sich anders als vorher verhalten, sie sollen sich meistens mit dem Unternehmen verändern. Deshalb ist es auf jeden Fall wichtig, dass Mitarbeiter Veränderungsentscheidungen akzeptieren und unterstützen.

Die Analyse von typischen Veränderungssituationen nach dem Modell von Vroom & Yetton führt zu eindeutiger Schlussfolgerung.

WENN VERÄNDERUNGSPROZESSE ERFOLGREICH GESTALTET WERDEN SOLLEN, MUSS PARTIZIPATIV GEFÜHRT WERDEN.

Partizipativer Stil ist bei Veränderungsprozessen Erfolg versprechender ...

Auch Erkenntnisse aus der Forschung unterstützen dieses Ergebnis. In Anlehnung an Frey & Schnabel (1999) können Mitarbeiter sich mit geplanten Veränderungen identifizieren, wenn
- Sinn und Zielrichtung der Veränderung verstanden wurden,
- die Neuerung Sinn macht,
- das Alte ein Problem darstellt,
- über Fortschritte und Lösungsalternativen informiert wird,
- viele Dinge vorausschauend geklärt und Unsicherheit reduziert wird,
- sie frühzeitig die Veränderungsprozesse mitgestalten können.

Insbesondere bei Veränderungen großer Bereiche ist die Beteiligung aller Mitarbeiter nahezu unmöglich. So sind in der Konzeptionsphase oft nur die partiellen Beteiligungen möglich. Bei der Realisierung sollen so viele Mitarbeiter wie möglich eingebunden werden. Oft machen sich höhere Führungsebenen Sorgen darüber, dass Mitarbeiter zu früh von geplanten Veränderungen erfahren. Es wird Unruhe vermutet und man befürchtet, es könnten Details an die Öffentlichkeit dringen und zu schlechter Presse führen.

... erfordert aber hohe Qualifikation der Führungskräfte

Mitarbeiter in Veränderungsprozessen partizipativ zu führen, erfordert eine hohe Qualifikation der Führungskräfte. Dabei ist es oft schwierig, die Beteiligung der Mitarbeiter zuzulassen, trotzdem einen bestimmten Weg einzuschlagen und die Mitarbeiter klar in eine Richtung zu führen. Diese Qualifikation ist bei vielen Führungskräften nicht oder nur gering ausgeprägt. Viele Führungskräfte können noch gut damit umgehen, wenn die Beteiligung der Mitarbeiter dazu führt, dass die Gruppe die „richtige“ Veränderungsrichtung einschlägt. Allerdings weichen Führungskräfte bei kritischen Äußerungen oder bei Richtungsänderungen schnell vom partizipativen Kurs ab. Dann wird angeordnet, „wo es lang" geht. Auch gibt es Führungskräfte, insbesondere junge Kräfte, die schnell aufgeben und das Problem an ihre nächsthöhere Führungskraft zurückdelegieren.

Auf Grund der Situationsanalyse nach dem Modell von Vroom & Yetton und der einschränkenden Rahmenbedingungen empfehlen wir zum Führungsstil in Veränderungssituationen:

Die Beteiligung der Mitarbeiter sollte gefördert werden

INSGESAMT SOLLTE DIE BETEILIGUNG DER MITARBEITER GEFÖRDERT WERDEN. SO KÖNNEN MANCHE MITARBEITER ALS MULTIPLIKATOREN ODER CHANGE AGENTS EINGESETZT WERDEN.

Auch kann die Beteiligung von Mitarbeitern im Rahmen von „Reviews" stattfinden, bei denen einige Mitarbeiter Kommentare zu Umsetzbarkeit und Qualität der Change-Maßnahmen abgeben.

ZUR UMSETZUNG EINES PARTIZIPATIVEN FÜHRUNGSSTILS IN VERÄNDERUNGSPROZESSEN IST UNBEDINGT EINE ENTSPRECHENDE QUALIFIZIERUNG DER FÜHRUNGSKRÄFTE ERFORDERLICH.

Von Pseudobeteiligung ist dringend abzuraten

Von der „Pseudobeteiligung" der Mitarbeiter ist dringend abzuraten. Wenn schon alle Veränderungsmaßnahmen feststehen, ist es besser und sinnvoller, dies den Mitarbeitern so mitzuteilen, als ihnen die nicht haltbare Illusion einer Beteiligung zu vermitteln. Es gilt das Motto „Lieber keine, als eine Pseudobeteiligung".

Auch das Modell von Hersey & Blanchard, das wir im Abschnitt 3.1 schon angesprochen hatten, liefert Hinweise auf den Führungsstil in Veränderungsprozessen. Hersey & Blanchard empfehlen, den Führungsstil je nach der Qualifikation und Motivation der Mitarbeiter zu wählen. In Veränderungsprozessen verändern sich die Motivation und die Qualifikation von Mitarbeitern. „Altgediente Hasen" sollen auf einmal neue Aufgaben, Prozesse oder Programme beherrschen. Damit werden sie in manchen Veränderungssituationen sogar wieder zum Anfänger. Ehemals engagierte und motivierte Mitarbeiter sollen nach einer Veränderung mit noch weniger Kollegen noch mehr Arbeit bewältigen. Manche ehemals motivierte Mitarbeiter werden durch Veränderungen erheblich demotiviert. Dieser veränderten Situation tragen allerdings viele Führungskräfte wenig Rechnung. „Alte Hasen" werden nach wie vor als „alte Hasen" behandelt. Ehemals engagierte Mitarbeiter werden auch in schwierigen Veränderungsprozessen stets gleich behandelt.

In Change-Prozessen muss die Qualifikation der Mitarbeiter neu eingeschätzt werden

Wenn man das Modell von Hersey & Blanchard ernst nimmt, muss jede Führungskraft mit einem Veränderungsprozess auch eine neue Einschätzung der Qualifikation und Motivation ihrer Mitarbeiter vornehmen, vergleichen Sie dazu noch einmal die Abb. 3.1. Mit dieser neuen Einschätzung muss sich in der Folge auch der Führungsstil gegenüber dem Mitarbeiter ändern.

Auf Grund der Analyse von Veränderungssituationen nach dem Modell von Hersey & Blanchard empfehlen wir zum Führungsstil in Veränderungssituationen:

> In Veränderungsprozessen muss eine Führungskraft die Qualifikation und Motivation der Mitarbeiter neu einschätzen. Der Führungsstil muss der neuen Einschätzung der Mitarbeiter angepasst werden.

Bei der Neueinschätzung darf es keine Tabus geben

Dabei darf es keine Tabus geben. Auch ehemals „alte Hasen" müssen gegebenenfalls in der veränderten Situation wie Einsteiger geführt werden. Führungskräfte müssen sich auch fachlich um ihre Mitarbeiter kümmern. Mittlere und höhere Führungsebenen haben dafür Sorge zu tragen, dass Mitarbeiter bei Veränderungen neu qualifiziert werden. Auch die Motivation der Mitarbeiter müssen sich Führungskräfte neu verdienen, indem sie sich auch persönlich um die Mitarbeiter kümmern und bemühen.

Nichts gibt es umsonst. Eine Führungskraft kann nicht erwarten, dass ein Mitarbeiter sich sofort ohne Qualifikation und mit voller Begeisterung in die neue, veränderte Situation stürzt. Das Gegenteil ist die Regel. Deshalb muss die Führungskraft in Veränderungsprozessen besonders viel Zeit in die Führung der Mitarbeiter investieren.

Die Führung der Mitarbeiter kann nach dem Verhaltenstyp gewählt werden

Wie bereits oben erwähnt, haben wir bei den Führungskräften vier Typen im Veränderungsprozess unterschieden; die Treiber, die bereitwillig Passiven, die Verweigerer und die missmutig Abwartenden. Diese Typen gibt es natürlich auch unter den Mitarbeitern. Wir schlagen vor, die Mitarbeiter auch in Veränderungsprozessen je nach ihrem Typ zu führen. Dabei ergibt sich folgendes Führungsmodell.

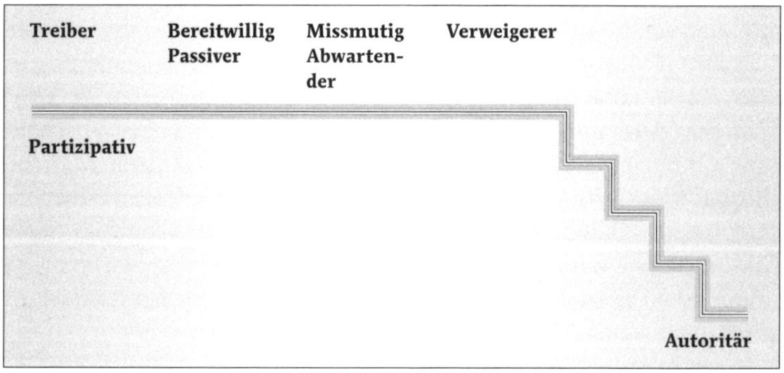

Abb. 3.3: Modell zur Führung der vier Typen der Change-Beteiligten

3.5.1 Wie werden Treiber geführt?

Da diese Mitarbeiter Veränderungen positiv bewerten, sollten sie in Konzeptions- und Umsetzungsphasen eingebunden werden.

Da Treiber sich auch gegenüber anderen Mitarbeitern positiv zur Veränderung äußern, kann man sie offiziell mit besonderen Funktionen betrauen, sie zum Beispiel in einem Projektteam mitarbeiten lassen, sie in Reviews mit einbinden, sich von ihnen Feed-back einholen oder sie als Multiplikatoren einsetzen. Es ist wichtig, dass dabei eine echte und keine scheinbare Beteiligung stattfindet. Für eine Führungskraft bedeutet dies, Einfluss und Macht abgeben zu wollen.

Treiber: am ehesten delegativ

Mit der Sprache von Hersey & Blanchard kann der Führungsstil gegenüber Treibern als delegativ und in besonderen Fällen durchaus auch als laissez-faire sein.

Bis auf wenige Einschränkungen kann man Treiber wortwörtlich einfach laufen lassen. Allerdings muss darauf geachtet werden, dass Treiber nicht über das Ziel hinausschießen. Einerseits kann es geschehen, dass ein Treiber die Konzeption und Umsetzung von Veränderungen schöner redet, als sie eigentlich ist. Andererseits kann es vorkommen, dass ein Treiber zu sehr versucht, auf Kosten anderer eigenes Kapital aus den Veränderungen zu schlagen. Deshalb sollte eine Führungskraft ihre Kontrollfunktion nicht zu sehr vernachlässigen und sich ab und zu stichprobenartig einen eigenen Eindruck über den Stand der Dinge verschaffen.

3.5.2 Wie werden bereitwillig Passive geführt?

Bereitwillig Passive sind der Veränderung gegenüber grundsätzlich positiv eingestellt, verhalten sich aber eher passiv.

Zuschauer: am ehesten partizipativ

Gegenüber diesen Mitarbeitern ist unbedingt der Einsatz eines partizipativen Führungsstils erforderlich. Eine Beteiligung dieser Mitarbeiter ermöglicht die Chance, dass sie ihre positive Einstellung in aktive Handlungen umsetzen.

Dadurch ist eine Aktivierung möglich, die sie eventuell sogar zu Treibern werden lässt. Ein partizipativer Führungsstil ist immer auch als Entwicklungsmaßnahme für Mitarbeiter geeignet. Diese werden durch eine Beteiligung gefordert und müssen selber umso aktiver werden, je mehr ihre Führungskraft dies von ihnen fordert. Einfacher und bequemer ist es sicher, klar zu sagen, welche Veränderung sie wie umsetzen sollen. Ein partizipativer Führungsstil bedeutet hierbei allerdings nicht, dass man nicht deutlich erklärt, wo es hingehen soll. Im Gegenteil, das ist auch bei einem partizipativen Führungsstil erforderlich.

Allerdings sollte hierbei zudem auch eine Meinung der Mitarbeiter eingefordert werden. Es sollte darüber gesprochen und auch diskutiert werden, wie die Veränderungen umgesetzt werden können und welche Modifikationen noch notwendig sind. Diese Meinungen sollten – wenn möglich – berücksichtigt werden. Dies fällt vielen Führungskräften schwer, weil es eine gute Führungsqualifikation fordert, viel Kraft und Energie kostet sowie die Bereitschaft erfordert, Mitarbeitern Einfluss und Macht abzugeben.

MIT DER SPRACHE VON HERSEY & BLANCHARD WÜRDE MAN DEN FÜHRUNGSSTIL FÜR DIE BEREITWILLIGEN ZUSCHAUER ALS BEZIEHUNGSORIENTIERT BEZEICHNEN.

Der Führungsstil muss deshalb so bezeichnet werden, weil man sich als Führungskraft sehr um die Mitarbeiter bemühen muss.

Auch bei diesem Mitarbeitertyp ist auf Grund der eher passiven Einstellung ab und zu eine Kontrolle durch die Führungskraft notwendig. Die Mitarbeiter achten darauf, ihre Besitzstände zu wahren. Als Führungskraft sollte man dieses Verhalten so weit zulassen, wie es nicht auf Kosten der anstehenden Veränderungen geht. Wird allerdings die Umsetzung von Veränderungsmaßnahmen dadurch gefährdet, sind umgehend klärende Gespräche erforderlich.

3.5.3 Wie werden missmutig Abwartende geführt?

Missmutige: am ehesten zur partizipativen Führung hereinholen

Das Problem bei diesen Mitarbeitern ist nicht primär die negative Einstellung zu den anstehenden Veränderungen, sondern eher der passive und verdeckte Widerstand.

ES GILT, DIESE MITARBEITER TROTZ DEREN WIDERSTAND ANFÄNGLICH UNBEDINGT PARTIZIPATIV ZU FÜHREN. NUR EINE BETEILIGUNG DIESER MITARBEITER WIRD ÜBERHAUPT DIE CHANCE ERÖFFNEN, SIE AUS IHREM PASSIVEN WIDERSTAND HERAUSZUFÜHREN.

Führungskräfte sollten mit diesen Mitarbeitern viele Gespräche führen, um ihre Meinungen und Haltungen zu den anstehenden Veränderungen zu hören, zu analysieren und konstruktiv zu besprechen. Das kann auch bedeuten, diese kritischen Meinungen bei der Gestaltung des Veränderungsprozesses zu berücksichtigen, sofern dies noch möglich ist. Dabei ist zunächst sicher viel Geduld erforderlich. Diese Mitarbeiter öffnen sich spät und trauen sich kaum, kritische Meinungen gegenüber ihrer Führungskraft zu äußern. Bei diesen Mitarbeitern gilt, dass nur steter Tropfen und stetes Bemühen den Stein höhlt. Damit können die missmutig Abwartenden aus ihrer Selbstlähmung herausgeholt und im Sinne der anstehenden Veränderungen motiviert und aktiviert werden.

Bei manchen missmutig Abwartenden bewirkt der partizipative Führungsstil eine Veränderung im positiven Sinne. Dies geschieht, wenn sie sich mit ihren Bedenken verstanden fühlen. Ansonsten stecken sie durch ihre negative Haltung und ihre meist verdeckten, kritischen Äußerungen andere Mitarbeiter an. Als Führungskraft darf man in dieser Situation keinesfalls wegschauen. Die Mitarbeiter lernen dann, dass ihr Verhalten vermeintlich in Ordnung ist. Es wird ja weder kritisiert noch sanktioniert. Deshalb ist es wichtig, dass Führungskräfte diese Haltung nicht akzeptieren. Im Gegenteil, diese Mitarbeiter müssen angesprochen werden. In der Regel führt schon ein erstes Gespräch bei missmutig Abwartenden dazu, dass sie ihre verdeckte Kritik einstellen. In seltenen Fällen kritisieren diese Mitarbeiter dann auch weiterhin die Veränderungen. In diesen Fällen muss die Führungskraft abwägen, wie negativ die Auswirkungen dieses Verhaltens auf andere Mitarbeiter sind. Je negativer, umso konsequenter muss die Führungskraft reagieren. In weiteren Gesprächen muss das Verhalten erneut angesprochen und zunehmend deutlicher kritisiert werden, um es schließlich zu unterbinden. Der Einsatz eines noch deutlicher autoritären Führungsstils ist in der Regel bei missmutig Abwartenden nicht notwendig.

Bei anhaltender Kritik muss zunehmend autoritär gegengesteuert werden

3.5.4 Wie werden Verweigerer geführt?

Genau wie bei den missmutig Abwartenden wird auch bei den Verweigerern nur durch eine Beteiligung dieser Mitarbeiter eine Chance eröffnet, sie aus ihrer kritischen Verweigerungshaltung herauszuführen. Deshalb sollten auch Verweigerer anfänglich partizipativ geführt werden. Dies behagt vielen Führungskräften gar nicht. Einerseits vermuten sie, dass eine Beteiligung der Verweigerer diese nicht von ihrer kritischen Haltung abbringen würde. Andererseits befürchten sie, dass der Mitarbeiter den partizipativen Führungsstil in dieser Situation als ein Zeichen von Schwäche auslegen und ihn ausnutzen würde. Beides ist nicht ganz von der Hand zu weisen, kommt aber in der Praxis seltener vor, als Führungskräfte allgemein annehmen. Trotzdem besteht in einer Beteiligung der Verweigerer eine gute Chance, sie von den Veränderungen zu überzeugen.

Auch bei Verweigerern: Partizipation versuchen!

Es gilt, diese Mitarbeiter unbedingt so früh wie möglich durch einen partizipativen Führungsstil „einzufangen“.

Gleichzeitig ist es günstiger, sehr kritische und verweigernde Mitarbeiter im Auge zu behalten, um zu wissen, was sie gegen Veränderungen unternehmen. Lieber soll der verweigernde Mitarbeiter gut sichtbar vorne im Garten des Hauses herumschimpfen, als dass er hintenherum das Haus anzündet. Dies wird am besten durch einen partizipativen Führungsstil ermöglicht. Zudem gewinnt man dadurch als Führungskraft noch die potenzielle Chance, die Qualität der geplanten Veränderungsmaßnahmen zu optimieren.

An dieser Stelle soll auch auf eine andere Perspektive hingewiesen werden, mit der man Verweigerer betrachten kann. Systemisch gesehen sind sie nämlich gleichzeitig auch **Bewahrer**. Sie treten dafür ein, dass Altes erhalten bleibt. Da an den alten Strategien, Strukturen, Prozessen,

Bewahrer positiv hereinholen

Produkten oder Techniken nicht immer alles schlecht war, treten sie somit auch dafür ein, dass das Gute am Alten bewahrt bleibt. Aus dieser Perspektive und bei näherer Betrachtung ist auch deshalb eine **differenzierte Auseinandersetzung mit den Verweigerern** unter den Mitarbeitern möglicherweise sehr **lohnenswert**.

Das bedeutet konkret, dass man als Führungskraft die abwehrende Haltung der Verweigerer in persönlichen Gesprächen hinterfragen und analysieren sollte. In diesen Gesprächen sollten die Redeanteile der Führungskraft nicht mehr als ca. 30 % betragen. Den Löwenanteil der Redeanteile sollte der Mitarbeiter bestreiten. Dazu ist es notwendig, dass die Führungskraft den Mitarbeiter durch viele offene Fragen, wie beispielsweise die in der folgenden Checkliste, führt.

Checkliste: Fragen zur gesprächsweisen Klärung der Verweigerungshaltung von Mitarbeitern

- Was gefällt Ihnen an den geplanten Veränderungsmaßnahmen, was nicht? Warum gefällt Ihnen das nicht?
- Unter welchen Umständen würden Sie sagen, dass die geplanten Veränderungen sinnvoll/erfolgreich sein können?
- Was brauchen Sie persönlich noch, damit Sie bereit sind, die Veränderungen zu unterstützen oder mitzutragen?
- Wenn Ihnen die geplanten Veränderungen nicht gefallen, was wäre dann Ihr Vorschlag? Wie sollten die Veränderungsmaßnahmen Ihrer Ansicht nach gestaltet werden? Was wären Ihre alternativen Vorschläge?
- Unter welchen Umständen kann ich im Veränderungsprozess auf Sie zählen?

Im Gespräch gilt es dann, **aus den kritischen Äußerungen des Mitarbeiters die bewahrenden Aspekte herauszufiltern**. Diese müssen gut überdacht und analysiert werden, damit man aus ihnen Optimierungsmöglichkeiten für die geplanten Veränderungsmöglichkeiten ableiten kann. Auf diese Weise kann man auch die Verweigerer einbinden und vielleicht sogar überzeugen.

Genau wie beim missmutig abwartenden Mitarbeiter kann der partizipative Führungsstil zum Erfolg führen, muss es aber nicht. Sollte ein verweigernder Mitarbeiter weiterhin bei seiner negativen und ablehnenden Haltung bleiben, muss man als Führungskraft in seinem Führungsstil langsam zunehmend autoritärer werden. Dabei müssen zunächst klare Anleitungen und Anweisungen darüber gegeben werden, welche Veränderungen man als Führungskraft von dem Mitarbeiter erwartet. Gegebenenfalls müssen diese Anweisungen durch die Schriftform unterstützt werden. Mit diesem Schritt wechselt man als Führungskraft von der Strategie „Überzeugung" zur Strategie „Anweisung". Für den Mitarbeiter bedeutet das den Wechsel vom „Wollen" zum „Müssen". Hilft auch das nicht weiter, müssen dem Mitarbeiter nun die möglichen Konsequenzen seines Verhaltens angekündigt werden. Solche Konsequenzen können je nach Verhalten des Mitarbeiters andere Arbeitsverteilungen, Versetzungen, Verwarnungen oder noch weiter reichend sein. Verstößt er zum Beispiel gegen neue Arbeitsanweisungen oder gegen eine neue Arbeitszeitvereinbarung, kann die Konsequenz sogar eine Abmahnung bedeuten. Manche Leser werden hierbei befürchten, dass ihnen die Ankündigung einer solchen Konsequenz als Drohung ausgelegt werden könnte. Gleichzeitig wäre es allerdings sehr unfair, eine Konsequenz einfach eintreten zu lassen, ohne den Mitarbeiter vorher gewarnt zu haben. Es ist also ein Gebot der Fairness, dem Mitarbeiter eine mögliche Konsequenz anzukündigen, bevor man sie einfach aus heiterem Himmel eintreten lässt. Im arbeitsrechtlichen Bereich ist sie im Vorfeld einer verhaltensbedingten Kündigung zum Beispiel sogar Pflicht; außer das oben genannte Fehlverhalten des Mitarbeiters war sehr schwer wiegend.

Bei Beibehaltung der Verweigerung müssen Konsequenzen gezogen werden

Nur wenige Mitarbeiter entscheiden sich auch dann noch gegen die Veränderung und für eine negative, abwehrende Haltung. Die Führungskraft kann die Konsequenz eintreten lassen oder darauf verzichten, weil es zu unbequem, zu aufwändig oder zu schwierig ist. In diesem Fall lernt der Mitarbeiter allerdings sehr schnell, dass man die Ankündigungen von Führungskräften nicht allzu ernst nehmen muss. Als Führungskraft würde man so sehr schnell an Respekt verlieren. Deshalb ist es unerlässlich, dass man als Führungskraft die angekündigte Konsequenz auch umsetzt.

3.6 Führungs- und Steuerimpulse in den Veränderungsphasen

Die prozessorientierten Führungs- und Steuerungsimpulse beziehen sich auf vier verschiedene Prozesse:

- den Prozess der Konzeption von Veränderungen,
- den Informationsprozess rund um Veränderungen,
- den Prozess der Realisierung und Umsetzung der Veränderungen und
- den Prozess der persönlichen Veränderungen bei den Mitarbeitern.

Steuerung der Konzeption von Veränderungen

Nach dem Feststellen der Notwendigkeit für Veränderungen muss dies im Unternehmen nachvollziehbar vermittelt werden. Dazu ist es erforderlich, nicht nur die relevanten Zahlen und Daten des Unternehmens sowie die Marktentwicklungen, sondern auch die Stimmung bei den Kunden und Mitarbeitern im Auge zu behalten. Es gilt, offen und ehrlich einen gewissen „Anfangsleidensdruck" zu vermitteln.

Vermittlung eines Anfangsleidensdruckes

Keine Konzeption ohne Diagnose

Die Faustregel heißt hierbei: „Keine Konzeption ohne Diagnose". Die nähere Analyse der Ausgangslage sollte an ein Projektteam delegiert werden, das sich detailliert mit der Situation befasst. Manche Fusionen wären anders verlaufen, hätte das Top-Management eine detaillierte Analyse der Ausgangslage veranlasst.

Keine Veränderung ohne Konzept

Die nächste Faustregel besagt: „Keine Veränderung ohne Konzeption". An der zeitlichen Investition für diese Konzeption wird manchmal gespart, weil manche Unternehmen sehr auf den Faktor Geschwindigkeit als Wettbewerbsfaktor setzen.

Dahinter steht die irrige Annahme, dass möglichst schnell mit der Veränderung begonnen werden muss. Es wird losgelaufen, ohne nachzudenken. Dies ist eine „Krankheit", die vor allem bei Unternehmen der „New Economy" weit verbreitet ist. Diese Vorgehensweise artet meistens in hektischen, wenig durchdachten Aktionismus aus. Dieser wiederum führt oft zu Maßnahmen, die dann korrigiert oder sogar rückgängig gemacht werden müssen. Damit geht mehr Zeit verloren, als man für eine fundierte und durchdachte Konzeption benötigt hätte.

DESHALB IST ES EIN ÄUSSERST WICHTIGER FÜHRUNGSIMPULS, DIE MACHER IM UNTERNEHMEN ZUNÄCHST ZU BREMSEN UND ERST DIE DENKER INS RENNEN ZU SCHICKEN.

Mitarbeiter am Konzept beteiligen

Dieser Gedanke sollte auch an ein Projektteam delegiert werden. Zudem ist die Konzeptionsphase so zu gestalten, dass Mitarbeiter an der Konzeption beteiligt werden können. Im eigentlichen Konzeptionsprozess müssen dann nur ausgewählte Steuerungs- und Führungsimpulse gegeben werden. Durch die Führung ist dafür zu sorgen, dass Veränderungsziele und -maßnahmen klar definiert werden. Ferner ist es Aufgabe – insbesondere der Top-Führungskräfte – Entscheidungen rechtzeitig und auch bei unvollständiger Informationslage zu fällen. Dazu muss ein sauberer Entscheidungsprozess vorhanden sein, um das Commitment möglichst aller Beteiligten und Betroffenen zu erreichen.

Rechtzeitig Entscheidungen treffen

Steuerung des Informationsprozesses rund um Veränderungen

Information bedeutet Vorhersagbarkeit für Mitarbeiter. Vorhersagbarkeit wiederum ist ein Aspekt von Kontrolle. Wenn man weiß, was auf einen zukommt, hat man selbst bei negativen Veränderungen in der Regel ein höheres Gefühl von Kontrolle, als wenn man im Unwissen gehalten wird. Das Gefühl von Kontrolle wiederum motiviert Menschen. Letztendlich motiviert also die Information über anstehende Veränderungen. Wer Engagement möchte, muss Sinn und Hintergründe bieten.

Klare Informationen sind förderlicher

Wie schon weiter oben ausgeführt, wird oft der Fehler begangen, Mitarbeiter über Veränderungen nur ungenau und unzureichend zu informieren bzw. der Informationsprozess wird bewusst und unbewusst eher restriktiv gesteuert.

Dies ist genau der falsche Weg. Gleichzeitig verbreiten sich nämlich Gerüchte über die anstehenden Veränderungen im Unternehmen mindestens mit Lichtgeschwindigkeit. Die Mitarbeiter wissen oft schon ziemlich genau, was an Veränderungen ansteht, auch wenn bestimmte Führungsebenen dies bewusst geheim halten wollen. Dies führt in der Folge meistens zu Demotivation und Vertrauensverlusten.

Beispiel

In einem Untenehmen wurde bei anstehenden Veränderungen verschwiegen, dass Personalreduzierung geplant ist. Die Geheimhaltung über diese Pläne hat hervorragend funktioniert. Es wusste wirklich niemand Bescheid.
Gleichzeitig gab es allerdings bei den Mitarbeitern auf Grund der schlechten wirtschaftlichen Lage wilde Vermutungen über Personalabbau. Jeder meinte, er könnte vielleicht betroffen sein. Auch bei der Präsentation der Veränderungspläne vor der gesamten Mannschaft wurden keinerlei Informationen über eventuellen Personalabbau bekannt gegeben. Natürlich kochte die Gerüchteküche. Das führte dazu, dass insbesondere gute Mitarbeiter aktiv wurden und sich anderweitig nach Arbeitsstellen umsahen. Bevor die Führungskräfte überhaupt wussten, wie ihnen geschah, gingen schon die ersten Kündigungen ein. Dann wurde die Devise ausgegeben, dass alle Führungskräfte jetzt schnellstmöglich mit ihren guten Mitarbeitern sprechen sollen, um diesen zu signalisieren, dass man sie halten wolle. Der Schaden war jedoch auch mit immenser Mühe kaum wieder gutzumachen.

Der Informationsprozess bei anstehenden Veränderungen muss offen gestaltet werden. Es gilt, die Mitarbeiter und insbesondere die Betroffenen gut zu informieren. Gut bedeutet in diesem Fall rechtzeitig, offen, ehrlich und ausführlich.

Steuerung des Umsetzungsprozesses

Zu Beginn der Umsetzung von Veränderungsmaßnahmen ist die Konzeption meistens schon abgeschlossen. Deshalb kann eine Beteiligung der Mitarbeiter nur noch in sehr begrenztem Rahmen stattfinden. Dies ist vielen Führungskräften klar und verführt sie dazu, in dieser Phase des Prozesses eher restriktiv und wenig beteiligend zu führen. Dabei kann man als Führungskraft auch in dieser Phase partizipativ führen und sollte es auch tun. Erstens sollte man die begrenzten Einflussmöglichkeiten ausschöpfen. Zweitens muss meistens noch besprochen werden, wie die Veränderungen in der eigenen Einheit im Detail realisiert werden. Hier bietet sich eine Chance zur Beteiligung der Mitarbeiter, die unbedingt ausgeschöpft werden muss.

Auch wenn keine Weichenstellungen mehr anstehen, sollte die partizipative Führung fortgesetzt werden

Der Verlauf des Umsetzungsprozesses gestaltet sich dann so, dass die Führungskraft zunächst über die anstehenden Veränderungen informieren muss. Dies sollte überzeugend und mit Überzeugung geschehen. Hierbei ist es wichtig, die Mitarbeiter für die Veränderungen einzunehmen und zu motivieren.

Damit ist zu Beginn der Realisierungsphase ein kooperativer bzw. partizipativer Führungsstil angesagt. Im Verlauf der Umsetzungsphase muss sich die Führungskraft natürlich einen Überblick über den Stand der Realisierung verschaffen. Je nachdem, ob der Umsetzungsgrad dann gut oder schlecht ist, muss die Führungskraft positive oder negative, aber auf jeden Fall konstruktive Rückmeldungen an die Mitarbeiter geben. Damit erfolgt eine effektive Steuerung der Realisierung von Veränderungen.

Auch hier gilt: Je nach Erfolg von Einsicht und Überzeugung zur Direktive übergehen

Die Steuerung des Umsetzungsprozesses sollte anfänglich immer partizipativ geführt werden. Dabei müssen natürlich die durch die Konzeption der Veränderungsmaßnahmen festgesetzten Rahmenbedingungen auch als solche vermittelt werden. Zeigt der partizipative Führungsstil allerdings nicht den gewünschten Erfolg, muss sich die Führung wandeln und langsam autoritärer werden. Die Faustregel lautet also: Zu Beginn gilt die Strategie „Einsicht, Überzeugung und Motivation" und falls das nicht wirkt, muss langsam Schritt für Schritt auf die Strategie „Zwang" umgeschaltet werden. Man muss sich natürlich darüber im Klaren sein, dass sich in dieser Situation zwar unabdingbare Change-Prozesse durchsetzen lassen, aber über die fehlende Einsicht der Mitarbeiter anderwärtige Nachteile erwachsen können.

Steuerung der Veränderung der Mitarbeiter

Veränderungen und Entwicklungen von Menschen sind nur sehr schlecht vorhersagbar. Deswegen kann beim Prozess der Mitarbeiterveränderung eigentlich nicht von Steuerung, sondern besser von Begleitung gesprochen werden. Diese Begleitung sollte allerdings gelegentlich steuernden Charakter haben.

In den frühen Phasen von Veränderungen findet eine emotionale Bewertung der anstehenden Veränderungen statt. In dieser Phase sollen viele Veränderungen noch geheim bleiben. An Stelle dessen ist es viel empfehlenswerter, als Führungskraft in dieser Phase zu einer positiven emotionalen Bewertung der anstehenden Veränderung beizutragen. An dieser Stelle müssen Führungskräfte motivierende, werbende und positive Aussagen über anstehende Veränderungen machen und verbreiten. Gleichzeitig gilt es dennoch, zeitweilige negative Beurteilungen auch als solche zu akzeptieren. Sicherlich ist an dieser Stelle des Prozesses auch Respekt und Wertschätzung für das Alte wichtig. Gleichzeitig muss immer wieder die Notwendigkeit zu einer Veränderung und Erneuerung betont werden. Es ist schwierig für Führungskräfte, hierbei den goldenen Mittelweg zu finden. Ferner sollten die Führungskräfte den Mitarbeitern über die Phase der negativen Beurteilung hinweghelfen.

Meistens findet nach einer negativen Beurteilung zunächst eine Verleugnung statt. Mitarbeiter und Gegner bezweifeln, dass eine Veränderung erforderlich ist. Diese Verleugnung gilt es, aufzulösen. Deshalb müssen Führungskräfte in dieser Phase viele aufklärende Informationen vermitteln und dabei gleichzeitig Verständnis für Verleugnungstendenzen zeigen. Dieses Verständnis darf allerdings nicht Äußerungen über die Notwendigkeit von Veränderungen aufweichen (Formulierungsbeispiel: „Wir wissen, dass es schwer fällt, aber die anstehenden Veränderungen sind notwendig").

Verleugnungen auflösen

Schlägt die Verleugnung in Widerstand um, muss zunächst Ursachenforschung betrieben werden. Danach ist ein konstruktiver Umgang mit Widerständen erforderlich. Bei den Mitarbeitern kann in dieser Phase Resignation aufkommen. Sie können die Veränderung letztendlich nicht aufhalten und auch nur in begrenztem Umfang mitgestalten. In dieser Phase des Prozesses müssen Führungskräfte den Mitarbeitern Mut machen und ihnen immer wieder die Vorteile der Veränderungen aufzeigen. Hierbei gilt es, die Mitarbeiter einerseits in ihrer Trauerarbeit zu unterstützen und andererseits den Umbruch zu fördern.

Resignation vermeiden

Aus der Werbung weiß man, dass nach dem Kauf eines Produktes eine so genannte Nachkauf-Dissonanz entsteht, was psychologisch ausführlicher untersucht wurde. Knapp und vereinfachend gesagt, handelt es sich dabei um ein unbehagliches Gefühl, das nach einem Kauf aufkommt. Dieses Gefühl ist verbunden mit der Frage, ob es wohl richtig war, genau dieses Produkt zu diesem Preis gekauft zu haben.

Diese Erkenntnisse können wir auf Change-Prozesse übertragen. Denn genau das gleiche Gefühl in Bezug auf umgesetzte Veränderungen entsteht bei Mitarbeitern:

- Die eine Seite dieses Gefühls lässt sich als die zweifelnde Frage formulieren, ob die umgesetzten Veränderungen wohl die richtigen waren.
- Der andere Teil des Gefühls lässt sich als die Sehnsucht nach der alten Sicherheit beschreiben. Formuliert wird dieser Teil von den Mitarbeitern oftmals als: „Früher war alles besser".

In der Werbung reagiert man auf diese Nachkauf-Dissonanz, indem man dem Kunden nachträglich bestätigt, wie gut seine Entscheidung war. Diese Vorgehensweise macht natürlich auch in Veränderungssituationen Sinn. Nur sollte sie gut fundiert sein.

In jeden Veränderungsprozess sollte ein Controlling eingebunden sein, ob die umgesetzten Veränderungen auch die Resultate erbringen, die man sich ursprünglich davon versprochen hat. Diese Resultate müssen den Mitarbeitern bekannt gegeben werden. Resultieren aus Veränderungen gute Erfolge, kann man als Führungskraft mit deren Bekanntgabe einer nachträglichen **Veränderungsdissonanz** einfach begegnen. Schließlich gilt es, bei den Mitarbeitern auch eine Wertschätzung für die neue Situation aufzubauen und zu fördern.

„Nach-Dissonanz" beachten und begegnen

3.7 Führung durch Strategie

Veränderungsprozesse benötigen Visionen, Strategien, Werte und Ziele, auf die sie ausgerichtet sind. Veränderungsprozesse ohne eine Richtung und Ziele würden nicht oder nur schlecht funktionieren, da sie zu wechselhaft wären und sogar wieder zum Ausgangspunkt zurückführen könnten. Gerade im Bereich der Strategien findet man eine Vielfalt von Begriffen, für die wir zunächst unser Verständnis, in Anlehnung an Senge u.a. (2000), definieren wollen:

Definition beschreibender Begriffe

Definition der Begriffe zur Beschreibung von Perspektiven

Vision: Eine gemeinsame Vision ist das Bild einer erwünschten Zukunft, das stark motivierende Kraft ausübt.

Werte: Werte, Normen und Regeln sind die öffentlichen und geheimen Spielregeln, die auf das Verhalten aller Mitglieder eines Unternehmens wirken. Damit beschreiben diese Werte auch Regeln, die für Umsetzung einer Strategie von hoher Bedeutung sind.

Mission: Eine Mission ist ein tieferer Grund für die Existenz der Organisation bzw. eines Unternehmens.

Ziele: Ziele sind Meilensteine auf dem Weg zur Verwirklichung einer Vision, die in absehbarer Zeit erreicht werden soll.

Strategie: Eine Strategie beschreibt den Weg zur Erreichung einer Vision. Eine Strategie umfasst die Summe aller Ziele und Maßnahmen, die zur Erreichung einer Vision erforderlich sind.

Visionen können erhebliche Energien freisetzen. John F. Kennedy hat zum Beispiel Anfang 1960 gesagt „Bis zum Ende dieses Jahrzehnts wird der erste Mensch auf dem Mond gewesen und gesund zurückgekommen sein“. Welche enormen Anstrengungen daraus resultierten und wie die Sache ausging, weiß jeder. Eine von allen akzeptierte Vision mit einer klar ausgearbeiteten Strategie gibt einem Unternehmen Form und Richtung und erzeugt große Kreativität sowie hohes Engagement bei Menschen. Zudem hilft sie in ganz erheblichem Maße, die Kräfte zu überwinden, die darauf ausgerichtet sind, den aktuellen Stand der Dinge beizubehalten.

Durch Visionen, Strategien und Ziele zu führen, beinhaltet einerseits die Aufgabe, eine Strategie zu erstellen. Andererseits ist es auch eine Führungsaufgabe, für die Umsetzung einer Strategie zu sorgen. Häufig werden Visionen und Strategien mit Engagement entwickelt. Diese werden dann über die Medien der internen Kommunikation wie Meetings, Mailings, Mitarbeiterzeitschriften oder das Intranet kommuniziert. Dennoch drohen dann aber Vision und Strategie bei ihrer Umsetzung zu versanden, weil eine permanente Steuerung und ein strategisches Lernen oft nicht ausgeübt wird. Dies hat oft folgende Ursachen:

Die anfängliche gute Kommunikation von Visionen und Strategien …

- Eine Vision und eine Strategie werden zwar verabschiedet, sie werden aber von den Führungskräften einer Führungsebene sehr unterschiedlich interpretiert. Oftmals bestehen insbesondere bei den Vorstellungen über die Umsetzung und Realisierung zwischen den Führungsebenen erhebliche Unterschiede.
- Vision und Strategie werden zwar verabschiedet, aber es existiert keine Verknüpfung mit den Zielvorgaben der einzelnen Führungsebenen und der Mitarbeiter. Damit einhergehend existiert oftmals auch keine Verknüpfung mit dem Bonussystem eines Unternehmens.
- Die Führungskräfte verstehen es nicht, Visionen und Strategien motivierend zu vermitteln. Es wird davon ausgegangen, dass die Mitarbeiter sowieso mitmachen müssen. Folglich brauchen Informationen auch nicht zu umfangreich zu sein. Sie werden auf einer „need to know bases“ bereitgestellt.
- Die Führungskräfte verstehen es nicht, konstruktiv mit Widerständen umzugehen und die Umsetzung einer Vision und Strategie bei den Mitarbeitern gegebenenfalls auch durchzusetzen.
- Aus der mittleren und Einsteiger-Führungsebene wird „taktisches“ Feed-back gegeben, das keine oder geschönte Rückmeldungen über die Umsetzung der Strategie enthält.

Um eine Vision und Strategie in die Realität umzusetzen, ist folglich eine permanente Kontrolle und Steuerung erforderlich. Zunächst soll allerdings noch einmal auf die Erstellung und Erarbeitung einer Vision und Strategie eingegangen werden. Dabei ist zunächst eine Vision und Mission zu entwickeln und dann eine Strategie, die sowohl die einzelnen Ziele wie auch die erforderlichen Maßnahmen zur Umsetzung auflistet. Hier existieren verschiedene Möglichkeiten für Form und Vorgehensweisen.

… muss erhalten bleiben durch permanente Steuerung strategischer Prozesse

DIE BEKANNTESTE FORM FÜR DIE VERKNÜPFUNG EINER VISION, EINER STRATEGIE UND DER DAMIT VERBUNDENEN ZIELE IST DIE BALANCED SCORE CARD (KAPLAN & NORTON, 1997).

Als Instrument bietet sich die Balanced Score Card an

Die Form der Balanced Score Card fordert dabei von Führungskräften eine hohe Präzision, aber auch eine gewisse Kreativität, die Ausrichtung einer allgemeinen Strategie in umsetzbare Ziele und Maßnahmen für ihre Bereiche herunterzubrechen.

Diese Führungsaufgabe wird von Führungsebene zu Führungsebene von oben nach unten nachlässiger angegangen. Häufig ist es in einem Unternehmen so, dass schon die mittleren Ebenen mit einer Balanced Score Card eher wenig anfangen können und die Mitarbeiter gar nicht wissen, was das ist. Von den Mitarbeitern muss man vielleicht auch gar nicht erwarten, dass sie es wissen, von den Führungskräften der mittleren Ebene allerdings schon. Selbst wenn in einem Unternehmen die Strategie nicht in Form einer Balanced Score Card existiert, ist es auf jeden Fall die Aufgabe der mittleren Führungsebenen, diese Strategie an die Mitarbeiter zu vermitteln und in Ziele für die Mitarbeiter und entsprechende Maßnahmen für ihren Bereich umzusetzen. Die mittlere Führungsebene hat hier die Funktion eines „Transmissionsriemens", der die Kraft der Visionen und Ziele auf die Mitarbeiter übertragen muss – eine Funktion, der diese mittlere Ebene oft nicht oder nur mäßig gerecht wird. Die Balanced Score Card kann hier als Unterstützung dienen und ist dementsprechend auch ein strategisches Führungsinstrument.

Es ist Aufgabe der mittleren Führungsebene, die Strategie an Mitarbeiter zu vermitteln

Exkurs: Hinweise zum Umgang mit der BSC als Führungsinstrument

Anhand einer Balanced Score Card kann und sollte man als Führungskraft den Mitarbeitern auch die Vision und die Strategie eines Unternehmens erläutern und vermitteln. Als Führungskraft der mittleren Ebene sollte man den eigenen Mitarbeitern gegenüber auf jeden Fall auch Transparenz über die eigenen Ziele schaffen. Die Balanced Score Card ist ein gut geeignetes Instrument dafür. Bevor man mit den Mitarbeitern deren Ziele und Beitrag zur Umsetzung von Strategien und Visionen bespricht, sollten sie Gelegenheit haben, ihre eigenen Vorstellungen darüber zu äußern. Diese müssen sich im Rahmen des möglichen Korridors bewegen. Dazu sollten die Mitarbeiter diesen Korridor und damit die Balanced Score Card für ihr Team oder ihre Abteilung kennen.

Die Balanced Score Card ist das Instrument, um Change-Prozesse auf Unternehmensebene mit Zielen zu versehen. Diese Veränderungsziele sollten dann mit Personen, d.h. Führungskräften und Mitarbeitern, verknüpft werden. Alle Veränderungsziele aus den Change-Prozessen eines Unternehmens sollten sich in der Balanced Score Card wiederfinden. Allen Zielen einer Balanced Score Card sollten verantwortliche Führungskräfte und Mitarbeiter zugeordnet sein. Das Prinzip dahinter ist uralt und extrem einfach, aber leider immer noch sehr schwer umzusetzen: „Wer macht was bis wann".

Die auf den Seiten 81 und 82 folgenden Ausführungen haben wir in Anlehnung an Senge u.a. (2000) zusammengestellt. Insbesondere bei der Beschreibung der konkreten Vorgehensweisen folgen wir diesen Autoren.

Entwicklung und Erstellung einer Vision und Strategie

Die Vorgehensweisen für die Entwicklung und Erstellung einer Vision und Strategie **variieren je nach Beteiligungsgrad der Mitarbeiter vom Verkünden über die Konsultation bis hin zur gemeinsamen Erarbeitung,** was durch das Schema in Abb. 3.4 ausgedrückt wird.

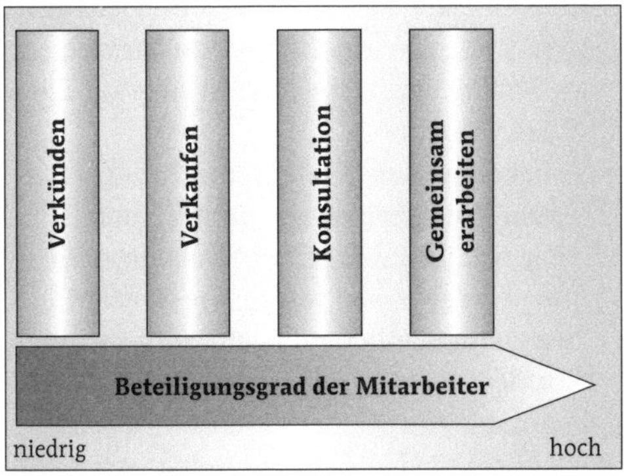

Abb. 3.4: Die möglichen Stufen des Beteiligungsgrades der Mitarbeiter bei der Visions- und Stategieentwicklung

Je weit gehender die Mitarbeiter eines Unternehmens am Prozess der Entwicklung und Erarbeitung beteiligt sind, umso mehr Aufwand benötigt die Erstellung einer Vision und Strategie. Gleichzeitig werden die Mitarbeiter auch umso engagierter für eine Vision und Strategie eintreten und arbeiten, umso mehr sie diese selber mit entwickelt haben. Die jeweiligen Vorgehensweisen sind für jeweils unterschiedliche Situationen geeignet und bedürfen jeweils eines unterschiedlichen Umgangs, um erfolgreich zu sein.

Verkünden und Verkaufen

- Diese Vorgehensweisen sind angebracht, wenn Zukunftsanforderungen nicht diskutierbar sind und zudem schnelle Handlung erforderlich ist.
- Die Führungskraft sollte den Mitarbeitern klare Informationen darüber geben, welche Vision und Strategie warum gewählt wurde und welchen Beitrag die Mitarbeiter dazu leisten sollen.
- Es muss die Wahrheit über die momentane Ausgangssituation vermittelt werden. Dabei dürfen die bisherigen Leistungen der Mitarbeiter keinesfalls zu negativ dargestellt werden. Es muss auch eine Wertschätzung für die bisherigen positiven Aspekte der Situation vermittelt werden. Nicht alles war schlecht. Aber eben auch nicht alles war gut. Legen Sie die Fakten der heutigen Lage einfach sachlich auf den Tisch.
- Den Mitarbeitern muss auch deutlich werden, was verhandelt werden kann und was nicht. Allen sollte klar werden, welcher Spielraum besteht, welcher aber auch nicht.
- Je mehr Feed-back eine Führungskraft zu einer Strategie zulässt, umso verkaufender wird die Vorgehensweise. Erst Feed-back ermöglicht es den Mitarbeitern, Einwände zu äußern. Erst Einwände der Mitarbeiter ermöglichen es einer Führungskraft, diese Einwände konstruktiv zu behandeln. Je verkaufender man als Führungskraft also eine Strategie vermitteln möchte, für umso mehr Rückmeldung muss man sorgen.
- Wenn eine Vision und Strategie verkauft werden soll, muss die Kernbotschaft vermittelt werden, dass man als Führungskraft auf die Mitarbeiter angewiesen ist.
- Ebenso gehört zum Verkaufen einer Vision und Strategie, dass deren Vorteile klar und deutlich benannt werden.
- Abschließend empfiehlt es sich, ein klares Commitment bei den Mitarbeitern zur Vision und Strategie einzuholen.

Konsultieren

- Die Vorgehensweise ist angebracht, wenn man etwas mehr Zeit hat und das Engagement möglichst vieler Mitarbeiter zur Umsetzung erforderlich ist.
- Es verbessert die Qualität der Beratung mit den Mitarbeitern, wenn man als Führungskraft so viele Informationen wie möglich gibt.
- Es sollte bereits eine erste grobe Vorstellung einer Vision und Strategie geben, zu der man als Führungskraft eine Meinung einholen möchte. Diese Meinungen sollten respektiert werden, Wenn man nur bestimmte Antworten erhalten möchte, werden die Mitarbeiter dies schnell merken.
- Die Mitarbeiter sollten gegebenenfalls auch die Möglichkeiten haben, ihre Meinung auch anonym zu äußern.
- Bei der Konsultation der Mitarbeiter sollten diese ihre Meinung zu Inhalten, Zielen und Maßnahmen einer Vision und Strategie äußern. Damit sollte auch getestet werden, wie deren Sinnhaftigkeit, Nützlichkeit und Motivationskraft eingeschätzt werden.
- Je stärker die Konsultation sein soll und je mehr Einfluss die Mitarbeiter dabei haben sollen, umso interaktiver muss der Prozess gestaltet sein.

Gemeinsam entwickeln und erarbeiten

- Dies ist angebracht, wenn man viel Zeit hat und ein deutliches Engagement möglichst aller Mitarbeiter erforderlich ist.
- Eine gemeinsame Vision und Strategie sollte die Vorstellungen der Menschen in einem Unternehmen berücksichtigen. Es ist also sehr sinnvoll, diese Vorstellungen abzuholen und in die Visions- und Strategieentwicklung einzubinden.
- Wenn Mitarbeiter bei der Entwicklung einer Vision mitwirken und mitarbeiten, müssen ihre Perspektiven auch gehört und berücksichtigt werden. Sonst ist der ganze Effekt der Einbindung hinfällig. Es ist falsch, geschieht aber dennoch häufig, dass Führungskräfte ihre Mitarbeiter erst einmal „machen“ und entwickeln lassen, um dann doch einfach etwas anderes zu entscheiden, unabhängig von dem, was sich die Mitarbeiter ausgedacht haben.
- Bei einer gemeinsamen Strategieentwicklung zeigen sich in der Regel Meinungsunterschiede. Diese sollten nicht „glattgebügelt“ werden. Es ist besser, zunächst die Annahmen zu klären, die hinter den unterschiedlichen Ausrichtungen und Meinungen stehen. Viele Meinungsunterschiede in Strategieprozessen lassen sich auf diese Weise klären.
- Je nachdem, wie groß die Anzahl der betroffenen Mitarbeiter ist, sollten möglichst viele von ihnen bei einer Strategieentwicklung eingebunden werden. Je mehr Mitarbeiter persönlich eingebunden werden können, umso größer wird das Commitment der Betroffenen sein.
- Der Prozess der Visions- und Strategieentwicklung ist oftmals mindestens genauso wichtig wie das eigentliche Sachergebnis selber. Deshalb ist es wichtig, sich im Dialog auszutauschen. Es geht dabei nicht darum, die optimalsten Ergebnisse zu finden, sondern welche, mit denen sich jeder identifizieren kann. Der Prozess ist es, der in die Herzen geht und die gewünschte Dynamik auslöst. Ohne ihn sind die Worte und Zahlen nur Managementprosa, bei der viele Mitarbeiter inzwischen oft nur noch abwinken.

Eine Vision und Strategie sollte schließlich immer in eine Zielelandschaft münden. Diese Zielelandschaft sollte sowohl Stabilitäts- als auch Veränderungsziele enthalten, die auch dem Wandel im Unternehmen Rechnung tragen. Diese Ziele müssen bis auf jeden einzelnen Mitarbeiter heruntergebrochen und operationalisiert sein.

Ab diesem Zeitpunkt beginnt die Steuerung der Realisierung von Visionen und Strategien. Hier werden Führungskräfte oft von der Notwendigkeit operativer Zwänge überrollt und kommen dieser Steuerung häufig zu wenig nach. Manchmal sind diese operativen „Zwänge" auch ganz gerne gesehen und werden als angenehme Abwechslung Willkommen geheißen. Unserer Erfahrung zufolge gibt es sogar eine große Anzahl an Führungskräften, die sich lieber im operativen Geschäft tummeln, als strategischen Führungsaufgaben nachzukommen. Erstens ist das oft auch viel spannender. Zweitens betrifft dies vor allem die mittleren und Einstiegs-Führungsebenen, da deren Selbstverständnis oftmals noch einen hohen Anteil an fachlicher Kompetenz und Beteiligung an fachlicher Arbeit enthält. Gleichzeitig sind dies die Führungskräfte, die sich bei der Umsetzung von Change-Prozessen oder bei der Steuerung von Strategieumsetzungen am dichtesten am Mitarbeiter befinden. Ein Dilemma, dem man nur durch eine strengere Auslese und Auswahl der Führungskräfte entgehen könnte.

Führungskräfte sollten nicht im operativen Tagesgeschäft untergehen

Die Steuerung der Umsetzung von Visionen und Strategien durch Führungskräfte muss an folgenden Stellschrauben ansetzen:

Konkrete Steuerungsmaßnahmen zur Umsetzung von Vision und Strategie

- Klare Beschreibung der erwarteten Arbeitsleistungen in Bezug auf die Ziele und in den einzelnen Bereichen einer Strategie.
- Für angemessene Ausstattung sorgen, die zur Umsetzung erforderlich ist.
- Schaffung eines Qualifikationsniveaus mit ausreichenden Kenntnissen und Fähigkeiten, die zur Realisierung einer Strategie erforderlich sind.
- Relevantes und häufiges Feed-back über den Stand der Umsetzung und Realisierung sowie über den persönlichen Stand des Mitarbeiters in Bezug auf die Strategieumsetzung.
- Schaffung von Anreiz- und Konsequenzsystemen und begründeter, transparenter Einsatz von Anreizen und Konsequenzen; eindeutige und schnelle Reaktion auch bei schlechter Umsetzung einer Vision und Strategie.
- Passung von Mitarbeiter und Aufgabe aktiv managen und nicht passiv hinnehmen.
- Sicherstellung eines kontinuierlichen Lernens zur Modifikation und Weiterentwicklung der Vision, Strategie und Ziele sowie der Vorgehensweisen.
- Kontinuierliche Reflexion des Umsetzungsfortschritts in allen Bereichen der Balanced Score Card.

GERADE DIE STEUERUNG DER REALISIERUNG IST EINER DER WICHTIGSTEN ASPEKTE BEI DER FÜHRUNG DURCH VISIONEN UND STRATEGIEN. DESHALB IST HIERAUF IN CHANGE-PROZESSEN EIN BESONDERES AUGENMERK ZU RICHTEN.

3.8 Der Einsatz von Führungstechniken und -instrumenten im Change-Prozess

Folgende Führungsinstrumente können in Change-Prozessen eingesetzt werden:

Für Change-Prozesse geeignete Instrumente

- Management by Objectives bzw. Führen mit Zielen,
- Anerkennung und Kritik,
- Coaching,
- Mitarbeiterbeurteilungen und
- Mitarbeiterjahresgespräch.

3.8.1 Führen mit Zielen in Veränderungsprozessen

Führen mit Zielen ist eine wirksame Möglichkeit, Richtungen vorzugeben. Dementsprechend könnte Management by Objectives in Change-Prozessen von Führungskräften sehr gut zum Management des Wandels eingesetzt werden. Eigenartigerweise wird diese Möglichkeit von vielen Führungskräften allerdings viel zu selten und viel zu wenig genutzt. Die Gründe dafür liegen sicher in den oftmals noch sehr tradierten Vorstellungen über den Einsatz von Management by Objectives.

Die in vielen Unternehmen gepflegten **klassischen Vorstellungen über Führung durch Ziele** bestehen darin, dass

- einmal im Jahr Ziele vereinbart werden,
- die sich in den meisten Fällen auf sachliche Arbeitsthemen und selten auf persönliches Verhalten beziehen,
- die dann im Lauf des Jahres nicht mehr verändert werden (dürfen) und
- deren Erreichung im Lauf des Jahres durch mehr oder weniger intensive Gespräche gesteuert wird.

Der klassische Jahresturnus eignet sich für Change-Prozesse nicht

Diese klassische Vorstellung ist in mehrfacher Hinsicht problematisch, insbesondere, wenn Unternehmen sich in Veränderungsprozesse begeben. Die Führung eines Unternehmens muss immer an den Markt, seine Bedürfnisse und Notwendigkeiten sowie die Kunden angepasst sein. Der Markt verändert sich ständig und nimmt dabei natürlich überhaupt keine Rücksicht auf die Planungszyklen oder internen Schwierigkeiten eines Unternehmens. Auch die Kunden und deren Wünsche verändern sich ständig und mit zunehmend höherer Geschwindigkeit. Natürlich interessiert es auch einen Kunden nicht, ob die jährliche Zielvereinbarung eines Unternehmens im Februar oder September stattfindet.

Weiterhin würde man als Führungskraft nur einen Teil der Mächtigkeit von Management by Objectives nutzen, wenn man ausschließlich Ziele für sachbezogene Arbeitsthemen vereinbaren und persönliche Verhaltensziele vernachlässigen würde. Dies liegt oft daran, dass sich die Erreichung sachbezogener Arbeitsziele leichter mit Zahlen messen lässt. Dies ist bei Verhaltenszielen naturgemäß schwerer der Fall und gelingt auch nicht immer vollständig.

Obwohl sich viele Führungskräfte und allermeistens auch die Betriebsräte in der Forderung nach objektiver Messbarkeit einig sind, sollte diese dennoch nicht unhinterfragt bleiben.

Denn die Beurteilung einer Zielerreichung ist immer subjektiv und das wird in der Praxis entsprechend in Rechnung gestellt, wenn selbst bei Zahlenzielen folgende Bewertungsformel zu hören ist: „Das Ziel wurde nicht ganz erreicht, aber der Mitarbeiter hat sich außerordentlich angestrengt, deshalb erhält er trotzdem 100 %." Es gehört nur ein wenig Mut dazu, sich damit zu begnügen, dass Ziele „möglichst messbar" sein sollten. Eine Steuerung ermöglichen sie dennoch und man kann ergänzende qualitative Kriterien dafür schaffen, wann ein Verhaltensziel vom Mitarbeiter erreicht wurde.

Messbarkeit als oberstes Ziel ist richtig, muss aber realistisch gehandhabt werden

In der Praxis ist oftmals auch zu beobachten, dass Führungskräfte die unterjährige Steuerung der Zielerreichung schleifen lassen und sich ausschließlich um Fachfragen, operative Entscheidungen oder politische Themen kümmern (und manchmal sogar die eine oder andere Arbeit gerne auch selber erledigen). Je mehr Zeit hierfür eingesetzt wird, umso weniger bleibt für die Führung und die strategische Steuerung der Mitarbeiter.

Aus diesen kritischen Beobachtungen ergeben sich folgende Schlussfolgerungen für einen modernen Umgang mit dem Instrument der Führung durch Ziele:

> Selbstverständlich können und dürfen Ziele im Lauf eines Jahres verändert, modifiziert, gestrichen oder ergänzt werden. Es sollte jedoch eine gewisse Basis an Grundzielen geben, die konstant bleiben und nicht verändert werden.

Führen mit Zielen ist bei Change-Prozessen angesagt, aber flexibel zu handhaben

Grundsätzlich ist es sinnvoll, einmal im Jahr einen formalen Anknüpfungspunkt zu haben, bei dem Ziele vereinbart werden. Dies kann im Rahmen eines Jahresgesprächs geschehen. Falls es erforderlich ist, sollte der Weg offen dafür bleiben, auch mehr als einmal im Jahr Ziele zu vereinbaren. Dies muss nicht unbedingt immer im Rahmen eines umfangreichen mehrstündigen Jahresgesprächs stattfinden, sondern man kann eine kleinere Zielvereinbarung auch innerhalb von wenigen Minuten abschließen.

> Auf jeden Fall müssen Führungskräfte auch verhaltensbezogene Ziele mit Mitarbeitern vereinbaren, damit nicht nur die Arbeitsergebnisse gesteuert werden, sondern im möglichen Rahmen zugleich das Verhalten von Mitarbeitern.

> Die Erreichung der Ziele muss im Lauf eines Jahres durch kontinuierliche Gespräche, Rückmeldungen und Feed-backs gesteuert werden.

Zwei Einsatzbereiche für MBO

Damit ist die wesentliche Basis für den Einsatz von Management by Objectives in Change-Prozessen umrissen. Grundsätzlich gibt es beim Management des Wandels zwei Einsatzbereiche für MBO:

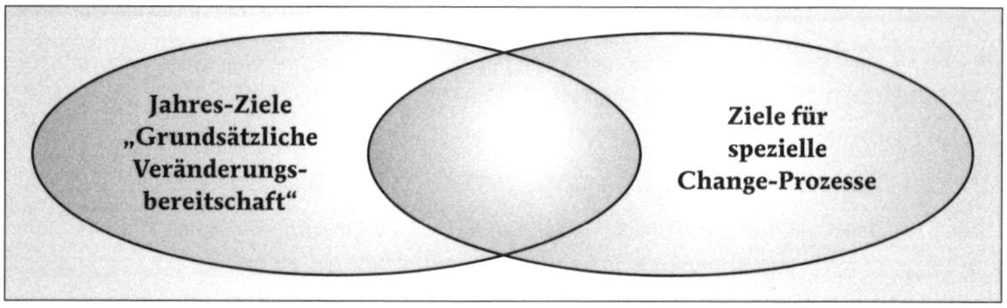

Abb. 3.5: Die beiden Einsatzbereiche von MBO bei Change-Prozessen

Erster Bereich: Veränderungsbereitschaft erreichen

Zunächst geht es darum, als Führungskraft bei den Mitarbeitern eine grundsätzliche Bereitschaft für Veränderungen zu fördern und zu fordern. Dies sollte im Rahmen jährlicher Zielvereinbarung geschehen. Die Schwierigkeit besteht dabei darin, wie die Ziele formuliert werden und welche Auswirkung deren Erreichung oder Nichterreichung hat.

Beispiele für Ziele zur Veränderungsbereitschaft

- Faire Auseinandersetzung mit anstehenden Change-Prozessen durch eine differenzierte eigene Meinungsbildung (Betrachtung von Nachteilen und Vorteilen).
- Entwicklung einer grundsätzlichen Aufgeschlossenheit und positiven Einstellung gegenüber Veränderungen im Unternehmen.
- Eigene Anstöße für Veränderungen und Verbesserungen im Unternehmen geben.
- Aktive eigene Teilnahme an Change-Prozessen.
- Passive Unterstützung von Change-Prozessen durch positive Äußerungen, die Unterlassung destruktiver Äußerungen oder die Äußerung von konstruktiver Kritik.
- Aktive Umsetzung und Realisierung von Maßnahmen, die im Lauf des Jahres aus Change-Prozessen resultieren werden.
- Anregung anderer Mitarbeiter, Veränderungsprozesse und deren Realisierung zu unterstützen.

Damit solche Ziele motivieren und Mitarbeiter auf ihrer Basis gesteuert werden können, müssen sie eine Reihe von Voraussetzungen erfüllen:

- Ziele müssen **für die Mitarbeiter einen Sinn ergeben**. Damit müssen Führungskräfte ihre Mitarbeiter auch an strategischen Informationen teilhaben lassen. Zudem muss es den Führungskräften gelingen, diese Ziele für den Mitarbeiter mit einem für ihn bedeutsamen Wert zu verknüpfen. Dies kann ein ideeller, aber auch materieller Wert sein.

- Führungskräfte müssen Mitarbeitern ihre **persönliche Unterstützung bei der Erreichung der Ziele anbieten**. Dies gilt natürlich auch für Ziele zur Veränderungsbereitschaft. Auch bei diesen Zielen sollte der Schwierigkeitsgrad bei ca. 50 % Wahrscheinlichkeit liegen, dass man sie als Mitarbeiter erreichen kann. Ferner sollten sie anspruchsvoll und herausfordernd, aber realistisch erreichbar sein.
- Bei diesen Zielen sollte der Mitarbeiter genau wissen, was von ihm erwartet wird. Deshalb sollten die **Ziele sehr konkret und eindeutig formuliert** sein.

Beispiel

Das Ziel „Passive Unterstützung von Change-Prozessen durch Unterlassung destruktiver Äußerungen" könnte den Zusatz bedeuten: „Äußerungen der folgenden Art sind ab sofort und für immer zu unterlassen: Früher war alles besser, schon wieder so ein Quatsch, die da oben denken sich nur Blödsinn aus, das wird niemals funktionieren, das haben wir aber noch nie so gemacht, so ein Schwachsinn usw." Auf diese Weise kann man sich schnell und einfach einem gemeinsamen Verständnis nähern, sodass auch der Mitarbeiter genau weiß, was von ihm erwartet wird. Durch eine solche Einkreisung kann gleichzeitig die Messbarkeit eines solchen Ziels erheblich erhöht werden. Damit sind auch diese Ziele so weit wie möglich messbar formuliert.
Der zeitliche Aspekt eines Termins wird sichergestellt durch die Formulierung „ab sofort und für immer": Natürlich bleibt es jeder Führungskraft freigestellt, beim zeitlichen Aspekt niedrigere Maßstäbe anzulegen. Man kann in der ersten Phase auch einen Rückgang destruktiver Äußerungen vereinbaren und erst ab einem späteren Zeitpunkt die Messgröße „null abfällige Äußerungen gegenüber Change-Prozessen" anlegen.

Wichtig ist es, dass der Mitarbeiter, die Mitarbeiterin, diese Ziele akzeptiert. Zielvereinbarung ist letztendlich ein „Geschäft auf Gegenseitigkeit". Damit das Unternehmen sich positiv entwickeln und damit dem Mitarbeiter einen möglichst guten Arbeitsplatz mit guten Rahmenbedingungen bieten kann, muss auch dieser seinen Teil beitragen.

Zweiter Bereich: Anlassbezogene Ziele vereinbaren

Als Führungskraft kann man Management by Objectives nutzen, um anlassbezogene Ziele zu dem Zeitpunkt zu veinbaren, an dem Veränderungen aktuell anstehen. Diese Ziele müssen sich konkret auf die Realisierung und Umsetzung von spezifischen Change-Prozessen beziehen. Es ist sowieso originäre Aufgabe der Führungskräfte, die Ziele von Change-Prozessen bis auf die letzte Mitarbeiterebene herunterzubrechen und sie damit konkret und umsetzbar zu machen.

Beispiele für anlassbezogene Ziele

- Bei einer **neuen Kundensegmentierung**: Bis zum Termin X sind 50 % der Kunden an den neuen Betreuer überführt.
- Bei **neuen Arbeitsabläufen**: Bis zum Termin X ist der Mitarbeiter mit dem neuen Arbeitsablauf vertraut und nutzt nur noch die neuen Formulare. Alle alten Formulare sind vernichtet worden.
- Bei der **Einführung einer neuen Software**: Bis zum Termin X ist der Mitarbeiter mit der neuen Software vertraut und kann anderen Mitarbeitern die Benutzung erläutern. Am Termin X plus eine Woche findet eine erste Kurzschulung statt, in der der Mitarbeiter sein Wissen an die Kollegen weitergibt.
- Bei **neuen Strukturen**: Bis zum Termin X hat der Mitarbeiter ein Übergabegespräch mit dem neuen Verantwortlichen geführt, in dem die besagten Aufgaben an den neuen Verantwortlichen übergeben wurden. Zu diesem Termin wird ein Übergabeprotokoll erstellt.
- Bei **neuen Strategien,** wie z.B. der Verbesserung des Service Levels: Hier könnte ein Unternehmen zum Beispiel beschließen, jederzeit für den Kunden erreichbar zu sein. Ein Ziel für die mittlere Führungsebene wäre dann zum Beispiel: „Bis zum Termin X ist ein Schichtsystem eingeführt, das sieben Tage die Woche 24 Stunden Erreichbarkeit sicherstellt". Auf Mitarbeiterebene könnte das Ziel lauten: „Bis zum Termin X hat der Mitarbeiter die Entscheidung getroffen, ob er das neue Schichtsystem voll unterstützt und daran teilnimmt" und weiter „Ab dem Termin X Teilnahme am neuen Schichtsystem mit der Erreichbarkeit 7/24 und der gleichen Kundenfreundlichkeit wie bisher. Die Unterstützung für das neue System umfasst mindestens einen Wochenenddienst pro Monat. Die Beibehaltung der Kundenfreundlichkeit wird durch Testanrufe gemessen."
- Bei der **Einführung von neuen Instrumenten**, wie zum Beispiel einem Mitarbeiterjahresgespräch: Bis zum Termin X sind alle Mitarbeitergespräche im Bereich X geführt und alle unterschriebenen Gesprächsbögen liegen in der Personalabteilung vor.

Auch für diese Ziele gelten alle Anforderungen, die üblicherweise an Ziele gestellt werden. Somit ist zum Beispiel das Ziel „die Strategie wurde bis zum Termin X umgesetzt" sehr wenig konkret und wird in der Regel nur schlecht funktionieren. Letztendlich sind diese Ziele gleichzeitig Meilensteine in Veränderungsprozessen. Diese Meilensteine müssen sauber formuliert und gesteuert werden, damit sie ihre Wirkung entfalten.

Hinweise zum konkreten Vorgehen der Zielvereinbarung

Zunächst müssen die Change-bezogenen Ziele besprochen und festgelegt werden. Die Erfolgskriterien und Messgrößen dieser Ziele müssen klar und deutlich durchgesprochen und vereinbart werden.

Zudem müssen alle erforderlichen Voraussetzungen und Rahmenbedingungen abgeklärt werden, die zur Erreichung der Ziele notwendig sind (darunter z.B. die Unterstützung durch die Führungskraft). Besonders wichtig ist es, gemeinsam Zwischenschritte, Maßnahmen und Rückmeldungen einzuplanen.

Weitere Management-by-Techniken

Abschließend soll kurz Stellung zu zwei weiteren Management-by-Techniken und deren Einsatz in Change-Prozessen bezogen werden.

Management by Umbrella: Grundsätzlich ist es natürlich wichtig, dass Mitarbeiter vor Unannehmlichkeiten abgeschirmt werden und ungestört arbeiten können. Als Gefahr ist zu nennen, dass dies manchmal auch die Haltung bei Mitarbeitern verursacht, sich nur und ausschließlich um ihre eigene Arbeit zu kümmern und nicht (mehr) über den Tellerrand zu schauen. Vielfach hört man dann „Was kümmert mich die Lage der Firma. Ich mache hier nur meine Arbeit. Sollen sich die Führungskräfte darum scheren." Diese Haltung ist für den Erfolg von Change-Prozessen überhaupt nicht förderlich. Im Gegenteil, sie ist einer der großen Misserfolgsfaktoren. Wenn eine Führungskraft schon den Schirm schützend über ihre Mitarbeiter spannt, müssen diese jedoch auf jeden Fall darüber informiert sein, dass es draußen regnet.

Mitarbeiter nicht zu sehr abschirmen

Management by wandering around: Diese Technik ist gerade bei der Realisierung von Change-Prozessen von unschätzbarem Wert. Die Umsetzung von Veränderungen lässt sich nicht vom grünen Tisch aus steuern. Man muss sich als Führungskraft einen eigenen Eindruck davon bilden, wie weit, wie sehr und wie überhaupt die eigenen Mitarbeiter Veränderungen umsetzen. Dazu muss man sich persönlich sehen lassen, dabei für Fragen zur Verfügung stehen, sich einen eigenen Eindruck vom Umsetzungsgrad bilden und den Mitarbeitern möglichst zeitnah und direkt Rückmeldung geben.

Als Führungskraft bei den Mitarbeitern präsent sein

3.8.2 Steuerung der Zielerreichung durch Anerkennung und Kritik

Anerkennung und Kritik ist eins der stärksten Führungsinstrumente. Allerdings kann mit Anerkennung und Kritik nicht nur die Zielerreichung, sondern ein Mitarbeiter generell gesteuert werden. Das Instrument wird in der Praxis nach unserem Eindruck und unserer Auffassung entschieden zu selten eingesetzt und oft fehlen den Führungskräften die betreffenden professionellen Verhaltensmuster, sodass „stümperhaft" vorgegangen wird: Es kommt dazu, dass gute Leistungen von Mitarbeitern nur neutral zur Kenntnis genommen werden, nicht kritisiert gilt dann schon als halb gelobt. Fehlverhalten von Mitarbeitern wird toleriert und wenn nicht, werden kritikwürdige Verhaltensweisen Einzelner öffentlich mit Namensnennung angeprangert. Ganze Gruppen werden an Stelle der einzelner Verantwortlichen kritisiert.

Anerkennung und Kritik werden in der Praxis oft sehr unzulänglich genutzt

PROFESSIONELL EINGESETZT IST DIE ZEITNAHE UND DIREKTE RÜCKMELDUNG ÜBER VERHALTENSWEISEN UND ÜBER DIE ERREICHUNG VON ZIELEN DAS MITTEL DER WAHL ZUR MITARBEITERSTEUERUNG.

Hinweise auf das richtige Vorgehen

Wir stellen unseren Hinweisen auf richtiges Vorgehen zunächst etwas über Gespräche voran. Für die Steuerung der Realisierung von Veränderungen kann zwischen zwei Gesprächstypen unterschieden werden.
Anlassbezogene Gespräche dienen

- der Klärung von Fragen und fachlichen Aspekten bezogen auf den Change-Prozess,
- der Anerkennung von Verhaltensweisen, die positiv für die Realisierung von Veränderungen sind und
- der Kritik von Verhaltensweisen, die hinderlich für die Realisierung von Veränderungen sind.

Zwischengespräche ohne direkten Anlass dienen

- der Erkundigung nach dem Wohlbefinden (Interesse am Mitarbeiter als Person),
- der Besprechnung des Standes der Umsetzung von Veränderungen,
- der allgemeinen Rückmeldung und
- dem allgemeinen Austausch über den Change-Prozess.

Führungskräfte neigen oft dazu, vor allem anlassbezogene Gespräche und weniger Gespräche ohne direkten Anlass zu führen.

FÜR DIE OPTIMALE STEUERUNG DER UMSETZUNG VON GEPLANTEN VERÄNDERUNGEN SIND JEDOCH BEIDE GESPRÄCHSTYPEN ERFORDERLICH.

Nehmen wir zunächst die **anlassbezogenen Gespräche** näher unter die Lupe. Hierbei ist insbesondere wichtig, dass die Führungskraft aktiv und mehrfach anbieten muss, für offene Fragen und notwendige Klärungen zum Change-Prozess stets zur Verfügung zu stehen. In der Regel treffen sich Führungskräfte mit ihren Mitarbeitern regelmäßig bei Jours fixes zum Austausch über aktuelle Gegebenheiten, Neuerungen und Ereignisse. Im Rahmen dieser Jours Fixes sollte dieses Angebot durch einen entsprechenden Agendapunkt abgedeckt sein. Diese Fragen müssen dann auch offen angenommen und qualifiziert beantwortet werden. Sollten Fragen offen bleiben, müssen sie geklärt und später beantwortet werden. Dies setzt voraus, dass auch die Führungskräfte über einen möglichst aktuellen Informationsstand in Bezug auf den Change-Prozess verfügen.

Das Verhalten der Mitarbeiter wird dann beeinflusst und gesteuert vor allem durch Rückmeldungen und Feed-backs. Die Anerkennung von Verhaltensweisen und das Lob stabilisieren und verstärken bestimmte Verhaltensweisen. Kritik wird eingesetzt, um unerwünschtes Verhalten zu verändern.

In Veränderungsprozessen muss **Lob und Anerkennung** eingesetzt werden, um neue Verhaltensweisen zu fördern und zu stabilisieren.

Spielregeln für Lob und Anerkennung

Lob und Anerkennung müssen für alle Verhaltensweisen eines Mitarbeiters gegeben werden, die förderlich für den Change-Prozess sind. Dies können direkt oder auch indirekt den Veränderungsprozess unterstützende Verhaltensweisen sein.

Direkte Unterstützung erhält ein Change-Prozess, indem ein Mitarbeiter sich bei der Konzeption von Veränderungen beteiligt oder Veränderungen umsetzt und realisiert. Indirekte Unterstützung gibt ein Mitarbeiter, indem er sich positiv über anstehende Veränderungen äußert oder andere Mitarbeiter zur Umsetzung und Realisierung ermutigt oder sogar auffordert. All diesen Verhaltensweisen gebührt Anerkennung, ohne dass diese übertrieben wird. Manchmal genügt hierbei schon ein Wort oder sogar ein anerkennender Blick. Lob muss immer möglichst nah zu dem Zeitpunkt gegeben werden, an dem ein Mitarbeiter unterstützende Verhaltensweisen gezeigt hat.

Lob muss dem Anlass angemessen, glaubwürdig und begründet sein. Übertreiben Sie also als Führungskraft nicht. Genauso wenig, wie Sie als Führungskraft mit Ihrem Lob untertreiben sollten.

Gerade in Change-Prozessen entsteht Unsicherheit bei den Mitarbeitern. Lob und Anerkennung ist in diesen Fällen auch ein Mittel, diese Unsicherheit zu reduzieren. Dazu muss die Anerkennung und das Lob möglichst konkrete und spezifische Beispiele enthalten. Je konkreter eine Führungskraft sagt, was ihr an der Realisierung von Veränderungen gut gefallen hat, umso mehr Sicherheit gewinnen die Mitarbeiter darüber, welche Neuerungen und Veränderungen von ihnen nun genau erwartet werden.

Wenn bei Anerkennung von neuen Verhaltensweisen eine positive Eigenschaft des Mitarbeiters genannt wird, die zu seiner guten Leistung beigetragen hat, dann bieten sich in Change-Prozessen folgende Möglichkeiten: „Ihre Aufgeschlossenheit gegenüber Neuerungen, Ihre Flexibilität, Ihre Innovationsfreude oder Ihre positive Einstellung gegenüber Veränderungen haben dazu beigetragen, dass es Ihnen gut gelingt, xyz umzusetzen."

Wann immer sich die Gelegenheit ergibt, sollte durchaus auch der Nutzen erwähnt werden, der durch das Verhalten eines Mitarbeiters für den Change-Prozess und dessen Realisierung entstanden ist.

Kritik ist ein starkes Führungsinstrument, um unerwünschte Verhaltensweisen von Mitarbeitern zu verändern. Insbesondere in Change-Prozessen kann sie dazu dienen, Abweichler und Ausreißer einzufangen. Zunächst sollte jedoch immer versucht werden, Mitarbeiter im konstruktiven Dialog zu gewinnen. Selbst Widerstände sind kein Anlass, sofort mit Kritik zu reagieren. Zunächst sollte immer die konstruktive Auseinandersetzung gesucht werden. Natürlich sehen manche Mitarbeiter auch nach umfangreichen Versuchen der Führungskräfte nicht ein, dass bestimmte Veränderungen erforderlich sind oder von ihnen unterstützt werden sollten. Schlimmer noch, sie wissen teils selbst nicht richtig, was genau ihnen nicht gefällt oder unter welchen Umständen sie bereit wären, einen Change-Prozess zu unterstützen. Wenn in diesen Fällen weiter gehender, dauerhafter und aktiver Widerstand gezeigt wird, muss eine Führungskraft handeln. Dazu gehören auch Kritikgespräche.

Spielregeln für Kritikgespräche

Im Vorfeld sollte alles versucht worden sein, den Mitarbeiter von den Veränderungen zu überzeugen oder seine Kritik konstruktiv aufzunehmen und umzusetzen. Als Führungskraft sollte man sich dann darüber klar werden, welche Verhaltensweisen man genau kritisieren möchte:

- Geht es darum, dass der Mitarbeiter die Veränderungen nicht unterstützt,
- dass er Neuerungen dauerhaft unterläuft,
- andere Mitarbeiter aufstachelt, destruktive Kritik übt oder
- gar neue Arbeitsanweisungen einfach nicht einhält?

Hierfür muss man Beispiele gesammelt haben, die man bei Bedarf klar, deutlich und nachvollziehbar benennen kann.

AUCH DIESE KRITIKGESPRÄCHE SOLLTEN GENERELL UNGESTÖRT UNTER VIER AUGEN GEFÜHRT WERDEN.

Möglicher Gesprächsverlauf

Bei Eröffnung eines solchen Kritikgesprächs kann man als Führungskraft durchaus die Frage stellen, wie der Mitarbeiter den momentanen Change-Prozess und wie er sein Verhalten darin erlebt und sieht. Falls der Mitarbeiter hier selber offen zugibt, dass er gegen die anstehenden Veränderungen ist und sich auch entsprechend verhält, kann man als Führungskraft auf diesen Zug aufspringen. Dazu ist die Formulierung geeignet „Dies sehe ich genauso. Aus meiner Perspektive ist mir folgendes aufgefallen...".

Gibt der Mitarbeiter seine Einstellung nicht zu oder antwortet nur diffus, sollte man als Führungskraft selber zügig zum Thema kommen und den kritisierten Sachverhalt ansprechen. Darauf sollte eine Ich-Botschaft und dann eine offene Frage mit Aufforderung zur Stellungnahme folgen.

Ein Formulierungsbeispiel: „Im Rahmen unserer neuen Strategie möchten wir die Verfügbarkeit für den Kunden erhöhen. Im Rahmen des neuen Schichtsystems war Ihre Arbeitszeit von 8.00 bis 16.00 vereinbart. Sie sind in den letzten Wochen insgesamt siebenmal zu spät gekommen, jeweils zwischen 8.15 und 8.45. Das gefällt mir gar nicht gut. Was steckt dahinter?"

Auch hier macht der Ton die Musik. Es ist nicht nötig und in der Regel auch nicht hilfreich, einen vorwurfsvollen, aggressiven oder inquisitorischen Tonfall anzuschlagen. Die Devise lautet: Hart in der Sache, ruhig und fair im Umgang.

Nach dem Austausch über die Gründe für das kritisierte Verhalten muss die Führungskraft ihre Veränderungsvorschläge, -wünsche oder -erwartungen noch einmal klar benennen. Schön wäre es, wenn man als Führungskraft auch in einem solchen Fall gemeinsam mit dem Mitarbeiter noch Lösungen entwickeln und entsprechende Maßnahmen verabreden könnte.

Bei einer aggressiven Gegenreaktion des Mitarbeiters muss die Führungskraft stets einen kühlen Kopf bewahren und noch einmal ihre Erwartungen klar benennen. Für den weiteren Verlauf gelten in diesen Fällen die gleichen Empfehlungen, wie im Kapitel 7.1. aufgelistet.

Abschluss des Gesprächs

Als Führungskraft gilt es am Ende immer, möglichst zu klaren Vereinbarungen darüber zu kommen, wie die Situation weitergehen soll und wie der Mitarbeiter zukünftig handelt.

Diese Vereinbarungen oder die Erwartungen der Führungskraft sollten in schwierigen Fällen schriftlich in einer Gesprächsnotiz oder einer Mail fixiert werden.

ZEIGT EIN ERSTES KRITIKGESPRÄCH KEINE WIRKUNG, MUSS MAN ALS FÜHRUNGSKRAFT UNBEDINGT AM BALL BLEIBEN. EIN DAUERHAFTES AUSREISSEN ODER DAUERHAFTER WIDERSTAND EINZELNER MITARBEITER GEGENÜBER VERÄNDERUNGEN SOLLTE UND DARF KEINESFALLS TOLERIERT WERDEN.

Gerade andere Mitarbeiter und Kollegen beobachten sehr genau, wie mit solchen Abweichlern umgegangen wird und leiten daraus Schlussfolgerungen für ihre eigenen Handlungen ab. Wenn es dann schlecht läuft, hat man als Führungskraft schlimmstenfalls ein ganzes Team von Mitarbeitern, das sich einem Change-Prozess dauerhaft widersetzt. Deshalb gilt hier die Devise: „Niemals aufgeben, denn steter Tropfen höhlt den Stein."

Bei standhaft widerständigen Mitarbeitern muss man zu deutlicheren Maßnahmen greifen. Ausreißern müssen dann zunächst Konsequenzen angekündigt werden. Gehen sie dann immer noch nicht auf die Erwartungen des Unternehmens und der Führungskraft ein und beginnen die anstehenden Veränderungen umzusetzen, muss eine Führungskraft dann die angekündigten Konsequenzen auch eintreten lassen.

Entschlossenheit bei Kritikgesprächen zeigen

Gerade beim Einsatz des Kritikgesprächs ist die persönliche Entschlossenheit vieler Führungskräfte, aber auch vieler Unternehmen schlechthin, eher niedrig ausgeprägt. Es scheint fast so, als wäre diese Entschlossenheit umso geringer, je größer ein Unternehmen ist. So findet sich nach unseren Erfahrungen in Großkonzernen häufig eine Kultur des Wegschauens und der übermäßigen Toleranz selbst gegenüber demonstrativem und provozierendem Fehlverhalten. Die Verfasser kennen Fälle, in denen Mitarbeiter auf Jours fixes anstehende Change-Prozesse öffentlich schwer beschimpften; verbunden mit Fäkalausdrücken gegenüber der Geschäftsleitung und der eigenen Führungskraft, ohne dass ein solches Verhalten auch nur irgendeine Konsequenz gehabt hätte. Darauf angesprochen, sagte die verantwortliche Führungskraft „Was sollen wir denn machen?". So geht es natürlich nicht und viele Unternehmen müssen sich bei einer solchen Haltung nicht wundern, wenn manche wenige Mitarbeiter machen, was sie wollen, und sich einen Teufel um Veränderungen scheren.

Kultur des Wegschauens vermeiden

Die Art und Weise, wie in einem Unternehmen die Strategien, Strukturen, Prozesse, Systeme und Instrumente ausgestaltet und ausgeprägt sind, kann man als die Rahmenbedingungen eines Spiels bezeichnen. Wenn man sich nun als Mitarbeiter für ein bestimmtes Unternehmen, einen Bereich oder eine Abteilung in einem Unternehmen entscheidet, dann entscheidet man sich auch immer für bestimmte Rahmenbedingungen. Das ist wie im Sport. Wenn man sich für Fußball entscheidet, gelten die entsprechenden Rahmenbedingungen und Spielregeln. So kann man beim Fußball nicht einfach den Ball mit der Hand spielen; außer man ist Torwart. Genauso muss man sich als Mitarbeiter auch bestimmten Rahmenbedingungen in Unternehmen unterordnen. Selbstverständlich muss ein Unternehmen auch Freiraum und Freiheiten zugestehen.

Eine Arbeitsbeziehung besteht in einem Geben und Nehmen. Manchmal kann man als Mitarbeiter etwas bekommen, manchmal muss man etwas geben. In Veränderungsprozessen trifft man auf Neuerungen und kann dabei auch Vorteile bekommen, dafür muss man Gewohntes und Liebgewonnenes aufgeben. Einige wenige Mitarbeiter verstehen dies nicht und können sich überhaupt nicht anpassen. In solchen Fällen muss man sich als Führungskraft durchaus auch die Frage stellen, ob ein dauerhaft widerständiger Mitarbeiter die anstehenden Veränderungen jemals realisieren wird und somit an der besagten Stelle überhaupt richtig eingesetzt ist.

Wenn also gar nichts mehr geht, muss man sich gegebenenfalls voneinander trennen. Dies sollte allerdings immer das letzte Mittel der Wahl sein.

3.8.3 Coaching

Coaching ist ein Instrument, das grundsätzlich auf die Entwicklung und die Veränderung von Menschen ausgerichtet ist. Damit ist es vom Prinzip her gut für den Einsatz in Change-Prozessen geeignet . Ein Coaching im Rahmen von Veränderungsprozessen kann drei unterschiedliche Ausprägungen haben.

Drei Einsatzmöglichkeiten von Coaching

- Coaching kann im Vorhinein erfolgen, indem Mitarbeiter auf eine spezielle Schlüsselsituation (z.B. die Einführung einer Veränderung) vorbereitet werden.
- Coaching im Nachhinein bedeutet, dass es nach einer Schlüsselsituation durchführt wird.
- Coaching kann auch in einer Schlüsselsituation selbst erfolgen, z.B. im Arbeitsprozess.

Typische Coachingfelder

Typische Coachingfelder beim Einsatz in Change-Prozessen sind:

- Erwerb neuer fachlicher Kompetenzen oder Fertigkeiten, die zur Realisierung von Veränderungen erforderlich sind,
- Findungsprozess für geeignete Einstellung und Haltung zu einem anstehenden Change-Prozess,
- Entscheidungsfindung über neue Tätigkeiten für einen Mitarbeiter,
- Abbau alter Verhaltensweisen und Aufbau neuer sowie
- Unterstützung bei Schwierigkeiten.

Schon allein die Formulierung der typischen Coachingfelder in Change-Prozessen verdeutlicht, dass für ein erfolgreiches Coaching zwischen Führungskraft und Mitarbeiter in solchen Fällen ein sehr gefestigte und vertrauensvolle Beziehung notwendig ist. Zudem sind eine Reihe weiterer Voraussetzungen und Spielregeln zu erfüllen und zu beachten:

Der Mitarbeiter sollte ein gewisses Eigeninteresse an einem Coaching haben. Deshalb sollte man als Führungskraft in Change-Prozessen ein Coaching anbieten, aber nicht aufzwängen. Der Mitarbeiter soll sich das Coaching selber holen. Alle anderen Gespräche, Beratungen und Dialoge müssen selbstverständlich auch stattfinden, sollten aber dann nicht Coaching genannt werden.

Coaching macht nur Sinn bei Eigeninteresse des Mitarbeiters

EIN COACHING IM RAHMEN VON CHANGE-PROZESSEN KANN NUR ERFOLGREICH FUNKTIONIEREN, WENN ES EINEN STARK BERATENDEN UND ENTWICKELNDEN CHARAKTER FÜR DEN MITARBEITER HAT.

Dies bedeutet auch eine entsprechende Einstellung und geistige Haltung der Führungskraft. Die Führungskraft muss sich als Coach in der Rolle des „Entwicklungshelfers" und Beraters des Mitarbeiters verstehen. Als Entwicklungshelfer fördert man, aber man ordnet nicht an. Als Berater gibt man Empfehlungen, Hilfestellungen und Tipps, aber man ordnet ebenfalls nicht an. Diese Voraussetzung für ein Coaching ist gerade in Change-Prozessen nicht einfach zu erfüllen. Dies liegt daran, dass die Führungskräfte immer gleichzeitig Vertreter des Unternehmens sind und somit auch Vertreter von Zielen und Interessen. Dies kann im Coaching zu einer **Rollenkonfusion** führen, worüber sich Führungskräfte bewusst sein müssen, wenngleich sie sicher unterschiedlich gut damit umgehen können.

Coacht die Führungskraft selbst, muss sie sich ihres Rollenwandels bewusst sein - als Coach darf sie nicht als Vorgesetzter auftreten

Wenn sich die coachende Führungskraft als Entwicklungshelfer versteht, muss man den Mitarbeiter dazu führen, dass er von selbst bestimmte Entwicklungsmöglichkeiten für sich erkennt. Dies bedeutet auch, dass die coachende Führungskraft manchmal nicht selbst die Antwort oder einen Tipp parat haben darf - unabhängig davon, ob sie (schon) weiß, was in der betreffenden Situation am besten zu tun ist. Nur auf diese Weise kann eine echte Hilfe zur Selbsthilfe gegeben werden. Dass ein solches Vorgehen manchmal große Geduld erfordert, liegt auf der Hand.

Zudem ist eine erhebliche Akzeptanz erforderlich, die der Mitarbeiter seiner Führungskraft entgegenbringen sollte. Nur von jemanden, den man akzeptiert und respektiert, nimmt man auch gerne Tipps und Empfehlungen an.

KEINESFALLS DÜRFEN PERSÖNLICHE DINGE, DIE IM RAHMEN EINES COACHING ZWISCHEN FÜHRUNGSKRAFT UND MITARBEITER BESPROCHEN WERDEN, AN ANDERE WEITERGEGEBEN WERDEN.
ES IST FÜR EINE FÜHRUNGSKRAFT WICHTIG, ALS COACH VERTRAULICHKEIT UND DISKRETION ZU WAHREN.

Wir wollen den Einsatz des Führungsinstruments Coaching in Change-Prozessen an einem Beispiel demonstrieren.

Beispiel

Im Rahmen eines Change-Projektes zur Kosteneinsparung wurde bei einem Unternehmen beschlossen, dass in allen Projekten zukünftig der Einkauf von Anfang an beteiligt ist. Damit sollte sichergestellt werden, dass auch beim Einkauf bei Subunternehmen und von komplexen Dienstleistungen für Projekte Kosteneinsparungen durch einen professionellen Einkauf realisiert werden können.

Bisher wurde der Einkauf in diesem Unternehmen dann hinzugezogen, wenn schon alles vereinbart war. Die Devise hieß „Der Einkauf macht dann nur noch das Schriftliche, also den Vertrag".

Zunächst lief die Realisierung der geplanten Veränderungen nicht ganz so gut, weil die Projektleiter alle Bemühungen des Einkaufs subtil unterliefen. Dies ging so weit, dass die Projektleiter entgegen vorher getroffener Absprachen im Verhandlungsgespräch mit dem Subunternehmer das gesamt zur Verfügung stehende Budget und damit den Verhandlungsspielraum herausposaunten. Der Einsatz von Coaching findet in diesem Fallbeispiel zwischen den Projektleitern und ihren Führungskräften statt und könnte folgendermaßen gestaltet sein:

Schritte des Coaching im Change-Prozess

An diesem Beispiel lassen sich die Schritte eines Coachingprozesses näher erläutern:

- Im ersten Schritt müssen die Führungskräfte mit ihren Projektleitern eine Zielvereinbarung über die Umsetzung der neuen Vorgehensweisen treffen. Dann sollte ein Coaching zur Unterstützung der Umsetzung angeboten werden.
  Falls der Mitarbeiter dieses Coaching in Anspruch nehmen möchte, wird zunächst die Form des Coachings festgelegt, In diesem Fall ist ein Coaching im Vorhinein und Nachhinein gut geeignet.
- Als Nächstes wird geklärt, welche Ziele beim Coaching verfolgt werden, welche Spielregeln für das Coaching gelten (Vertraulichkeit etc.), wie die Beziehung zwischen coachender Führungskraft und Mitarbeiter in diesem speziellen Fall gestaltet ist, wie der Ablauf aussieht und was wie besprochen werden soll. Hierbei sollten auch die Schlüsselsituationen festgelegt werden, um die es im Coaching eigentlich geht.
  Schlüsselsituationen im obigen Beispiel sind entweder Projektsitzungen, in denen der Projektleiter mit dem Einkauf zusammen Vorgehensweisen bespricht oder Verhandlungen, in denen der Projektleiter und der Einkauf mit einem Subunternehmer verhandeln. Ebenso sollte hier die Ausgangslage besprochen werden. Wie gut sind die Fähigkeiten des Projektleiters ausgeprägt, um die neue Situation zu meistern? Wo sind seine Stärken und an welchen Stellen wird er voraussichtlich noch dazulernen müssen?

- Daraufhin erfolgt eine Planung des Coachingprozesses, d.h., es wird besprochen, wann man sich zu welchem Thema zusammensetzt. Dann sollte die erste Coaching-Sitzung im Vorfeld einer Schlüsselsituation stattfinden. In dieser Sitzung sollte die coachende Führungskraft mit seinem Mitarbeiter genau besprechen, wie dieser sich in der Schlüsselsituation verhalten möchte und warum. Des Weiteren sollten die beiden besprechen, welche Vorteile und welche Nachteile das angestrebte Verhalten hat, zu welchen Konsequenzen es führt und welche Alternativen es gibt. Hier kann die Führungskraft dann auch Empfehlungen geben.
  Die Führungskraft kann natürlich auch Anweisungen geben, dann wäre es allerdings kein Coaching mehr, sondern ein normales Meeting zwischen Führungskraft und Mitarbeiter.
  Schließlich sollte sich der Mitarbeiter auf Basis des Besprochenen bewusst für eine Vorgehensweise entscheiden.
- Eine weitere Coaching-Sitzung kann dann im Nachhinein erfolgen. In dieser Sitzung wird besprochen, wie es gelaufen ist und wie es dem Projektleiter gelungen ist, die neuen geforderten Verhaltensweisen zu zeigen oder eben auch nicht. Es sollte besprochen werden, welche Verhaltensweisen er gezeigt hat und warum er dies tat. Wiederum sollten die Vorteile und Nachteile dieser Verhaltensweisen besprochen werden sowie deren Konsequenzen.

Die RAFAEL-Methode

Systematischer Abschluss des Coaching

Diese Methode kann im Rahmen eines Coaching als Gesprächstechnik eingesetzt werden und vollzieht sich in folgenden fünf Schritten:

R für Report: Wie ist es aus Perspektive des Mitarbeiters gelaufen? Was lief gut? Was lief nicht so gut? Hier ist dann aktives Zuhören gefragt und eine Unterstützung des Gecoachten durch offene Fragen. Meistens wissen die Mitarbeiter schon selber sehr genau, was gut war und was nicht so gut war. Wenn ihnen dies nicht bewusst ist, muss man als Führungskraft an dieser Stelle fragen, welche Vorteile und Nachteile das Verhalten der Mitarbeiter hatte und welche Konsequenzen daraus resultieren.

A für Alternativen: Die coachende Führungskraft stellt dann die Frage, was der Projektleiter denn hätte anders machen können. Wie hätte er die Situation auch bewältigen können? Was hätte jemand anders an seiner Stelle vermutlich getan?

F für Feed-back: Wenn der Projektleiter jetzt in der Situation anwesend war, könnte er ein persönliches Feed-back an den gecoachten Mitarbeiter geben. In unserem Beispiel war er es leider nicht. Also bleibt nur der Rückgriff auf sonstiges Beobachten und die Kombination mit den Schilderungen des Mitarbeiters. Dies könnte – zu unserem Beispiel – folgende Äußerung ermöglichen:

„Interessant, dass Ihnen das gesamte zur Verfügung stehende Einkaufsbudget herausgerutscht ist. Das passt mit meinen Beobachtungen zusammen. Auch ich erlebe Sie manchmal als impulsiv.“.
Dieser Part des Gesprächs ist auch der Teil, in dem die Führungskraft sich dazu äußern muss, wie sie das Verhalten findet, das der Mitarbeiter beim Report geschildert hat, indem sie dazu ein Feed-back gibt.

A für Austausch: Die Führungskraft und der Mitarbeiter tauschen sich über ihre Unterschiede in der Wahrnehmung aus und besprechen die Gründe für diese Unterschiede.

EL für Erarbeitung weiterer Lern- und Lösungsschritte: Dieser Part ist entscheidend für den Erfolg des Coaching. Hier muss die Führungskraft mit dem Mitarbeiter besprechen, was genau dieser jetzt, nach dem Austausch, beim nächsten Mal im Kontakt mit dem Einkauf anders machen möchte. Falls die Erkenntnis noch nicht vorhanden ist, was beim nächsten Mal anders zu machen ist, muss die Führungskraft als Coach hier den Versuch machen, den Mitarbeiter durch Fragen selber zu dieser Erkenntnis zu bewegen. Falls dies nicht funktioniert, muss die Führungskraft die Empfehlung geben, dass der Mitarbeiter das Budget in der nächsten Verhandlung bitte nicht ausplaudert und mit ihm erarbeiten, wie dieser es zu verhindern gedenkt, dass ihm das Gesamtbudget auch das nächste Mal wieder herausrutscht. Diese Lernschritte sollten dann möglichst auch fixiert werden.

IM VERLAUF DER COACHING-SITZUNGEN WERDEN DIE LÖSUNGSMÖGLICHKEITEN KONSOLIDIERT. DIES KANN IM RAHMEN EINES MASSNAHMENPLANS GESCHEHEN.

Zur Sicherung einer Nachhaltigkeit und eines Transfers der besprochenen Verhaltensänderungen ist eine Wiederholung der Coaching-Sitzungen erforderlich. Menschen ändern über Jahre erlerntes Verhalten nicht innerhalb von ein bis zwei Monaten, sondern sie benötigen Zeit und mehrere Anstöße.

Wer als Führungskraft eine gute und tragfähige Beziehung zu seinen Mitarbeitern hat, sollte Coaching unbedingt als Führungsinstrument in Veränderungsprozessen nutzen.

3.8.4 Mitarbeiterbeurteilung und Mitarbeiterjahresgespräch

Diese beiden Führungsinstrumente können nur mittelbar in Change-Prozessen eingesetzt werden, denn sie werden in den meisten Unternehmen nur einmal im Jahr eingesetzt

Damit sind sie für den Einsatz in Veränderungsprozessen zu schwerfällig. Zudem sind in Change-Prozessen oft schnelle Reaktionen erforderlich und bei einem Jahresgespräch müsste man notfalls schon sehr lange warten.

Grundsätzlich kann eine Mitarbeiterbeurteilung natürlich auch mittelbar genutzt werden, um die Veränderungsbereitschaft von Mitarbeitern zu beurteilen, die diese im zurückliegenden Jahr gezeigt haben. In vielen Unternehmen ist jedoch ein Beurteilungskriterium „Veränderungsbereitschaft" oder „Aufgeschlossenheit gegenüber Veränderungen" gar nicht erst vorgesehen. Wir empfehlen jedoch, diese Gelegenheit zur Führung und Steuerung von Mitarbeitern nicht ungenutzt verstreichen zu lassen. So sollte man als Führungskraft das Veränderungsverhalten eines Mitarbeiters auf jeden Fall beurteilen.

Einfacher wird die Steuerung hier natürlich, wenn ein Unternehmen Beurteilungen mehr als einmal im Jahr vornimmt und eventuell sogar noch ein finanzieller Bonus mit der Beurteilung verknüpft ist. Auf diese Weise hat die Beurteilung spürbare Konsequenzen für den Mitarbeiter. Dies würde in Verbindung mit einem Beurteilungskriterium „Veränderungsbereitschaft" in der Regel sehr schnell dazu führen, dass Mitarbeiter Change-Prozessen gegenüber aufgeschlossener wären.

Für die Einschätzung eines Beurteilungskriteriums sind Operationalisierungen hilfreich.

Mögliche Beispiele für die Operationalisierung des Kriteriums Veränderungsbereitschaft

- Der Mitarbeiter ist Neuerungen gegenüber aufgeschlossen.
- Der Mitarbeiter sieht Veränderung als eine Chance.
- Der Mitarbeiter hinterfragt Bisheriges und sucht nach neuen Wegen und Lösungen.
- Der Mitarbeiter achtet auf Verwertbarkeit und den Nutzen neuer Ideen.
- Der Mitarbeiter unterstützt Veränderungsprozesse.
- Der Mitarbeiter treibt Veränderungsprozesse aktiv voran, ggf. auch gegen Widerstände.

Alleine das Wissen der Mitarbeiter darüber, dass sie anhand solcher Kriterien beurteilt werden würden, könnte schon zu einem veränderten Verhalten vieler Mitarbeiter gegenüber Change-Prozessen führen.

Ebenso mittelbar kann das Mitarbeiterjahresgespräch als Unterstützung für Veränderungsprozesse eingesetzt werden. Da ein Jahresgespräch üblicherweise die Bestandteile Beurteilung der Zielerreichung und des Verhaltens, eine Zielvereinbarung sowie die Entwicklung des Mitarbeiters umfasst und diese Bausteine in den vorherigen Kapiteln schon besprochen wurden, werden wir hier nur noch ein paar kurze Hinweise zum Einsatz in Change-Prozessen geben:

Die auf Change-Prozesse bezogenen Inhalte eines Jahresgesprächs stellen eigentlich eine Zusammenfassung aller im Verlauf des Jahres besprochenen Themen in Bezug auf deren Unterstützung dar.

Der Zweck eines Jahresgesprächs liegt vor allem auch in der Beziehungspflege. Diese Beziehung zwischen Führungskraft und Mitarbeiter ist auch für Change-Prozesse von elementarer Bedeutung. Mitarbeiter, die eine gute Beziehung zu ihrer Führungskraft haben, tun sich je nach Einstellung ihrer Führungskraft in der Regel leichter mit Veränderungen.

Gerade bei Mitarbeitern, denen Veränderungen schwer fallen, kann es Sinn machen, besondere Beteiligungen an Change-Prozessen zu vereinbaren. Durch diese Beteiligungen werden sie dazu gebracht, sich näher mit der Dynamik und den Problemen von Change-Prozessen auseinander zu setzen. Dies wirkt manchmal sehr heilend.

3.9 Führung am Rande des Chaos – Ordnung und Selbstorganisation

Unternehmen sind soziale Systeme

Unternehmen und Organisationen können auch als Systeme betrachtet werden. Systeme bestehen dabei immer aus Elementen und Verknüpfungen dieser Elemente. Unternehmen sind soziale Systeme, da sie aus sozialen Mitgliedern bestehen. Die Menschen bzw. Mitarbeiter in Unternehmen können als die Elemente bzw. Knotenpunkte eines Systems, ihre Beziehungen und der Umgang untereinander als die Verknüpfungen dieser Elemente gesehen werden. Manche Autoren verstehen auch die Entscheidungen, Handlungen, Erwartungen der Menschen als Elemente des Systems (Neuberger, 2001).

Soziale Systeme mit einer großen Menge an Menschen und Beziehungen untereinander sind sehr komplex. Auch Unternehmen als soziale Systeme sind komplex, da in ihnen unzählige komplizierte soziale Interaktionen, mikropolitische Spielregeln, nicht zählbare individuelle Eigenarten sowie komplizierte Strategien, Strukturen und Prozesse zu berücksichtigen sind. Diese immense Komplexität steigt nun durch Veränderungsprozesse noch zusätzlich an.

Die zugehörigen Theorien sind dabei oft ebenso kompliziert und zudem teilweise schwer verständlich (z.B. Luhmann, 2001). Es wird von Kontingenz, Selbstreferenz, zirkularer Kausalität oder autopoetischer Selbstreproduktion gesprochen. Eine solche Sprache macht es nicht einfacher, systemische Konzepte, deren Auswirkungen auf die Führungspraxis und deren grundsätzliche Praxisrelevanz zu verstehen.

Der systemische Ansatz hat dennoch Vorteile und weist auf einige wichtige Aspekte hin. So hat zum Beispiel Dörner (2003) auf beeindruckende Weise gezeigt, dass jede Steuerungs- und Führungshandlung in komplexen Systemen vielfältige Wirkungen und Wirkungsketten auslöst.

Gerade das Entstehen von Wirkungsketten führt dazu, dass Konsequenzen des eigenen Führungshandelns oftmals gar nicht mehr absehbar sind. Ursache und Wirkung sind dann oft nicht einfach darstellbar oder können ggf. nicht einmal mehr erkannt werden. Eine (einigermaßen eindeutige) Vorhersage von Ursache und Wirkung und damit ein kontrolliertes Führungshandeln ist unter solchen Voraussetzungen unmöglich. Dabei untersuchte Dörner (2003) vor allem individuelles Problemlösungs- und Steuerungsverhalten. Bei kollektiven Problemlösungs- und Steuerungsprozessen kommt noch wesentlich mehr Komplexität hinzu.

Das bedeutet, dass die Vertreter eines systemischen Ansatzes in den meisten Fällen davon ausgehen, dass die hohe Komplexität sozialer Systeme letztendlich nicht kontrollierbar und damit auch unsteuerbar ist. Dies gilt auch für Veränderungsprozesse.

Daraus lässt sich schlussfolgern, dass eine radikale Dezentrierung der Führung auch in Veränderungsprozessen erforderlich ist. Diese beinhaltet z.B., dass eine Führungskraft „aus dem Mittelpunkt entfernt wird“ (Neuberger, 2001) und eine zunehmende Selbstorganisation der Mitarbeiter zum Tragen kommt. Die Dezentrierung umfasst auch den Rückzug der Führungskraft von vielen klassischen Führungselementen, z.B. die Kontrolle von Arbeitsergebnissen und Vorgehensweisen, Rückmeldung und Feed-back geben sowie das Steuern von Prozessen. Stattdessen werden diese Führungshandlungen durch Regeln, Werte, Normen und die (Selbst-)Kontrolle durch geeignete Rückmeldesysteme ersetzt.

Äußerungen von manchen Führungskräften bestätigen diese Grundannahme systematischer Ansätze. So gibt es Führungskräfte, die zugeben, je weniger sie in Veränderungsprozessen steuern, umso besser liefe es.

Aus unserer Beratungspraxis heraus haben wir auch Erfahrungen gemacht, dass Führungskräfte aus mangelndem Gespür, mangelnder Qualifikation und mangelnder Sozialkompetenz heraus Teams und Mitarbeiter in ihrer Arbeit sogar behindern anstelle sie zu fördern. Ohne Führungskräfte ginge es manchmal mit der Arbeit und Kooperation wesentlich schneller und besser.

Die Praxis in Unternehmen zeigt, dass viele Entscheidungen nicht getroffen werden, sondern sie treffen sich irgendwie selber. So lässt sich schließlich sagen, es geschieht Vernünftiges in Unternehmen nicht wegen sondern trotz des Managements.

Selbst wenn man dieses Thema aus der klassischen Perspektive der Führung betrachtet, sollte eine Führungsbeziehung zwischen Führungskraft und Mitarbeiter letztendlich auf eine zunehmende Selbstorganisation hinauslaufen. So gehört es zu den Aufgaben einer Führungskraft, ihre Mitarbeiter zu fördern und weiterzuentwickeln sowie Aufgaben und Verantwortungsbereiche an Mitarbeiter zu delegieren. Wenn man dieses Prinzip bis zum Ende durchdenkt, ist es eigentlich sogar das Ziel einer Führungskraft, sich selbst weitgehend überflüssig zu machen.

Unternehmen als Systeme und Unternehmen in Veränderungsprozessen erfordern also eine ganzheitliche Betrachtungsweise, die

Selbstorganisation von Mitarbeitern und ein Loslassen(-können) der Führungskräfte.

Gleichzeitig sind systemische Modelle der Führung und die damit oft einhergehende Haltung „das Team und die Mitarbeiter führen sich selber“ auch kritisch zu betrachten. Die Selbstorganisation von Mitarbeitern und die zurückhaltende Führung funktionieren in bestimmten Situationen gar nicht. Wer bereits Führungskraft war, weiß dass es Mitarbeiter gibt, die nicht im geringsten daran interessiert sind, sich einzubringen, sich zu engagieren oder sich auch nur ein bisschen selbst zu organisieren. Das heißt es gibt Situationen, in denen eine starke Führung notwendig ist, z.B. unter Zeitdruck, bei Gefahr im Verzug, bei militärischen Einsätzen, in bestimmten kritischen Situationen an einem Produktionsband, wenn sich Mitarbeiter vor dem Kunden streiten, wenn aus juristischen Gründen bestimmte Regeln eingehalten werden müssen oder wenn Veränderungsprozesse trotz ausreichend Zeit, Geduld, Transparenz, Erklärung und Beteiligung nicht voran kommen.

Bei vielen Führungskräften scheint die zurückhaltende Führung eher aus einer mangelnden Führungsfähigkeit als aus einer bewussten Überlegung heraus zu resultieren. Dann entsteht oft ein dauerhaftes Führungsvakuum. Die Versuche einer Gruppe, sich dann selber zu regulieren und zu organisieren, gelingen ohne die Unterstürzung und Zustimmung durch die Führungskraft nur teilweise.

In unserer Gesellschaft lässt sich ein sehr starker Trend hin zu einer hohen Individualität und dem Ausleben persönlicher Bedürfnisse beobachten. Dieser Trend geht damit einher, dass Menschen sich gegen Regeln auflehnen oder nicht mit ihnen zurecht kommen. Zunehmend fällt es Menschen auch schwerer, sich in ein soziales System einzuordnen und eigenen Bedürfnisse zugunsten der Gemeinschaft zurückzustellen. Wenn die Forderung nach einer Selbstorganisation und dezentrierter Führung aus dieser Haltung heraus geschieht, ist sie unserer Ansicht nach mit großer Kritik und Skepsis zu betrachten.

Führungsansätze in Veränderungsprozessen

Systemische Führungsansätze in Veränderungsprozessen bieten sowohl Chancen als auch Risiken:

Chancen:

- Die Kompetenzen der Mitarbeiter werden genutzt und entwickeln sich weiter und können sich entfalten.
- In komplexen Systemen und in Veränderungsprozessen sind Ursache und Wirkung nicht immer vorhersagbar und können nicht kontrolliert oder gesteuert werden. Deshalb ist eine Selbstorganisation der Mitarbeiter unumgänglich.
- In manchen Situationen behindern Führungskräfte eher, hier ist eine zurückhaltende Führung vorteilhaft für Arbeitsprozesse und Arbeitsergebnisse.

- Dezentrierte und zurückhaltende Führung signalisiert den Mitarbeitern Vertrauen. Vertrauen motiviert manche Mitarbeiter außerordentlich.
- Auch andere Elemente wie beispielsweise Kommunikation, Führungsinstrumente etc. werden als Steuerungsinstrumente von Veränderungsprozessen betrachtet.

Risiken:

- Durch die Kompexität kann der Blick für entscheidende Impulse verloren gehen. Mitarbeiter nutzen nicht immer ihre Freiheiten im Sinne der Ziele des Unternehmens oder eines Veränderungsprozesses.
- Arbeitsprozesse oder Veränderungen laufen nicht in der geplanten Weise ab, weil es zu unvorhersehbaren Rückkopplungen gekommen ist.
- Schwerwiegende Konflikte, die nicht untereinander gelöst werden können, bleiben bestehen und behindern die Arbeit oder die gewollten Veränderungen.
- Entscheidungen dauern aufgrund der Komplexität sehr lange oder werden gar nicht mehr gefällt.
- Jeder versucht seine eigenen Ziele zu erreichen, wobei es sein kann, dass die Ziele des Unternehmens oder des Veränderungsprozesses vernachlässigt werden.

Es gibt ebenso Unternehmen, die mit einer sehr dezentralen und zurückhaltenden Führung erfolgreich sind, wie z.B. VISA. Wieder andere Unternehmen, sind in der heutigen Zeit mit einer starken Führung und starken Vorgaben sehr erfolgreich, z.B. McDonald's oder Daimler-Chrysler.

Es zeigt sich, dass weitere Rahmenbedingungen den Erfolg der systemischen Führung begünstigen oder behindern. Damit ein systemisches, dezentriertes Führen mit Selbstorganisation funktioniert, sind einige Empfehlungen und Prinzipien zu berücksichtigen.

- Da die Wirkungen von Handlungen nicht eindeutig vorhergesagt werden können, müssen Führungskräfte mit Mehrdeutigkeit, Unbestimmtheit und Unsicherheit umgehen können. Sie müssen ebenso in der Lage sein, unter Unsicherheit zu handeln und zu entscheiden. Folgen Sie auch einmal Ihren Intuitionen.
- Ein System wird immer von zahlreichen Auffassungen und Perspektiven geprägt. Es ist von Vorteil, diese als Führungskräfte zu berücksichtigen. Reduktionen und Trivialisierungen eines Systems helfen dabei wenig.
- Die Komplexität von Systemen darf kein Grund für Passivität sein. Dosiertes Steuerungs- und Führungshandeln ist gefragt.

- Führungskräfte haben die Macht, Möglichkeiten und Freiräume für Mitarbeiter zu schaffen. Anstelle von detaillierten Vorgaben und Anweisungen für einzelne Arbeitsschritte bieten sich eher klare und deutliche Ziele an.
- Zweck, Identität und Prinzipien der Organisation und eines Veränderungsprozesses müssen als Leitlinien präsent sein. Diese Leitlinien sind für Mitarbeiter und Führungskräfte handlungsleitend.
- Die Bildung von kleineren, autonomen Einheiten mit klaren Zielen reduziert die Komplexität und erhöht die Selbstregulierung.
- Betroffene lösen ihre Probleme und Themen zunächst einmal selber. Die Führungskraft greift erst dann ein, wenn diese Selbstregulierung nicht funktioniert.
- Das Timing ist in Systemen sehr wichtig. Daher kann es ratsam sein, den Zeitpunkt von Handlungen gezielt zu planen.
- Ein komplexes System ist in der Regel stabil und benötigt deshalb für Veränderungen Zeit. Gleichzeitig sind kontinuierliche und geduldige Interventionen in die gewünschte Richtung erforderlich. Hier gilt das Prinzip „steter Tropfen höhlt den Stein".

Insgesamt lässt sich sagen, dass auch im komplexen System und auch bei aller gewünschten Selbstorganisation der Mitarbeiter dies nicht gleichzeitig einen völligen Rückzug einer Führung bedeuten darf und kann. Letztendlich ist eine Selbstorganisation der Mitarbeiter in Veränderungssituationen immer nötig und zu dieser gehört eine Mischung minimaler, dosierter und starker Führung.

Ein prominenter Vertreter dieser Haltung ist auch Dee Hock. In seinem Buch „Die chaordische Organisation" aus 2001 schlägt er eine Mischung aus Chaos und Ordnung vor. Dies geht einher mit einer Führung, die er „chaordic management" nennt.

Das Modell des „chaordic management" ist deshalb sehr interessant, weil es aus der Praxis kommt und dort erfolgreich von Dee Hock eingesetzt wird und wurde (siehe VISA). Darüber hinaus bietet es Führungskräften verwertbare und praktikable Hinweise und Empfehlungen.

In Anlehnung an Dee Hock werden zunächst einige Prinzipien einer chaordischen Organisation beschrieben.

- Ein Unternehmen muss sich an veränderte Rahmenbedingungen anpassen können, gleichzeitig aber den eigenen Zusammenhalt und den eigenen Zweck bzw. die eigenen Ziele nicht aus den Augen verlieren. Um sich anpassen zu können, ist durchaus auch eine wettbewerbsorientierte Haltung der Mitglieder untereinander erforderlich. Um den eigenen Zusammenhalt und die eigenen Ziele weiter zu verfolgen, ist eine Kooperation nötig. So muss bei Veränderungsprozessen in Unternehmen eine Haltung gefördert werden, die Koopkonkurrenz genannt wird.

- Ein autoritäres Mikromanagement mit überkontrollierenden Führungskräften und zu starker Betonung von formalen Regeln ist nicht hilfreich für die Gestaltung und den Erfolg von Veränderungsprozessen.
- Eine Organisation muss die Autonomie, individuelle Möglichkeiten und die Freiheit zum Ausprobieren fördern, damit Mitarbeiter außergewöhnliche Leistungen erbringen und Veränderungsprozesse engagiert mittragen.
- Entscheidungskompetenzen und Aufgaben sollten so weit nach „unten" verteilt und vergeben werden, wie es nur eben möglich ist.
- Die Führungsstruktur in einem Unternehmen darf nicht auf eine Kommandokette aufbauen, sondern sollte einen Rahmen für Dialoge, Beratungen und Koordination auf einer kooperativen Ebene bieten.

Entscheidungskompetenzen sollten weit nach „unten" verteilt werden

Dee Hock schlägt weder eine zentralisierte noch eine dezentralisierte, sondern eine verteilte Organisationsform vor. Diese Organisationsform ist dadurch gekennzeichnet, dass:
- hohe Autonomie der Mitglieder herrscht,
- die Mitglieder über Kommunikation und Protokolle miteinander verknüpft sind, Gleichartigkeit bei Vorgehensweisen, Regeln, Arbeit etc., aber gleichzeitig Unterschiede auch erlaubt bzw. sogar gewollt sind,
- jedes Mitglied in jede beliebige Richtung wachsen darf.

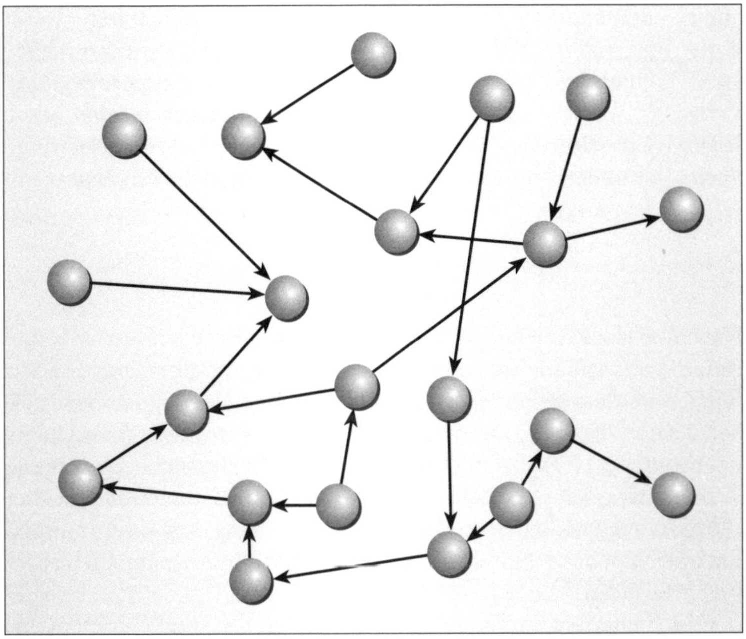

Abb. 3.6: Distributed. Verteilte Netze

Das chaordische Design einer Organisation bzw. eines Unternehmens basiert dann auf sechs Aspekten.

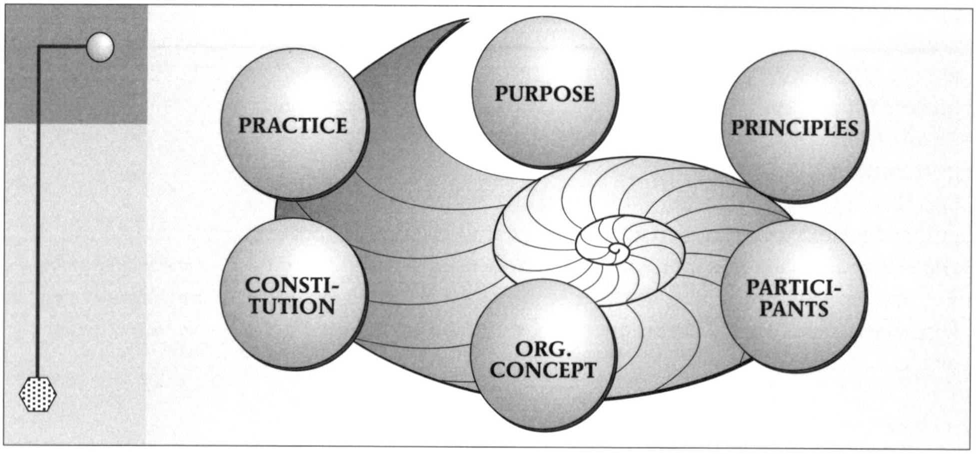

Purpose: Eine klare, allgemein verständliche Aussage über einen erstrebenswerten Zweck und den Sinn eines Unternehmens.

Principles: Grundsätze und Richtlinien darüber, wie die Mitglieder zum Zweck und Sinn eines Unternehmens beitragen werden und wie sie die Zielerreichung betreiben werden.

Participants: Beschreibung und Listung aller relevanten beteiligten Parteien bzw. Mitglieder.

Organizational Concept: Beschreibung der Beziehungen aller Mitglieder untereinander.

Constitution: Die Verfassung der Organisation, in der festgelegt ist, welche Rechte und Pflichten bzw. Verbindlichkeiten alle Mitglieder der Organisation haben. Diese Verfassung ist verpflichtend für alle Mitglieder.

Practices: Aktivitäten, Produkte und Leistungen, mit denen die Mitglieder ihre Ziele erreichen werden bzw. wie sie zur Wertsteigerung des Unternehmens beitragen werden.

Nach Dee Hock ist eine Organisation umso besser, je weniger sie wahrgenommen wird. Die Ergebnisse einer Steuerung und einer Organisation müssen sichtbar sein, nicht die Steuerungs- und Führungsstruktur selber. So sind die Ziele, Ideen und gewünschten Ergebnisse eines Unternehmens oder eines Veränderungsprozesses relevant, nicht aber formale Verfahrensweisen oder Richtlinien. Solche Organisationen sollten eher „Management-sicher" sein. Die entstehende Vielfalt und Unordnung ist nach Dee Hock eher eine Chance bzw. Rezept für Innovation, Kreativität und neue Ideen.

Gleichzeitig ist darauf zu achten, dass die Ergebnisse und Ziele eines Unternehmens bzw. Veränderungsprozesses erreicht werden. Wenn das nicht der Fall ist, muss eine stärkere Führung ausgeübt werden. Dies allerdings nicht im Sinne einer formalistischen Kontrolle, sondern durch eine kooperative Beratung. Diese Beratung muss sehr klar in der Sache sein. Im Extremfall kann es dazu führen, dass disziplinarische Maßnahmen ergriffen werden oder sich Mitglied und Organisation voneinander trennen.

Empfehlungen von Dee Hock zur Führung in Veränderungsprozessen

Schließlich soll noch auf ausgewählte Empfehlungen von Dee Hock zur Führung auch in Veränderungsprozessen hingewiesen werden.

- Erstellen Sie als Führungskraft eine kurze Liste aller Dinge, die mit Ihnen als Mitarbeiter und in Veränderungsprozessen gemacht wurden und die Sie nicht mochten. Unterlassen Sie diese Verhaltensweisen gegenüber Ihren Mitarbeitern. Erstellen Sie eine andere Liste von Dingen, die mit Ihnen als Mitarbeiter und in Veränderungsprozessen gemacht wurden und die Sie mochten. Tun Sie genau dies auch mit Ihren Mitarbeitern.
- Stellen Sie Mitarbeiter ein und fördern Sie diese auf der Basis von erstens Integrität, zweitens Motivation, drittens Belastbarkeit, viertens Verstand und Intelligenz, fünftens Kenntnisse und Wissen und schließlich (last and least) Erfahrung. Denn ohne Integrität ist Motivation gefährlich, ohne Motivation ist Belastbarkeit unfähig, ohne Belastbarkeit ist Verstand begrenzt, ohne Verstand ist das Wissen bedeutungslos und ohne Wissen ist die Erfahrung blind.
- Reproduzieren Sie nicht nur sich selber. Viele Führungskräfte suchen und fördern Mitarbeiter, die ihnen ähnlich sind oder ähnliche Ansichten vertreten wie sie selber. Ihre eigenen Stärken haben Sie allerdings schon selber und Ihre Schwächen müssen nicht wiederholt werden. Deshalb ist es sinnvoll, Mitarbeiter zu suchen und zu fördern, die anders sind als Sie, die andere Meinungen haben als Sie. Es gilt dann, sich mit diesen auseinander zu setzen und daraus neue Ideen z.B. für Veränderungsprozesse zu gewinnen.
- Geld kann zwar einzelne Menschen bewegen, etwas zu tun, aber es bewegt weder die besten Mitarbeiter noch das Beste in den Mitarbeitern. Es kann den Körper bewegen und den Kopf beeinflussen, aber nicht das Herz oder den Geist eines Menschen berühren. Dies gelingt nur, indem man als Führungskraft den Glauben, Prinzipien und Werte anspricht.
- Es gibt einen sehr wichtigen Unterschied zwischen Form und Substanz. In Unternehmen und auch bei Veränderungsprozessen geht es darum, dass das Richtige getan wird, nicht dass es nur formal richtig getan wird. Die Form zielt in der Regel darauf ab, wie etwas getan wird. So legen viele Führungskräfte mehr Wert darauf, dass formalen Regeln gefolgt wird und dass kleinliche Verfahrensvorgaben bis ins Detail eingehalten werden, als dass die Substanz stimmt und das situativ Angemessene bzw. Richtige getan wird. Bewahren Sie als Führungskraft die Substanz, verändern und modifizieren Sie stets die Form und seien Sie schlau genug, beides voneinander zu unterscheiden.

- Das Problem ist meistens nicht, wie man im eigenen Kopf neue Ideen gewinnt. Schwieriger ist es, die alten Vorstellungen umzusetzen.
- Führung bedeutet für Dee Hock, ca. 40 % seiner Zeit zu investieren, um sich selber zu managen, den eigenen Charakter, die eigenen Werte und Prinzipien sowie die eigenen Beweggründe und Motivationen. Weitere 30 % sollten investiert werden, die eigenen Führungskräfte zu managen, 15 % für die eigenen Führungskräfte-Kollegen. Damit bleiben noch 15 % der Zeit für die eigenen Mitarbeiter. Was ist mit dieser Zeit zu tun? Um es mit Dee Hock zu sagen: „Lead yourself, lead your superiors, lead your peers, and free your people to do the same. All else is trivial."

3.10 Anforderungen an einen Change-Manager

Die Anforderungen an einen Change-Manager leiten sich aus seinen spezifischen Aufgaben einerseits und aus den Besonderheiten von Change-Prozessen andererseits her.

Es liegt auf der Hand, dass beim Change-Manager zunächst natürlich eine Aufgeschlossenheit gegenüber Neuem vorhanden sein muss. Er/sie kann nicht selber verschlossen gegenüber Veränderungen sein und von anderen erwarten, dass diese Veränderungen begeistert aufnehmen.

DIE PERSÖNLICHE VERÄNDERUNGSBEREITSCHAFT MUSS EIN CHANGE-MANAGER AUCH NACH AUSSEN HIN ZEIGEN KÖNNEN.

In diesem Punkt muss er Vorbild sein und auch die Wirkung eines Vorbilds gegenüber anderen ausstrahlen. Dazu gehört, Neuerungen als Chance zu verstehen, Bisheriges aktiv zu hinterfragen und Veränderungsprozesse aktiv voranzutreiben.

Für einen Change-Manager ist es wichtig, dass er über eine hohe Ziel- und Ergebnisorientierung verfügt. In Change-Prozessen bringen oft viele Stakeholder und Interessengruppen ihre Wünsche und Interessen ein. Diese vielfältigen Anforderungen zu managen, erfordert eine hohe und immer wieder gezeigte Ergebnisorientierung. Zudem geraten Change-Prozesse immer wieder mal ins Stocken oder werden durch Widerstände gebremst. Auch in diesen Situationen ist es erforderlich, dass Veränderungen zu Ergebnissen und Zielerreichungen vorangetrieben werden. Zu einer Ziel- und Ergebnisorientierung gehört auch, diese Ziele mit eigenem vollem Einsatz, mit Ausdauer und angemessenem Aufwand zu verfolgen. Dabei sollte ein Change-Manager hohe Maßstäbe an die eigene, aber auch die Leistung anderer anlegen.

Auch deshalb muss ein Change-Manager über eine gut ausgeprägte Führungs- bzw. Leitungsfähigkeit verfügen. Er muss Menschen dazu bewegen können, ihm zu folgen. Dazu muss er in der Lage sein, Führungsstile situativ angemessen einzusetzen. Dies beinhaltet, dass er erkennt, welche Situation vorliegt und welcher Führungsstil in dieser Situation angemessen ist. Grundsätzlich ist dazu erforderlich, dass ein Change-Manager mehrere Führungsstile beherrscht, um diese dann auch angemessen einsetzen zu können. Dazu muss er sowohl partizipativ führen und Mitarbeiter beteiligen können. Er muss aber auch erkennen können, wann es erforderlich ist, autoritärer zu führen, und dies dann auch tun. Ein Top-Manager hat einmal gesagt: „Meine Change-Manager brauchen Biss und den Blick dafür, wann sie beißen müssen und wann nicht."

In Veränderungsprozessen ist es auch erforderlich, dass klare Entscheidungen gefällt und vertreten werden. Ein Change-Manager muss deshalb über eine gut ausgeprägte Entscheidungsfähigkeit und -freude verfügen. Er sollte in der Lage sein, Entscheidungsalternativen klar voneinander getrennt zu betrachten, deren Vorteile und Nachteile zu analysieren, dann zu entscheiden und ggf. auch ein Team zu einer Entscheidung führen zu können. Diese Entscheidungen sollten zeitgerecht gefällt werden und er muss in der Lage sein, Entscheidungen gegenüber seinen Mitarbeitern transparent und nachvollziehbar darzustellen.

Darüber hinaus ist eine außerordentlich gute Kommunikationsfähigkeit gefragt. In Veränderungsprozessen müssen Mitarbeiter informiert werden, mit ihnen muss gesprochen werden, ein Dialog muss geführt werden, und das muss ständig und fortwährend mit großer Geduld geschehen. Dazu müssen Change-Manager offen und aktiv mit anderen kommunizieren können. Sie müssen ein offenes Gesprächsklima schaffen und mit anderen in einen konstruktiven Dialog gehen können. Zudem sollten sie in der Lage sein, ihre Aussagen für andere verständlich und nachvollziehbar aufzubauen. Sie müssen jedoch ebenso gut zuhören können. Dazu sollten sie in der Lage sein, aktiv Fragen zu stellen sowie Meinungen anderer zu hören und zu respektieren.

Im Rahmen von Veränderungsprozessen ist es schließlich weiterhin erforderlich, Mitarbeiter zu begeistern und zu motivieren. Dazu ist es notwendig, dass ein Change-Manager über eine gut ausgeprägte Fähigkeit verfügt, andere zu anstehenden Veränderungen motivieren zu können. Dazu ist einerseits der Einsatz einfacher Mittel wie Lob oder Anerkennung erforderlich. Andererseits ist dazu auch ein mitreißende und überzeugende Ausstrahlung erforderlich, die sich nirgendwo erlernen lässt.

Damit geht einher, dass ein Change-Manager auch über eine ordentliche Überzeugungskraft, ggf. bis hin zu einem Durchsetzungsvermögen verfügen sollte. In Change-Prozessen ist es erforderlich, dass Führungskräfte ihre eigenen Interessen bzw. die Interessen und Ziele eines Change-Prozesses klar und deutlich äußern, einbringen und argumentativ vertreten können müssen. Sie müssen sich nicht sofort umstimmen lassen, sollten sich eventuell auch durchsetzen können, dürfen dabei aber nicht stur sein.

In Change-Prozessen sind viele verschiedene Interessen zu managen. Damit benötigt ein Change-Manager auch ein gewisses Verhandlungsgeschick. Er muss in der Lage sein, die Interessen der verschiedenen Betroffenen und auch seiner Mitarbeiter aufzunehmen, aktiv zu erkunden und auch zu berücksichtigen. Er muss Verhandlungstechniken und -strategien einsetzen können, die es ihm ermöglichen, Lösungsoptionen gemeinsam zu erarbeiten und zu verhandeln.

In Change-Prozessen treten häufig emotional beladene Situationen auf. Dies ist insbesondere der Fall, wenn Widerstände auftreten. Zur Bewältigung dieser Situationen ist eine gute Konfliktfähigkeit notwendig. Ein Change-Manager sollte Konflikte wahrnehmen können, den Mut haben, sie anzusprechen, dabei dann Kritik konstruktiv geben und auch annehmen können sowie tragfähige Lösungen suchen und auch vereinbaren können. In schwierigen Fällen sollte er auch den Mut haben, Konflikte zu eskalieren. In Veränderungsprozessen treten allerdings auch Konflikte zwischen den Parteien, den Betroffenen oder den Mitarbeitern auf. Hier sollte ein Change-Manager Konflikte möglichst professionell moderieren können.

Ein Change-Manager benötigt ferner eine unternehmerische Kompetenz, die sich in einem unternehmerischen Denken und Handeln ausdrücken muss. Er sollte in der Lage sein, Marktchancen und -risiken zu erkennen und entsprechende Visionen und Strategien zu entwickeln. Er sollte immer auch den Nutzen des Kunden und des Unternehmens sowie eine wirtschaftliche Perspektive im Auge haben und behalten. In diesem Zusammenhang ist auch wichtig, dass ein Change-Manager ein Gefühl für den Zustand seines Unternehmens hat. Das betrifft sowohl die Zahlen, Daten und Fakten, aber auch die Stimmung und Atmosphäre im Unternehmen. Darin sollte auch eine Vorstellung über die Belastbarkeit des Unternehmens enthalten sein. Er sollte ein Gefühl dafür haben, wie viele Veränderungen in welchem Zeitraum schon stattgefunden haben, wie diese aufgenommen wurden, welche Veränderungsgeschwindigkeit das Unternehmen verträgt und welches Timing für welche Veränderung gut gewählt ist.

Dennoch ist es in Change-Prozessen unerlässlich, auch die Perspektive der Mitarbeiter zu berücksichtigen. Dafür ist eine hohe soziale Kompetenz erforderlich. Dazu ist eine gute soziale Wahrnehmungsfähigkeit erforderlich. Ein Change-Manager muss Menschen gut einschätzen können und eine gute Vorstellung darüber haben, was in Mitarbeitern vor sich geht, wie sie reagieren, was ihnen gefällt, was nicht, was sie bewegt und was sie fühlen. Er muss einschätzen können, was Veränderungen in Mitarbeitern auslösen und darüber hinaus auch, wie seine eigene Wirkung auf Menschen ist. Zudem muss er angemessen auf diese Emotionen und Gefühle reagieren können. Kurz gesagt, er muss gut mit Menschen umgehen können.

Schließlich ist auch der Besitz konzeptioneller Fähigkeiten erforderlich. Je nachdem, auf welcher Führungsebene er im Unternehmen angesiedelt ist, muss er entweder selber Veränderungskonzeptionen entwickeln und erarbeiten können oder er muss in der Lage sein, die Qualität und Güte einer Veränderungskonzeption zu beurteilen.

Zudem sollte er über eine fundierte Kompetenz im Bereich der Change- und Projektmanagement-Methoden verfügen. Auch hier gilt wiederum, dass je nachdem, auf welcher Ebene der Change-Manager angesiedelt ist, er diese Methoden entweder selber einsetzen können muss oder deren Einsatz steuern oder anordnen muss.

Um all diese Anstrengungen und Anforderungen einigermaßen gut zu überstehen, ist eine hohe Belastbarkeit des Change-Managers erforderlich. Er muss auch bei außergewöhnlichen Belastungen kontinuierlich Leistung erbringen können. In schwierigen Situationen sollte er den Überblick behalten und Misserfolge dürfen nicht sein Leistungsvermögen beeinträchtigen. Abb. 3.7 stellt all diese Anforderungen zusammenfassend dar.

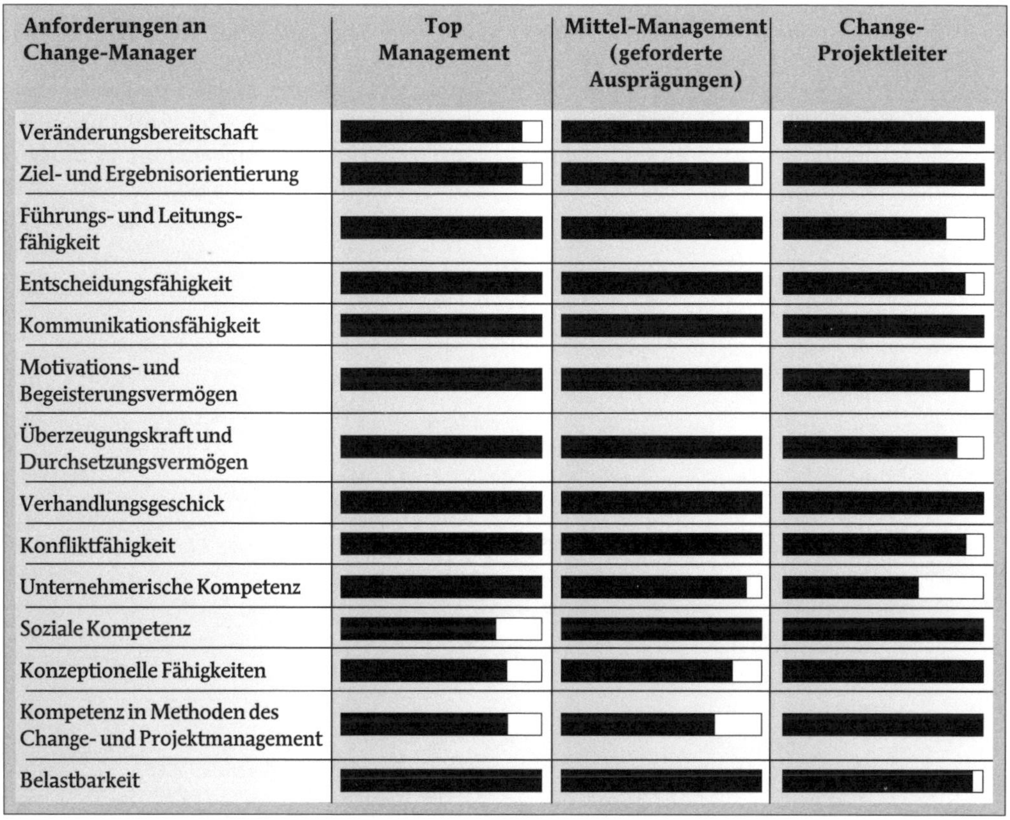

Abb. 3.7: Anforderungen an Change-Manager

4 Dynamik von Veränderungen

4.1 Allgemeines

Ob Menschen Freude und die Neugier an Veränderungen haben oder ob sie blockiert sind und an Altbewährtem festhalten, hängt von vielen Faktoren ab. Entsprechend dem gesellschaftlichen Zeitgeist wird das Erneuern und Verändern gegenüber dem Traditionellen bevorzugt. Hinter dieser Tendenz verbirgt sich ein Menschenbild, das Lebenslust am Neuen verkörpert. Nicht selten jedoch lassen sich extrem gefestigte Verhaltensweisen feststellen, die eher davon zeugen, dass Veränderungen schwer und nur langsam zu verwirklichen sind. Eine einheitliche Aussage, wonach entweder die Flexibilität oder die Beständigkeit die richtige Verhaltensweise sei, gibt es nicht. Es sind viele Faktoren, die die Veränderungsfähigkeit des Menschen beeinflussen. Und es sind ebenso viele Faktoren, die bestimmen, welches Maß an Veränderung als optimal anzusehen ist.

4.2 Ebenen der Veränderung

Wenn von Veränderungen des Menschen gesprochen wird, sind es in der Regel verschiedene Aspekte, wie z.B. die Gefühle, die Kognitionen und auch die Identität. Diese Aspekte sind zwar einzeln zu betrachten, jedoch bestehen sie nicht isoliert. Mit bestimmten Gedanken sind die entsprechenden Gefühle verbunden und welche Gedanken welche Gefühle hervorrufen, hängt wiederum von den Werten und der Identität der Person ab.

Veränderungen im Menschen laufen auf verschiedenen Ebenen ab. Diese Ebenen stehen in einer Hierarchie zueinander. P. B. Kraft nennt beispielsweise sechs Ebenen, siehe die Abb. 4.1.

Das bedeutet, dass die nächsthöhere Ebene stets die darunter liegenden Ebenen mit beeinflusst. Aus dieser Abhängigkeit wird deutlich, dass es so schwer ist, manche Veränderungen anzuregen, umzusetzen oder sogar über einen längeren Zeitraum beizubehalten. Es müssen immer auch die darüber liegenden Ebenen mit verändert werden.

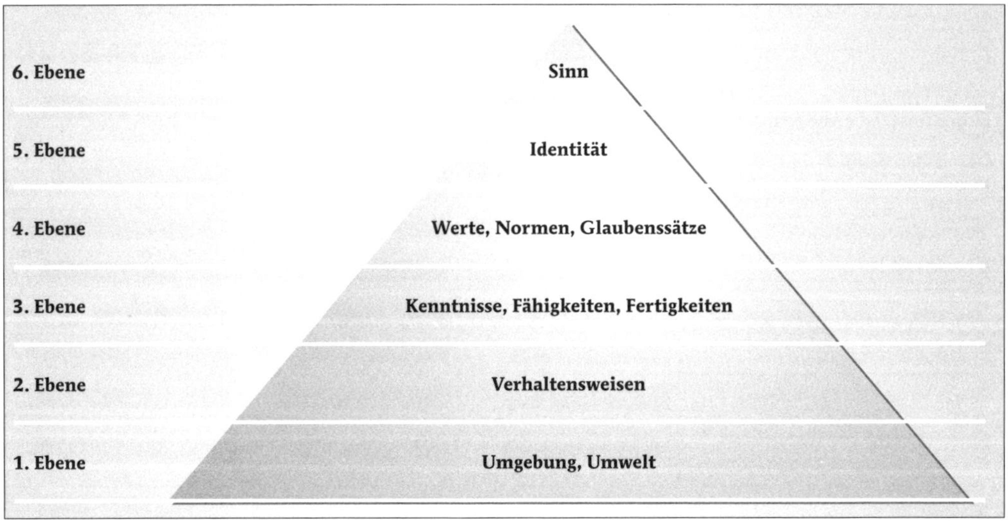

Abb. 4.1: Ebenen, auf denen Veränderungen ablaufen (in Anlehnung an Kraft, P.B: NLP-Übungsbuch für Anwender, 2004)

4.2.1 Ebene der Umgebung und Umwelt

Die am einfachsten zu beeinflussende Ebene ist die der Umgebung bzw. der Umwelt. In Veränderungsprozessen in Unternehmen wird hier am meisten und am frühesten angesetzt. Die Arbeitsabläufe werden geändert, die IT-Anbindung wird entsprechend der neuen Struktur geschaffen und die Stellenbezeichnung wird umbenannt. Diese Formen der Veränderung sind einfach und schnell zu leisten.

In Unternehmen wird diese Ebene nicht selten als ausreichender Veränderungsimpuls angesehen. Das Management veröffentlicht das neue Organigramm, der Personalbereich gibt Versetzungen bekannt, die Verwaltung führt die internen Umzüge aus und der Mitarbeiter sitzt in seinem neuen Büro mit seinem Versetzungsschreiben in der Hand. Damit scheinen die offiziellen Maßnahmen eines Change-Management-Prozesses umgesetzt. Mit der Abwicklung dieses äußeren Veränderungsprozesses wird häufig die Change-Maßnahme beendet und die weiteren Ebenen der Veränderung werden vernachlässigt. Gerade die weiteren Ebenen sind es jedoch, die die Nachhaltigkeit einer Veränderung gewährleisten.

4.2.2 Ebene der Verhaltensweisen

Die zweite Ebene der Veränderung betrifft die Verhaltensweisen. Eine Führungskraft oder ein Mitarbeiter muss sich in seine neue Rolle einfinden. Sein Auftreten muss der Veränderung entsprechen. Die neuen Aufgaben erfordern vielleicht ebenfalls eine Änderung in seinem Verhalten. Es kann zum Beispiel durch Kontakte mit Publikum oder Kunden ein neues kundenorientiertes Auftreten notwendig sein.

Derartige große Änderungswellen werden wichtig, wenn sich z.B. das Unternehmen verstärkt der Kundenorientierung verschreibt. Dazu zählt auch die interne Kundenorientierung, bei der die Zusammenarbeit innerhalb des Unternehmens dem Dienstleistungsgedanken entsprechen soll.

Dass Menschen ihr Verhalten ändern, ist manchmal nicht einfach. Kurzfristig ist es möglich, dass Menschen Verhaltensweisen zeigen, die nicht ihrem Charakter entsprechen. Dies zeigt sich dann zum Beispiel darin, dass das Auftreten „dressiert“ oder „gespielt“ erscheint. Früher wurde in Verkaufstrainings ein bestimmtes Auftreten gelehrt und trainiert, das vom Kunden als sehr künstlich erlebt wurde. Auftreten wird jedoch von vielen Aspekten der Persönlichkeit ausgedrückt und nicht nur vom angelernten äußeren Verhalten.

WENN NICHT ALLE ASPEKTE EINER PERSON ZUSAMMENPASSEN, WIRD DER MENSCH ALS INKONGRUENT UND NICHT ALS GANZES ERLEBT.

Das Fehlen von kongruentem Verhalten hat viele Ursachen. Es können Vorbilder fehlen, es kann ungewohnt sein, sich in anderer Weise zu zeigen, und es kann mit den sonstigen Werten des Menschen nicht vereinbar sein. Damit kommt bereits die dritte Ebene ins Spiel, bei sehr deutlich wird, wie stark die Ebenen aufeinander einwirken.

4.2.3 Ebene der Fähigkeiten und Fertigkeiten

In manchen Change-Prozessen übernehmen Führungskräfte wie auch Mitarbeiter Positionen oder Aufgaben, für die sie zumindest zum Übernahmezeitpunkt nicht über die notwendigen Fähigkeiten und Fertigkeiten verfügen. Am einfachsten und schnellsten können zwar Kenntnisse erworben werden, die konkrete Anwendung und die Erfahrung im Umgang damit fehlen oft. Nicht selten ist der Wunsch, eine Position einzunehmen, vorhanden, jedoch fehlen weitere notwendige Voraussetzungen. Das einfache Lernen durch Informationsaufnahme reicht nicht aus. Aus dem Wissen muss Können werden. Meistens gehört dazu Erfahrung, die erst mit der Zeit der Tätigkeit erworben wird. Ganz ähnlich wie beim Erlernen des

Autofahrens kann der Wunsch nach einem/dem Führerschein stark vorhanden und auch die Prüfung kann bestanden sein, dennoch fehlt die Erfahrung, die dann zu sicherer Fahrfertigkeit führt.

Bei der Übernahme von neuen Funktionen in einem vielleicht sogar neu strukturierten oder übernommenen Unternehmen fehlen ebenfalls nicht selten Fertigkeiten. Besonders ist hierbei an Fusionen mit international tätigen Konzernen zu denken. Das Wissen um kulturelle Unterschiede im Denken, Handeln und Verhalten ist noch lange keine Garantie, sich auf internationalem Parkett sicher zu bewegen.

Hier wird deutlich, wie stark das äußerlich gezeigte Verhalten von der zu Grunde liegenden Haltung, von den Erfahrungen und den eingeschliffenen Fähigkeiten abhängt. Ebenso ist zu beobachten, dass Veränderungen auf dieser Ebene wesentlich mehr Zeit benötigen als die darunter liegenden Ebenen.

BEI CHANGE-VORHABEN, DIE NEUE FÄHIGKEITEN DER BETEILIGTEN VORAUSSETZEN, MUSS RECHTZEITIG BEGONNEN WERDEN, DIESE FÄHIGKEITEN UND FERTIGKEITEN AUFZUBAUEN.

Beispiel

In der Internationalisierungsstrategie kann ein Besuch in einem interkulturellen Training sicherlich wichtige Impulse setzen, eine gut fundierte Erfahrung, die über einen längeren Zeitraum erworben wurde, ersetzt es nicht. Langfristig begleitete Entwicklungsangebote in Form von Kultur-Assessment-Workshops, internationale Austauschmöglichkeiten, Coaching, Mentorings, binationale Projekte, Mitarbeit in politischen Gremien etc. helfen, die persönlichen Entwicklungsschritte absolvieren zu können.

4.2.4 Ebene der Werte, Normen und Glaubenssätze

Noch weitaus schwieriger und langwieriger sind Veränderungen, die das Weltbild mit seinen Normen, Werten und Glaubenssätzen betreffen. Die Werte und Normen sind nicht selten unreflektiert und daher nur teilweise bewusst. Sie sind häufig seit frühester Kindheit in der Sozialisation erworben und bestimmen die persönlichen Glaubenssätze. Diese Glaubenssätze haben nichts mit Religion zu tun, sie beschreiben das, was ein Mensch glaubt zu wissen, ohne dies einer kritischen Prüfung zu unterziehen. Es sind oft Erlebnisse, die zu Verallgemeinerungen gemacht und dann als gegeben angenommen werden.

Die Werte, Normen und Glaubenssätze, die ein Mensch sich im Laufe der Zeit zu Eigen gemacht hat, sind außerordentlich wirksame Leitlinien, die sein ganzes Leben beeinflussen. Nach diesen individuellen „Richtlinien" denkt, entscheidet, fühlt und handelt ein Mensch. Veränderungen der Werte und Normen erfordern einen langen Weg der kritischen Selbstreflexion und der Neuentscheidung.

WERTE, NORMEN UND GLAUBENSSÄTZE EINES MENSCHEN WERDEN IN CHANGE-MANAGEMENT-MASSNAHMEN BERÜHRT, WENN GRUNDLEGENDE ÄNDERUNGEN DES UNTERNEHMENSZWECKS VORGENOMMEN WERDEN.

Dies kann z.B. sein, wenn die Produktpalette der Firma derart verändert wird, dass manche diese Änderung nicht mittragen können. Beispiele bieten Unternehmen, in denen Waffen oder Abtreibungsmedikamente hergestellt werden oder wo Tierversuche stattfinden.

Im Rahmen der Globalisierung treten weitere Sachverhalte auf, die in der Belegschaft auf Widerstand stoßen könnten. Wir kennen die Kritik, dass ökonomische Bedingungen durch

Großkonzerne bestimmt werden, die damit die wirtschaftlichen Verhältnisse in Dritte-Welt-Ländern mitsteuern.

In der Praxis werden die Schwierigkeiten, die Mitarbeiter mit der Unvereinbarkeit der betrieblichen Veränderungen und ihren eigenen Werten haben, kaum beachtet. In den meisten Fällen verlassen die Mitarbeiter das Unternehmen und suchen sich eine andere Arbeitsstelle, die mehr Übereinstimmung mit ihrem eigenen Wertesystem bietet.

In der Regel werden durch die Unternehmensleitung neue und andere Werte propagiert, um den Sinn von Veränderungen zu verdeutlichen. Es werden z.B. Umsatzerwartungen kommuniziert und damit die Sicherheit des hiesigen Arbeitsplatzes hervorgehoben. Dennoch bringt die Beachtung dieser Ebene für Manager und Führungskräfte wichtige Hinweise, die sie für ihre Führungsarbeit nutzen können, indem sie z.B. bei Personaleinstellungen auf die Werte der zukünftigen Mitarbeiter achten.

4.2.5 Ebene der Identität

Noch stärker wirkt die Identität des Einzelnen auf die bereits beschriebenen Ebenen. Die Identität wird durch die Entwicklung seit der frühesten Kindheit geprägt und kontinuierlich durch den Lebensweg fortgeschrieben. Sie gibt Antwort auf die Frage: „Wer bin ich?". Die eigene Identität zu ändern, ist ein fast erfolgloses Unterfangen. Glücklicherweise sind solche Notwendigkeiten nur in extremen Lebenssituationen (z.B. in diktatorischen Staaten) notwendig. Ob wirklich die gesamte Identität geändert wird oder ob es sich um langfristige und umfassende Anpassungsprozesse handelt, kann nur sehr schwer gesagt werden.

Dennoch kann es vorkommen, dass von Veränderungsprozessen im Unternehmen die Identität eines Menschen mehr oder weniger betroffen ist. Meistens kommen Identitätskrisen auf, wenn z.B. langjährige Führungskräfte ihren Posten und ihre Funktion verlieren.

Beispielsweise kann aus einem älteren Bereichsleiter kein Sachbearbeiter mehr „gemacht" werden. Jemand, der seit Jahrzehnten tüftelnder Techniker war, kann nicht als Vertriebsmitarbeiter eingesetzt werden und ein sozial unsicherer Finanzfachmann kann nicht einfach zum Geschäftsführer „avancieren".

Auch hier lässt sich sagen, dass, ähnlich wie bei der vorherigen Ebene, die tiefen Identitätsveränderungen nicht im Fokus des Veränderungsmanagement stehen. Dennoch können sie massiv die Change-Management-Prozesse beeinflussen. Als Hilfen können auch hier langfristig angelegte Entwicklungsmaßnahmen angeboten werden. Meistens jedoch werden die Mitarbeiter ihre Konsequenzen ziehen, was in vielen Fällen sogar vom Management erwünscht ist, da das Unternehmen sich mancher Mitarbeiter entledigen will.

4.2.6 Ebene des Sinns und der Spiritualität

Eine weitere Ebene, die noch seltener in Wirtschaftsunternehmen eine Rolle spielt, ist die der Spiritualität und des persönlichen Sinnes im Leben.

> Diese Ebene ist jedoch für soziale Einrichtungen, kirchliche Organisationen, Hilfsorganisationen, Umweltschutz- und Tierschutzorganisationen meistens existenziell notwendig.

Darin drückt sich nicht selten der Zweck der Organisation aus. Bei strategischen Veränderungen des Organisationszweckes kann die Ebene des Sinns der Mitarbeiter betroffen sein. Wer sich in seinem Dasein und mit seinem „Auftrag" im Leben an seinem Arbeitsplatz nicht am richtigen Platz fühlt, wird wenig zufrieden sein. Es ist hilfreich, sich der Existenz dieser Ebene bei Change-Management-Maßnahmen bewusst zu sein, um bei Handlungsbedarf darauf eingehen zu können.

4.3 Phasen der Veränderung

Veränderungen und Wechsel werden von den Menschen nicht nur auf den verschiedenen Ebenen, sondern auch in verschiedenen Richtungen und Geschwindigkeiten bewältigt. Es finden zahlreiche kognitive Schritte statt, die in einem Zickzack-Kurs verlaufen. Das Für und Wider wird immer wieder durchdacht, die möglichen Folgen werden analysiert und letztendlich bleiben die Gedanken vage, weil die Wahrscheinlichkeit des Eintretens von Möglichkeiten unsicher ist.

Alle Arten von Veränderungen laufen in verschiedenen Phasen ab. Ganz gleich, ob es sich um die unvorhergesehene Diagnose einer schweren Krankheit, die geplante Veränderung durch einen Umzug oder die bevorstehenden Change-Maßnahmen am eigenen Arbeitsplatz handelt, stets laufen die Schritte nicht in einem kontinuierlichen Prozess, sondern in einem Vor und Zurück ab. Die Psychologie hat eine Folge von Phasen identifiziert, wie sie in Abbildung 4.2 dargestellt sind, die wir in den nachfolgenden Abschnitten kurz beleuchten.

4.3.1 Schockphase

Auf Veränderungen wird stets mit Gefühlen und entsprechenden Verhaltensweisen reagiert. Menschen müssen die neue Situation zunächst verarbeiten. Bevor jedoch die kognitive und emotionale Verarbeitung erfolgt ist, existiert ein Zustand, der nicht mehr vom Alten und noch nicht vom Neuen bestimmt ist. Dieser Zustand kann eine völlige Blockade oder ein Schock sein, da dem Menschen in dem Moment jegliche Orientierung fehlt.

Wenn jedoch schon eine Vorahnung bestand, kann es sein, dass der Schockzustand sehr gemäßigt abläuft. Bei unvorhergesehenen Veränderungen wird die Schockphase in den meisten Fällen heftiger ausfallen als bei lange geplanten oder vorhersehbaren Ereignissen. Wenn die Veränderungen einen großen Umfang einnehmen und vielleicht in ihren Auswirkungen noch sehr unklar sind, stehen den Menschen manchmal keine Verhaltensweisen zur Verfügung, sodass sie eher erstarren, als sich mit dem Neuen zu beschäftigen.

Wenn die Veränderungen für den Betreffenden einige oder überwiegend positive Fol-

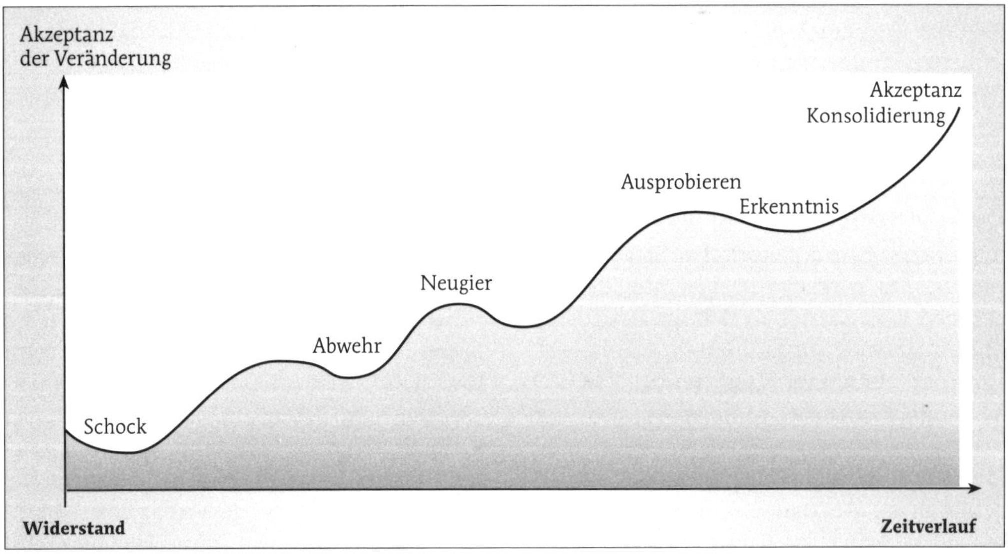

Abb. 4.2: Typische Phasen eines Veränderungsprozesses

gen haben wird, wird ebenfalls die Schockphase in Dauer und Heftigkeit gemäßigt ausfallen. Das Attraktive an der neuen Situation überwiegt. Derjenige, der von einer positiven Wende überrascht wird, beschäftigt sich sehr mit der neuen Zukunft und Details werden begeistert ausgemalt.

Im geschäftlichen Umfeld überwiegt meistens das Unsichere, sodass die Schockphase in eine längere Passivität führen kann.

Es fehlen nicht nur neue Gedanken, neue Verhaltensweisen, sondern auch individuelle Ressourcen, sich in dieser Situation zurechtzufinden. Die jeweiligen Führungskräfte, die mit Mitarbeitern in diesen Phasen umgehen müssen, sollten sorgfältig Schritt für Schritt auf den Mitarbeiter eingehen und ihm helfen, seine eigene Geschwindigkeit der Veränderung zu finden und weiterzugehen.

In der psychologischen Forschung werden neuerdings Reaktionen und Bewältigungsmuster bei so genannten **Nicht-Ereignissen** betrachtet. Solche Nicht-Ereignisse sind z.B. die ausbleibende Beförderung, weil der Betrieb verkleinert wird, oder die Kündigung, weil damit die Weiterbeschäftigung wegfällt. Die Nicht-Ereignisse beeinflussen nicht selten das gesamte Lebenskonzept des Einzelnen und das seiner Familie in beträchtlichem Maße. Alles, was geplant und aufgebaut war, alles, was die „innere Welt" ausmachte und was die Basis aller anderen Gedanken und Verhaltensweisen war, fällt ins Leere. Stattdessen treten Unsicherheit und ein Gefühl der Entwurzelung auf.

Aus der Stress- und Krankheitsforschung ist seit langem bekannt, dass Ereignisse wie Tod eines nahen Angehörigen, Umzug in eine andere Stadt oder der Verlust des Arbeitsplatzes zu den größten Stressfaktoren zählen und einen nicht unerheblichen Einfluss auf Entstehung und Ausbruch von Krankheiten wie Krebs, Infektionen etc. haben.

4.3.2 Verneinungs- und Abwehrphase

Veränderungen in Unternehmen bringen nicht selten Nachteile für die Betroffenen mit sich. Aber auch, wenn die konkreten Auswirkungen der Veränderungen noch nicht bekannt sind, werden Abwehr und der Widerstand wachsen. Menschen neigen dazu, die neue Situation zunächst auf ihren eigenen Aktionsradius hin zu überprüfen und danach die Veränderung als mehr oder weniger gut oder schlecht zu beurteilen.

Häufig bestehen viele Unsicherheiten; zu undeutlich ist, wie sich die Change-Management-Maßnahmen konkret im Berufsalltag auswirken. Das alles macht den Betroffenen Angst und löst Gegenreaktionen aus. Besonders intransparente Veränderungen, die den eigenen Arbeitsplatz betreffen, werden misstrauisch zur Kenntnis genommen und abgewehrt. Die Aufgaben, die Zuständigkeiten und die Befugnisse können sich ändern. Der Vorgesetzte und die organisatorische Einbindung stehen häufig infrage. Manchmal ist mit finanziellen Einbußen zu rechnen und bei Sanierungsmaßnahmen stehen Arbeitsplätze auf dem Spiel.

Massive Kritik, die offen oder verdeckt geäussert wird, ist nur die einfachste Form des Widerstandes.
Stärkere Abwehr zeigt sich in Boykott, Dienst nach Vorschrift, innerer Kündigung, Störung des Betriebsfriedens und Unterlaufen von Anweisungen.

Für das Management ist wichtig, diese Vorkommnisse als **Zwischenstadium der Veränderung** einzuschätzen.
Verheerend wäre es, die Gegenreaktionen als Scheitern des Change-Management-Prozesses zu werten. Abwehr ist ein wichtiges Element im Trauerprozess, der ablaufen muss, damit Platz für Neues vorhanden sein kann.

Allerdings ist es dringend notwendig, durch entsprechendes Daraufeingehen und durch offene und ehrliche Kommunikation diese Phase zu beenden.

4.3.3 Neugierphase

Je länger die Change-Maßnahmen andauern und fortschreiten, umso mehr wandelt sich die Abwehrphase in die Neugierphase.

Wenn die ersten Veränderungserfolge kommuniziert wurden, wird bei vielen Mitarbeitern Neugier wach. Man selbst möchte nicht mehr als „Letzter" bei den Veränderungen in Erscheinung treten. Erste vorsichtige Schritte auf das Neue werden gemacht. Das Denken bezieht ab und zu schon die Neuerungen mit ein. Und es wird verglichen, ob die Aussagen des Managements zutreffen und die Verbesserungen greifen. Mit der aktiven Beschäftigung mit dem Neuen steht das Alte nicht mehr im Fokus. Die Aussagen „früher war alles besser" nehmen ab und die Vergangenheit tritt in den Hintergrund.

> In dieser Phase ist die **Bestätigung der ersten Schritte auf das Neue** wichtig. Die Ermutigung und Bestärkung, den neuen gemeinsamen Weg zu gehen, ist die wichtigste Management-Aufgabe in dieser Phase.

4.3.4 Ausprobierphase

Wenn die ersten konkreten Maßnahmen im eigenen Arbeitsbereich umgesetzt werden, beginnt bei jedem Mitarbeiter das Ausprobieren. Die Fragen sind:

- Wie konkret sehen die neuen Arbeitsabläufe aus?
- Welche Prozessschritte werden wie verändert?
- Wie kann mit den Kollegen zusammengearbeitet werden?
- Welche Verbesserungen ergeben sich?
- Welche Einsparungen sind möglich?

Mit den Erfolgen und Misserfolgen in der Ausprobierphase stehen und fallen die Erfolge des Change-Management-Prozesses. Für jeden Mitarbeiter muss tagtäglich erfahrbar sein, wie sich die Veränderungen positiv auswirken.

> Führungskräfte müssen in dieser Phase bereit sein, **Schwierigkeiten, die auftreten können, sofort und einfach zu beseitigen.** Wenn sich zu diesem Zeitpunkt Probleme einnisten, wird die Belegschaft die einzelnen Schwierigkeiten schnell als Versagen des gesamten Veränderungsprozesses deuten.
> Es kann auch sinnvoll sein, das Projektteam, das die Veränderungen reportet, zu informieren, damit die „Stolpersteine" in anderen Abteilungen bereits im Vorfeld bereinigt werden können.

4.3.5 Erkenntnisphase

Mit den ersten positiven Erfahrungen, die mit den Neuerungen gemacht wurden, wächst die Akzeptanz. Die alten Abläufe oder Arbeiten werden als nicht mehr zeitgemäß erkannt und bewusst abgelehnt und abgebaut.

Mit der Erkenntnisphase ist eine wichtige Lernphase verbunden, die sich auf die kognitive Integration des Neuen bezieht.

4.3.6 Akzeptanz- und Konsolidierungsphase

In der Konsolidierungsphase werden die begonnenen Anpassungen an die veränderte Situation weitergeführt.

Das Neue wird nicht mehr als Besonderheit angesehen, es wird zunehmend zur Normalität und zum Alltag. Werden die Neuerungen von der Belegschaft bis in diese Phase hinein mitgetragen, kann von einem gelungenem Change-Management gesprochen werden. Die Klippen des Widerstandes, die Barrieren der Veränderung sind überwunden und das Neue ist in den Alltag integriert worden.

4.4 Individuelle Präferenz in der Veränderungsdynamik

Alle oben beschriebenen Ebenen und Phasen der Veränderung treten bei den Menschen in unterschiedlicher Ausprägung auf. Jemand, der schnell seine Fähigkeiten erweitern kann, muss nicht unbedingt in gleicher Geschwindigkeit seine Identität anpassen können. Manchem gelingt manche Veränderung gar nicht. Wie schwierig solche individuellen Entwicklungen sein können, kann jeder ermessen, der Kämpfe beim Nichtraucher-Training oder das immer wiederkehrende Lampenfieber bei Vorträgen erlebt hat. Der Verstand kann die Gründe für die Veränderung über lange Zeit kennen, die Gefühle hingegen stehen einer Veränderung im Wege.

Auch die Phasen der Veränderung werden von den Menschen in sehr unterschiedlicher Weise erlebt und gelebt. Wer sich nicht scheut, Kritik zu üben, dem fällt es leicht, aktiv die Widerstandsphase zu leben. Ein anderer Mitarbeiter hingegen fürchtet Konfrontation und passt sich schneller an, ohne die Neuerungen in sein Verhalten und in seine Aufgaben in allen Fassetten einzugliedern.

4.4.1 Persönlichkeitsaspekte in der Veränderungsdynamik

Wie ein Mensch mit Veränderungen umgeht, hängt von mehreren Faktoren ab:

- kognitive Verarbeitung (Einsichten, neue Ziele),
- emotionale Verarbeitung (emotionaler Rückzug, ehrliche Reflexion, spirituelle Praxis, Meditation),
- soziale Unterstützung (Zugehörigkeit zu Gemeinschaften und Gruppen, Kommunikation),
- aktionale Verarbeitung (Urlaub, Musik, Kultur, Kreatives Tun, Sport),
- pragmatisches Handeln (Konzentration auf relevante Aspekte wie berufliche Weiterbildung, Neuordnung des Lebens).

Manchmal sind es Aspekte, die in der Persönlichkeit eines Menschen verankert sind, die das Verhalten in Veränderungszeiten bestimmen. Entscheidend ist hierbei, dass die Persönlichkeitseigenschaften sehr stabil sind und sich über lange Jahre nur wenig verändern.

Menschen, die eher zurückhaltend und in sich gekehrt sind, werden kaum in Veränderungssituationen als Promotor für Change-Maßnahmen auftreten. Ebenso werden aktive und stets „an vorderster Front" arbeitende Kollegen ihre Meinung zu Veränderung kaum zurückhalten. Der praktisch orientierte Mitarbeiter wird sowohl die positiven Seiten der Neuerungen sehen wie auch die konkreten Probleme der Umsetzung erkennen. Ein guter Stratege hat das Ziel, aber vielleicht nicht den Prozess im Auge. So bringt jeder Mensch allein von seiner persönlichen Ausstattung her verschiedene Befähigungen und auch Schwierigkeiten mit, die ihm beim Change-Management helfen oder ihn hindern können.

Menschen, die sich in ihrer Entwicklung bestimmte Leitsätze zu Eigen gemacht haben, richten sich immer wieder in unterschiedlichen Situationen danach. Solche Leitsätze können zum Beispiel sein „Mach's allen recht.", „Halte dich bei allem raus." oder „Sei immer der Beste.". Die Leitsätze prägen die Persönlichkeit eines Menschen und lassen ihn in immer ähnlicher Weise entscheiden und handeln. Es ist einleuchtend, dass ein Mitarbeiter, der sich entsprechend seinen Leitsätzen bei allen Dingen heraushält, in Veränderungssituationen ebenso wenig lautstarke Kritik äußert noch sich bei den Change-Prozessen als Erster hervortun wird.

Mitarbeiter, die von jeher ein gewisses Maß an Ängstlichkeit zeigen, werden in unsicheren Zeiten weiterhin ängstlich oder – verstärkt – panisch reagieren. Insgesamt kann die Zeit der Unklarheit und der vorübergehenden Intransparenz bei vielen Menschen Angst, Phobien oder gar paranoides Erleben auslösen. Es können sogar auch schwer wiegendere psychische

Erkrankungen oder agitiertes Verhalten auftreten. Alle persönlichkeitsbedingten Denk- und Verhaltensweisen sind nur schwer zu verändern und bedürfen viel Geduld.

AUFGABE DER JEWEILIGEN FÜHRUNGSKRAFT BZW. DES PERSONAL- ODER SOZIALBEREICHES IST ES, DIE AFFEKTKONTROLLE DES MITARBEITERS ZU FÖRDERN UND ZU UNTERSTÜTZEN.

Bei **schwer wiegenden Störungen** muss **professionelle Hilfe**, die außerhalb des Unternehmens angesiedelt ist, z.B. Psychotherapeut, Beratungsstelle etc. in Anspruch genommen werden.

4.4.2 Individuelle Erfahrungen in der Veränderungsdynamik

Meistens spielen die Vorerfahrungen von Veränderungen eine ebenso wichtige Rolle wie die Persönlichkeitsaspekte eines Menschen. Mancher junge Mitarbeiter hat große Veränderungsprozesse noch nie in seinem Leben erlebt. Das kann zu besonders großer Verunsicherung und zu extremen Ängsten führen. Andere, die ebenso erstmalig mit Change-Maßnahmen konfrontiert sind, gehen sehr „blauäugig" daran und verschwenden keinen Gedanken an Probleme, sondern sehen nur den neuen interessanten Weg.

Ältere Mitarbeiter in der Belegschaft haben vielleicht schon Change-Management-Prozesse in ihrer Laufbahn erlebt. Dann spielt es eine wichtige Rolle, wie die Vorerfahrungen zu Stande gekommen sind. Wer bereits missglückte Fusionen, holprig abgewickelte Firmenkäufe oder unprofessionell durchgeführte Restrukturierungen erlebt hat, wird schwer für neue Veränderungen zu begeistern sein. Auch das „Standing" des Managements aus früheren Erfahrungen ist wichtig. Wer das Vertrauen in die Unternehmensleitung verloren hat, kann nicht mehr mit voller Kraft im Sinne des Managements agieren.

Auch können private oder familiäre Probleme die beruflichen Belastungen überlagern und zu unangemessenen Reaktionen des Mitarbeiters führen. Dann haben die Widerstände einen anderen Ursprung und können nur indirekt mit „Mitteln" des Unternehmens bearbeitet werden.

Ein weiterer Aspekt bei Veränderungen ist die Zeitdimension. Wenn Strukturen, die sehr lange bestanden haben, verändert werden, wird der Widerstand größer sein als bei Strukturen, die nur kurz bestanden. Mitarbeiter, die bereits seit vielen Jahren im Unternehmen sind, tun sich schwer, die Neuerungen anzunehmen, wenn ihnen nicht verdeutlicht wurde, wieso die Veränderung gerade jetzt notwendig und wichtig ist.

Nicht vergessen werden darf aber auch die Möglichkeit, dass ältere Mitarbeiter vor geplanten Veränderungen warnen, weil sie die Firma, ihre Kultur, die Kunden und die Lieferanten sehr gut kennen. Gerade in der letzten Zeit, in der die Veränderungswut in den oberen Management-Etagen ihr Unwesen treibt, hätte es manchem Unternehmen geholfen, sich die Argumente des vermeintlichen Widerstandes von erfahrenen Kollegen anzuhören und aufzunehmen. Die Beachtung der guten Vorschläge von scheinbar veränderungsunwilligen „Alten" hätte manche Umwege und Fehler des schnellen Veränderungsmanagements vermeiden können.

Wer sich mit den Veränderungen seiner eigenen inneren Ebenen schwer tut, wird alle Anforderungen, die an ihn in der neuen Situation gestellt werden, ablehnen. Er wird stattdessen an seinen Argumenten, an seinem bisherigen Verhalten und an seiner Arbeitsweise festhalten. Nicht selten wird ein Mitarbeiter das Feed-back auf seine blockierende Reaktionsweise ebenso abwehren wie die Vorschläge zur Erneuerung.

Wenn Führungskräfte oder Mitarbeiter in den Phasen des Widerstandes stecken bleiben, entsteht Frustration. Die Einwände werden weder angenommen noch gehört. Mit dem eigenen Schmerz und dem „Zurückbleiben" auf frühen Veränderungsphasen wird der Mitarbeiter abgehängt und völlig isoliert. Resignation und innere Kündigung sind meistens die Folge.

Nicht jeder kann bei sich selbst und schon gar nicht mit anderen damit umgehen, wenn es um die Akzeptanz von Verlusten geht. Zu akzeptieren, dass manches von früher nie mehr so sein wird wie damals, heißt nicht, dass die neue Situation gutgeheißen wird. Ein Verlust kann nur verarbeitet werden, wenn bewusst ist, dass dieser Verlust als schmerzhaft erlebt wird. Verdrängung des Verlustes und der Trauer führt zu psychischen Störungen.

Bei nicht bewältigten Problemen wird nicht selten die Betäubung durch Drogen genutzt. Die Unsicherheit der Veränderung, die fehlende Klarheit und der unsichere Ausgang für den eigenen Arbeitsplatz lässt sowohl Führungskräfte als auch Mitarbeiter zu legalen und illegalen Drogen greifen. Es braucht nicht näher erläutert zu werden, dass damit keine Bewältigung der Veränderungsphasen erreicht wird, sondern nur eine Betäubung und Verhinderung der psychischen Prozesse erfolgt.

Wird bekannt, dass Drogen genommen werden, ist es dringend angeraten, auf die Situation des Mitarbeiters einzugehen und ein Gespräch zu suchen, Wertschätzung auch für vielleicht nicht umgesetzte Vorschläge zu zeigen und ihn „wieder ins Boot zu holen". Es sei denn, es wird in Kauf genommen oder es ist beabsichtigt, dass der Mitarbeiter die Firma verlässt.

In manchen Fällen führt eine gewisse Art von sozialer Kontrolle dazu, dass Mitarbeiter sich anpassen und damit die neue Rolle, die von ihnen erwartet wird, schneller erlernen. Wer nicht ausgegrenzt werden will, wer dazugehören möchte, der wird die Neuerungen - auch wenn sie ihm im Moment nicht gefallen - eher annehmen und ausprobieren. Gemeinsam lassen sich manche Veränderungen leichter akzeptieren. Hier wird deutlich, dass auch die soziale Umgebung maßgeblichen Einfluss auf die Change-Maßnahmen hat. Daher wird im Folgenden besonders auf die Gruppenprozesse verwiesen, die gerade in einem Unternehmen eine ganz wesentliche Rolle spielen.

4.5 Gruppenprozesse als Reaktionen auf Veränderungen

Im Zusammenspiel mit anderen Menschen kommt eine Vielzahl von Regeln auf, die durch Verhaltensweisen eines einzelnen Menschen nicht erklärt werden können. Es sind die besonderen Konstellationen, die sich in der Dynamik von Gruppen ergeben. Das Verhalten des einen hat sehr schnell die Reaktion von anderen zur Folge, sodass ein komplexes Wechselspiel in Gang gesetzt wird. Außen Stehende können manchmal die Ursachen dieses Verhaltens in der Gruppe nicht nachvollziehen oder verstehen. Ebenso können außen Stehende in dieses Geschehen nur schwer eingreifen. Die Energie liegt in der Gruppe und kann von dort aus am besten gesteuert werden.

Bereits aus der Primatenforschung, die in ihren Ergebnissen auf Menschen übertragen werden kann, ist bekannt, dass in **Zeiten des Machtvakuums** die Aggressivität in einer Gruppe zunimmt. Vergleichbares kann auch in Unternehmen beobachtet werden. Zeiten, in denen die Geschäftsleitung ausgewechselt wird oder in denen Bereiche infolge Umstrukturierungen führungslos sind, können neben Unsicherheit auch vermehrt Konflikte und Machtspiele beobachtet werden.

Für Veränderungen in Organisationen sind **zwei Arten von Dynamiken** wichtig zu beachten:

- Einerseits die Solidarisierung und Koalitionenbildung und
- andererseits die Ab- und Ausgrenzung.

Sinnvoll ist, stets ein Unternehmen als ein System von Gruppen anzusehen, das nicht nur entsprechend dem offiziellen Organigramm, sondern nach seinen eigenen Gliederungsstrukturen, z.B. Sympathie, Feindschaft etc. funktioniert. Damit wird eine Organisation zu einem Gebilde, das aus energetischen Formationen besteht.

DIE FÜHRUNG EINES SOLCHEN GEBILDES ERFORDERT MEISTENS ANDERE VORGEHENSWEISEN, ALS SIE SICH IM ERSTEN ANSCHEIN ZEIGEN UND DAS VERSTÄNDNIS DES GESCHEHENS IST UNABDINGBAR.

4.5.1 Solidarisierung und Koalitionen

Die Solidarisierung kann von einzelnen Personen als auch von Gruppen gelebt werden. Es wird Gemeinsamkeit demonstriert, um sich mit anderen zu verbünden, was zu stärkerer Macht führt. Damit kann Unsicherheit eingedämmt werden, man hat Sparringspartner, mit denen Neuerungen oder auch Widerstände besprochen werden können und oft werden gemeinsame Aktionen gestartet, die weitaus wirkungsvoller sind als einzelne Alleingänge.

Manchmal werden die Koalitionen mit den Mächtigen oder den Siegern der Veränderung geschlossen. Damit soll die Nähe der Macht Vorteile für die eigene Position mit sich bringen. Die Akzeptanz der eigenen Person wird in einer solchen Konstellation weniger infrage gestellt als bei „unwichtigen“ Personen.

Es gründen sich nicht nur Verbündete der Macht, auch Widerständler suchen Gleichgesinnte. Im Unternehmen oder außerhalb werden mit weiteren Kritikern Schlachtpläne erarbeitet und Argumente geschmiedet. Kritik aus vielen Mündern ist weitaus weniger still zu bekommen als aus einem einzigen Mund.

Der Zusammenschluss von Gleichgesinnten führt zu Sicherheit und „Heimat“, was gerade für Umbruchsituationen zur **Psychohygiene** sehr wichtig ist. Sich bei einem Vertrauten das Herz auszuschütten, Ängste zu offenbaren und Befürchtungen zu äußern, ist immens wichtig.

JE WENIGER FÜHRUNGSKRÄFTE DAFÜR ZUR VERFÜGUNG STEHEN, UMSO MEHR SUCHT SICH DIE BELEGSCHAFT ANDERE KOALITIONSPARTNER.

Nicht selten kommen auch zusätzlich Externe ins Spiel – Gewerkschaften, Anwälte oder Ex-Mitarbeiter.

Es kann jedoch auch zutreffen, dass eine enge Anbindung und Freundschaft gezielt dazu benutzt wird, um Falschinformationen zu streuen oder um stärker manipulieren zu können. Nicht zu steuern sind bei Koalitionen und Subgruppenbildungen die informellen Kommunikationswege. Der Informationsfluss wird von den Mitgliedern der Gruppen gesteuert, selektive Informationen werden weitergegeben, Gerüchte kursieren im gesamten Unternehmen.

Seilschaften und **Bündnisse** bestehen zu jeder Zeit in Unternehmen und Organisationen. Ziel ist immer, den eigenen Machteinfluss zu stärken und Kontrahenten zu schwächen. Jedoch zeigt sich immer wieder, dass die Dynamik, die Energie und der Informationsfluss in Umbruchzeiten stets zunehmen. Das Machtvakuum und die häufige Ziellosigkeit verführen viele Menschen in Unternehmen dazu, ihre informellen Verbindungen und Koalitionen zu verstärken.

Positiv kann die Gruppenbildung genutzt werden, indem besondere Abteilungen oder Projekte, die in der Umsetzung der Veränderungen sehr weit fortgeschritten sind, die bestehenden informellen Gruppen einbeziehen.
Widersacher sollten kontrolliert und diplomatisch in die Veränderungsaufgaben eingebunden werden. Damit kann die positive Wirkung auf die negativen Gruppen ausstrahlen und die Kritiker sind ebenfalls mit ihren Ideen nicht allein gelassen.

Mit jedem Zusammenschluss findet gleichzeitig eine Abgrenzung zu anderen, nämlich zu denen, die nicht zur Gruppe gehören, statt. Dies ist der Nachteil einer jeden Gruppenbildung.

4.5.2 Abgrenzung und Ausgrenzung

Das Gegenstück zur Solidarisierung ist die Ab- und Ausgrenzung.

Wenn **einzelne Mitarbeiter** ausgegrenzt werden, wird von **Mobbing** gesprochen. Es wird immer vorkommen, dass gerade bei Veränderungen der eine oder andere Mitarbeiter aus seiner bisher angestammten Position herausgedrängt wird. Besonders bei Umstrukturierungen sind die bisher in Balance gehaltenen Strukturen gefährdet. Die kleinen und großen Machtkämpfe werden nicht nur um den Erhalt des Arbeitsplatzes, sondern auch um Statussymbole geführt. Wer hat das größere Büro? Wer bekommt das Büro neben der Geschäftsleitung? Welche Personengruppe hat Anspruch auf einen Parkplatz? usw.

Um die positiven Aspekte für sich selbst zu erreichen und zu erhalten, findet man besonders in den Zeiten, in denen die Veränderungen noch nicht konkretisiert wurden, Wege, um sich hervorzutun und Gegner auszuschließen. Fehler, Nachteile oder Kritik von Gegnern werden öffentlich gemacht und besonders bei Entscheidern vorgetragen. Zu wichtigen Besprechungen oder Meetings werden bestimmte Personen nicht eingeladen oder es werden die Termine so eng gesetzt, dass der Gegner keinesfalls die Termine einhalten kann. Wissenschaftliche Untersuchungen haben bestätigt, dass die Koordination zwischen Abteilungen sehr häufig genutzt wird, um Machtspiele auszuleben.

Es können auch **ganze Gruppen ausgegrenzt** werden. Häufig ist die räumliche Auslagerung von „nicht so wichtigen Abteilungen" eine bewährte Methode, den Einfluss und den Aktionsradius von diesen Abteilungen einzugrenzen.

Im Zusammenhang mit der Bildung von Seilschaften und männlich geprägten Führungsriegen, ist die Ausgrenzung von Frauen häufig anzutreffen.

Auch Angehörige anderer Nationalitäten sind davon nicht ausgenommen.

Besonders in solchen Veränderungssituationen, die mit Personalabbau verbunden sind, werden die Gruppierungen, die als erste die Kündigung erhalten, von den übrigen Mitgliedern ausgegrenzt. Unsicherheit im Verhalten ist dabei häufig zu beobachten. Sich mit den „Gekündigten" zu solidarisieren, wird als gefährlich angesehen und könnte in den Augen mancher als „Vertrauensbruch" mit dem Management ausgelegt werden. Daher schlagen sich diese Mitarbeiter lieber auf die Seite der Gewinner.

Es gibt eine Vielzahl von Möglichkeiten, die eigene Macht und den eigenen Einfluss zu erweitern und gleichzeitig andere in ihrem Aktionsradius einzuschränken oder in ihren Arbeits- und Entscheidungsweisen und in ihren Ergebnissen zu diffamieren.

4.5.3 Machtkämpfe, Intrigen und Mikropolitik

Zusätzlich zu den oben erwähnten „Einwicklungen" und Ausgrenzungen gibt es eine Vielzahl von subtil ablaufenden Manipulationen, die auch als **Mikropolitik** bekannt sind. Dadurch werden Machtkämpfe sehr geschickt eingekleidet, damit der Akteur scheinbar eine weiße Weste behält.

INTRIGEN UND VERSTRICKUNGEN UNTERSTÜTZEN DIE MACHTSPIELE UND BINDEN EINE NICHT UNERHEBLICHE ENERGIE, DIE BEI VERÄNDERUNGEN DRINGEND FÜR DIE OFFIZIELLEN CHANGE-MASSNAHMEN BENÖTIGT WIRD.

Es liegt also auf der Hand, dass die für Change-Prozesse Verantwortlichen hier im Rahmen ihrer Führung gegensteuern müssen.

Manipulative Kommunikation

Am meisten wird auf andere Einfluss genommen, indem die Kommunikation manipulativ eingesetzt wird. Beispielsweise werden bewusst falsche Inhalte weitergegeben. In diesem Zusammenhang gehört auch das weit verbreitete **Nicht-Zuhören**. Teilweise wird aus Zeitmangel, meistens jedoch aus Desinteresse nicht zugehört. Dem anderen soll damit nonverbal vermittelt werden, dass seine Themen und seine Probleme nicht wichtig sind. Dadurch können unangenehme Inhalte im Keim erstickt und der Gesprächpartner in seinem Anliegen abgewertet werden.

Des Weiteren lassen sich unbequeme Fragen geschickt durch eine Vielzahl von kommunikativen und manipulativen Methoden abwehren. Zunächst werden verbale und nonverbale Signale des Gesprächspartners sondiert, um die Schwachstellen des Gegners herauszufinden und um sie gezielt für die eigenen Interessen zu nutzen.

Geschickt (in Sinne der eigenen Interessen, nicht des Change-Prozesses) ist es auch, andere Mitarbeiter in der Weise einzubeziehen, damit man nicht allein gegen den Kontrahenten vorgeht. Dies geschieht am besten, indem neutrale Personen auf die eigene Seite gezogen werden. Damit vergrößert sich der eigene Macht- und Aktionsradius. Ferner können Gegner isoliert oder öffentlich bloßgestellt werden. Selbst äußere Umweltbedingungen wie Besprechungstermin, Besprechungsort, die Sitzordnung etc. können geschickt genutzt werden, um sich den eigenen „Heimvorteil" zu sichern.

In der nonverbalen Kommunikation kann mit einem zu intensiven, einem unterbrochenen oder **abgewendeten Blickkontakt** der vermeintliche Gegner verunsichert werden. Währenddessen werden in der verbalen Kommunikation die **Worte als Waffen** eingesetzt. Das lässt sich nutzen, wenn jemand das erste und das letzte Wort hat, wenn er unterbricht, wiederholt, ignoriert oder lächerlich macht. Er kann Schuld zuweisen, schmeicheln und abwerten. Auch Killerphrasen, Vernebelungstaktik und der Wechsel der Ebenen tragen gleichfalls dazu bei, die Kommunikation zur Manipulation zu nutzen und das Gespräch alles andere als partnerschaftlich zu führen.

Macht durch Informationskontrolle

Um Macht über andere zu bekommen, ist die Kontrolle von Informationen ein reichlich beliebtes Mittel. Inhalte werden selektiert und in eigenem Sinne weitergegeben. Zum Beispiel wird die eigene Leistung hervorgehoben, während die des Kontrahenten abgewertet wird, indem gerade seine Terminüberschreitungen oder fehlerhafte Daten öffentlich bemängelt werden.

Diese Form der manipulativen Informationsweitergabe wird in der letzten Zeit sogar im großen Stil etwa im Fälschen von Bilanzen oder in einer tendenziösen Berichterstattung bei Pressekonferenzen und Geschäftsberichten genutzt. Damit sollen die Gesellschafter, die Aktionäre oder sonstige Geldgeber und Entscheider beeinflusst werden.

Eine ebenfalls häufig genutzte Form der Mikropolitik ist die, in der die schlechten Aspekte von anderen hervorgehoben werden, ohne dass auf den Redner schlechtes Licht fällt. Wenn beispielsweise öffentlich eine Frage gestellt wird, von der bekannt ist, dass der Gegner sie mit negativen Aussagen beantworten muss, stellt er sich selbst bloß. Insider und scharfsinnige Kollegen durchschauen diese Manöver jedoch schnell.

Gelegentlich kann eine sehr unfaire Art des Diffamierens eingesetzt werden. Dabei wird über einen Kontrahenten verbreitet, er habe sich etwas zu Schulden kommen lassen, das so schrecklich sei, dass man darüber aus Taktgründen nicht reden wolle. Der Betreffende hat keine Chance, die Angelegenheit klarzustellen oder aus der Welt zu räumen, da er weder weiß, um was es geht, noch, wer alles von seinen vermeintlichen Verfehlungen Kenntnis hat.

Macht durch Entscheidungskontrolle

Um an Entscheidungen mitzuwirken, nutzt mancher Machtbesessene die Gestaltung der Entscheidungsprozesse. Er wird sich selbst einbinden, um entsprechende Machtausübung sicherzustellen und die anderen als Bittsteller zu definieren. Durch solche Eingriffe sind in manchen Unternehmen lange Laufzettel entstanden, die von vielen Beteiligten – jedoch oft nicht Verantwortlichen – abgezeichnet werden müssen. Gleichzeitig kann über die Entscheidungskontrolle auch Einfluss auf Informationen genommen werden.

Druckmittel

Durch strenges Auftreten und Verhandeln kann Druck aufgebaut werden, damit andere in Angst versetzt oder irritiert werden. Ebenso führen das Nicht-Einhalten von Zusagen und ständiges Wechseln von Meinungen und Zielen zur Verunsicherungen. Der Partner bzw. Gegner wird durch die Verunsicherung Fehler machen, die wiederum z.B. als Entscheidung für personelle Maßnahmen (Abmahnung oder fristlose Kündigung) genutzt werden können.

Nicht zuletzt ist der Druck mittels Terminsetzung ein „beliebtes" Intrigenspiel. Es werden so kurzfristige Termine gesetzt, die niemals eingehalten werden können. Der Kontrahent hat keine Chance, er kann entweder die Arbeit ablehnen oder den Termin nicht einhalten. Jedes Vorgehen wird ihm zur Last gelegt. Neuerdings lässt sich mittels Handy eine ständige Verfügbarkeit einfordern und stete Kontrolle durchführen.

Abschieben von Verantwortung

Auch in Zeiten von Umstrukturierungen wird entweder in der Zeit des Machtvakuums oder in der Zeit des neuen Chefs, gern die Leistung des Vorgängers schlecht gemacht. Damit kann der „Neue" seine eigene Leistung in ein positives Licht rücken. Dennoch wird jeder versuchen, die Verantwortung für frühere Versäumnisse abzuschieben.

Oft angewandt wird die „Methode" des **Bauernopfers**. Meistens wird eine Führungskraft einen seiner Mitarbeiter für die Misere verantwortlich machen. Der Chef wird seine Hände in Unschuld waschen, beteuern, nichts von den schlimmen Entwicklungen gewusst zu haben und nun voller „Verantwortungsbewusstsein" seinen Mitarbeiter entmachten oder entlassen. Ähnlich läuft eine weitere Intrige ab. Dabei werden Entscheidungen nicht von der Geschäftsleitung und nie im Alleingang eines Mitarbeiters getroffen. Vielmehr wird alles gemeinsam abgestimmt. Dadurch werden Fehler gemeinsam kaschiert und vertuscht. Treten Versäumnisse an die Öffentlichkeit, wird in den meisten Fällen nichts unternommen, da die Geschäftsleitung dann vermeintlich „keine Schuld trifft" und die gesamte Gruppe „schuld" ist.

Beliebt ist auch, einen Kollegen, der einen schlechten Stand bei der Geschäftsleitung hat, aufzuhetzen, indem er z.B. über weitere Verfehlungen des Managements informiert wird, die er kritisieren und dadurch seine Position noch mehr schwächen wird.

Nicht nur in Umbruchsituationen sind derartige Intrigen und Machtspiele an der Tagesordnung. Jeder, der seine Aufgabe ernst nimmt und verantwortlich handelt, wird solche unlauteren Manöver unterbinden.

Die Belegschaft verzeiht solche Ausuferungen nicht. Wenn Vorgesetzte dieses Verhalten zeigen, werden sie kein Vertrauen und keine Akzeptanz bekommen. Wenn Mitarbeiter erfahren, wie ihre eigenen Führungskräfte Verantwortung abschieben, werden sie selbst keine Initiative und kein Engagement mehr zeigen.

Es ist in Veränderungszeiten wichtig, dass das Management sich selbst dieser Methoden nicht bedient und dass es solche Machtspiele im Unternehmen bereits in ihren Wurzeln und Anfängen unterbindet.

4.6 Unterschiedliche Veränderungsgeschwindigkeiten

Die oben beschriebenen Ebenen der Veränderung benötigen unterschiedlich viel Zeit, um Neuerungen hervorzubringen. Altes muss „verabschiedet" und „entlernt" werden, Neues entwickelt und ausprobiert werden. Auch die Veränderungsphasen sind in ihrem Ablauf verschieden. Manches kann schneller, manches langsamer gelingen. Gleichzeitig ist zu bedenken, dass diese Abläufe in einer Organisation oder einem Unternehmen in unterschiedlicher Geschwindigkeit vonstatten gehen. Die Geschäftsleitung weiß früher von den Veränderungen, also werden sie die Phasen schneller durchschritten haben als Mitarbeiter, die erst viel später davon erfahren. Dann gibt es Gruppen, wie z.B. den Betriebsrat, die auf Grund ihrer Funktion in manchen Phasen (z.B. Widerstand) länger verharren müssen als andere Mitarbeiter.

Ferner hat sich durch hirnphysiologische Experimente herausfiltern lassen, dass jeder Mensch eine „gedachte" Linie hat, auf der er seine Erfahrungen und auch seine Zukunftserwartungen ansiedelt. Diese Linie wird **timeline** genannt. Spannend dabei ist, dass gesellschaftliche Besonderheiten dabei auch eine Rolle spielen. So ist die timeline von Menschen meistens aus arabischen Kulturen spiegelbildlich zur timeline europäischer Menschen - vermutlich auf Grund der anderen Schreibrichtung der Schrift.

Da die Menschen individuell ihre timelines organisieren, kann von außen nicht bestimmt werden, wie sich jemand seine Zeit und damit auch die Veränderungen ordnet und „abarbeitet". Zugleich bestimmen auch noch die persönlichen Vor-Erfahrungen, wie lange jemand in der Veränderungssituation für die einzelnen Schritte benötigt.

Für das Management bedeutet diese Erkenntnis, dass es nicht verwunderlich erscheinen darf, wenn die Change-Prozesse in einem so komplexen Gefüge wie einem Unternehmen weder einheitlich noch linear ablaufen. Ferner können die Zeiten der Unsicherheit zu wenig konstruktiven Verhaltensweisen verleiten. Dies erfordert für alle Beteiligten nicht nur, sich selbst in den Veränderungsprozessen zu steuern, sondern auch noch zu bedenken, darauf einzugehen und zu nutzen, wo Kollegen und Mitarbeiter während des Prozesses stehen und wie sie damit umgehen.

4.7 Anforderung an Management und Führung in Change-Prozessen

4.7.1 Wahrnehmung

Der häufigste Fehler des Managements in Umbruchszeiten ist eine eingeschränkte Wahrnehmung bezüglich der Klippen und Schwierigkeiten des Veränderungsprozesses.

Um Mut zu machen, um zu motivieren und um sich selbst auch positiv darzustellen, werden zu oft die Schwierigkeiten ausgeblendet. Es wird wenig Aufmerksamkeit auf die Risiken des Wandels gelenkt. Produktionsverluste, Demotivation, Unsicherheit, Doppelarbeiten oder erhöhter Verwaltungsaufwand durch die Umstrukturierungen werden selten in die Überlegungen des Change-Managements einbezogen. Zu sehr stehen die Ziele und das, was durch die Veränderungen erreicht werden soll, im Vordergrund.

Ebenso werden die Schwierigkeiten, die die Belegschaft mit den Veränderungen hat, oft negiert. Manche Führungskräfte meinen, dass sie die Probleme gutheißen, wenn sie sich damit beschäftigen. Das Gegenteil ist der Fall, Mitarbeiter, die sich verstanden und gehört fühlen, werden die Neuerungen besser mittragen als die, die „abgewürgt" wurden, die sich immer wieder Gehör verschaffen wollen und die letztendlich das Vertrauen in die Führung verlieren.

Sensibilität und offene Ohren sind wichtig, um die Schwierigkeiten wahrzunehmen. Denn erst dann können Probleme behoben werden. Die Wahrnehmungsfähigkeit ist für Führungskräfte ebenso notwendig wie für Projektleiter und für engagierte Mitarbeiter, die aktiv den Veränderungsprozess mittragen wollen.

4.7.2 Deutung von Indikatoren

Die Wahrnehmung von bestimmten Anzeichen allein reicht in manchen Fällen nicht aus, um professionell und umfassend die Probleme zu lösen. Es kommt vor, dass z.B. die Widerstände wahrgenommen werden, jedoch die Bedeutsamkeit und die Relevanz vernachlässigt werden. Dann nützt die Wahrnehmung keineswegs. Wenn die Wichtigkeit nicht erkannt wird, folgt in den meisten Fällen kein Handlungsimpuls, sodass Lösungen nicht erarbeitet werden. Eine fatale Entwicklung kann die Folge sein. Schwierigkeiten bauen sich auf, Folgeprobleme treten auf und der Change-Prozess ist in seiner Wirksamkeit gefährdet.

Gelegentlich werden die Auswirkungen der Probleme nicht rechtzeitig gesehen. „Später ist man immer klüger!“, sind dann die Ausreden. Wichtig bleibt, dann schnell und zielgerichtet die Weichen zu stellen, damit doch noch zeitnah Lösungen gefunden werden.

4.7.3 Reaktionsweisen

Es ist nicht selten, dass die Schwierigkeiten sehr wohl gesehen werden und auch die Folgen nicht unbeachtet bleiben. Dennoch wird manchmal nicht gehandelt. Es gibt verschiedene Gründe, warum sich manche Führungskräfte schwer tun, durchzugreifen. Einerseits kann es sein, dass keine Lösungen bekannt sind, es ist zu unsicher, irgendwie zu handeln. Auch in den Fällen, in denen mehrere Lösungsalternativen keine optimale Lösung darstellen, sondern in allen Fällen Nachteile für Mitarbeiter oder die Führungskraft nach sich ziehen. In diesen Situationen erscheint Nicht-Handeln die beste aller Lösungen zu sein.

Die gegenteilige Reaktionsweise kann auch vorkommen: Eine Führungskraft, die aus verschiedenen Überlegungen heraus ständig neue Entscheidungen trifft und damit einen permanenten Kurswechsel herbeiführt. Verunsicherung und nachlassendes Interesse werden die Folgen sein. Trotzdem verbirgt sich hinter dem „wilden Aktionismus“ nicht selten Unsicherheit und Angst. Bevor man eine Entscheidung trifft, die sich eventuell als falsch herausstellen kann, ist es besser, viele Lösungen auszuprobieren – „Etwas Richtiges wird schon dabei sein.“

4.7.4 Zusammenfassung

Es sei nochmals erwähnt, ein Veränderungsprozess oder eine Change-Management-Maßnahme ist nicht das, was im Projektauftrag, in der Geschäftsführungsvorlage geschrieben oder in der Mitarbeiterversammlung gesagt wird. Es sind die vielen Ideen, Vorstellungen, Gedanken, Fähigkeiten und neue Erfahrungen, die die Menschen in ihren Köpfen haben. Die Wege zu Veränderungen sind nicht gerade, sondern von Umwegen, Sackgassen und Zweifeln geprägt. Und dennoch bringen die Neuerungen Schritt für Schritt die Menschen und das Unternehmen in seiner Entwicklung weiter. Alle, die solche Veränderungen durchlaufen, die diese Neuerungen anstoßen, und alle, die Maßnahmen steuern, finden mit entsprechender Neugier eine Fülle von Dynamiken, Energien und Interventionen, um Veränderungsmanagement professionell betreiben zu können.

5 Systematisches Managen von Veränderungsprozessen

Jeder Veränderungsprozess hat seine eigene Dynamik und ist nur bedingt vergleichbar und in ein Standardvorgehen zu übertragen. Dennoch gibt es typische Schritte, die sich als wirkungsvoll und erfolgsversprechend im Managen von Change-Prozessen erwiesen haben. John P. Kotter, Professor an der Havard University, hat ein sehr schlüssiges Konzept zum Management von geplanten Veränderungen entwickelt. Sein Konzept ist in acht Schritte gegliedert:

Konzept zu Veränderungsprozessen

1. Die Notwendigkeit von Veränderungen sind bewusst zu machen.
2. Zur Unterstützung der Veränderung gilt es Verbündete zu suchen.
3. Eine eindeutige Vision und klare Strategien dazu sind zu entwickeln.
4. Die Veränderungsvision muss professionell kommuniziert werden.
5. Die Ausstattung der Mitarbeiter mit Befugnissen (Empowerment) dient der Überwindung von ihren Widerständen.
6. Das Sichern von kurzfristigen Erfolgen dient dem Erfolgserleben und dem Aufbauen von Vertrauen in die Fortschritte.
7. Erreichte Vorteile gilt es abzusichern und weitere Veränderungen voranzutreiben.
8. Und letztendlich werden die neuen Ansätze verankert und in die Unternehmenskultur eingegliedert.

5.1 Die Notwendigkeit von Veränderungen bewusst machen

Die Dringlichkeit und die Notwendigkeit von Veränderungen muss vermittelt werden und Sinn für alle Beteiligten stiften. Je stärker und je klarer der Sinn für die Veränderungen erkannt wird, umso stärker fällt das Engagement der Mitarbeiter dafür aus. Was sich dann für das Erreichen der gesetzten Veränderunsziele als ausschlaggebend erweist.

Dies ist eine der Grundvoraussetzungen, um die Veränderungen erfolgreich zu erreichen. Sollten die Mitarbeiter nicht die Notwendigkeit der Veränderung einsehen, wird die Unterstützung nicht oder nur in unzureichendem Maße vorhanden sein.

Frühere Erfolge aus der Vergangenheit verleiten die Unternehmen allzu oft, die heutige Realität nicht klar zu sehen. Alte Erfolge reduzieren das Gefühl für die Dringlichkeit und Notwendigkeit von Veränderungen. Nicht selten fühlen sich das Management als auch die Mitarbeiter darin bestärkt, zukünftig so weiter zu machen wie bisher. Diese Selbstzufriedenheit können Unternehmen oder Organisationen an den Rand oder in den Untergang führen. Beispiele für das Fehlverhalten sind:

Selbstzufriedenheit können Unternehmen in den Untergang führen

- Negative Entwicklungen und offensichtliche Krisen des Unternehmens werden verdrängt oder auf externe Einflüsse zurückgeführt.
- Teurer Firmen-Fuhrpark und qualitativ hochwertige Büro-Einrichtungen signalisieren Erfolge und Gewinne.
- Wenig Kontrollen, wenige Nachbesserungen und niedrige Leistungsstandards im gesamten Unternehmen führen zur Annahme, dass gute Arbeit abgeliefert wird.

Um die Notwendigkeit und Dringlichkeit von Veränderungen zu steigern, ist es erforderlich, die hinderlichen Quellen der Selbstzufriedenheit versiegen zu lassen oder ihren Einfluss zu minimieren. In diesem Zusammenhang sind folgende Schritte notwendig und hilfreich:

1. Höhere Standards setzen, sowohl für den Planungsprozess als auch für die alltäglichen operativen Geschäfte mit ihren Wechselwirkungen.
2. Interne Maßnahmensysteme, die sich auf falsche Kennzahlen beziehen, müssen verändert werden.
3. Beenden des „Happy Talk" des oberen Managements und statt dessen Informationen über die Unternehmensprobleme durch das jeweilige Informationssystem.
4. Dankbarkeit gegenüber Mitarbeitern zeigen, die in Meetings ehrlich das aussprechen, was sie denken und die bereit dazu sind, sich und andere mit den Problemen zu konfrontieren.
5. Durch das Veröffentlichen von finanziellen Verlusten die eigenen Manager „aufrütteln" und Schwächen gegenüber der Konkurrenz deutlich machen.
6. Offensichtliche Beispiele für Überfluss wie edle Möbel oder Luxus-Kfz müssen abgeschafft werden (auch im oberen Management).
7. Setzen Sie die Ziele für Ertrag, Umsatz, Produktivität und Kundenzufriedenheit so hoch, dass sie mit der bisher üblichen Unternehmensführung nicht erreicht werden können.
8. Informieren Sie vermehrt Ihre Führungskräfte und Mitarbeiter über Kundenzufriedenheit; Reklamationen und finanzielle Ergebnisse des Unternehmens. Dies ist besonders wichtig, wenn Schwächen im Vergleich zur Konkurrenz bestehen.
9. Steigern Sie die Anzahl an externen Leistungs-Feed-backs (Kundenbefragung). Führen Sie ein, dass die Führungskräfte und Mitarbeiter regelmäßig mit unzufriedenen Kunden, Lieferanten und verärgerten Aktionären sprechen können und deren Sichtweisen und Argumente kennenlernen.
10. Nutzen Sie Berater und andere Mittel, um mehr relevante Informationen und aufrichtige und ehrliche Diskussionen in Management-Meetings zu erhalten.

5.2 Verbündete suchen

Kein Change-Management ist von einer Person alleine zu stemmen. Aus diesem Grund ist es zwingend notwendig, genügend „Mitstreiter“ zu haben. Nur wenn eine bestimmte Anzahl an Führungskräften „mitzieht“, hat ein Veränderungsprozess die Chance zu gelingen.

Vertrauen ist eine wichtige Komponente im Teamwork

Eine sehr wichtige Komponente für das Entstehen von Teamwork in einem Führungsteam ist Vertrauen. Denn ohne Vertrauen wird kein Teamwork zustande kommen. Es würden die deplatzierte Rivalität und der unproduktive Kommunikationsmangel bestehen bleiben.

Um Vertrauen wachsen zu lassen, muss eine soziale Beziehung zwischen den Beteiligten entstehen, die Gemeinsamkeiten erkennen lässt und Sympathien fordert. Möglichkeiten hierfür sind z.B. inoffizielle Treffen zu einem gemeinsamen Essen, Wochenendausflüge oder Outdoor-Events.

Dabei soll über die Situation im Unternehmen, die bestehenden Probleme und mögliche Chancen diskutiert werden, damit unterschiedliche Ansichten und Betrachtungsweisen ausgetauscht werden. Parallel dazu entwickeln und verbessern sich die Kommunikationswege zwischen den Beteiligten. Durch die Gespräche und gemeinsame soziale Aktivitäten wie z.B. Bergsteigen oder Segeln werden Vertrauen und Teamgeist gestärkt. Es entsteht ein besseres gegenseitiges Verständnis.

Die Kombination aus Vertrauen und einem gemeinsamen Ziel unter Personen mit den richtigen Eigenschaften und Fähigkeiten kann ein starkes, erfolgreiches Team bilden.

Ein gutes Führungsteam hat Potenzial für Visionen

Dieses Führungsteam soll dann – trotz aller Trägheit und Widerstände in der Organisation – die erforderlichen Entscheidungen treffen, um die Veränderungen zu realisieren. Es wird dann das Potenzial haben, um die notwendige Vision zu entwickeln, sie weitreichend zu kommunizieren und eine Vielzahl von Mitarbeitern dazu bestärken, sich an den Aktionen zu beteiligen. Eine glaubwürdige Führungscrew wird kurzfristige Erfolge ermöglichen, wird die verschiedenen Veränderungsprojekte führen und neue Unternehmenskultur leben.

5.3 Entwicklung einer Vision und klarer Strategien

Eine Vision ist das Bild der Zukunft, das zudem vorbehaltslose Erläuterungen enthält, wieso sich die Mitarbeiter um deren Verwirklichung bemühen sollten. Die Vision hilft, Widerstände zu brechen und die Richtung der Veränderungen auzuzeigen.

Eine gute Vision muss drei wichtige Zielsetzungen beinhalten:

1. Sie legt fest und verdeutlicht, die Hauptrichtung der Veränderung bzw. des übergeordnetes Zieles. Häufig widersprechen sich die Zielrichtungen der Mitarbeiter oder sie fragen sich, ob die Veränderung

überhaupt notwendig sei. Die Unfähigkeit, Entscheidungen zu treffen, kann mit einer Vision verschwinden.
2. Eine Vision motiviert die Belegschaft im Hinblick auf die Richtung der Veränderung. Die richtige Vision erleichtert es den Mitarbeitern, sich an Aktionen für die Veränderung zu beteiligen und zu engagieren, auch wenn sie über das Eigeninteresse hinausgehen. Wenn ein Mitarbeiter die Notwendigkeit der Änderung erkennt, ist er bereit, den eigenen Widerstand zu überwinden und Opfer zu bringen.
3. Die gemeinsame Vision unterstützt die Koordination aller Aktionen der verschiedenen Mitarbeiter auf eine bemerkenswert schnelle und effektive Weise. Durch die auf eine Vision gestützte Koordination lassen sich endlose Meetings verringern und die Kosten der Veränderung senken.

Eine Vision sollte „profan" und einfach sein. Denn für einen erfolgreichen Veränderungsprozess ist die Vision nur ein Element eines großen aufeinander aufbauenden Systems, das auch die Strategie, Pläne und Budgets enthält. Dennoch ist die Vision ein Element von besonderer Bedeutung, weil ohne sie eine clevere Strategie und eine logisch aufgebaute Planung nur selten möglich ist, um eine große Veränderung realisieren zu können.

Veränderungen benötigen mehrLeadership als Management

Erfolgreiche Veränderungen benötigen oftmals mehr Leadership als Management, denn die beste Planung, Organisation und Strukturierung einer Veränderung sind ohne die erforderliche Kommunikation, Motivation, Verständnis und die Befähigung der Mitarbeiter nutzlos. Für das Zusammenspiel der einzelnen Elemente sind Leadership und Management zu differenzieren. Sie sind beide erforderlich und ergänzen sich gegenseitig.

Ob eine Vision bedeutsam klingt oder nicht, ist weniger entscheidend; maßgeblich sind die nachfolgenden sechs Charakteristika, die in einer Vision enthalten sein sollen.

Charakteristika einer Vision

- Vorstellbar: Sie soll ein Bild davon übermitteln, wie die Zukunft aussehen wird.
- Wünschenswert: Sie soll zu den langfristigen Interessen der Mitarbeiter, Kunden, Stakeholdern passen und von allen Beteiligten legitimiert werden.
- Durchführbar: Sie soll realistisch sein und erreichbare Ziele beinhalten.
- Klar: Sie soll eindeutig genug formuliert sein, um als Orientierungshilfe und als Anleitung bei Entscheidungsfindungen dienen zu können.
- Flexibel: Sie soll allgemein formuliert sein, damit Freiräume für individuelle Initiativen und alternative Reaktionen bestehen bleiben, sollten sich Bedingungen verändern.
- Kommunizierbar: Sie soll einfach kommuniziert werden können, sodass sie innerhalb von fünf Minuten erfolgreich erklärt werden kann.

5.4 Kommunizieren der Veränderungsvision

Eine Vision kann nur erfolgreich sein, wenn sie alle beteiligten Personen erreicht, verstanden und gelebt wird. Die angestrebten Ziele müssen gemeinsam verfolgt werden können. Das setzt ein Verständnis für zukünftige Aktivitäten voraus. Mit der Kommunikation der Vision für die Veränderungen lassen sich die Mitarbeiter motivieren. Außerdem ist die Koordination der verschiedenen Aktivitäten leichter und besser aufeinander abgestimmt.

Ursachen für das Fehlschlagen guter Kommunikation sind oft beschränkte intellektuelle Fähigkeiten der Belegschaft in den unteren Ebenen und/oder noch viel mehr ein genereller menschlicher Widerstand gegen Veränderungen. Dieser Widerstand weist auf die grundlegenden Schwierigkeiten eines Veränderungsprozesses.

Die Entwicklung einer Vision erfordert es, von der Führungsmannschaft oft hunderte von Informationen zu sammeln, sie aufzubereiten, über Alternativen nachzudenken und gegebenenfalls Entscheidungen darüber zu treffen.

Eine Vision für die Zukunft zu akzeptieren, kann für den einzelnen Menschen eine emotionale Herausforderung bedeuten und eine Vielzahl von Fragen aufwerfen:

- Was bedeutet die Veränderung für mich, meine Freunde, meine Familie?
- Welche Auswirkungen wird sie auf unsere Abteilung und die Organisation haben?
- Gibt es noch bessere Alternativen?
- Kann ich wirklich alles glauben, was ich gesagt bekomme?
- Kann ich den neuen Anforderungen gerecht werden?
- Muss ich für das Erreichen der Vision persönliche Opfer bringen?
- Versuchen andere auf meine Kosten ihre Position zu verbessern?
- Werde ich benachteiligt?

In der Kommunikation der notwendigen Veränderung ist auf folgende Erfolgsfaktoren zu achten:

Mehr Akzeptanz durch einfache Sprache

- Einfachheit: Alle Fremdwörter, Fachbegriffe und Jargon weglassen. Denn dies ist nicht notwendig, um die Vision deutlich zu machen. Mit einfachen Worten entstehen keine Missverständnisse. Ferner wird durch eine einfache Sprache mehr Akzeptanz erzielt werden.
- Metaphern, Beispiele, Analogien: Denn verbale Bilder bzw. bildhafte Sprache können mehr sagen als tausend Worte. Ziel ist es, eine Nachricht mit möglichst wenigen Worten zusammenzufassen, die Aufmerksamkeit der Mitarbeiter zu bekommen und die Vision in ihr Gedächtnis zu bringen.
- Verschiedene und viele Foren verwenden: Zum Beispiel große und kleine Meetings nutzen, um immer wieder auf die Veränderungen

hinzuweisen. Formale und informale Interaktionen helfen, die Vision zu verbreiten.

- Die Kommunikation wirkt auf intellektueller wie auch auf emotionaler Ebene. Wird ein Mensch auf diesen verschiedenen Ebenen angesprochen, wird die Botschaft besser aufgenommen, mit eigenen Ideen verknüpft und besser in Erinnerung behalten.
- Wiederholung: Ideen werden nachhaltig im Gedächtnis aufgenommen, wenn sie mehrmals gehört und reflektiert wurden. Nur sehr selten erreichen einmalige Nachrichten das Bewusstsein von den Empfängern. Besonders dadurch, dass die Belegschaft stets mit vielfältigen Informationen bombardiert wird, können Nachrichten über Visionen schnell untergehen oder an Bedeutung verlieren. Stetige Wiederholungen sind daher sinnvoll für einen effektiven Informationstransfer.
- Beispielhafte Führung: Das stärkste Mittel, um eine neue Richtung zu kommunizieren, ist ein durchgängiges und vorbildhaftes Verhalten. Das Management wird daran gemessen, ob sie auch das tun, wovon sie reden - „walk what you talk" - ist die Devise.

Vorbildhaftes Verhalten im Management ist ein starkes Mittel

- Treten Widersprüche zwischen dem Verhalten des Managements und der Vision des Unternehmens auf, wird die Glaubwürdigkeit jeglicher Kommunikation in Frage gestellt. Damit ist die erfolgreiche Umsetzung einer Vision unmöglich. Statt dessen muss das Management die Belegschaft mit einfachen und ehrlichen Nachrichten informieren. Nicht direkt einsichtiges Verhalten ist zu erklären, damit Hintergründe und Notwendigkeit für die Mitarbeiter deutlich werden. Mit einer solchen Aufrichtigkeit kann Glaubwürdigkeit und Vertrauen gewonnen werden.
- Geben und Nehmen: Eine Kommunikation in zwei Richtungen ist immer besser als nur in eine Richtung. Durch einseitige Information kann die schwierige Aufgabe der Veränderungskommunikation keinen Erfolg haben. Wird das so wichtige und nützliche Feed-back der Mitarbeiter ignoriert, werden sie sich unwichtig fühlen und ihr Engagement entsprechend einschränken. Um erfolgreiche Veränderungsanstrengungen zu erreichen, muss ein Unternehmen immer bestrebt sein zu reden und auch zuzuhören. Hierarchisch betrachtet, geschieht das von oben nach unten und umgekehrt. So entstehen Diskussionen und Dialoge, mit deren Hilfe die Fragen der Mitarbeiter beantwortet werden können und Informationen an die Führungsriege fließt.

Feed-back der Mitarbeiter nicht ignorieren

5.5 Empowerment der Mitarbeiter zur Überwindung von Widerständen

Häufig verstehen die Mitarbeiter die Vision und wollen sie in die Realität umsetzen, jedoch werden sie dabei von verschiedenen Seiten behindert. Die vier wichtigsten Barrieren, die überwunden werden müssen, sind:

1. Formale Strukturen verzögern das Handeln oder machen es schwierig.
2. Verschiedene Defizite an Kompetenzen und Berechtigungen unterlaufen die Aktion.
3. Das Personalsystem und die Kennzahlen, an denen die Mitarbeiter gemessen werden, machen es schwierig zu handeln.
4. Vorgesetzte lehnen Aktionen ab, die auf die Umsetzung der neuen Vision gerichtet sind und entmutigen dadurch die Belegschaft.

Diese Barrieren stoppen viele Mitarbeiter, die notwendigen Veränderungen zu realisierten. Zahlreiche Schwierigkeiten müssen von jedem einzelnen Mitarbeiter bewältigt werden, dann dürfen nicht noch „hausgemachte" Barrieren entstehen.

Im Zuge von großen Veränderungen und Neuerungen muss ein ausreichendes Training zum richtigen Zeitpunkt und in geeignetem Umfang angeboten werden. Die Mitarbeiter müssen nicht nur den technischen Anforderungen gewachsen sein, sondern sie müssen auch soziale Fähigkeiten und soziales Verhalten erlernen, um die Veränderungen innerlich zu verarbeiten und die neuen Ziele erreichen zu können.

Die über Jahre und Jahrzehnte erworbenen Kenntnisse und angeeigneten Gewohnheiten können nicht innerhalb weniger Tage oder in kurzen Meetings oder mit Verlautbarungen verbessert bzw. abgelegt werden.

Es ist grundsätzlich und präzise festzulegen, welches Verhalten, welche Fähigkeiten und welche Einstellungen erforderlich sind, um Veränderungen zu initiieren. Die Organisation kann sich nur entwickeln, wenn die Menschen in ihr genau über das erforderliche Wissen und Verhalten verfügen, was benötigt wird.

Auch wenn es zunächst nach hohen Investitionen aussieht, die Belegschaft umfassend weiterzubilden und zu entwickeln, sind es erforderliche Grundlagen, die erfüllt sein müssen, damit die Implementierung der Vision und die Umsetzung der Strategien für die Veränderung erreichbar werden.

In der persönlichen Weiterentwicklung der Belegschaft müssen ferner die Interessen der Mitarbeiter vertreten sein. Arbeitnehmer, die weitergebildet werden, ohne dass sie hinter den Lernzielen stehen, sind unmotiviert und verlassen nicht selten danach das Unternehmen und gehen dann gut ausgebildet in andere Unternehmen.

Fehler im Human Ressources System

Fehler im Human Ressources System, die nicht mit der „neuen" Vision in Einklang stehen, sind:

1. Die Leistungsbewertungen haben nichts mit Kernaussagen der Vision zu tun.
2. Entscheidungen basieren eher auf Fehlervermeidungen als auf der nützlichen Erfolgsplanung hinsichtlich der Vision und der Veränderungen.

3. Protegierende Entscheidungen werden aufgrund politschem Populismus getroffen und stehen in keinem Zusammenhang mit den Veränderungsbemühungen.
4. Rekrutierungs- und Einstellungssysteme sind oft Jahrzehnte alt und unterstützen die Veränderung nur geringfügig.
5. Die Anpassung des Management-Informations-Systems an die Anforderungen der Veränderungen fehlen oft; beispielsweise wenn Informationen über den strategischen Planungsprozess nicht enthalten sind.

5.6 Sichern von kurzfristigen Erfolgen

Kurzfristige Ziele und deren Zielerreichungsgrad müssen erkennbar sein und über das Informationssystem des Unternehmens kommuniziert werden. Damit lassen sich skeptische Mitarbeiter von dem richtigen Kurs der Veränderung überzeugen und die Motivation wird aufrecht erhalten.

Die Zielsetzung von kurzfristigen Erfolgen während eines Veränderungsvorganges steigert den Druck auf die Mitarbeiter. Manchmal erscheinen die zusätzlichen Anforderungen unpassend, denn alle Mitarbeiter sind der Meinung ausgelastet zu sein. Kurzfristiger Druck kann positiv dazu beitragen, den Notwendigkeitsgrad und die Dringlichkeit zu erhöhen. Damit kann ein Nachlassen der Bemühungen der Mitarbeiter verhindert werden. Sobald der Notwendigkeitsgrad nachlässt, wird alles, was mit der Veränderung zusammenhängt, als schwierig und weniger erreichbar empfunden.

Selbstverständlich kann es auch vorkommen, dass auf die Mitarbeiter zu viel Druck ausgeübt wird, wodurch die Dringlichkeit keineswegs steigt, sondern Stress ausgelöst wird und Erschöpfung und Widerstand auftreten.

In erfolgreichen Veränderungsprozessen erzeugen die Vorgesetzten den Druck für Dringlichkeit und Notwendigkeit durch permanentes Hinweisen auf die Vision und auf die Strategien. Die Mitarbeiter sollen dazu angespornt werden, die kurzfristigen Erfolge aus definierten Gründen - wie z.B. drohenden Kundenverlust - zu erreichen.

Vorteile, erste Erfolge zu kommunizieren

Wenn große und umfassende Veränderungen bewältigt werden müssen, ist es motivierend, wenn kleine Schritte und erste Erfolge schnell und immer wieder sicht- und erlebbar werden.

Vorteile der Kommunikation von kurzfristigen Erfolgen:
1. Sie beweisen, dass die Opfer für die Veränderungen es wert sind. Somit helfen kurzfristige Erfolge die notwendigen Bemühungen zu verstärken und Einschränkungen in Kauf zu nehmen.
2. Nach harter Arbeit dient positives Feed-back belohnend und steigert sowohl die Moral als auch die Motivation. Zudem können die „Zug-

pferde" der Veränderung die kurzfristigen Erfolge genießen und einen Moment reflektieren und entspannen.
3. Ferner liefern schnelle Erfolge der Führungscrew konkrete Informationen über die Erreichbarkeit der Ziele und Ideen und helfen damit, die Strategien zu optimieren.
4. Sie vermindern den Widerstand skeptischer Mitarbeiter. Denn eindeutige Verbesserungen machen es Mitarbeitern schwer, die notwendige Veränderung zu behindern.
5. Kurzfristige Erfolge verdeutlichen und beweisen den höheren hierarchischen Ebenen, dass sich die Veränderung auf dem richtigen Weg befindet.
6. Die schnellen Erfolge können aus neutralen unterstützende Mitarbeiter und aus unbeteiligten aktive Mitarbeiter machen.

Die Eigenschaften eines guten kurzfristigen Erfolges sind:
- Er ist sichtbar für eine große Anzahl an Mitarbeitern.
- Er ist eindeutig, auch ohne zusätzliche Argumentation.
- Er steht klar im Zusammenhang mit den Veränderungsaktionen und Veränderungsmaßnahmen.

5.7 Vorteile absichern und weiter die Veränderungen treiben

Nachdem einige kurzfristige Erfolge erzielt wurden, darf vom oberen Management nicht der Eindruck vermittelt werden, dass die Veränderung oder Restrukturierung erfolgreich abgeschlossen ist. Alles was erreicht wurde, muss beibehalten werden und die weiteren Veränderungsschritte müssen fortgesetzt werden.

Richtung der Veränderung weiterverfolgen

Wird die eingeschlagene Richtung der Veränderung nicht weiter verfolgt und forciert, kommen dutzende Initiativen und Projekte nur noch langsam voran oder werden gar zum Stillstand kommen. Weitere Ziele werden hinausgeschoben oder nur noch „mit gebremster Kraft" verfolgt.

Die Umsetzung von Veränderungen in einer Organisation erfordert die Hilfe und die Unterstützung von vielen Personen. Meistens nehmen die ersten Schritte von Veränderungen überraschend viel Zeit und Energie in Anspruch. Deswegen ist es ratsam, die Veränderung in einer Serie von Projekten zu unterteilen.

Große Leistungsverbesserungen können oft erst nach Hälfte der Umsetzung von Verbesserungen beobachtet werden. Manche Mitarbeiter sind oftmals ungeduldig und wollen ihr Engagement reduzieren und ihre Mitarbeit beenden. Dann muss es der Führungsmannschaft mit Kommunikation und Glaubwürdigkeit gelingen, die Mitarbeiter durch das Aufzeigen der kurzfristigen Erfolge wieder aktiv in die Projekte einzubinden. Nur so können die sich anschließenden Aufgaben bewältigt werden.

Mitarbeiter aktiv in Projekte einbinden

Wurde eine Restrukturierung wegen der Widerstände zu Beginn der Veränderung vermieden, kann nun mit den größeren und umfassenderen Projekten begonnen werden. Danach kann eine komplette Überarbeitung der strategischen Planung und der Prozesse angesetzt werden.

Um die strategische Planung zu restrukturieren und verändern zu können, müssen die bereits grob konzipierten Trainingsprogramme geändert, das Informationssystem modifiziert, der Personaleinsatz optimiert und ein neues Leistungsbewertungssystem eingeführt werden.

Personen, die in Managerpositionen hineingewachsen sind, können sich oft nicht vorstellen wie zehn, zwanzig oder noch mehr Veränderungsprojekte zeitgleich arbeiten können. Aber genau das ist es, was bei großen Veränderungen und Transformationen passiert und auch passieren muss. Ein Manager alleine könnte diese Menge an Aufgaben keineswegs bewältigen, er verfügt nicht über das notwendige Detailwissen und würde den Überblick verlieren.

Change-Projekte werden vom oberen Management an Projektverantwortliche vergeben

Deshalb werden die Change-Projekte vom oberen Management jeweils an weitere Projektverantwortliche vergeben, die als untergeordnete Instanz das Management wie auch Leadership für ihr Projekt übernehmen. Firmen, die diese Vielzahl an Projekten durch eine oder wenige Personen realisieren wollen, werden nach wie vor scheitern. Das Fehlschlagen dieser Firmen lässt sich aus zwei Zusammenhängen erklären:

1. Das Management will die ca. zwanzig komplexen Veränderungsprojekte – wie gewöhnlich – zentralisieren und die Führung einigen wenigen Senior-Managern überlassen. Wenn diese versuchen, in alle Details miteinbezogen zu werden, was oft der Fall ist, wird sich der gesamte Prozess bis zum Schneckentempo verlangsamen.
2. Ohne die Führungsvision und ohne die Ausrichtung, die durch Leadership hervorgebracht werden können, werden die Mitarbeiter in den einzelnen Projektgruppen zahllose Stunden damit verschwenden, ihre Arbeit zu koordinieren, um nicht permanent auf der Stelle zu treten.

Gleichzeitig bis zu zwanzig Veränderungsprojekte zu durchlaufen, ist möglich wenn:

- sich die hochrangigen Vorgesetzten (Senior-Manager) hauptsächlich auf die ganzheitlichen Aufgaben des Leadership konzentrieren und
- die Senior-Manager die Verantwortung für das Management delegieren und mehr Details des Leadership so weit wie möglich nach unten in die Organisation integrieren,
- die Leadership durch die Senior-Manager delegiert wurden, damit die Mitarbeiter ihre Aufgaben und Aktivitäten selbst koordinieren und bewältigen können.

Senior-Manager delegieren die Verantwortung für das Management

5.8 Verankern der neuen Ansätze und Maßnahmen in der Unternehmenskultur

Oftmals werden nach dem Abschluss der Veränderung nur die erfolgreiche Umsetzung und die erzielten Resultate gesehen. Nicht bemerkt wird, dass die Veränderung durch die eigene Unternehmenskultur gefährdet sein kann.

Rückschläge werden oft ignoriert

Häufig sind die Erfolge und die guten Ergebnisse nur von kurzer Dauer, plötzlich nehmen die rückläufigen Entwicklungen zu, ohne dass besondere Umstände diese Auswirkungen ausgelöst hätten. Derartige Rückschläge werden gerne nicht bemerkt und daher oft ignoriert.

Konflikt zwischen Veränderung und Unternehmenskultur

Die implementierten Veränderungen werden durch die bestehende Unternehmenskultur gebremst oder gar eliminiert. Alle Anstrengungen, die unternommen wurden, werden langfristig fruchtlos. Grund hierfür kann beispielsweise eine unbewusste Norm sein, die mit der Veränderung unvereinbar ist. Der Konflikt zwischen der Veränderung und der Unternehmenskultur kann manchmal erst nach Jahren sichtbar werden, auch wenn er von Beginn an nicht vorhanden war.

In vielen Veränderungen ist der Kern der alten Kultur mit der neuen Vision kompatibel, auch wenn es Neuerungen gab. In diesen Fällen ist es eine Herausforderung, die Neuerungen in die alte Kultur zu integrieren und parallel die ungeeigneten Teile zu beseitigen.

Dennoch darf die bewährte Unternehmenspraxis nicht abgewertet und als überflüssig bezeichnet werden. Vielmehr muss die Notwendigkeit von neuen Verhaltensweisen, die mit der Unternehmenskultur und der neuen Vision kompatibel sind, verdeutlicht werden.

Sind beispielsweise Gründe für die notwendige Veränderung erstarkende Konkurrenten, kürzere Lebenszyklen von Produkten, Marktveränderungen oder sinkender Umsatz, dann müssen entsprechende Aspekte in der Unternehmenskultur genannt und gefördert werden.

Neue Werte in der Unternehmenskultur verankern

Neue Werte, Normen, Ansätze und Praktiken in einer Unternehmenskultur zu verankern ist schwer genug, wenn die Methoden mit dem Kern der Kultur übereinstimmen. Die Herausforderung wird aber noch größer, wenn dies nicht der Fall ist. Ein Unternehmen, das keine Risiken eingeht und dessen gemeinsame Normen und Werte sehr konservativ sind, soll sich durch ein neues Management-Team einer Veränderung unterziehen und risikobereite Praktiken sollen eingeführt werden.

- Nach der Implementierung von Änderungen müssen Zusammenhänge zwischen der Leistungssteigerung und der neuen Praktiken aufgezeigt und hervorgehoben werden.
- Die Verdienste der alten Kultur sind zu würdigen und es ist zu begründen, warum sie zukünftig nicht mehr helfen kann.
- Bei Neueinstellungen muss sichergestellt sein, dass nicht nach Kriterien für die alte Kultur entschieden wird. Die neuen Normen und Werte sind zu berücksichtigten.

- Das Ändern der Kultur kann auch das Verändern des Personals bedeuten.
- Es müssen Beförderungen von Mitabeitern vermieden werden, die sich der neuen Kultur nicht vollständig anpassen. Ebenso müssen das Beförderungssystem und alle anderen Führungsinstrumente entsprechend verändert werden.

Neue Normen berücksichtigen

Auch wenn es keine personelle Unvereinbarkeit mit der neuen Kultur und Vision gibt, wenn die geteilten gemeinsamen Normen und Werte ein Produkt von Erfahrungen in einem Unternehmen über Jahre hinweg sind, werden oft Jahre benötigt, um andere bzw. neue Erfahrungen zu sammeln damit eine Veränderung erreicht werden kann.

Das ist auch der Grund dafür, warum die Veränderung der Kultur immer am Ende einer Transformation steht und nicht an ihrem Anfang. Da das größte Hindernis bei Veränderungen in einer Gruppe von Mitarbeitern die Unternehmenskultur ist, war man lange davon überzeugt, die Unternehmenskultur zu Beginn des Veränderungsprozesses zu ändern. Aber das ist unmöglich, weil die Kultur nur sehr schwer zu beeinflussen ist. Weil die Kultur so wenig greifbar ist, kann sie auch nicht schnell und nicht einfach bewegt werden.

Die Unternehmenskultur ist nur schwer zu beeinflussen

Die Kultur ändert sich erst,

- wenn das Handeln der Mitarbeiter erfolgreich geändert worden ist,
- nachdem das neue Verhalten der Belegschaft die Kultur über einen längeren Zeitraum hinweg unterstützt,
- nachdem sich neue Normen und Werte entwickelt haben und
- nachdem die Mitarbeiter den Zusammenhang zwischen den Neuerungen und den Leistungssteigerungen sehen.

Deshalb vollzieht sich die größte Veränderung der Kultur in der achten Phase am Ende des Veränderungsprozesses und nicht an seinem Anfang.

6 Unternehmenskultur/ Organisationskultur

Begriffliches Umfeld

In der Praxis werden häufig die Begriffe Unternehmenskultur, Unternehmensleitbild, Betriebsklima, Corporate Culture und Organisationsklima für gleiche oder ähnliche Sachverhalte benutzt. Die folgenden Überlegungen beziehen sich auf die Unternehmens- und Organisationskultur im engeren Sinne. Im Anschluss an diese Ausführungen wird ein Ausblick auf Unternehmensleitbild bzw. Unternehmensverfassung gegeben.

6.1 Bewusstseinsentwicklung zur „Unternehmenskultur/Organisationskultur“

Ausgangspunkt bei Max Weber: Sinngehalt einer Organisation

Max Weber beschrieb zu Beginn des 20. Jahrhunderts in seinem idealtypischen Bild der bürokratischen Organisation nicht nur die formalen Merkmale wie Kompetenzprofile, Kommunikationsstile und Organisationsformen. Er weist ebenso auf den Sinngehalt einer Organisation hin, die die einzelnen Merkmale zusammenhält. Heute sind diese Organisations- und Denkmodelle um die Erkenntnisse der Wirkung von Kräftefeldern, Umwelteinflüssen und kybernetischen Regelungen ergänzt worden.

Beobachtung kultureller Unterschiede

Seit ca. 40 Jahren fielen beim Effizienzvergleich von Unternehmen in verschiedenen Nationen gravierende Unterschiede auf. Es wurden soziokulturelle Unterschiede, wie sie z.B. beim Vergleich von japanischen und US-amerikanischen Firmen festgestellt wurden, identifiziert. Diese Unterschiede lassen sich jedoch nicht als einzelner Faktor, nämlich als Unternehmenskultur, festschreiben. Die Aspekte der Unternehmenskultur, die zum Erfolg des Unternehmens beitragen, können nicht losgelöst von den sonstigen kulturellen Bedingungen betrachtet werden. Besonders relevante und sinnstiftende Normen, die in Japan zum Erfolg führen, würden in den USA oder Europa vielleicht das größte Chaos im Sozialgefüge auslösen.

Hinzunahme von Systemtheorie und Gruppenprozessen

In den 80er-Jahren des letzten Jahrhunderts wurde durch Ergebnisse der Sozialpsychologie und der Managementforschung das Interesse an Organisationskultur immer größer. Erkenntnisse über Systemtheorie und über das komplexe Zusammenspiel von sozialen Faktoren in Gruppen ergänzten die Fokussierung auf Gruppenprozesse.

Bedeutung der Kommunikation

Auch das weite Feld der Kommunikation hat viele Einflussgrößen auf Aspekte einer Organisation mit ihren Abläufen, Rollen und Interaktionen. Es ist die Vereinfachung der Komplexität von Sachverhalten, die in der Kommunikation, einem linearen Prozess, dargestellt werden. Die Kommunikationsstörungen, die durch unterschiedliche Professionen,

Hierarchien oder Rollen entstehen, sind ebenfalls Gegenstand vieler Forschungsberichte und Praxiserfahrungen aus der Management-Entwicklung.

Gleichzeitig waren Organisationen gezwungen, sich mit den Änderungen gesellschaftlicher Werte wie Pflichtbewusstsein, Pünktlichkeit, Individualismus usw. auseinander zu setzen.

ES WURDE IMMER DEUTLICHER, DASS SOZIALE BEZIEHUNGEN IN UNTERNEHMEN EINEN ENTSCHEIDENDEN ERFOLGSFAKTOR DARSTELLEN.

Aus dieser Erkenntnis heraus begann die Suche nach den Einflussmöglichkeiten und Stellschrauben an der Unternehmenskultur.

Erfahrungen in der Vergangenheit spielen in den beruflichen Alltag hinein

Immer mehr wurde deutlich, wie stark die Vergangenheit mit ihren erlebten Erfahrungen (wie heldenhafte Chefs, die Hölle durch schwere Unternehmenskrisen oder die Pflege von Ritualen) in das alltägliche Berufsleben hineinspielt und eine Rolle spielt. Auch Tabus oder heilige Kühe, die keineswegs angetastet werden dürfen, bestimmen die Geschicke in einer Organisation. Vergleiche mit Normen und Regeln in ursprünglich lebenden Stämmen werden angestellt und teilweise wiederum stark kritisiert.

Blickrichtung auf humane Modelle

Auch durch die Frustration über die eingeschränkten Wirkungsweisen anderer Managementmethoden wurde das Augenmerk weg von Management-Techniken hin auf humane Modelle gerichtet. Im Verlauf der Zeit lassen sich Modewellen beobachten, die einmal die technokratischen und dann wieder die humanen oder sozialen Handlungsweisen in der Führung favorisieren.

Bis heute haben sich zwei Grundansätze in der Betrachtung der Unternehmenskultur herausgebildet:

Heutiger Stand: Zwei Grundansätze zur Unternehmenskultur

- Im funktionalen Ansatz wird die Unternehmenskultur als eine Variable aller Instrumente zur Steuerung des Unternehmens angesehen.
- Im interpretativen Ansatz hingegen wird davon ausgegangen, dass die Kultur ein Konstrukt ist, das in den Köpfen der Mitglieder existiert und sich daher einer direkten Steuerung widersetzt. Bei diesem theoretischen Ansatz sind bewusste Änderungen der Kultur nicht vorgesehen, da sich die Kultur von innen heraus selbst verändert.

In vielen Unternehmen wird ein Mix beider Ansätze angewandt.

6.2 Definition und Gegenstand der Unternehmenskultur

Bei wissenschaftlichen Untersuchungen von Unternehmen, die trotz Krisen sehr gute Erfolge aufweisen konnten, ließ sich feststellen, dass die Unternehmenskultur ein wichtiger Aspekt war, der den Menschen geholfen hat, problematische Situationen gut zu bewältigen. Es kann also

Unternehmenskultur beeinflusst nachweislich Erfolge

nicht genug betont werden, dass neben allen Management-Tools und Führungsinstrumenten auch die sehr schwer fassbare Unternehmenskultur eine schwierig zu steuernde wie auch sehr effektive Größe ist.

Es gab eine Vielzahl von Versuchen, die Unternehmenskultur begreifbar zu machen. In vielen Definitionen finden sich ähnliche oder gleiche Aspekte. Als allgemeine Definition kann folgende Beschreibung gelten:

Definition von Unternehmenskultur

> Mit Unternehmenskultur wird die Summe aller Werte, Normen und Einstellungen verstanden, die die Unternehmensmitglieder im Laufe der Zeit bewusst oder unbewusst entwickelt haben, um die Zusammenarbeit, den Zusammenhalt und den Zweck des Unternehmens zu erreichen.

Äußerung der Unternehmenskultur in Bewusstseinsebenen

Unternehmenskultur äußert sich auf verschiedenen Bewusstseinsebenen

- Die bewusste und sichtbare Ebene beschreibt das „Was" und das „Wie" in einem Unternehmen. Sie zeigt sich offen im Logo, im Corporate Design, in den Unternehmens- und Führungsrichtlinien, in der Nutzung von Technik, im Einsatz von Kunst, im Durchführen von Betriebsfesten und -feiern, im „Katalog" der Belohnungen etc.
- Die nächste Ebene erschließt sich nicht mehr direkt und offen. Es ist das „Warum" oder das „Wozu". Dahinter verbergen sich Werte, Normen, Regeln, Historie. Häufig werden hier nur die erwünschten Werte wiedergegeben. Tabus und „heilige Kühe" bleiben im Verborgenen und erschließen sich kaum verbal.
- In der dritten Ebene können die verborgenen und unbewussten Grundannahmen oder Glaubenssätze zusammengefasst werden. Hinter diesen Grundannahmen verbergen sich komplette Weltbilder, die Antwort geben auf die Überzeugung, was und wie der Mensch sei, was die Mitmenschen sind und wie alles in der Welt zusammenhängt. Diese nicht bewusst reflektierten Grundannahmen bestimmen auf subtile Art das Denken, Fühlen und Handeln.

Unbewusste Grundüberzeugungen prägen Entscheidungen und führen bis zur Betriebsblindheit

Gerade die nicht reflektierten und unbewussten Grundüberzeugungen bestimmen in einem erheblichen Ausmaß das alltägliche Berufsleben in einem Unternehmen. Die Wahrnehmung wird durch diese Grundannahmen gefärbt, ohne dass dies bewusst ist. Ferner werden Entscheidungen getroffen, in die sich versteckt diese Glaubenssätze einschleichen. Bei den in der dritten Ebene beschriebenen Grundannahmen besteht die Schwierigkeit darin, dass sie die Wahrnehmung und die Handlungsalternativen einengen, ohne dass dies den Betreffenden auch nur ansatzweise bewusst ist.

Im weitesten Sinne ist dies die Betriebsblindheit, die sich im Laufe der Zeit einstellt.

Weiterhin anzutreffen: Ethische Elemente in Leitsätzen

Gelegentlich werden auch die zu Grunde liegenden Werte in einem Ethik-Management-Instrument zusammengefasst. Obwohl sich der Begriff „Ethik" im Wirtschaftsleben keiner allzu großen Beliebtheit erfreut, sind in einigen wenigen Unternehmensleitlinien ethische Begriffe aufgenommen worden.

Es kann ein Ethik-Kodex erstellt sein, ein Ethik-Komitee in Konzern oder Unternehmen arbeiten, ethische Kriterien im Personalmanagement existieren oder sogar ein Ethik-Management-System (ähnlich wie ein Umwelt-Management-System) implementiert sein. Gute Ansätze gibt es viele. Die Realität jedoch sieht in der Praxis meistens weniger gut aus. Die liegt jedoch auch daran, dass die Formulierungen in den Kulturleitfäden oder Leitlinien abstrakt sind und die Auslegung individuell nach eigenem Gutdünken ausfällt.

Wo liegt nun der Nutzen der Unternehmenskultur für das Unternehmensergebnis? Je größer ein Unternehmen ist, je komplexer die Organisation ist, je mehr Rollen die Mitglieder einnehmen, umso schwieriger wird es, diese Organisation direkt zu steuern.

Unmittelbarer Nutzen von Unternehmenskultur: Handlungsrichtlinie

> IN UNÜBERSICHTLICHEN ORGANISATIONEN UND SITUATIONEN SIND WERTE, NORMEN UND DEFINIERTE VERHALTENSWEISEN WICHTIG, UM MIT DER UNSICHERHEIT UMGEHEN ZU KÖNNEN.

Eine Gruppe, die über einen Konsens über „Richtig" und „Falsch" verfügt, kann auch in Problemsituationen und bei besonderen Herausforderungen besser „klarkommen" als eine Gruppe, die über keinen Konsens verfügt.

Aktuell wird als weiterer Nutzen Krisenfestigkeit genannt - was aber zweifelhaft ist!

In den letzten Jahren wurde dieser offensichtliche Vorteil einer gut verankerten Unternehmenskultur als Hilfe bei wirtschaftlichen Schwierigkeiten propagiert. Gleichzeitig warnen Forscher vor der „Blauäugigkeit" dieses Denkens.

Sicherlich kann auch ein Unternehmen in der internen Zusammenarbeit sehr gut sein und dennoch große Probleme am Markt haben. Hier liegt ein wichtiger Punkt, der in vielen Veröffentlichungen und Diskussionen häufig vernachlässigt wird. Wenn die Unternehmenskultur einen Zusammenhang mit den Umfeldbedingungen beinhaltet, kann sie dem Management hilfreich sein. Fehlt diese Orientierung jedoch und dreht sich die Kultur nur um den Betrieb selbst, dann kann davon ausgegangen werden, dass die Wirkung auf das Wirtschaftliche entweder fehlt oder sogar auf schädliche Weise vernachlässigt wird. Wenn sich die Belegschaft wohl fühlt und im Konsens miteinander lebt, muss dass nicht wirtschaftlichen Erfolg zur Folge haben.

6.3 Grundlagen zur Veränderung der Unternehmenskultur

In einem Veränderungsprozess einer Organisation wird sich maßgeblich auch die Kultur mit ändern müssen. Gleichzeitig stellt sich die Frage, wie die Kultur genutzt werden kann, um das Change-Management zu unterstützen.

Werte einer Kultur manifestieren sich langfristig und sind auch nur längerfristig änderbar

Zunächst ist festzuhalten, dass sich eine Unternehmenskultur ständig ändert, auch wenn sie auf Hochglanzpapier in Form einer Unternehmensverfassung gedruckt oder gar in Stein gemeißelt im Eingangsbereich eines Unternehmens steht. Erst durch die im Laufe der Zeit gemeinsam erlebten Erfolge oder auch Misserfolge manifestieren sich die Werte einer Kultur. In der Forschung wird davon ausgegangen, dass sich eine relative stabile Kultur innerhalb von 30 Jahren herausbildet und die Veränderung der Kultur ca. sieben Jahre benötigt.

Da die Kultur dazu führt, dass sie eine Wahrnehmungsbrille schafft, durch die die Mitglieder nun gemeinsam die Welt sehen, ergibt sich eine gewisse Stabilität und Immunität der Werte gegen Korrekturen ihrer selbst. Je stärker die Werte definiert sind, umso schwieriger werden Veränderungen. Sind in den Werten jedoch Freiräume, Toleranz und Wandelbarkeit vorhanden, so lassen sich die Werte und damit die Kultur schneller ändern.

Es kommt also darauf an, dass in einer guten Unternehmenskultur so viele stabile Werte vorhanden sind, damit eine Verlässlichkeit entsteht und parallel dazu so viel Wandel als Wert vorhanden ist, um auch in sich wandelnden Zeiten Leitlinien zu haben.

DIE UNTERNEHMENSKULTUR MUSS ALSO SOWOHL STABIL ALS AUCH FLEXIBEL SEIN.

Da die Arbeitnehmer im Unternehmen nur einen Teil ihres Lebens und auch nicht alle Rollen, die sie einnehmen (Eltern, Vereinsaktivitäten etc.), im Betrieb leben, ist die Verinnerlichung der Unternehmenskulturnormen nicht so tief greifend und sie können daher auch schneller verändert werden als die Verhaltensnormen einer Jahrzehnte andauernden Rolle.

Auch wenn Werte der Unternehmenskultur leichter veränderbar sind als andere, kann Veränderung zu Widerstand führen

Die enthaltenen Werte einer Unternehmenskultur dienen der Verringerung von Orientierungslosigkeit und Angst und helfen, komplexe Situationen zu klassifizieren. Bei Entscheidungen geben sie Sicherheit, welche Kriterien als richtig und falsch bewertet werden.

DAHER STELLT EINE VERÄNDERUNG DER UNTERNEHMENS- UND ORGANISATIONSKULTUR AUCH EINE QUELLE DER VERUNSICHERUNG DAR, SODASS STETS MIT WIDERSTAND GEGEN DIE KULTURVERÄNDERUNG GERECHNET WERDEN MUSS.

Ein **geeigneter Zeitpunkt** von Reflexion und Wandel einer Unternehmenskultur zu finden, hängt von der erforderlichen Notwendigkeit einer Änderung statt. Bei Betriebszusammenlegungen fallen kulturelle Veränderungen zeitlich mit den Firmenzusammenschlüssen zusammen. Die Reflexion einer bestehenden Kultur in einem Unternehmen, das nicht von Change-Maßnahmen betroffen ist, wird meistens begonnen, wenn deutlich wird, dass sich die gelebte Kultur von der „festgelegten“ oder erwünschten Unternehmenskultur erheblich entfernt hat. Dann besteht dringender Handlungsbedarf, weil die Glaubwürdigkeit der Kultur und des Managements sukzessive schwindet.

Abgesehen von Fusionen wird ein Kulturwandel eingeleitet, wenn eine große Kluft entstanden ist

DIE IN VIELEN MANAGEMENT- ODER FÜHRUNGSRATGEBERN PROPAGIERTE KONTINUIERLICHE ÜBERPRÜFUNG UND PFLEGE DER UNTERNEHMENSKULTUR FINDET SICH IM REALEN WIRTSCHAFTSALLTAG NUR SELTEN.

Das Erstellen eines Leitbildes oder Kulturkompasses kann auch ein Lippenbekenntnis der oberen Führungsebene sein, die mit dem Projektauftrag zu einer Optimierung der Unternehmenskultur die Widersacher und Kritiker „in Schach halten“ möchte. Letztendlich zeigt sich bei der Umsetzung der Unternehmenskulturaspekte, in welchem Ausmaß die Geschäftsleitung Ernst macht und sich beteiligt bzw. sich selbst auch den Werten und Normen unterwirft.

Man trifft in der Praxis auch Pseudoaktivitäten an

Die Unternehmens- und Organisationskultur ist sowohl ein sich immer wieder selbst steuernder Prozess, der die enthaltenen Inhalte durch Erfolge verstärkt und sich nach nicht steuerbaren Regeln selbst verändert. Gleichzeitig ist die Kultur ein Konstrukt, das von Menschen mehr oder weniger bewusst öffentlich gemacht und gelebt wird. Seine abstrakte Form erlaubt große Interpretationsmöglichkeiten und damit auch große Missverständnisse. Und nicht zuletzt ist die Unternehmens- und Organisationskultur ein Kontrakt, dem die Mitglieder sich mehr oder weniger verpflichtet fühlen.

Abschließende Charakterisierung

6.3.1 Ungeplante Veränderungen der Unternehmenskultur

Nicht gezielt vorgenommene Änderungen der Unternehmenskultur betreffen meisten die zweite und dritte Ebene der Bewusstseinsebenen. Schleichende Veränderungen innerhalb der Gesellschaft, der Branche oder des Wirtschaftslebens bringen langsame und ebenso schleichende Veränderungen in die Unternehmenskultur ein. Gelegentlich treten bestimmte Verhaltensweisen in einem Unternehmen häufiger auf, wie beispielsweise Mobbing, weil die gesellschaftlichen Normen des Umgangs miteinander sich verändern. Wird dann nicht durch das Management entsprechend professionell darauf reagiert, dann kann es sein, dass sich, aus der Reaktion darauf, neue Werte im Unternehmen als Gegenposition bilden.

Ungeplante Veränderungen sind meist schleichende Änderungen auf Grund äußerer Umstände

Bei Fusionen können sich aufeinander prallende Kulturen verselbstständigen

Ähnliches wird beobachtet, wenn Unternehmen von anderen Unternehmen übernommen werden. Das Aufeinanderprallen verschiedener Kulturen und das nicht entsprechend vorbereitete Eingehen auf den Kulturschock bringen dann Strömungen des Gegeneinander-Seins hervor, die ihrerseits zu einem neuen - aber nicht erwünschten - Aspekt der Unternehmenskultur werden. Auch die Einstellung bestimmter Gruppen wie Auszubildende, Hochschulabsolventen, die im Unternehmen eigene Rollen als Subgruppen ausbilden, beeinflussen die Kultur von innen.

In der Forschung - nicht jedoch im Wirtschaftsalltag - lassen sich die Begriffe Gefühlskultur und Emotionsmanagement finden. Es geht dabei darum, welche Möglichkeiten es gibt, die Modellierung von Motivstrukturen zu erreichen und Emotionsprofile zu verändern. Die emotionale Dynamik, die eine Rolle im Geschehen einer Organisation spielt, soll damit nutzbar gemacht werden. Die veränderte Einstellung zur **Modellierung von Gefühlen** ist in den letzten Jahren entstanden, da immer mehr Erkenntnisse aus dem Konstruktivismus in die Sozialwissenschaften eingeflossen sind.

6.3.2 Geplante Veränderungen der Unternehmenskultur

Es wird sich vielfach negativ auswirken, wenn bei Veränderungen des Unternehmens keine Anpassung der Kultur angestrebt oder erreicht wird. Das Nicht-Reagieren auf Unzulänglichkeiten in der Kultur wird von der Belegschaft als Bestätigung der alten Kultur angesehen. Stehen die alten Werte mit den veränderten neuen Werten im Widerspruch, löst diese Diskrepanz Widerstand und Orientierungslosigkeit aus. Die Folge kann sein, dass der Wandel in Unternehmen dadurch schwierig zu bewältigen sein wird.

Bei Change-Prozessen ist es notwendig, die Änderungen der Kultur mitzuplanen

Es kann auch sein, dass eine Organisationskultur im Widerspruch zu gesellschaftlichen Werten steht. Dies kann besonders der Fall sein, wenn durch Fusionen mit internationalen Konzernen ausländische Traditionen nicht direkt in die heimische Kultur übertragen werden können. Inakzeptanz, Missverständnisse, Vorurteile und Widerstand sind die Folgen.

Erfahrungen zeigen, dass in der Praxis dazu Defizite bestehen

Erfahrungsgemäß werden Veränderungen der Unternehmenskultur nur selten rechtzeitig initiiert. Selbst bei geplanten Fusionen wird an die Kultur erst spät gedacht. Auch wird meistens zu wenig berücksichtigt, dass Kulturveränderungen nur langfristig erfolgen können und die Erfolge erst spät sichtbar und erlebbar werden. Gerade dann, wenn die meisten Veränderungen auf den tiefen Ebenen der unbewussten Grundüberzeugungen geplant sind, kann ein Wandel nur langsam gelingen.

Manchmal wird an die Unternehmenskultur erst gedacht, wenn alle anderen Change-Instrumente eingesetzt wurden, die erhofften Ergebnisse jedoch ausgeblieben sind. Gelegentlich wird auch gehofft, andere Change-Prozesse durch die Kulturveränderungen voranzutreiben.

Häufige Auslöser für Veränderungen der Unternehmenskultur

- Firmenübernahmen bzw. Fusion
- Privatisierung von ehemaligen Staatsunternehmen
- Wandel vom Familienunternehmen zu einer anderen Gesellschaftsform
- neue Geschäftsfelder bzw. Produkte
- Umstrukturierungen mit großen Unternehmensveränderungen
- Umbau des Unternehmens auf mehr Service / Kundenorientierung
- neue Geschäftsleitung
- nicht geglückte andere Veränderungsprozesse, für die eine falsche Unternehmenskultur ursächlich angenommen wird.

6.4 Schritte bei der Veränderung der Unternehmenskultur

Projektauftrag – ja oder nein?

Bevor der Projektauftrag zu einer wie auch immer gerichteten Veränderung der Unternehmenskultur erteilt wird, ist eine der wichtigsten Fragen in diesem Prozess zu beantworten. „Ist die Geschäftsleitung bereit, die Ergebnisse als Feed-back ihrer eigenen Führung zu sehen, Aktionen dazu umzusetzen und Änderungen im Unternehmen zuzulassen?" Wird diese Frage mit NEIN beantwortet, macht es keinen Sinn, weiterhin am Thema Unternehmenskultur oder Unternehmensleitbild zu arbeiten. Es wäre sehr unklug, finanziellen Aufwand zu betreiben, die Belegschaft zu mobilisieren (jede Analyse ist bereits eine Intervention), Arbeitszeit dafür zu verwenden und dann zu hoffen, dass keine oder nur geringfügige Änderungen erfolgen (siehe auch Mitarbeiterbefragung). Häufig wird der Projektauftrag zur Kulturveränderung erteilt, weil mehr oder weniger unbewusst angenommen wird, dass sich die anderen im Unternehmen ändern müssen und werden, man selbst jedoch kann seine eigenen Verhaltensweisen, Handlungen und sein bisheriges Denken beibehalten.

Ein Projektauftrag macht nur Sinn, wenn ergebnisoffen analysiert wird und Ergebnisse auch wirklich umgesetzt werden sollen

Schritte im Veränderungsprozess

Ein Kulturveränderungsprozess läuft wie viele andere Change-Prozesse ab, hat jedoch mit besonderen Schwierigkeiten zu kämpfen, die in der Natur der Unternehmenskultur liegen.

Kulturveränderung verläuft in ähnlichen Schritten wie andere Change-Prozesse und unterscheidet sich durch immanente Schwierigkeiten

Der erste Schritt der Veränderung beschäftigt sich mit der **Bestandsaufnahme** der bisherigen Unternehmenskultur. Da – wie zuvor beschrieben – die Kultur aus einer Fülle von unreflektierten Vorannahmen und Grundüberzeugungen besteht, wird es schwierig, wenn die Analyse von Mitgliedern der zur Kultur gehörenden Personen erfolgt. Externe Beratung bietet sich dadurch sinnvollerweise an.

Im zweiten Schritt werden die gewünschten und **zukünftigen Aspekte einer neuen Kultur** zusammengetragen und zusammengestellt. Auch hier besteht die große Gefahr, dass die Vorstellungen über die möglichen Veränderungen sich innerhalb des eigenen Bezugssystems befinden und somit keine wirklich großen Veränderungen hervorbringen.

Der dritte Schritt beschreibt die **Umsetzung der Aktionen**, die dazu dienen, die neue Unternehmenskultur zu implementieren und mit Leben zu erfüllen.

Die Evaluierung ist längerfristig und bedingt ggf. Korrekturen

Dann folgt die **Evaluierung** zur Umsetzung der neuen Unternehmenskultur über einen längeren Zeitraum. Eventuell müssen Umsetzungsaktionen verlängert oder nachgeschoben werden. Es kann auch sein, dass Korrekturen an der Gestaltung der neuen Unternehmenskultur notwendig werden. Die Schritte werden im Folgenden näher betrachtet.

6.4.1 Analyse der bisherigen Unternehmenskultur

Für die Erhebung gibt es ein breites Instrumentarium

Durch Mitarbeiterbefragungen, Erhebungsinstrumente und Checklisten steht eine Fülle von Materialien zur Verfügung, die der Analyse dienen. Diese Hilfsmittel können nur eine Anregung sein, um die verschiedenen Aspekte der Kultur zu erfassen. Bereits ihre Auswahl beinhaltet eine Beeinflussung der Ergebnisse. Daher wird empfohlen, die Konzeption der Analyse - wie auch den gesamten Veränderungsprozess der Unternehmenskultur - unbedingt durch Mitglieder des Unternehmens und Externe durchführen zu lassen. Dadurch ist am ehesten gewährleistet, dass sich keine Betriebsblindheit einschleicht. Feldbeobachtungen scheinen am ehesten brauchbare Resultate zu liefern.

Mess- und Operationalisierbarkeit sind jedoch schwierig bis unmöglich

Die Unternehmens- oder Organisationskultur ist ein Konstrukt, daher lassen sich weder Items, Skalen, Inhalte etc. konkret messen. Die Auswahl von dem, was man erfragen will, und die Operationalisierbarkeit wird selbst in der wissenschaftlichen Forschung als sehr problematisch beschrieben.

Schwierig ist ferner die Erhebung unbewusster Teile der Kultur

Nicht einfach ist auch die Erhebung der unbewussten und nicht reflektierten Teile der Unternehmenskultur. In welchem Ausmaß können Führungskräfte und Mitarbeiter eines Unternehmens ein Gespür haben, was die unausgesprochenen Hintergründe einer Kultur sind? Sicherlich ist es auch hier erforderlich, eine Mischung aus internen Mitarbeitern und externen Beratern einzusetzen. Methodisch könnte die Erforschung der verdeckten Ebenen der Kultur mit Elementen der Kunst erhoben werden und dann in einer weiteren Stufe die dahinter liegenden Ebenen verbalisiert werden.

Um die Probleme bei der Analyse einzuengen, hat sich die Beachtung von Hinweisen als hilfreich erwiesen, wie sie im Kasten auf der folgenden Seite zusammengefasst sind. Dabei wird noch einmal deutlich, wie schwierig es ist, eine gute Analyse zu erstellen. Wird eine statistische Auswertung angestrebt, müssen die Erhebungsmethoden zuvor in entsprechender Weise konzipiert und validiert sein.

Hinweise zur Analyse der Unternehmenskultur

- Aus den subjektiven Erfahrungen der Beteiligten werden abstrakte Zusammenfassungen formuliert.
- Alle Begriffe, die Werte, Normen oder Grundannahmen bezeichnen, müssen eine klare Definition erhalten, damit nicht durch unterschiedliche Glaubenssätze zusätzliche Missverständnisse in die Befragung einfließen.
- Die beobachteten Verhaltensweisen werden meistens monokausal begründet, in der Realität jedoch setzen sich die Verhaltensabläufe und die vorausgegangenen Kognitionen multikausal zusammen. Daher ist es bei Befragungen wichtig, nach mehreren Ursachen zu fragen.
- Ein gefundener Indikator für einen Aspekt der Kultur kann nicht ohne weiteres als gleicher Indikator für die Kultur eines anderen Unternehmens genutzt werden.
- Selbst wenn die gleichen Worte für die Werte, Normen und Glaubenssätze benutzt werden, können die Resultate von mehreren Unternehmenskulturen nicht verglichen werden, da sie zu komplex in ihrer Entstehung und Abhängigkeit sind.

Selbst- und Fremdbeobachtung fließen in die Analyse ein

Bei der Analyse fließen Selbst- und Fremdbeobachtung ein. Dadurch werden unterschiedliche Perspektiven der Beobachtung erhoben, die es ermöglichen, den eigenen blinden Fleck aufzudecken. Auch die Befragung/Beobachtung von unterschiedlichen Gruppen, wie es z.B. in einer **360-Grad-Beobachtung** geschieht, kann hilfreich sein, um zu umfassenden Ergebnissen zu kommen. Zu beachten ist dabei, dass nicht die Vorstellung damit verknüpft werden kann, dass „objektive" Daten erhoben werden, denn die Beobachtungen sind und bleiben subjektive Resultate, auch wenn sie von verschiedenen Gruppen erhoben werden.

Der Prozess der Beobachtung selbst ist bereits eine Intervention, die Erkenntnisse vermittelt

Für Berater oder Externe kommt eine weitere Aufgabe hinzu. Der Prozess der Beobachtung oder Befragung selbst ist schon eine Intervention und kann zur Erkenntnis über die gelebte Kultur beitragen. So kann verbal formuliert werden, dass eine offene Kommunikation gewünscht und im Unternehmen gepflegt wird, während derjenige, der diese Aussage vor den Externen macht, unter Kollegen eine ganz andere Meinung äußert. Diese Diskrepanzen im Tun und Reden sind ebenfalls eine wichtige Quelle für die verdeckten oder unbewussten Aspekte der Kultur.

„Auch Management braucht zur Selbstbeobachtung eigenen Handelns und Entscheidens die Spiegelung in fremder Beobachtung. Reflexionshilfe dazu verspricht eine Organisationsberatung, die sich als kommunikatives Arrangement für solche Spiegelungen in Szene setzt. Aber auch die kommunikative Kultur im Unternehmen selbst kann innere Felder der Reflexivität öffnen." (aus: Pankoke, E.: Organisation und Kultur, S. 31).

6.4.2 Konzeption einer neuen Unternehmenskultur

Aus der Analyse heraus können die ersten Ansätze für Veränderungen der Kultur ermittelt werden. Meistens sind es bereits im Berufsalltag entstandene Veränderungen, die sich im Laufe der Zeit eingeschlichen haben. Sind dies erwünschte Veränderungen, so können sie in die offizielle Festschreibung dieser Kulturaspekte aufgenommen werden.

Weitere – alternative – Vorgehensweisen sind, dass die Konzeption und Beschreibung der neuen Unternehmenskultur

Unterschiedliche Möglichkeiten der Vorgehensweise

- durch Agenturen/Berater erarbeitet und von der Geschäftsleitung verabschiedet werden,
- von der Geschäftsleitung erarbeitet und verabschiedet werden,
- von der Geschäftsleitung und Führungskräften erarbeitet und verabschiedet werden,
- von einer ausgewählten Projektgruppe, in der Führungskräfte und Mitarbeiter vertreten sind, erarbeitet und dann von der Geschäftsleitung verabschiedet werden oder
- durch Agenturen/Berater, Geschäftsleitung, Führungskräfte und Mitarbeiter erarbeitet und von der Geschäftsleitung verabschiedet werden.

BEWÄHRT HAT SICH DER LETZTGENANNTE VORSCHLAG, DA DADURCH DIE GRÖSSTMÖGLICHE REFLEXION UND MITBETEILIGUNG ERFOLGEN KANN.

Den Widerstand durch nicht-gefragte Mitglieder kann es bei dieser Variante nicht geben und die Identifikation mit den gemeinsamen Ergebnissen ist am größten.

Bei Fusionen müssen alle beteiligten Gruppierungen beteiligt werden

Bei Fusionen ist größter Wert darauf zu legen, dass alle beteiligten Gruppierungen aus den zusammenkommenden Firmen (Niederlassungen, Auslandsbereiche etc.) eingebunden werden sollten. Dabei wird zum Beispiel durch eine Mitarbeiterbefragung oder in Arbeitsgruppen ein neues Leitbild erarbeitet.

Besonders wichtige Faktoren im Wandelprozess

In der Praxis haben sich bestimmte Schlüsselfaktoren herausgebildet, die als erfolgskritische Themen gelten können, aber nicht für alle Unternehmen verbindlich sein müssen. Dies sind:

- Sinn,
- Zusammengehörigkeitsgefühl,
- Konflikt- und Problemlösefähigkeit,
- Kommunikation und
- Kreativität.

Die Übersicht auf der nebenstehenden Seite stellt diese Faktoren etwas näher dar.

Schlüsselfaktoren

Sinn: Allen Mitarbeitern muss der Zusammenhang zwischen dem Sinn ihres eigenen Tuns und dem Zweck und Ziel des Unternehmens bewusst sein. Je mehr ein Arbeitnehmer Klarheit hat, welches Rädchen er im Gesamträderwerk des Unternehmens ist, umso eher ist er bereit, Veränderungen zu verstehen und zuzulassen. Damit wird auch deutlich, dass – wenn der Zweck des Unternehmens nicht mehr vorhanden ist, weil z.B. das Produkt nicht mehr am Markt abgesetzt werden kann – selbstverständlich auch die Arbeit des einzelnen Mitarbeiters hinterfragt, abgebaut oder geändert werden muss.

Zusammengehörigkeitsgefühl: Durch das gemeinsame Gefühl, zusammenzugehören, erscheinen viele Sachverhalte in völlig neuem Licht. Die Wahrnehmung ist bewusster und meist klarer auf das „Unser" gerichtet und kognitive Prozesse wie Analysieren, Entscheiden, Schlussfolgern, Problemlösen etc. laufen sicherer ab, als würde sich der Mitarbeiter in einem fremden Unternehmen befinden. Ein intaktes Zusammengehörigkeitsgefühl bei der Belegschaft befriedigt damit das Sicherheitsgefühl. Dadurch ist mehr Teamgeist vorhanden. Sich gegenseitig zu helfen, Aufgaben anzupacken und Probleme zu lösen, gelingt besser als in Gruppen ohne Zusammengehörigkeitsgefühl. Auch ist die Opferbereitschaft, um schlimmere Auswirkungen zu vermeiden, größer. So lässt sich verstehen, dass ganze Belegschaften auf Gehaltsteile verzichten, um alle Arbeitsplätze in Notzeiten zu erhalten.

Konflikt- und Problemlösefähigkeit: Wer Interesse daran hat, dass Schwierigkeiten in seinem Arbeitsbereich bewältigt werden, ist auch bereit, sich dafür einzusetzen. Wenn in Unternehmen fair gestritten wird, man um die Sache ringt und nicht die Person vernichten will, wird es auf jeden Fall leichter, einen Wechsel in einem Unternehmen umzusetzen.
Wenn Führungskräfte „ein Ohr" an der Stimmung der Belegschaft haben, frühzeitig Konflikte wahrnehmen und konstruktiv aufgreifen, ist die Wahrscheinlichkeit hoch, Hürden einer Veränderung gut zu bewältigen.
Mit guter Konflikt- und Problemlösefähigkeit werden nicht nur Konflikte und Probleme schnell gelöst, viele Schwierigkeiten entstehen erst gar nicht. Gründe hierfür liegen in der psychologischen Verarbeitung unangenehmer Erfahrungen. Wenn nicht die Verantwortung abgeschoben und die Ursache der Probleme nicht auf andere geschoben wird, treten weniger zwischenmenschliche Schwierigkeiten auf.
Wer auch in Veränderungssituationen an sich selbst wahrnehmen kann, welches die eigenen Gefühle, Ängste und Befürchtungen sind, wird die Bewältigung zuerst bei sich selbst beginnen, anstatt Äußeres anzuklagen oder anzugreifen.

Kommunikation: In vielen Firmen, in denen es zu tief greifenden Veränderungen kommt, wird oft zu wenig oder falsch kommuniziert. Häufig wird Information mit Kommunikation verwechselt. Gerade in Phasen des Widerstandes, des Misstrauens kann nur direkte persönliche Kommunikation helfen, irrationale Ängste abzubauen oder fehlende Information zu geben.
Auch entscheidend ist die Kommunikation der Mitarbeiter untereinander. Wenn erst einmal Mobbing, Intrigen und psychologische Manöver auftreten und vom Management geduldet werden, kann eine „saubere" Kommunikationsstrategie im Change-Management nicht mehr zufrieden stellend gelingen.

Kreativität: Zum Change-Management gehört es, dass alle Betroffenen Ideen, Neugier, Veränderungsbereitschaft, Pioniergeist und Sinn für Machbarkeit mit- und einbringen. Wenn ausgefallene Ideen im Keim erstickt, wenn neue Wege als unsicher verworfen oder kreative Lösungen abgetan werden, können Veränderungen nur schwer verankert werden.

6.4.3 Aktionen zur Einführung/Änderung einer Unternehmenskultur

Zu den erforderlichen Maßnahmen gibt es keine übergreifenden Rezepte

Die erforderlichen Maßnahmen, um Korrekturen der Unternehmenskultur und Erneuerungen in das Unternehmen zu tragen und die Kultur zum Leben zu bringen, hängen sehr stark von den Inhalten und Besonderheiten des Unternehmens ab. Rezepte oder Anleitungen würden der Vielfalt des komplexen Geschehens nicht gerecht werden. Daher sind auszugsweise Beispiele genannt (siehe Kasten unten), die jedoch nicht in allen Betrieben und zu allen Themenbereichen passen müssen. Die Auswahl der geeigneten Maßnahmen hängt ab von der Situation des Unternehmens, seiner Historie, seinen „Führungspersönlichkeiten", seiner momentanen wirtschaftlichen Lage, seiner Stellung in der Branche und seinem sonstigen Umfeld (technische Einrichtungen, Standort etc.).

Besonders die Änderungen der verdeckten und unbewussten Werte gestalten sich schwierig. In der Regel wird dabei folgende Vorgehensweise genutzt: In einem ersten Schritt wird Aufklärung eingesetzt, um durch offene Kommunikation zu verdeutlichen, welche neuen Werte aus welchen Gründen gelten sollen. Da gerade die verdeckten und teilbewussten Werte für ein intrapsychisches Gleichgewicht bei den Beteiligten sorgen, wird es sehr schwer sein, über den kognitiven Weg allein Veränderungen zu erreichen. Zusätzlich kann das Vorleben eine wichtige Funktion zur Veränderung sein.

Beispiele für Aktionen (die situationsbezogen aufgegriffen werden können)

Kommunikationsorientierte Aktionen

- Interne Kommunikation (siehe auch dort)
- Slogans oder Glaubenssätze
- Workshops, Weiterbildungsmaßnahmen für Mitarbeiter
- Veranstaltungen im Unternehmen (Betriebsfeiern etc.)
- Promotor einsetzen (ein Geschäftsführer, der sich dieses Themas besonders annimmt)
- Aktionsgruppen, die die Umsetzung beispielhaft vorleben und als Multiplikatoren fungieren
- Kulturbeauftragte, die sich der Umsetzung persönlich annehmen
- Betriebsratsmitglieder, die sich ebenfalls an der Umsetzung beteiligen
- Informationen und Chats im Intranet

Handlungsorientierte Aktionen

- Zeremonien und Rituale
- Umsetzung in den Instrumenten (Leistungsbeurteilung, Zielerreichung, Gehaltssysteme)
- Sponsoring

Objektbezogene Aktionen

- Logo, Corporate Identity, Corporate Design des Unternehmens evtl. ändern
- Give aways an die Mitarbeiter (Bleistifte, Notizzettel mit dem Logo der neuen Kultur)
- Unternehmensbild, Broschüre, Geschäftsbericht abändern
- Statussymbole
- Organisationsstruktur
- Firmengebäude
- Informationssysteme und -einrichtungen

Der Erfolg einer Umsetzung ist kaum planbar

Kritiker beschreiben, dass trotz der vielen Aktionen und Bemühungen in Unternehmen die Durchsetzung der neuen Werte eine Glückssache ist. Zu wenig sind die Einflussfaktoren im Voraus bestimmbar und zu wenig steuerbar. Änderungsbereitschaft bzw. Beharrungsvermögen, Neugier bzw. Überforderung, Wille zum Konsens bzw. Individualismus, Teamfähigkeit bzw. Machtspiele sind letztendlich entscheidend dafür, ob die neuen Werte in entsprechender Form und Weise angenommen und gelebt werden.

Es muss eingestanden werden, dass zahlreiche Änderungsprozesse nicht erfolgreich verlaufen sind

Bei aller Begeisterung zum Wandel, den gerade die Wirtschaft in den letzten Jahren gezeigt hat, muss jedoch auch eingestanden werden, dass die angestrebten Erfolge in vielen Fällen nicht eingetreten sind und auch die Veränderungsfähigkeit der Menschen sehr schnell an ihre Grenzen stößt. Vielleicht war es gerade die geringe Beständigkeit in den Aussagen der Politiker und der Manager, die die Zweifel und die Unsicherheit bestärkten. Zu schnelle Änderungen in der Strategie, zu viele und zu schnelle Wechsel auf den Geschäftsführersesseln und nicht nachvollziehbare Änderungen der Unternehmensziele sind ebenso verheerende Managerfehler wie das Fälschen einer Bilanz, um die Aktienkurse entsprechend zu beeinflussen. Gerade junge Unternehmen, Start-up-Firmen und Unternehmen der New Economy haben diese Fehler immer wieder gemacht und damit eine solide Unternehmensführung unmöglich gemacht.

Gründe liegen in der Grenze, die Menschen Veränderungen entgegenbringen

Diese Erkenntnisse zeigen eindeutig, dass sich die Menschen gar nicht so schnell verändern können oder wollen. Über Jahre eingefahrene Denkweisen und Verhaltensmuster, die in der Vergangenheit erfolgreich waren, lassen sich nicht einfach durch neue Namen, Inhalte oder Themen verändern.

Das Verlernen ist ein aktiver Prozess, der bei Veränderungen in Unternehmen nur zu oft vergessen wird.

Der Trugschluss, dass mit der Veröffentlichung von neuen Organigrammen oder einem neuen Leitbild auch die Inhalte und entsprechenden Verhaltensweisen umgesetzt sind, wird leider allzu oft begangen. Ähnlich dem Trauerprozess müssen die alten und jetzt nicht mehr als aktuell geltenden Informationen, Gefühle und Verhaltensweisen als „alt" und damit als nicht mehr einsetzbar im Weltbild des Betreffenden „abgehakt" werden.

In manchen Organisationen und Situationen werden dazu Rituale genutzt, die mit allen Sinnen (visuell, auditiv, kinästhetisch) erfahrbar machen, dass das Ende dieses Themas erreicht ist. Erst dann ist Offenheit und Sinn vorhanden, um Neues aufzunehmen und in das eigene Verhaltensrepertoire einzubinden.

Nicht selten muss der Prozess der Implementierung über einen längeren Zeitraum aktiv betrieben werden.

In großen Organisationen kann die Verknüpfung von Implementierung und Evaluation sinnvoll sein

Mit einmaligen Aktionen der Implementierung ist es oft bzw. meist nicht getan. Es kann auch bei großen Kulturveränderungen und weit verzweigten Konzernen und Unternehmen sinnvoll sein, die Schritte der Implementierung und der Evaluierung miteinander zu verknüpfen, um kontinuierlich eine Übersicht zu haben, inwieweit die Kulturveränderungen bereits gelebt werden, und um zeitnah entsprechende Korrekturen einzuführen.

6.4.4 Evaluierung der Kulturveränderung

Einfache Instrumente ermitteln nur die formalen Daten, gebraucht wird zusätzlich Beobachtung

Die Evaluierung von Kulturveränderungen stützt sich auf die qualitativen Veränderungen. Daher sind die notwendigen Erhebungen nicht durch einfache Befragungen oder Beobachtungen herauszufinden. Die formale Überprüfung der Umsetzung bezieht sich zum Beispiel auf die Teilnehmerzahlen an Workshops und Veranstaltungen oder auf die formalen Änderungen im äußeren Erscheinungsbild (CI, CD).

> DIE VERINNERLICHTEN DENK-, VERHALTENS- UND HANDLUNGSWEISEN KÖNNEN NUR DURCH BEOBACHTUNG ERSCHLOSSEN WERDEN.

Hierbei können die Erfahrungen des Promotors, der Kulturbeauftragten, des Betriebsrates und die der Multiplikatoren genutzt werden. Selbstverständlich müssen die Ergebnisse vor dem Hintergrund interpretiert werden, dass die Beobachter auch selbst für die Umsetzung verantwortlich waren und sind. Sinn macht deswegen auch wiederum, die Evaluierung durch eine Agentur oder durch Berater durchführen oder zumindest unterstützen zu lassen.

Sind Veränderungen erkennbar, die jedoch nicht dem entsprechen, was geplant war, dann gilt es, entweder die ursprüngliche Soll-Kultur zu korrigieren oder durch entsprechende Maßnahmen den Implementierungsprozess zu unterstützen.

Besonderes Augenmerk ist dabei auf **Reaktanzbildung** zu richten. Es kann sein, dass sich – ausgelöst durch die geplanten Kulturveränderungen – eine Oppositionsmeinung herausgebildet hat, die sich gegen die Veränderungen stellt. Die Gründe hierzu müssen besonders sensibel bearbeitet werden.

6.5 Besonderheiten beim Kulturwandel

Bei Fusionen wird in den allermeisten Fällen zunächst die formale Struktur zusammengefügt und dann an der Unternehmenskultur gearbeitet. Für diejenigen, die auf Grund ihrer Funktion die Fusion initiiert und abgewickelt haben, erscheint dieser Schritt logisch. Für Mitarbeiter hingegen bringt er oft Unruhe und Unsicherheit, weil die emotionalen Aspekte der Veränderung zunächst unberücksichtigt bleiben.

Teilweise können Unsicherheit und Orientierungslosigkeit durch konkrete Information beseitigt werden, dies gelingt allerdings in der Regel nur teilweise. Die Schwierigkeiten, die ein Mitarbeiter hat, sich in einer neuen Organisation mit einer evtl. anderen Arbeitsweise, mit neuen Kollegen und ungewisser Zukunft zurechtzufinden, sind nicht zu unterschätzen. Bei großen Veränderungen kann auf Grund von Erfahrungen der letzten Jahre davon ausgegangen werden, dass nur ca. 30 % der Belegschaft einen Kulturwandel im Unternehmen in der ersten Zeit mittragen kann.

Die Schwierigkeiten für Mitarbeiter in neuen Organisationen werden meist gravierend unterschätzt

Dies sind nicht gerade erfreuliche Zahlen in Zeiten von Umstrukturierungs- und Fusionswellen in der Wirtschaft. Auch die Ergebnisse von politischen Veränderungen, Staatenbündnisse und die über lange Jahre hinweg gepflegten Identitäten zeigen, wie groß das Bedürfnis des Menschen ist, sich seine Orientierung, seine Werte und Normen zu erhalten. Diese Natur sollte nicht als „Starrsinn" oder „Beharrungswille" abgetan werden; es sind die natürlichen Gegebenheiten, die bei Change-Management-Aktionen berücksichtigt werden müssen.

In Rechnung zu stellen ist das Bedürfnis nach Orientierung, das nicht mit Starrsinn verwechselt werden darf

Unter der „Veränderungsresistenz" leiden zum Teil auch Mitarbeiter oder Führungskräfte dadurch, dass sie im Laufe ihrer Zugehörigkeit eine bestimmte Rolle eingenommen haben. War jemand in einer alten Kultur als ein großer Anhänger und Vertreter des alten Leitbildes bekannt, wird er es in einer neuen Kultur sehr schwer haben, die neuen Werte glaubhaft anzunehmen und zu leben. Sehr schnell wird er, aus einem Schwarz-Weiß-Denken heraus, dem Alten und Vergangenen zugerechnet. Auch Geschäftsführer werden dann schnell „in die gleiche Schublade" gesteckt.

Herausragende Persönlichkeiten der alten Kultur erfahren Glaubwürdigkeitsprobleme

Da die Unternehmenskultur ganz maßgeblich durch Personen mitgeprägt wird, werden sich auch die Elemente der Kultur mit dem Einfluss oder auch mit dem Ausscheiden von prägenden Führungskräften ändern. Hier liegt ein Ansatz, bei dem neue Manager, die in ein Unternehmen eintreten, klar und unmissverständlich ihren eigenen Standpunkt darlegen, um sich deutlich gegen die „alten Zöpfe des Vorgängers" zu stellen und die Orientierung bei der Belegschaft durch seine neuen Werte zu erleichtern.

VERÄNDERUNGEN DER KULTUR BRINGEN NICHT SELTEN AUCH VERÄNDERUNGEN IM MACHTGEFÜGE DES UNTERNEHMENS MIT SICH.

Zu beachten sind Verschiebungen im Machtgefüge

Manche neuen Werte der Kultur, zum Beispiel Abbau von Statussymbolen, lösen bei denen, die Nachteile von der Veränderung haben, Reaktanz aus. Andere Gruppierungen, die Vorteile durch die Veränderungen erleben, erreichen unter manchen Bedingungen vermehrt soziale Macht. Auch diese Verschiebungen im Machtgefüge müssen vor dem Wandel der Kultur geprüft werden.

6.6 Kritik an der Nutzbarkeit von Unternehmenskultur

Unternehmenskultur hilft nicht gegen Missmanagement

Unternehmenskultur ist nicht nur ein Erfolgsfaktor. Die Sichtweise eines einfaktoriellen Geschehens ist falsch und auch gefährlich. Es ist kein Allheilmittel gegen Missmanagement. Manchmal werden Veränderungen der Unternehmenskultur heraufbeschworen, um nicht an die anderen wichtigen und evtl. unangenehmen Stellschrauben des Unternehmens herangehen zu müssen. Veränderungen der Unternehmenskultur werden nicht allein die Umsätze steigern oder finanzielle Schwierigkeiten des Unternehmens beheben. Daraus kann auch abgeleitet werden, dass eine gute Kultur nicht unbedingt nach sich zieht, dass kein Handlungsbedarf an Change-Management besteht.

Unternehmenskultur ist kein Garant für Unternehmenserfolg

Dass Unternehmenskultur eine wichtige Rolle in der Führung eines Unternehmens spielt, ist unbestritten. Dennoch kann nicht davon ausgegangen werden, dass eine gute Kultur ein Garant für Unternehmenserfolg ist. Dennoch darf nicht die Sinnhaftigkeit der Unternehmenskultur abgewertet werden, wenn sich die erwünschten Erfolge nicht oder nicht sofort einstellen. Eine falsche Zuschreibung von Verantwortung und eine falsche „Nutzung“ der Unternehmenskultur hingegen ist ein Fehler der „Handhabung“ und nicht ein Fehler der Kultur.

In der Unternehmenskultur liegt ein Ansatz unter vielen Ansätzen, die die Erfolge eines Unternehmens ausmachen. Gerade in der Kultur sind lineare und direkte Zusammenhänge nicht vorhanden. Es sind aber die komplexen, zirkulären und indirekten Wirkungen, die eine nicht unwesentliche Rolle spielen. Es müssen immer die Verknüpfungen mit anthropologischen, psychologischen und soziologischen Aspekten beachtet werden.

6.7 Ausblick auf Unternehmensleitbild und Unternehmensverfassung

Eng im Zusammenhang mit Unternehmenskultur steht das Unternehmensleitbild bzw. die Unternehmensverfassung. Meist umfassen diese Papiere größere Themenbereiche, die auch die Stellung des Unternehmens in der Branche, die Haltung gegenüber der Umwelt, die Verantwortung in der Gesellschaft etc. beinhalten. Dagegen sind die Leitlinien oder Richtlinien eher auf interne Vorgehensweisen und Abläufe bezogen.

Unternehmensleitbilder sind Soll-Konzepte, während die Kultur die gelebte Situation darstellt

Leitbild, Verfassung und Richtlinien sind ausschließlich bewusst konzipierte Soll-Werte, über die sich das Unternehmen selbst definiert und Handlungsweisen begründet und festschreibt. Die Unternehmenskultur hingegen ist nicht nur das Festgeschriebene, sondern auch das im Alltag Gelebte. Veränderungen hierzu sind somit nicht nur auf dem Papier, sondern auch im Verhalten und Handeln zu erwarten und umzusetzen.

Teil B

Fehler vermeiden und Erfolgsfaktoren nutzen

Längst nicht jeder Veränderungsprozess ist erfolgreich. Change-Manager können aus anderwärtig durchgeführten Change-Prozessen lernen, was gleichermaßen für die Verantwortlichen und die Beteiligten aus den Unternehmen und Organisationen selbst und für die externen Berater gilt.

Kapitel 7 zeigt deshalb typische Fallbeispiele des Scheiterns, weist auf kritische Bereiche hin und beleuchtet die aus Sicht der Autoren typischsten zehn Sünden, die in Change-Prozessen immer wieder begangen werden.

In Kapitel 8 wird dann der Blickwinkel gewechselt und es werden wichtige Erfolgsfaktoren betrachtet, deren Beachtung und sorgfältige Gestaltung unabdingbar zum professionellen Vorgehen gehören.

In Kapitel 9 werden Empfehlungen gegeben, wie man sich dabei gegenüber den einzelnen Gruppen Beteiligter, den Stakeholdern, verhalten sollte.

7 Typische Sünden in Change-Prozessen

Ein hoher Prozentsatz an Change-Prozessen ist nicht erfolgreich

Nicht jeder Veränderungsprozess ist erfolgreich. Im Gegenteil, ein Großteil der von Unternehmen eingeleiteten Change-Prozesse scheitern. Je nachdem, welche Quelle zu Rate gezogen wird, variieren die Einschätzungen. Häufig jedoch findet man Zahlen, die darauf hinweisen, dass zwischen 60 % bis 80 % der geplanten Veränderungsprozesse nicht erfolgreich sind.

Die Definition für fehlenden Erfolg ist allerdings nicht ganz eindeutig

„Nicht erfolgreich" lässt sich dabei definieren als „die Ziele einer Veränderung werden nicht oder nur zu geringen Teilen erreicht". Wenn man den Begriff „nicht erfolgreich" näher betrachtet, könnte man ihn durchaus noch weiter fassen. So lässt sich fragen, ob ein Change-Prozess erfolgreich ist, der das Doppelte des ursprünglich geschätzten Aufwands kostet? Oder ist ein Change-Prozess erfolgreich, der die doppelte Zeit zur Einführung benötigte, als man ursprünglich annahm? Bezeichnet man auch diese Schwierigkeiten als „nicht erfolgreiche Veränderungen", kommt man sicher noch auf eine größere Zahl „nicht erfolgreicher" Veränderungsprozesse.

Die Liste von „Prototypen" möglicher, „nicht erfolgreicher" Change-Projekte ist lang und im Kasten unten sind einige typische Beispiele zusammengestellt, die uns in ähnlicher Form in der Beratungspraxis immer wieder begegnen.

Typische Beispiele für das Scheitern

Fall 1:
Die Einführung einer neuen Software scheitert, weil später kein Anwender wirklich damit arbeitet.
Grund: Sie hat zu viele Funktionalitäten, die sich kein Mitarbeiter merken kann und die man eigentlich auch gar nicht alle gewollt hat. Dadurch ist die Software so kompliziert geworden, dass keiner sie mehr einsetzt.

Fall 2:

Die Einführung von Projektmanagement-Spielregeln, die Projektleitern einen systematischen Methodenpool mit vielen hilfreichen Checklisten und Formblättern an die Hand geben sollte, scheitert.

Denn leider wurde nicht bedacht, dass die Projektleiter gleichzeitig mit den Spielregeln eine größere Entscheidungskompetenz erhalten haben. Die Projektleiter wollten diese allerdings überhaupt nicht, im Gegenteil, durch jahrelange Abschiebung der Verantwortung an altgediente Führungskräfte hatten sich die Projektleiter daran gewöhnt, dass sie in schwierigen Situationen immer von jemandem „gerettet" wurden. Wer gibt schon gerne eine solche Sicherheit auf? So stellte sich auf wundersame Weise auf einmal heraus, dass die Methoden mit den Checklisten jetzt doch nicht so gut wären. Das Projektmanagement-Handbuch mit den Spielregeln und Checklisten gammelt seitdem vor sich hin.

Fall 3:
Die Reorganisation, bei der Geschäftsstellen geschlossen werden sollten, um Kosten einzusparen, scheitert.
Ungünstigerweise wurden diese Schließungen den Mitarbeitern nicht kommuniziert. Durch undichte Stellen und Gerüchte wussten die Mitarbeiter allerdings längst Bescheid. Da das Management nach wie vor behauptete, es würden keine Geschäftsstellen geschlossen, wurden inzwischen auch Mitarbeiter aus anderen, eigentlich nicht betroffenen Bereichen nervös. Die guten Mitarbeiter aus diesen anderen Bereichen entschieden und das Unternehmen sah sich mit einer Kündigungswelle guter Mitarbeiter aus Bereichen konfrontiert, in denen man eigentlich gar nichts ändern wollte.

Fall 4:
Die Einführung einer neuen Dienstplanung, mit der man Vertriebsmitarbeiter besser steuern wollte, scheitert.
Zu dieser Dienstplanung gehörte die Spielregel, dass die Vertriebsmitarbeiter ständig per Mobilfunk erreichbar sind. Dies führte natürlich dazu, dass die Vertriebsmitarbeiter sich kontrolliert fühlten. Die neue Dienstplanung wurde nach kurzer Zeit wieder abgeschafft.

Fall 5:
Die Einführung einer neuen Kundensegmentierung, bei der manche Mitarbeiter „gute A-Kunden" an andere Betreuer abgeben mussten und zukünftig selber teils nur noch für „C-Kunden" zuständig sein sollten, scheitert.
In vereinzelten Abteilungen gelang es, noch drei (!) Jahre nach „erfolgreicher" Einführung „A-Kunden" bei sich zu „verstecken" und zu betreuen, obwohl die Abteilung nur „C-Kunden" hätte betreuen dürfen.
Erst auf massiven Druck höherer Führungsebenen wurden diese Kunden ordnungsgemäß übergeben.

All diesen misslungenen Change-Prozessen liegt eine innere Scheiterungslogik zu Grunde.

Es lässt sich so etwas wie eine innere Scheiterungslogik feststellen

ES GIBT BESTIMMTE TYPISCHE SÜNDEN, DIE HÄUFIG BEI VERÄNDERUNGSPROZESSEN GEMACHT WERDEN.

Diese Sünden werden oft aus vermeintlich guten Gründen begangen. In den Beispielen: Man wollte die neue (zu komplizierte) Software perfekt gestalten. Man hat die Projektleiter und die mittlere Führungsebene nicht eingebunden, weil man dachte, dass diese sich sowieso über den neuen Methodenkasten freuen werden. Man hat die Probleme und Nachteile einer Reorganisation nicht kommuniziert, weil man niemanden beunruhigen wollte.

Vielfach führen positive Gründe zu den Faktoren, die das Scheitern verursachen

Für die meisten Versäumnisse in Veränderungsprozessen führen Verantwortliche also in der Regel gute Gründe an. Letztlich sind es immer wieder drei Ursachen, die in der Folge dazu führen, dass typische Sünden nicht nur einmal, sondern sogar immer wieder begangen werden:

Es lassen sich drei typische Ursachen isolieren

1. Gute Absichten werden nicht hinreichend durchdacht bzw. können hinsichtlich ihrer Wirkungen nicht richtig abgeschätzt werden und führen wider die gute Absicht zu negativen Folgen.

Gut gemeint, aber schlecht gelaufen

2. Es gibt für die Change-Verantwortlichen oftmals verschleierte positive Rückmeldungen über die Folgen ihrer Sünden.

Unklarheit beim Feed-back

Keiner traut sich z.B., dem Konzern-Personalleiter zu sagen, dass seine Informationspolitik so mehr negative als positive Konsequenzen hat. Deshalb glaubt er, dass sein Vorgehen völlig in Ordnung gewesen sei.

3. Menschen sind mit einem Selbstschutzmechanismus ausgestattet, der den so genannten Attributionsfehler bzw. Zuschreibungsfehler verursacht. Dieser Fehler beinhaltet, dass wir bei anderen Menschen Erfolge gerne den situativen Rahmenbedingungen und Umständen zuschreiben. Die Misserfolge anderer Menschen hingegen schreiben wir gerne deren Person zu. Bei uns selber sehen wir diese Konstellation genau umgekehrt. Unsere eigenen Erfolge schreiben wir gerne uns selber zu bzw. machen uns selber dafür verantwortlich. Unsere eigenen Misserfolge schreiben wir gerne den äußeren Umständen bzw. den situativen Rahmenbedingungen zu. Dieser Mechanismus dient dem Selbstschutz und ganz nebenbei der seelischen Gesundheit.

Attributionsfehler

Dieser Mechanismus wirkt natürlich auch in der Steuerung von Change-Prozessen.

So werden negative Folgen in Veränderungsprozessen den Umständen zugeschrieben, während man sich für Erfolge selber verantwortlich fühlt.

Auf diese Weise hat man selber eigentlich alles richtig gemacht und es ist nur unglücklichen Umständen zu verdanken, dass die Einführung einer Veränderung nicht funktioniert hat.

Die typischen Bereiche, in denen „Sünden" begangen werden

Grundsätzlich werden typische Sünden in den folgenden Bereichen begangen:

- mangelnde Analyse der Ausgangslage,
- ungenügendes Problembewusstsein für die Notwendigkeit von Veränderungen,
- schlechte Kommunikation der Veränderungen,
- übler Stil der Vorgehensweise bei Veränderungen,
- unprofessionelles Management der von einer Veränderung betroffenen Stakeholder,
- mangelnde Berücksichtigung grundlegender Beweggründe von Menschen,
- zu hoher Umfang und zu hohe Geschwindigkeit der Change-Prozesse,
- unprofessioneller Methodeneinsatz im Change-Prozess,
- mangelndes Controlling der Umsetzung von Veränderungen und der Erfolge,
- Zulassen politischer Spiele anstatt sie zu unterbinden.

Damit sind die zehn Themen genannt, denen wir uns in den folgenden Unterabschnitten dieses Kapitels im Einzelnen zuwenden.

7.1 Blindstart – mangelnde Analyse der Ausgangslage

Veränderungen betreffen in der Regel die Strategie, Struktur, Technologie, Prozesse oder Kultur eines Unternehmens. Meistens ergibt sich aus der Veränderung von Strategie, Struktur, Technologie oder Abläufen auch die Notwendigkeit, dass Menschen ihr Wissen, Verhalten oder ihre Einstellungen verändern müssen. Damit erfordert jede Änderung von Strategien, Strukturen etc. immer auch eine Änderung der Kultur bzw. der Menschen in einem Unternehmen.

Change-Prozesse haben immer Rückwirkungen auf die Unternehmenskultur

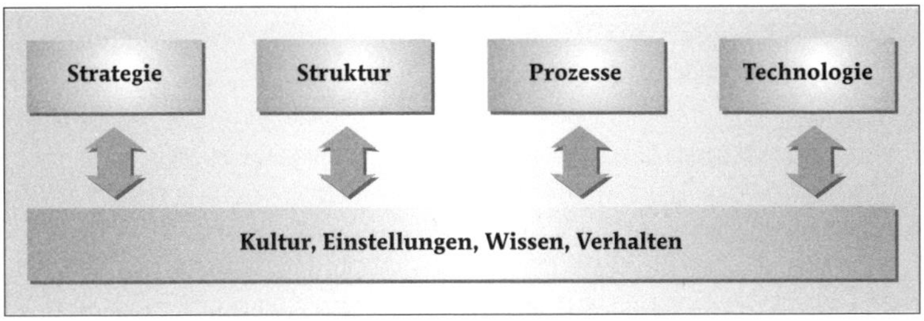

Abb. 7.1: Wechselwirkung der Veränderungsbereiche mit der Kultur

Wenn man Change-Prozesse in Unternehmen näher betrachtet, wird man in der Regel eine recht gute und fundierte Analyse der Ausgangslage feststellen. Diese Analyse betrifft allerdings im Großteil der Fälle ausschließlich die Sachseite der Ausgangslage. Bei Veränderungen der Strategie wird analysiert, wie die Märkte sich entwickeln, welche Strategie bisher zu welchen Ergebnissen geführt hat, welche Strategien die Wettbewerber fahren, welche strategischen Optionen möglich sind, welche Auswirkungen sie haben könnten und so weiter.

In der Praxis ist meist eine gute Analyse der Sachlage anzutreffen

Auch bei Restrukturierungen oder Prozessveränderungen werden in der Regel zunächst umfangreiche Analysen gemacht, bevor eine Veränderungskonzeption erarbeitet wird.

Eine Ausnahme stellen nach unseren Beobachtungen der technologische Bereich und hier insbesondere das IT-Umfeld dar. Hier werden viele Change-Prozesse etwas ungenauer und unpräziser gestartet. Vor allem bei Änderungen von Software oder Hardware wird die Ausgangslage oftmals nur sehr ungenügend analysiert. Dies führt immer wieder zu abenteuerlichen Misserfolgen bei Veränderungsprozessen.

Es gibt Ausnahmen, wo die Sachanalyse nachlässig betrieben wird

Beispiele

Ein Unternehmen möchte eine neue Version von Windows einführen und stellt erst im späteren Verlauf des Veränderungsprojektes fest, dass nicht in allen Bereichen der Firma auch bereits eine Hardware-Ausstattung vorhanden ist, auf der die neue Version von Windows läuft.

Bei der Ablösung einer alten Software durch eine neue wurde erst nach Ablauf der Hälfte der für das Veränderungsprojekt eingeplanten Zeit bemerkt, dass eine größere Anzahl von Schnittstellen einfach vergessen worden war.

Bei der Ablösung alter IT-Server durch neue IT-Server wurde erst mit Anlieferung der neuen Server bekannt , dass die alten Räume einfach zu klein für die neuen Server sind.

Auch vermeintlich Selbstverständliches muss systematisch analysiert und geplant werden

Das alles sind warnende Beispiele, dass oftmals Dinge schief gehen, die für außen Stehende auf der Hand liegen, aber bei denen die Prozessbeteiligten ungeahnt betriebsblind sein können, sodass eine gründliche und systematische Analyse auch vermeintlicher Selbstverständlichekeiten nicht ausgelassen werden darf.

SCHWER WIEGENDER IST JEDOCH, DASS IN FAST ALLEN CHANGE-PROZESSEN DER ANALYSE DER KULTURELLEN AUSGANGSLAGE EINE VIEL ZU GERINGE BEDEUTUNG BEIGEMESSEN WIRD.

Dies hat meistens fatale Auswirkungen auf die geplanten Change-Prozesse. So werden Einstellungen von Mitarbeitern, bestehende Normen und Werte sowie geheime Spielregeln in Unternehmen, die Veränderungsprozesse behindern bzw. verhindern könnten, sträflich übersehen.

Beispiele

Im Vertrieb eines Unternehmens findet man häufig unabhängige, freiheitsliebende Mitarbeiter. Diese Mitarbeiter werden allen neuen Systemen, Strukturen und Prozessen, die ihre Freiheit einschränken, immer mit großer Skepsis bzw. Ablehnung begegnen.
Im Bereich der Softwareprogrammierung oder ebenso auch im Marketing einer Firma findet man unter den Mitarbeitern viele „Künstler“. Diese arbeiten gerne kreativ und spontan. In diesen Bereichen wird man stets Schwierigkeiten bei der Einführung systematischer Arbeitsprozesse oder z.B. Projektmanagement-Methoden haben.
In Produktionsbetrieben findet man am Band eine durchaus größere Menge von Mitarbeitern, die gar nicht so eigenständig arbeiten, geschweige denn entscheiden wollen. So wird man auch hier immer wieder Schwierigkeiten bei der Einführung von Arbeitskonzepten wie Gruppenarbeitsformen oder sich selbst steuernden Arbeitsgruppen haben, die eine höhere Eigenständigkeit und Entscheidungsfreiheit mit sich bringen und fordern.

Das Vorhandensein solcher kulturellen Hindernisse bedeutet jedoch überhaupt nicht, dass man mit einer Veränderung scheitern wird oder sie gar nicht erst beginnen sollte.

Im Gegenteil, da man diese **kulturellen Hindernisse** nicht einfach abstellen oder ignorieren kann, müssen sie **in der Gestaltung von Change-Prozessen berücksichtigt und adressiert** werden:

In (fast) jedem Fall sind kulturuelle Hindernisse vorhanden und es gehört zum Standard von Change-Prozessen, sie zu bearbeiten

- Dies geschieht im ersten Schritt durch eine ordentliche Analyse der kulturellen Ausgangslage.
- Im zweiten Schritt gilt es, kulturelle Hindernisse auch als solche zu akzeptieren und nicht einfach beiseite zu wischen oder zu ignorieren.
- Im dritten Schritt muss man diese Hindernisse durch entsprechende Einbindungs- oder Kommunikationsmechanismen konstruktiv bearbeiten.

Auf diese Weise erhöht man die Erfolgswahrscheinlichkeit von Veränderungsprozessen.

Abschließend wollen wir noch einige wichtige Analyse- und Orientierungsfragen auflisten, mit denen man sich im Rahmen von Interviews oder Befragungen einen Überblick über mögliche kulturelle Hindernisse für Change-Prozesse bilden kann.

Checkliste:
Fragen zur Bestimmung kultureller Hindernisse

Was gefällt Ihnen an der momentanen Situation (besonders) gut?

- Welche Gründe gibt es dafür, dass im Moment alles so bleiben sollte wie bisher?
- Was soll sich ändern, was soll beibehalten werden?
- Woran würden Sie den Erfolg einer Veränderung erkennen? Was wäre ein erstes Signal, dass der Veränderungsprozess in die falsche Richtung läuft?
- Was wird wohl passieren, wenn die folgende Änderung … eintreten würde?
- Wie werden die Kollegen wohl auf folgende Änderung … reagieren?
- Was müssten wir im Rahmen der Veränderung … tun, um erfolgreich bzw. erfolglos zu sein?
- Gab es solche oder so ähnliche Veränderungspläne schon mal? Was ist damals passiert und warum?
- Welche Werte, Normen, Spielregeln sprechen gegen die geplante Veränderung?

7.2 Eigentlich ist ja alles schon bekannt – ungenügendes Problembewusstsein

Ein Veränderungsprozess beginnt niemals grundlos. Meistens gibt es einen Auslöser für Change-Prozesse. Auslöser können vielfältig sein:

Konkrete Auslöser für Change-Prozesse

- Neue Anforderungen des Gesetzgebers, die technische, strukturelle oder prozessbedingte Veränderungen in Unternehmen erforderlich machen,

Wettbewerbsbedingte Auslöser

- Wettbewerber, die Neuerungen einführen und denen man nun folgen möchte,
- Wettbewerbsbedingungen, die Veränderungen notwendig machen, um überhaupt noch auf dem Markt bestehen bleiben zu können,
- veränderte und neue Kundenwünsche und -anforderungen,

Interne Auslöser

- Unzufriedenheiten mit bestehenden Strukturen, Abläufen, Vorgehensweisen, weil irgendetwas nicht so läuft, wie man es möchte,

Technologische Auslöser

- technologische Neuerungen (Hard- und Software), die veraltete und nicht mehr gebräuchliche Technologien ersetzen sollen,

Neue Ideen und Erfolgserwartungen

- neue Ideen für Strategien, Strukturen, Abläufe oder Technologien, die Gewinn bringend erscheinen bzw. einen guten Return des Investments versprechen.

Wirtschaftliche Auslöser

- Last but not least: die wirtschaftlichen Zahlen sind nicht so wie gewünscht oder das Unternehmen steckt sogar in einer Krise.

Problembewusstsein dringt nur sehr unvollständig von der obersten Führungsebene bis zu den Mitarbeitern durch

In der Regel werden diese Auslöser in den höheren Führungsebenen ausgiebig diskutiert und besprochen. Auf diese Weise entsteht auch ein Bewusstsein für bestehende Probleme und für die Notwendigkeit von Veränderungen. In der Praxis macht man die Beobachtung, dass eigentümlicherweise von diesem Problembewusstsein bzw. der Einsicht in die Notwendigkeit von Veränderungen schon auf der mittleren Führungsebene nur noch ein Teil ankommt. Die Einstiegs-Führungskräfte und die Mitarbeiter sehen dann oft nur noch wenig Notwendigkeit für Veränderungen. Hier schlägt sicher das Phänomen der stillen Post zu.

Ein Grund liegt in den Verlusten der Informationskette

SOWOHL ERFAHRUNGEN ALS AUCH UNTERSUCHUNGEN HABEN GEZEIGT, DASS SICH BEI DER WEITERGABE VON INFORMATIONEN VON FÜHRUNGSEBENE ZU FÜHRUNGSEBENE ERHEBLICHE VERLUSTE ERGEBEN.

Diese Erklärung alleine wäre allerdings zu einfach. Aus unserer Beratungserfahrung zeigen sich noch drei weitere wesentliche Gründe, wieso den Mitarbeitern in der Regel sündhaft wenig Informationen über die Problematik der Ausgangslage oder die Notwendigkeit von Veränderungen vermittelt werden:

... drei weitere Gründe liegen tiefer in den Führungsstrukturen

- Viele mittlere und Einstiegs-Führungskräfte verstehen sich in ihrer Sandwich-Position auch als Schutzherren ihrer Mitarbeiter. Hier wird vor allem die hehre **Funktion der „Rückendeckung“** gerne beschworen. Es gibt sogar eine entsprechend zugehörige Managementtechnik, das so genannte Management by umbrella (siehe Abschnitt 3.8.1). Diese Technik fordert von der Führungskraft, dass sie Mitarbeiter vor störenden, behindernden und schwierigen Einflüssen abschirmen soll, damit diese produktiv und ungestört arbeiten können. In der Tat ist dies auch eine Aufgabe von Führungskräften, wird jedoch häufig auch missverstanden. Natürlich muss eine Führungskraft ihre Mitar-

Management by umbrella wird missverstanden

beiter auch vor „Regen, Schnee und Sturm" abschirmen. Es hilft allerdings überhaupt nichts, wenn Mitarbeiter „total in Watte" gepackt werden. Sie müssen wissen, dass es regnet und stürmt. Sie müssen transparent über die Lage des Unternehmens, über Probleme und über die Hintergründe geplanter Veränderungen informiert werden.

- Ein weiterer Grund für die mangelnde Information des Unternehmens über die Notwendigkeit von Veränderungen sind **Geheimhaltungsgründe**. In manchen Change-Prozessen treffen diese auch zu, weil sonst die Öffentlichkeit zu früh informiert wäre oder evtl. Fusionen oder Produkteinführungen gefährdet wären. Häufig werden Geheimhaltungsgründe aber auch vorgeschoben, weil ein Informationsvorsprung immer auch ein Machtfaktor ist.

Echte oder vermeintliche Notwendigkeit zur Geheimhaltung

- Es ist zwar kaum zu glauben, kommt allerdings häufig vor, dass Informationen über die Notwendigkeit von Veränderungen aus **Flüchtigkeitsgründen** nur ungenügend und mangelhaft gegeben werden. In mittleren und höheren Führungskreisen ist es üblich, in Sitzungen Informationen möglichst schnell auszutauschen, da man sowieso nur wenig Zeit hat. Auf diese Weise werden Informationen dann auch nach unten weitergegeben - und zwar zu schnell, unverständlich, bruchstückhaft oder sogar gar nicht. Diese Führungskräfte sind vielfach voll davon überzeugt, dass die Mitarbeiter durch ihre gute Informationspolitik ja sowieso Bescheid wissen. Weit gefehlt, meistens wissen die Mitarbeiter nur wenig bis gar nichts über die Notwendigkeit der Veränderungen oder gar den vollen Umfang der Problemlage.

Echte Defizite in der Art der Informationsweitergabe

Wie soll bei schlecht informierten Mitarbeitern Einsicht in die Notwendigkeit von Veränderungen entstehen? Wer keine Einsicht in die Notwendigkeit hat, wird sich selber auch nur wenig bewegen. Einen Change-Prozess zu starten, ohne den Mitarbeitern ausreichend Einsicht in die Notwendigkeit vermittelt zu haben, kommt einem Kaltstart bei einem Auto mit Dieselmotor gleich und es ist bekannt, wie dieser ausgeht.

In diesem Zusammenhang soll allerdings auch das andere Extrem aufgeführt werden. In manchen Change-Prozessen wird zu Beginn der anstehenden Veränderungen so schwarz gemalt, wie es nur geht. Die Problemlage wird als fast unüberwindlich dargestellt, einzelne Bereiche werden offiziell als besonders negative Beispiele hervorgehoben, Worte entsprechend gewählt („die Geldvernichter im Bereich XYZ") und die notwendigen Anstrengungen zur Überwindung der Probleme werden als exorbitant dargestellt. Dies dient meist der Vorbereitung unangenehmer Maßnahmen, die dann doch nicht ganz so schlimm ausfallen wie angekündigt. Man hofft auf diese Weise, dass die Mitarbeiter im Unternehmen froh sind, dass es doch nicht so schlimm gekommen ist. Meistens ist bis zu diesem Punkt schon eine große Angst im Unternehmen entstanden, die Leistungen und Entscheidungen lähmt. Insgesamt profitiert ein Unternehmen nicht von einer solchen Vorgehensweise. Damit wird sie auch eine der typischen Sünden bei Change-Prozessen.

Schwarzmalerei ist kein angemessenes und Erfolg versprechendes Instrument in Change-Prozessen

7.3 Die Wahrheit auf Raten – schlechte Kommunikation und Information

Menschen sind Wesen, die Einfluss über ihre Umgebung gewinnen möchten. Dieses Bedürfnis nach Kontrolle ist unterschiedlich stark ausgeprägt. Der eine strebt stärker nach Kontrolle und Einfluss, der andere begnügt sich schon mit einer Vorhersagbarkeit der Dinge, die da auf ihn zukommen. Diese Dinge, die auf uns zukommen, sind auf jeden Fall einfacher zu ertragen oder sogar mitzutragen, wenn sie einem bekannt sind. Doppler & Lauterburg haben hierzu einfach, aber treffend bemerkt „Wer Engagement will, muss Sinn bieten".

Gerade im Bereich der Kommunikation werden jedoch erfahrungsgemäß die größten Sünden in Change-Prozessen begangen. Diejenigen Leser des vorliegenden Buches, die in Change-Prozessen Verantwortung tragen und diese Erfolg versprechend gestalten möchten, mögen den nachfolgenden Negativkatalog als Appell lesen, die betreffenden Fehler in ihrem Umfeld zu vermeiden.

Nach unseren Erfahrungen wird zu Beginn, im Verlauf und bei der Realisierung von Veränderungen grundsätzlich zu wenig kommuniziert. Gerade hier besteht jedoch ein hohes Bedürfnis der Betroffenen nach Information und Kommunikation.

EINE SAUBERE INFORMATION UND KOMMUNIKATION GEHT ÜBER EIN EINFACHES MAILING UND DIE ÜBLICHEN ABTEILUNGSSITZUNGEN HINAUS.

Veränderungsprozesse erfordern eine Form der Informationsübermittlung, die über die Routinekanäle hinausreicht

Change-Prozesse erfordern Informationsveranstaltungen und ggf. Diskussionsforen, bis hin zu Road Shows in sehr großen Organisationen.

Manchmal werden Informationen auch nur teilweise vermittelt, indem wichtige Teile ungesagt bleiben. Meist werden Nachteile von Veränderungen verschwiegen, wodurch bei Betroffenen – die dies in der Regel ja durchschauen – dann der Eindruck entsteht, dass ihnen ein X für ein U vorgemacht werden soll. Man vermutet, eine Veränderung soll wie saure Milch unter das Volk gebracht und verkauft werden.

„Salamitaktik" bei schlechten Nachrichten ist häufig anzutreffen, kann aber keinesfalls empfohlen werden

Noch schädlicher ist es, wenn die relevanten Informationen häppchenweise veröffentlicht werden. Wir kennen die Beispiele von Unternehmen, die gezwungen sind, Personal abzubauen. Man kommuniziert zunächst, dass bei der anstehenden Umstrukturierung kein Personalabbau geplant ist und vermittelt dann im zweiten Schritt , dass man über vieles nachdenken muss, eventuell auch über Personalabbau. Die Informationen steigern sich bis zur Nachricht über Personalabbau in der Größenordnung einer Quote, die später im Veränderungsprozess noch deutlich übertroffen wird. Stehen die Zeichen im Unternehmen so, dass man schon zu Beginn der anstehenden Veränderungen wusste, dass zukünftig sicher weniger Mitarbeiter benötigt werden, dann ahnten oder wussten dies auch die Mitarbeiter. In solchen Situationen entsteht bei den Betroffenen der Eindruck, dass „oben" gelogen wird und dies schürt ein Misstrauen, das nicht nur den aktuellen, sondern natürlich auch zukünftige Veränderungsprozesse belastet.

Schönreden wird ebenfalls schnell durchschaut und führt zu Mechanismen ähnlich der inneren Kündigung

Ähnliches gilt für das so genannte „Schönreden" von Veränderungen. Dabei werden auf der einen Seite Vorteile hochgespielt und/oder welche konstruiert, die eigentlich keine sind. Auf der anderen Seite werden offensichtliche Nachteile heruntergespielt. In heutigen Zeiten haben Mitarbeiter dafür ein sehr feines Gespür entwickelt und durchschauen diese Strategie schnell. Innerlich wird dann einfach nur noch abgewunken – „ja, ja, ist schon recht".

Auch die Art und Weise, wie kommuniziert wird, kann eine typische Sünde sein. Wir erleben immer wieder, dass höhere und manchmal auch mittlere Führungskräfte arrogant und überheblich auftreten.

All diese Kommunikationssünden hinterlassen einen schalen Beigeschmack bei den Betroffenen und verhindern, dass Vertrauen in den Change-Prozess aufgebaut werden kann. Vielmehr entsteht Misstrauen, das den Veränderungsprozess enorm behindert. Solche hinderlichen Auswirkungen lassen sich nicht wirklich in Euro und Cent quantifizieren, d.h., man weiß nicht, wie umfangreich der Schaden ist, der durch schlechte Information und Kommunikation angerichtet werden kann. Das mag einer der Gründe dafür sein, warum einer vernünftigen Kommunikation vielfach nicht mehr Bedeutung beigemessen wird.

WIR SIND JEDOCH ALS BERATER MEHR ALS ÜBERZEUGT DAVON, DASS NUR OFFENE KOMMUNIKATION, DIE VERTRAUENSBILDEND WIRKT, ZUM ERFOLG VON CHANGE-PROZESSEN BEITRÄGT.

7.4 Vogel friss oder stirb – übler Stil bei der Vorgehensweise

„Eigentlich müssen wir die Mitarbeiter doch gar nicht beteiligen, die müssen es doch sowieso machen, oder? Wäre es nicht besser, wir ordnen es einfach an?" Diese beiden Fragen wurden im Rahmen der Begleitung eines Change-Prozesses durch den Projektleiter gestellt (und waren in dem betreffenden Fall sogar verständlich, weil das Veränderungsprojekt einen schlimmen zeitlichen Rückstand hatte und man nun an der Kommunikation und Einbindung der Betroffenen sparen wollte).

Faktisch müssten Mitarbeiter nicht an Change-Prozessen vorab beteiligt werden

In der Tat herrscht bei vielen Veränderungsprozessen unterschwellig die Meinung, dass man die von der Veränderung betroffenen Mitarbeiter eigentlich gar nicht fragen oder irgendwie beteiligen müsse, weil diese es sowieso umsetzen müssen. Faktisch und auf der Sachebene stimmt diese Haltung in der Regel. In der Konsequenz führt sie dann dazu, dass die Mitarbeiter mit den Ergebnissen eines Change-Projektes einfach konfroniert werden, getreu dem Motto „Vogel friss oder stirb". Beispielsweise findet man diese Haltung oft bei der Einführung neuer Software, die eine alte Software ablöst. In einer solchen Konstellation müssen die Mitarbeiter wirklich mit der neuen Software arbeiten, egal, ob sie beteiligt wurden oder nicht. Der in solchen Situationen vielfach praktizierte Stil ist aus unserer Sicht äußerst übel: Betroffene Mitarbeiter werden noch nicht einmal informiert, geschweige denn, dass sie über ihre Bedarfe befragt werden. Sie erhalten keine Informationen über den Fortschritt des Change-Projektes und werden später bei Einführung sogar nur mit einem Mailing rudimentär über die Handhabung der neuen Software informiert.

Negative Erfahrungen macht man oft bei der Einführung neuer Software

Ähnlich schlechte Erfahrungen mussten wir bei Einführungen eines Gruppenarbeitskonzeptes, eines neuen Arbeitszeitsystems und eines neuen Beurteilungssystems machen und das Problem stellt sich generell bei der Einführung neuer Technologien.

JENSEITS DER SACHEBENE BESTEHT DIE PROBLEMATIK ALLERDINGS DARIN, DASS BETROFFENE NACH ALLEN ERFAHRUNGEN IM ANSCHLUSS AN DAS CHANGE-PROJEKT „RACHE" FÜR EINE FEHLENDE BETEILIGUNG NEHMEN.

Formal korrekte, aber an den Mitarbeitern vorbeilaufende Prozesse könnten sich erheblich rächen

Sie revanchieren sich, indem sie beweisen, dass die Neuerung so nicht funktioniert. Die Software wird boykottiert und nur so rudimentär genutzt, wie sie vermittelt wurde. Das Gruppenarbeitskonzept führt zu mehr Ausschuss als die vorherige Fließbandarbeit. Das neue Arbeitszeitsystem wird durch einen gestiegenen Krankenstand „ausgeglichen". Das neue Beurteilungssystem wird knallhart einfach nicht eingesetzt.

Offiziell gelten diese Veränderungen zwar als implementiert, aber die Einführungen waren nicht wirklich erfolgreich.

Weitere ausgewählte Beispiele für einen schlechten Stil bzw. eine unangemessene Vorgehensweise, die es zu vermeiden gilt, sind:

- Ignorieren von Einwänden oder Gegenargumenten,
- abwertende Bemerkungen in der Öffentlichkeit gegenüber Zweiflern,
- Vorspiegelung falscher Tatsachen, um der gewünschten Veränderung zu mehr Durchsetzungsvermögen zu verhelfen,
- Zynismus und Ironie,
- arrogantes Auftreten bei der Verkündung von Veränderungen,
- versteckte und offene aggressive Äußerungen gegenüber Gegnern der gewünschten Veränderungen,
- unangemessene, öffentliche Drohungen gegenüber Gegnern der gewünschten Veränderungen.

Diese Art und Weise ist kontraproduktiv und wird von den Betroffenen in der Regel als Bumerang zurückgegeben, indem sie die angestrebten Veränderungen aktiv verzögern oder scheitern lassen.

7.5 Bomben werfen und not invented here – unprofessionelles Stakeholdermanagement

In einem Change-Prozess gibt es zahlreiche Personen und Personengruppen, die währenddessen oder im Nachhinein von den Veränderungen betroffen sind. Diese haben alle die unterschiedlichsten Interessen in Bezug auf die anstehenden Veränderungen. Wir möchten dies kurz und spotartig charakterisieren - nicht, um auf die einzelnen Interessen im Rahmen dieses Buches näher einzugehen, sondern um das Problem zu veranschaulichen, dass und wie alle diese Interessen unter einen Hut zu bringen sind:

Change-Prozesse berühren Interessen mehrerer Gruppen Betroffener mit unterschiedlichen Interessenlagen

- Der Kunde möchte geringere Preise, eine höhere Qualität und bessere Leistungen erhalten.
- Der Aktionär möchte an einer höheren Rendite teilhaben.
- Der Betriebsrat möchte in der Regel mäßige Veränderungen, bei denen die Interessen der Arbeitnehmer gewahrt bleiben und möglichst keine Mitarbeiter entlassen werden.
- Der IT-Bereich möchte bei Veränderungen, dass software-architektonische Prinzipien berücksichtigt werden.
- Der Vorstand möchte, dass Veränderungen einen ordentlichen Return des Investments einbringen.
- Die mittlere Führungseben möchte, dass ihr Einfluss erhalten bleibt und nicht gemindert wird.
- Die Mitarbeiter möchten, dass die Veränderungen nicht zu umfangreich sind und nicht allzu viele neue Mühen und Anstrengungen erfordern.
- Die Personalabteilung möchte, dass Veränderungen nicht zu viel Unruhe in die Mannschaft bringen.
- Der Vertrieb möchte, dass mit Veränderungen keine neuen administrativen Tätigkeiten auf ihn zukommen.

Jede Abteilung und jedes Team innerhalb der Bereiche sowie jeder einzelne Mitarbeiter hat seine Interessen in Veränderungsprozessen.

> Im Rahmen eines professionell gesteuerten Change-Prozesses müssen diese Stakeholderinteressen aktiv gemanaget werden.

Es ist aktives Stakeholdermanagement gefordert

In vielen Veränderungsprozessen ist jedoch zu beobachten, dass die Interessen der Stakeholder unprofessionell oder gar nicht gemanaget werden. Immer wieder stellen wir in der Praxis fest, dass ganze Gruppen von Stakeholdern nicht oder nur unzureichend gehört oder berücksichtigt werden, obwohl sie direkt von den Veränderungen betroffen sind.

Insbesondere, wenn diese Stakeholder die Veränderungen umsetzen sollen, macht sich Widerstand bemerkbar. Aus der Perspektive der entsprechenden Stakeholder stellt sich die Situation so dar, dass die Einführung einer Veränderung nach dem „Bombenwurfprinzip erfolgte“.

Die Praxis weist hier noch große Defizite auf

„Not-invented-here"-Syndrom

Sie wurden vorher nicht gefragt, nicht informiert und nicht beteiligt, sollen aber unvermittelt bekannt gegebene Änderungen berücksichtigen. Oft ergibt sich dann das so genannte „Not-invented-here"-Syndrom. Es beinhaltet, dass die Veränderungen, weil sie nicht im betroffenen Bereich erfunden wurden bzw. weil die Betroffenen nicht gehört wurden, nichts Gutes sein können und also unwillkommen sind.

7.6. Alles auf einmal – zu großer Umfang, zu hohe Geschwindigkeit

Der Takt von Wandel wird stark von außen bestimmt

Jedes Unternehmen, jede Organisation braucht die kontinuierliche Anpassung an veränderte Rahmenbedingungen und Gegebenheiten, um auf den heutigen Märkten bzw. im Umfeld der Organisation zu überleben. Dies gilt insbesondere mit der zunehmenden Globalisierung, die die Unternehmen vor ständig neue Herausforderungen stellt. Entsprechend wird der Takt von Change-Prozessen vielfach von außen vorgegeben.

Es gibt jedoch auch Unternehmen, die von innen heraus schnelle Veränderungsprozesse vollziehen

Wir beobachten jedoch auch, dass sich viele Unternehmen von innen heraus in einer früher nie da gewesenen Veränderungsfreude gefallen. Es wird oft umstrukturiert und reorganisiert, Abläufe werden mehrfach verändert (und durchaus wieder in eine frühere Richtung korrigiert, wenn sich etwas doch nicht bewährt hat) und neue Instrumente werden in rascher Folge eingeführt.

Die hohe Veränderungsgeschwindigkeit birgt ein großes Problempotenzial

Mit der hohen Geschwindigkeit von Veränderungsprozessen und auch der immer schneller werdenden Abfolge der Veränderungen ergeben sich erhebliche Probleme, die zu deutlichen Fehlern führen.

Typische Termin- und Geschwindigkeitssünden bei Change-Prozessen

Zu früh

- Veränderungen werden **zu früh gestartet** bzw. eingeleitet. Das Unternehmen, die Mitarbeiter oder auch die Kunden sind überhaupt noch nicht bereit bzw. reif für die angestrebten Veränderungen.

Zu spät

- Veränderungen werden **zu spät gestartet** bzw. realisiert. Die Märkte und Kunden wurden schon von anderen Firmen auf die neue Art und Weise bearbeitet, ein Produkt wurde schon von anderen Unternehmen eingeführt, ein Markt ist übersättigt etc.

Zum falschen Zeitpunkt

- Veränderungen werden **nicht zum richtigen Zeitpunkt angestoßen** oder eingeführt. Das mikropolitische Timing ist ungünstig gewählt, weil zum gleichen Zeitpunkt anderes aktueller oder wichtiger ist.

Zu schnell und deshalb schlampig

- Die **Geschwindigkeit einer angestrebten Veränderung ist viel zu schnell** und lässt eigentlich nur Aktionismus zu.
  Oft fehlen dann saubere Vorstudien und eine systematische Konzeption. Die schlampige Konzeption muss möglicherweise mehrfach umgeworfen werden, bis hin dazu, dass sie sich in der Realisierungsphase als unvollständig erweist.

ECHTE GESCHWINDIGKEIT ENTSTEHT KEINESFALLS DURCH PLANLOSEN AKTIONISMUS, SONDERN DURCH EINE ORDENTLICHE KONZEPTION, DIE DANN SCHNELL UND SAUBER UMGESETZT WIRD. MAN KÖNNTE AUCH SAGEN, „ERST DENKEN, DANN HANDELN".

Einführung zu schnell

- Man möchte **die Veränderung zu schnell einführen** bzw. realisieren (ein neues Produkt schnellstmöglich auf den Markt bringen; eine neue kundenorientiertere Struktur schnellstmöglich umsetzen; eine neue Software schnellstmöglich einsatzbereit haben; eine Gruppenarbeit kurzfristig unternehmensweit starten usw.). In der Folge wird nicht oder zu wenig getestet und ausprobiert. Dieses Übermaß an Geschwindigkeit verbunden mit einer mangelnden Testphase geht in aller Regel zu Lasten der Qualität und beinhaltet erhebliche Risiken.

  Im Software- und Technologiebereich gibt es deshalb schon die Geschichte vom so genannten „Bananenprodukt", das beim Kunden reift. Im Sport würde man dieses Vorgehen als einen Sprint ohne entsprechende Aufwärmphase bezeichnen. Das ist ein Vorgehen, das ein Spitzensportler niemals wählen würde.

Abfolge zu schnell

- Die **Abfolge von Veränderungen ist zu schnell.** Es wird eine Veränderung nach der anderen gestartet. Die Organisation ist noch mit einem vorhergehenden Change-Prozess beschäftigt, während schon ein weiterer gestartet wird – bis hin dazu, dass mehrere Change-Prozesse parallel bewältigt werden sollen.

  Dies ist mit eine der größten Sünden, die in Change-Prozessen überhaupt begangen werden kann, da sie vielfältige und ungünstige Konsequenzen mit sich bringt.

Die größte Sünde beim Tempo: Überforderung durch Parallelität

  - Zunächst ist die Aufnahmekapazität von Organisationen begrenzt, da neben der Konzeption und Umsetzung von Veränderungen ja auch gearbeitet werden muss.
  - Darüber hinaus verkraften Menschen nur eine bestimmte Menge von Veränderungen in einer bestimmten Zeit. Wird diese Menge überschritten, streichen die Betroffenen die Segel. Dies muss nicht sofort äußerlich erkennbar sein. Es kann sich auch in Form von geringerer Motivation oder innerer Kündigung niederschlagen.

Besonders ungünstig ist es, wenn die Realisierung einer Veränderung auf der Mitarbeiterebene eigentlich noch nicht abgeschlossen ist, von der Führungsebene der erfolgreiche Abschluss aber schon verkündet wurde und, verbunden damit, ein neuer Change-Prozess gestartet wird. Dies führt bei Mitarbeitern zu **Überlastungsreaktionen**, teilweise aber auch einfach nur noch zu einem Abwinken. Viele Mitarbeiter ducken sich einfach nur noch ab und denken sich, dass sie diese Veränderung genauso überstehen werden wie die letzte. Nämlich so, dass sie ihren Job wie bisher weitermachen, abwarten, bis auch diese Veränderung als abgeschlossen verkündet wird und der nächste Change-Prozess über sie hinwegfegt.

DIE SÜNDE „ALLES AUF EINMAL“ MUSS SICH ALLERDINGS NICHT NUR AUF DIE GESCHWINDIGKEIT VON VERÄNDERUNGEN BEZIEHEN, SIE KANN AUCH DEN UMFANG EINER VERÄNDERUNG BETREFFEN.

Zum Beispiel findet man bei der Einführung neuer Software häufig den Anspruch, alle Funktionalitäten einzuprogrammieren, die überhaupt möglich sind. Bei der Einführung eines neuen Beurteilungssystems sollen von Anfang an alle Eventualitäten berücksichtigt werden, die auftreten können. Ein weiteres, zum Zeitpunkt der Drucklegung dieses Buches aktuelles Beispiel für das gerade in Deutschland gepflegte Problem der Übergründlichkeit ist die Einführung einer Lkw-Maut mit dem Projekt „Toll Collect“. Es ist ein Beispiel dafür, dass der gewünschte übermäßige Umfang in der zur Verfügung stehenden Zeit oder für das vorhandene Geld gar nicht leistbar ist. Was in solchen Fällen bleibt, sind Change-Prozess-Ruinen, die im besten Fall in re-dimensioniertem, kleinerem Umfang und mit erheblicher Zeitverzögerung knapp realisiert werden können. Oft bleibt dabei der finanzielle Erfolg auf der Strecke.

7.7 Nutzen oder Leidensdruck – nie gehört?

Im Großen und Ganzen kann man zwei grundlegende menschliche Beweggründe unterscheiden, die dazu führen, dass Menschen sich verändern: Nutzen oder Leidensdruck.

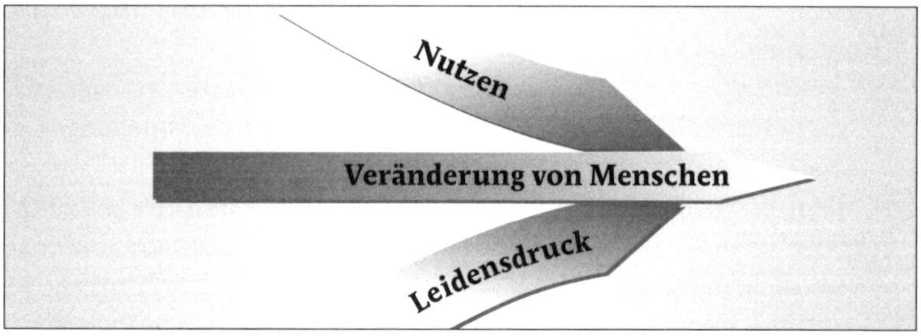

Abb. 7.2: Nutzen und Leidensdruck als Hauptmotive für Veränderung

Diese Beweggründe von Menschen lassen sich grundsätzlich in Change-Prozessen ansprechen und hier verzeichnen wir in der Praxis ein klares Defizit.

Beweggrund Nutzen

In manchen Change-Prozessen wird auf den Nutzen Betroffener überhaupt nicht geachtet – unbewusst nicht oder weil die Verantwortlichen dies für überflüssig halten. Man führt einfach eine Veränderung durch. Wir greifen hier noch einmal auf das in Abschnitt 3.3.2 vorgestellte Beispiel der Umgestaltung von Bankfilialen zurück: Die traditionellen

Schalter sollten modern und innovativ mit Begrüßungsbereich, Multimediaplätzen und individuellen Beraterplätzen gestaltet werden. Ein persönlicher Nutzen besteht in diesem Konzept für die Mitarbeiter in der Regel nicht. Das Gegenteil ist der Fall, da man als Mitarbeiter einer solchen Filiale auf den in mehrfacher Hinsicht gegebenen Schutz der klassischen Schalter verzichten muss und sich ungeschützt an einem kleinen Bistrotisch dem Kunden gegenüber sieht. Dies ist eine Vorstellung, die für viele Bankmitarbeiter sehr unangenehm ist. Dementsprechend hat sich diese Idee auch nicht großartig durchgesetzt, weil sich die Begeisterung, Motivation und Qualifikation des dafür erforderlichen Personals deutlich in Grenzen hält.

WO KEIN NUTZEN IST, KANN ER AUCH NICHT ALS PERSÖNLICHER BEWEGGRUND ZU EINER VERÄNDERUNG BEI DEN MITARBEITERN FÜHREN.

Nutzen kann auf unterschiedliche Weise gegeben sein. In manchen Change-Prozessen gäbe es einen **mittelbaren Nutzen** für die Betroffenen, dieser lässt sich allerdings nur schlecht vermitteln. Dies ist z.B. immer dann der Fall, wenn eine Veränderung Arbeitsplatzverluste begrenzt oder sogar verhindert. Leider ist eine vermeintliche und allgemeine Verbesserung der Arbeitsplatzsicherheit für den Einzelnen eher diffus und wird oft nicht als direkter Nutzen empfunden.

Begrenzung von Arbeitsplatzabbau ist zwar ein Nutzen, aber eher diffus

In anderen Change-Prozessen gibt es einen **allgemeinen Nutzen** für das Unternehmen, aber keinen persönlichen Nutzen für den Einzelnen. Hier wird oft die Chance vertan, den Einzelnen am Nutzen des Unternehmens teilhaben zu lassen oder zumindest den Versuch zu machen, ihm seinen Anteil an diesem Unternehmensnutzen zu kommunizieren.

Nutzen für das Unternehmen muss als Nutzen auch für den Einzelnen kommuniziert werden

In wieder anderen Change-Prozessen gäbe es einen **unmittelbaren persönlichen Nutzen**. Man vergibt dann Möglichkeiten zur Verbesserung der Effizienz des Change-Prozesses, wenn dieser für die Betroffenen nicht, undeutlich oder schlecht kommuniziert wird. Denn die Folge ist, dass die Betroffenen diesen persönlichen Nutzen nicht wahrnehmen und deshalb lieber beim Alten bleiben.

Wo immer persönlicher Nutzen vorhanden ist, muss dieser unbedingt vermittelt werden

In Abschnitt 3.2.2 wurde bereits das Schönreden angesprochen, das sich auch wie folgt beschreiben lässt: In Change-Prozessen wird so getan, als gäbe es einen persönlichen Nutzen für die Betroffenen, aber dieser ist gar nicht vorhanden oder deutlich geringer, als er beschrieben wurde. Dies muss als eine der großen Sünden im Veränderungsprozess disqualifiziert werden, da die Reaktion von Mitarbeitern allermeistens Widerstand oder Ablehnung gegen die zu Unrecht beworbene Veränderung ist.

Falschen Nutzen zu versprechen, ist kontraproduktiv

Manche Veränderungen haben auch einfach keinen Nutzen für den einzelnen Mitarbeiter. Dann ist es natürlich auch nicht möglich, einen Nutzen als Beweggrund ins Feld zu führen.

Beweggrund Leidensdruck

Die Betrachtung des Leidensdruckes gestaltet sich etwas schwieriger.

GRUNDSÄTZLICH IST ES GÜNSTIG FÜR DEN ERFOLG VON VERÄNDERUNGEN, WENN GEWISSER LEIDENSDRUCK BESTEHT. DIESER DARF NICHT ZU GROSS SEIN, DA ER SONST EINE LÄHMENDE FUNKTION ÜBERNIMMT.

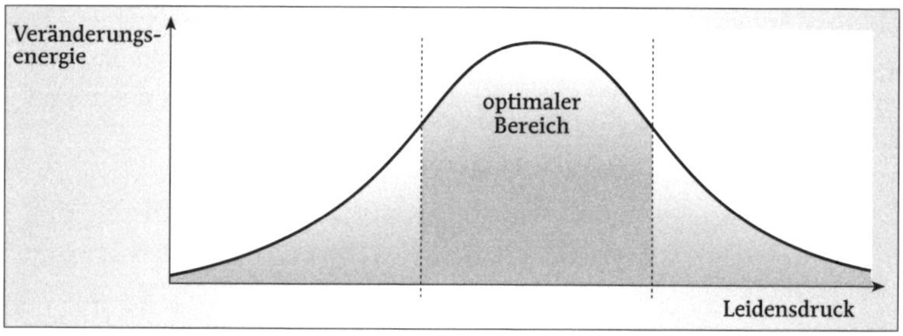

Abb. 7.3: Veränderungen unter Leidensdruck verlaufen nur in bestimmter Ausprägung optimal

Es muss darauf geachtet werden, Leidensdruck weder überzubetonen noch zu vernachlässigen

Typische Sünden bei der Gestaltung des Leidensdrucks in Change-Prozessen sind:

- Es wird zu viel Leidensdruck vermittelt. Infolge dessen steigen die meisten Mitarbeiter innerlich oder auch offiziell aus, weil sie die Problematik für nicht zu bewältigen halten.
- Die Chance eines vorhandenen Leidensdrucks zur Beschleunigung der Realisierung von Veränderungen wird nicht genutzt, weil den Change-Initiatoren diese Möglichkeit nicht bewusst genug ist.

7.8 Wozu Methoden – es geht doch auch ohne

Vom Grundsatz her sollte man davon ausgehen, dass Veränderungsprozesse auf Grund ihrer Wichtigkeit immer mit hoch professionellen Methoden gesteuert werden. Auch hier lässt sich in der Praxis feststellen, dass dies in vielen Fällen überraschenderweise nicht zutrifft.

Spezifisches Methodenwissen ist vielfach unbekannt

Auch Basismethoden des Projektmanagements werden vernachlässigt

Verfügbare und spezifische Methoden zum Management des Wandels werden viel zu wenig eingesetzt. Zahlreiche Change-Manager verfügen de facto nicht über betreffendes Methodenwissen und kennen grundlegende Begriffe wie „Sounding Board“, „Reflecting Team“ oder „Open Space“ nicht, die wir in Kapitel 10 zusammen mit weiteren Instrumenten vorstellen werden. Aber auch die allgemeineren Methoden zum Projektmanagement werden aus unserer Sicht nur ungenügend oder gar nicht bei Change-Prozessen eingesetzt. Den Verfassern sind gravierende Beispiele bekannt, wo in Change-Projekten nicht einmal ein grundlegender Aspekt beachtet wurde.

Die beobachtete Mängellise umfasst u.a.:

Wesentliche Methoden, die in der Praxis vermisst werden, die aber unabdingbar sind

- fehlende To Do-Liste über die abzuarbeitenden Arbeitspakete,
- fehlende Termine als Zielgröße für den Abschluss des Change-Prozesses,
- fehlende Umfeldanalysen für die Interessenerfassung der Stakeholder,
- fehlende Risikoanalyse,
- völlig ungenügende Kapazitätenplanung, weil die eingesetzten Mitarbeiterkapazitäten „Pi mal Daumen" geplant wurden mit der der Folge, dass die Umsetzung so sehr schleppend lief,
- regelmäßig extrem lang dauerende Entscheidungen, weil es kein Steuerungsgremium auf Entscheiderebene gab.

Das sind nur die Kardinalfehler, die Change-Verantwortliche unbedingt vermeiden müssten, und die Liste ließe sich beliebig in kleinere methodische Sünden verlängern.

Auch Wirtschaftlichkeitsrechnungen werden unzulänglich behandelt

Interessanterweise werden auch Methoden zur Wirtschaftlichkeitsberechnung oft nur zu Beginn eines Change-Prozesses eingesetzt. Im weiteren Verlauf des Veränderungsprozesses wird diese ursprüngliche Wirtschaftlichkeitsbetrachtung dann nicht mehr oder nur unzureichend nachgehalten. Der schöne, zu Beginn errechnete, Business Case ist oft schon zwei Wochen nach Start des Change-Prozesses irgendwo in einer Schublade verschwunden. Oft wird er auch später nicht mehr hervorgeholt.

Change-Prozesse können Selbstläufer werden – getragen von Einzelinteressen, deren Summe nicht mehr das Gesamtinteresse darstellt

Dies ist eine der Todsünden in Change-Prozessen, die jedoch nachvollziehbare Gründe hat. Im Verlauf oder bei Realisierung der Veränderungen stellt sich vielfach heraus, dass sich die ursprünglich angenommene Wirtschaftlichkeit oder die strategische Bedeutung so gar nicht mehr halten lässt. Change-Prozesse neigen in solchen Fällen dazu, als eine Art Selbstläufer fortgeführt zu werden. Denn es gibt es dann bereits zu viele Interessengruppen in Unternehmen, deren Interessen sich verselbstständigt haben, die bei einem Stopp Nachteile befürchten und die das Change-Projekt dann noch irgendwie am Leben erhalten. Hier werden Change-Projekte dann bis zum bitteren Ende durchgezogen, obwohl sich schon unterwegs mehr oder weniger klar abzeichnete, das aus „der ganzen Sache" nichts werden wird. Wir kennen aus eigener Beobachtung zahlreiche Change-Projekte, bei denen es erheblich besser gewesen wäre, sie rechtzeitig abzubrechen.

Kosten und Zeit haben oft Vorrang für Methodenprofessionalität

Abschließend müssen wir anfügen: Fehlender professioneller Methodeneinsatz führt nicht zwangsläufig gleich zum Scheitern des Change-Prozesses. In der Praxis funktionieren viele Change-Prozesse dennoch „irgendwie", man lanciert sich durch den Prozess. Abgesehen von der fehlenden Methodenqualifikation fallen auch Entscheidungen oft bewusst gegen professionelle Methoden, denn deren Einsatz kostet in der Regel zusätzliche Zeit und zusätzlichen Aufwand. Man entscheidet dagegen, auf die Gefahr hin, unzulänglich und fehlerhaft zu arbeiten.

7.9 Controlling gerne – aber wir sind schon woanders

Wenn ein Change-Prozess angestoßen wird, sollte man auch auf die Nachhaltigkeit der angestrebten Veränderungen achten. Dies geschieht in vielen Change-Prozessen eher rudimentär. Sünden können dabei begangen werden

- beim Umsetzungscontrolling und beim
- Ergebniscontrolling.

Beim **Umsetzungscontrolling** wird in vielen Fällen zu wenig darauf geachtet, ob die neu eingeführten Instrumente, Prozesse, Abläufe oder Strategien auch wirklich eingehalten werden. Spätestens, wenn es um das Verhalten von Mitarbeitern geht, ist es in der Tat auch sehr schwierig, die Umsetzung von eingeführten Veränderungen direkt zu kontrollieren. Ob ein Kundenbetreuer einer neuen Vorgehenssystematik im Gespräch folgt oder ob der Einkauf neuerdings wirklich auch bei allen Einkaufsvorgängen berücksichtigt wird, ist nicht immer einfach zu kontrollieren. Dass es nicht einfach ist, bedeutet allerdings nicht, dass man es ganz unterlassen sollte. Häufig wird allerdings schon bei der Planung des Change-Prozesses ein Umsetzungscontrolling gar nicht mit berücksichtigt.

Umsetzungscontrolling gestaltet sich im Bereich Verhaltensveränderung schwierig

Viele Change-Prozesse sehen Umsetzungscontrolling gar nicht erst vor

Noch häufiger findet man die Sünde eines mangelnden **Ergebniscontrollings**. Bei vielen Change-Prozessen können sich die Auswirkungen der neuen Strategie auf die Geschäftszahlen oder die Auswirkungen einer neuen Struktur auf die Kundenzufriedenheit nicht sofort, sondern erst nach einiger Zeit zeigen. In dieser Zeit sind gegebenenfalls schon wieder ganz andere Change-Prozesse und Themen im Unternehmen relevant geworden. So richten die Change-Manager und die höheren und mittleren Führungskräfte ihr Augenmerk längst auf anderes und kümmern sich zu wenig um den eigentlichen Erfolg der schon abgeschlossenen Veränderungsprozesse.

Ergebniscontrolling überlagert sich zeitlich mit Folgeprojekten und geht dabei oft unter

Ein Bereichsleiter eines großen Konzerns hat, auf dieses Problem angesprochen, einmal gesagt: „Das Ergebnis eines Change-Projektes ist für mich wie ein Weihnachtsgeschenk. Man freut sich ein paar Wochen darüber und dann ist es vergessen, weil schon wieder tausend andere Sachen anstehen.“ Davon, Ergebnisse zu messen, war in diesem Gespräch überhaupt gar keine Rede.

Zudem kommt das Problem der **Zurechenbarkeit** hinzu. Auch wenn Kundenzufriedenheit oder Geschäftszahlen steigen, wie will man beweisen, dass dies originär mit der Realisierung einer neuen Strategie oder Struktur zusammenhängt? Es kann viele gute andere Gründe für solche Entwicklungen geben, bis hin dazu, dass diese auch außerhalb des Unternehmens liegen können. Echtes Ergebniscontrolling bedarf deshalb eines komplexen Instrumentariums, was entsprechend aufwändig ist.

Eindeutige Zurechenbarkeit ist, wenn überhaupt, nur mit mächtigeren Instrumenten erzielbar

In diesem Zusammenhang schildern wir als kleines Beispiel, wie eine Strategieberatung von einer großen Unternehmensberatung für einen großen deutschen Finanzdienstleister durchgeführt wurde. Die Unternehmensberatung schlug vor, dass man den Erfolg des Change-Prozesses als Indikator am Aktienkurs des Finanzdienstleisters messen solle. Im konkreten Fall hatte die Unternehmensberatung das „Glück", dass sich der Finanzdienstleister darauf nicht einlassen wollte. Denn schon kurze Zeit später gab es auf Grund des 11. Septembers 2001 einen Börsencrash, bei dem die Kurse des Finanzdienstleisters drastisch fielen. Der beratene Kunde hatte sicher andere Gründe, den Indikator abzulehnen, und zusammengenommen zeigt das Beispiel auf drastische Weise, dass mögliche Indikatoren von vielen Faktoren beeinflusst werden. Wir müssen an dieser Stelle offen lassen, ob der im Beispiel in Rede stehende Change-Prozess an sich erfolgreich war (und anders gemessen wurde) oder ob sein Erfolg durch die externen Ereignisse sogar verhindert wurde.

Ergebniscontrolling kann auch erbringen, dass der Change-Prozess als Misserfolg einzustufen ist

Unangenehm wäre es natürlich auch, wenn das Ergebniscontrolling erbringen würde, dass das Change-Projekt eigentlich ein **Reinfall** war. Ein solches Ergebnis versuchen natürlich insbesondere die Initiatoren von Change-Projekten zu vermeiden.

Zusammengenommen: Schwierigkeiten und Nebeninteressen mit vermeintlich guten Gründen können zu einer ablehnenden Haltung gegenüber einem Ergebniscontrolling beitragen. Als Ausrede taugen solche Gründe schlecht, denn selbst das schlechteste Ergebniscontrolling ist noch besser als gar keins. Und nur aus dem Controlling der Ergebnisse kann man für zukünftige Change-Prozesse lernen.

7.10 Politische Spiele

Wo immer Menschen zusammenkommen, ergeben sich politische und mikropolitische Spiele, wie wir im Kapitel 3 über Führung schon ausführlicher dargelegt hatten: Jeder versucht, auf eine solche Weise seine Interessen einzubringen und auch zur Geltung kommen zu lassen. Und es ist ganz natürlich, dass Menschen auch in Unternehmen Politik zur Durchsetzung ihrer Interessen betreiben.

Unter dem Blickwinkel von Sünden im Change-Prozess ist zu beachten, dass diese Politik negative Auswirkungen haben kann. Bereiche blockieren sich gegenseitig, die Zusammenarbeit in Change-Prozessen wird belastet, Synergie-Effekte werden nicht genutzt, einzelne Abteilungen spielen sich gegeneinander aus und so weiter.

Die Sünde in Change-Prozessen besteht nicht darin, dass diese Politik überhaupt vorkommt (was sich kaum verhindern lässt), sondern darin, dass sie nicht – je nach Situation – kanalisiert, umgesteuert oder ganz unterbunden wird.

8 Erfolgsfaktoren von Change-Prozessen

Erfolgsfaktoren meinen mehr als das Vermeiden typischer Sünden

Die „Sünden“ aus Kapitel 7 nicht zu begehen, hilft Fehler zu vermeiden. Hier in Kapitel 8 betrachten wir – quasi spiegelbildlich – Erfolgsfaktoren, mit deren Hilfe Change-Prozesse zielgerichtet und erfolgreich ablaufen können. Die Aspekte sind nicht überschneidungsfrei und wir steigen in einige Themen – ähnlich einer Spirale – ein zweites Mal (und tiefer gehend als die eher phänomenologische Betrachtung in Kapitel 7)ein. Zu betrachten sind das „Was“ und das „Wie“ von Change-Prozessen.

Erfolgsfaktoren beziehen sich auf das Was und das Wie von Change-Prozessen

Das „Was“ umfasst
- die sorgfältige Diagnose bzw. Analyse,
- die eindeutige Problembeschreibung (Symptom bzw. Ursache),
- die korrekte Zieldefinition (was soll erreicht werden) und
- den klaren Nutzen (wer hat davon etwas).

Das „Wie“ betrifft
- die Kommunikation (Transparenz und Nachvollziehbarkeit),
- die Beteiligten (Top-Management, Führungskräfte, Mitarbeiter),
- den Zeitplan (Meilensteine, Geschwindigkeit),
- die Methoden (Projektmanagement, Controlling),
- ein umsetzungsorientiertes Arbeiten und nicht zuletzt
- den wertschätzenden Umgang miteinander (wahrnehmen, anhören, ohne Intrigen).

Die Kernfrage, ob der Erfolg eines Change-Prozesses tatsächlich eingetreten ist und was als Erfolg zu werten ist, wurde bereits in Kapitel 7 problematisiert. Ein Change-Prozess kann nur daran gemessen werden, ob seine Ziele erreicht wurden, und das lässt sich umso klarer erkennen, je eindeutiger diese formuliert wurden. Dabei muss vorausgesetzt werden, dass die Informationen über die gelungenen Veränderungen sachlich korrekt sind und die Mitarbeiter nicht nur die Neuerungen akzeptiert haben, sondern auch damit entsprechend arbeiten.

8.1 Jeder Veränderung muss eine Diagnose vorausgehen

Wenn ein Change-Prozess erfolgreich sein soll, setzt dies voraus, dass man die Ausgangslage genau kennt und analysiert hat. Beispielsweise kann eine neue Strategie nur funktionieren, wenn sie die Gegebenheiten des Marktes berücksichtigt. Neue Arbeitsprozesse können nur erfolgreich sein, wenn sie zur schon eingesetzten Software passen und die Mitarbeiter ausreichend qualifiziert sind. Eine neue Software kann nur erfolgreich eingeführt werden, wenn alle technischen Voraussetzungen gegeben sind und die Mitarbeiter ausreichend dafür qualifiziert (worden) sind.

Erfolg setzt eine profunde Anfangsanalyse voraus

Da der Erfolg von Veränderungen bestimmte Rahmenbedingungen voraussetzt, müssen zu Beginn eines Change-Prozesses entsprechende Analysen über Vorhandensein oder Abwesenheit dieser Rahmenbedingungen durchgeführt werden.

Zu klären: Wirtschaftlichkeit, Notwendigkeit und Machbarkeit

Die allererste Analyse muss dabei die Sinnhaftigkeit eines Veränderungsprozesses beleuchten. Zu diesem Zweck sind drei Aspekte zu untersuchen: die Wirtschaftlichkeit, die strategische Notwendigkeit und Machbarkeit.

Checkliste: Aspekte der Ausgangsanalyse eines Change-Prozesses

- Die **voraussichtliche Wirtschaftlichkeit** des geplanten Change-Prozesses: Diese Informationen ergeben sich aus einer Gegenüberstellung aller voraussichtlichen finanziellen Aufwände mit dem Nutzen der geplanten Veränderungen. Im Rahmen dieser Analyse muss bei manchen Change-Projekten natürlich auch eine entsprechende Untersuchung der Märkte und der Kunden durchgeführt werden.

  Hier werden echte Berechnungen benötigt, denn es kann nicht darum gehen, ein Change-Vorhaben„schön zu rechnen". Diese Vorgehensweise würde zu einem Bumerang, da sie die Verantwortlichen spätestens dann wieder einholt, wenn der strategische oder wirtschaftliche Nutzen realisiert werden soll.
- Die **strategische Notwendigkeit** bzw. **Sinnhaftigkeit** der geplanten Veränderungen: In manchen Fällen gibt es keine Wahlmöglichkeit. Dies ist zum Beispiel der Fall, wenn Change-Prozesse durchgeführt werden müssen, um das Unternehmen an neue gesetzliche Bedingungen anzupassen oder wenn eine technologische oder wirtschaftspolitische Notwendigkeit besteht. Die Sinnhaftigkeit dieser Change-Prozesse besteht dann darin, eine so genannte **Muss-Veränderung** zu sein.
- Die nähere **Untersuchung der Machbarkeit** eines Change-Prozesses umfasst:
  - die Vorgeschichte des geplanten Change-Prozesses – wurde eine solche Veränderung schon einmal versucht? Wie ging dieser Versuch aus?
  - die klare Analyse der bestehenden Sachlage (Märkte, Kunden, Strategie, Struktur, Prozesse, IT-Software, IT-Hardware),
  - mögliche Risiken des Veränderungsprozesses und nicht zuletzt
  - mögliche politische und mikropolitische Schwierigkeiten auf Grund der bestehenden Kultur, der geheimen Spielregeln, der politischen Verhältnisse im Unternehmen und der Einstellungen der Mitarbeiter.

DIE PROBLEMATIK BEI DER ANALYSE DER AUSGANGSLAGE BESTEHT DARIN, DASS SICH VIELE INFORMATIONEN ERST IM VERLAUF DES CHANGE-PROZESSES OFFENBAREN.

So ist es zum Beispiel nicht immer schon zu Beginn eines Veränderungsprozesses klar, wie genau die politischen Verhältnisse zu dem geplanten Change-Thema aussehen. Es ist auch nicht immer klar, wer wie auf die geplanten Veränderungen reagieren wird, wer dafür und wer dagegen sein wird. Genauso steht es um die Machbarkeit eines Change-Prozesses. Auch diese ist nicht immer schon zu Beginn der Veränderung klar. Ebenso zeigen sich manche Risikofaktoren erst im Verlauf des Change-Prozesses. Ein weiteres Problem besteht darin, dass es umso mehr zulasten der Geschwindigkeit des Starts einer Veränderung geht, je umfangreicher die anfängliche Analyse der Ausgangslage ist.

Die Startanalyse trifft zwar oft auf objektive Schwierigkeiten, darf aber nicht deshalb unterlassen werden

Manche Change-Verantwortliche ziehen aus diesen Problemen die Schlussfolgerung, dass sich die anfängliche Analyse der Ausgangslage stark in Grenzen halten sollte. Diese Schlussfolgerung ist grundverkehrt.

TROTZ BESTIMMTER SCHWIERIGKEITEN MUSS ZU BEGINN EINES CHANGE-PROJEKTES IMMER EINE ORDENTLICHE ANALYSE DURCHGEFÜHRT WERDEN.

Die Analyseergebnisse müssen allerdings im Verlauf des Veränderungsprozesses kontinuierlich gepflegt und aktualisiert werden.

8.2 Die Axt an die Wurzel ansetzen

Ein großes Problem bei Change-Prozessen ist das Phänomen, dass Veränderungen oft nur an der Oberfläche ansetzen. In unserer Beraterpraxis haben wir die Erfahrung des folgenden Fallbeispiels gemacht.

Fallbeispiel

Die Geschäftsleitung eines outgesourcten Konzernbereichs wollte erreichen, dass ihr Unternehmen kundenorientiert aufgestellt ist und sich die Mitarbeiter kundenfreundlich verhalten. Es wurden entsprechende Messindikatoren vereinbart, an denen der Erfolg des Change-Prozesses gemessen werden sollte:

- Durchführung einer ersten Kundenbefragung mit anschließender Definition der durch den Change-Prozess erwarteten Verbesserungen.
- Definition allgemeiner Kriterien, wie z.B. Antwortzeiten für Anfragen, Antwortverhalten (gemessen über Testanrufe) oder durchschnittliche Anzahl der Stationen, bis man mit einem gewünschten Ansprechpartner verbunden war.

Ein hauptsächlicher Leistungsbereich des Unternehmens war die Durchführung von Projekten. Für die Projektleistungen wurden Messgrößen bestimmt, an denen die Kundenorientierung gemessen werden sollte, z.B. maximale Laufzeitüberschreitungen, Budgeteinhaltungsgrenzen oder Professionalität der Projektleitung (erfasst über einen Projekt-Feed-back-Bogen).

Die Geschäftsleitung drängte in diesem Change-Prozess von Anfang an darauf, dass man für alle Mitarbeiter Workshops durchführen müsse. Die Vorstellung war, dass die Mitarbeiter aus diesen Workshops wie aus einer „Waschanlage" kundenorientiert herauskämen.

Im Verlauf des Change-Prozesses stellte sich unter anderem heraus, dass sich die Mitarbeiter des Unternehmens maßlos überlastet fühlten, weil sie zu viel Arbeit bewältigen mussten. Zudem ergab sich, dass manche Kunden sich über „falsche Darstellung der Projektstände" beschwerten. Eine weiter gehende Analyse ergab, dass die Geschäftsleitung jedes Projekt vom Konzernvorstand annahm, was überhaupt gefordert wurde. Damit wollte die Geschäftsleitung dem Konzernvorstand wohl „gefallen". Somit war der Grund für die real bestehende Überlastung der Mitarbeiter identifiziert worden. Um darüber hinaus vor dem Vorstand gut dazustehen, setzte die Geschäftsleitung auch Projekte mit gelbem Status auf grün. So ergab sich für die Geschäftsleitung offiziell eine „heile Welt".

Im Rahmen eines vertraulichen Gesprächs wurden diese Zwischenergebnisse an die Geschäftsleitung kommuniziert. Die Reaktion auf diese Untersuchungsergebnisse bestand im Abwiegeln, Abstreiten und im Verleugnen der Zusammenhänge. Die Begleitung des Change-Prozesses wurde im weiteren Verlauf von uns abgebrochen, woraufhin ein anderes Beratungsteam beauftragt wurde, das die Begleitung dieses „Veränderungsprozesses" über den Verlauf von weiteren drei Jahren fortführte. Soweit wir dies von außen beurteilen können, hat sich an der Kundenorientierung und an der Kundenfreundlichkeit trotz der langfristigen Prozessbegleitung in dieser Zeit nichts geändert.

Das Prinzip, nach dem hier ein Change-Prozess durchgeführt werden sollte, heißt „Wasch mich, aber mach mich nicht nass". Wenn man einen Veränderungsprozess wirklich erfolgreich durchführen möchte, muss die Axt an der Wurzel der bestehenden Probleme angesetzt werden.

Change-Prozesse nur auf der Ebene der Symptome haben keinen Erfolg

EINE REINE SYMPTOMBEKÄMPFUNG BRINGT IN DER REGEL WENIG BIS GAR KEINEN ERFOLG.

Der Erfolgsfaktor, die Axt an der Wurzel anzusetzen, ist insbesondere bei solchen Change-Prozessen wichtig, bei denen ein Problem gelöst werden soll oder irgendeine Unzufriedenheit mit einer bestehenden Situation der Auslöser für das Projekt ist.

Probleme in Unternehmen können vielschichtige Ursachen haben

Die Identifikation der wirklichen Gründe und Ursachengeflechte lässt sich dann durch eine umfangreiche und saubere Analyse bewerkstelligen. Wichtig ist in diesem Zusammenhang zu beachten, dass Probleme in Unternehmen oftmals viele Ursachen und auch Funktionen haben. Diese müssen in entsprechenden Analysen identifiziert und ihre Abhängigkeiten untereinander dargestellt werden.

Möchte man nun wirklich eine Veränderung erreichen und ist nicht nur an einem scheinbaren und halbherzigen Change-Prozess interessiert, sind folgende Schritte zu unternehmen:

Schritte für die echte Problemlösung jenseits der Symptome

- Unterscheidung zwischen den Problemsymptomen einerseits sowie den Ursachen und Funktionen andererseits.
- klare und offene Benennung der Ursachen und Funktionen, die für bestehende Probleme verantwortlich sind, gegenüber den relevanten Stakeholdern,
- Definition und Empfehlung von Maßnahmen zur Bearbeitung der echten Ursachen und Funktionen und
- Entscheidung über diese Maßnahmen durch die relevanten Stakeholder.

DIE GRÖSSTE SCHWIERIGKEIT BEI DIESEM ERFOLGSFAKTOR BESTEHT DARIN, DASS DIE EIGENTLICHE WURZEL DER PROBLEME MANCHMAL DIE FÜR DEN CHANGE-PROZESS RELEVANTEN STAKEHOLDER SELBER SIND.

Was tun, wenn prozessrelevante Stakeholder Teil des Problems sind?

Dies hören sie in der Regel jedoch höchst ungern und wollen es auch selten wahr haben. In solchen Fällen ist großes politisches Geschick bei der Ansprache gefordert. Wenn ein Change-Prozess jedoch wirklich erfolgen soll, muss auch in diesem die Axt an der Wurzel angesetzt werden. Günstig ist in diesem Zusammenhang , wenn man eine Person mit weiter reichenden Komptenzen (die ihrerseits ein großes Interesse an dem Change-Prozess hat) aktivieren kann.

8.3 Den Fokus auf den Kunden richten

Unternehmen müssen darauf achten, sich im Rahmen von Change-Prozessen nicht nur mit sich selber zu beschäftigen. Zudem dürfen Veränderungen nicht nur dem Wohlbefinden des Managements oder der Mitarbeiter dienen.

DIE ERSTE PRIORITÄT BEI VERÄNDERUNGEN MUSS DEM KUNDEN UND DEM MARKT GEGEBEN WERDEN. DEMENTSPRECHEND SOLLTEN ALLE VERÄNDERUNGEN EINEN MEHRWERT ANSTREBEN.

Strategien, Strukturen, Prozesse und Kulturen sollten daraufhin untersucht werden, welchen Mehrwert sie für den Kunden erbringen. Folglich sollte auch die Veränderung dieser Aspekte zu einen höherem Mehrwert für den Kunden führen. Dieser muss sich natürlich auch für das Unternehmen rentieren.

Die Rolle des Kunden varriert in den einzelnen Kategorien von Change-Prozessen

Dieses Prinzip wird bei bestimmten Change-Prozessen mehr, bei anderen weniger umgesetzt. Veränderungen der Strukturen in Unternehmen werden manchmal an Personen und nicht am Kundennutzen ausgerichtet. Veränderungen der Software werden zu oft an den technischen Möglichkeiten oder den Wünschen zentraler Fachabteilungen ausgerichtet. Veränderungen von Strategien werden oft am Markt ausgerichtet. Veränderungen der Kultur werden teilweise am Kunden, teilweise an einer besseren Zusammenarbeit untereinander ausgerichtet, was dem Kunden nur manchmal und dann eher mittelbar zugute kommt. Kosteneinsparungen gehen manchmal sogar zulasten des Kunden, weil sie den Service oder Leistungen einschränken. In solchen Fällen werden Veränderungen gelegentlich sogar zum Bumerang. Dies ist dann der Fall, wenn auf Grund von eingeschränkten Leistungen oder eingeschränkter Qualität die Kunden weniger werden oder sogar ganz ausbleiben. Aus diesem Grund sollte selbst bei Kosteneinsparungen der Kundennutzen nicht aus den Augen verloren werden.

Somit sollte in jedem Change-Prozess auch die Perspektive des Kunden oder der Märkte vertreten sein. Dies kann gegebenenfalls sogar durch die Beteiligung von Vertriebsmitarbeitern geschehen, die dicht am Markt und am Kunden „dran sind".

8.4 Professionelle Gestaltung des Erwachens

Veränderung braucht Anstoß und Problembewusstsein

Bevor eine Veränderung bestehender Zustände möglich ist, muss ein Unternehmen „aufwachen" und aufgerüttelt werden. Bei den meisten Unternehmen funktionieren die bestehenden Strukturen, Abläufe, Strategien, Systeme und Technologien in der Regel recht gut. Zudem haben sich die Mitarbeiter mit diesen Rahmenbedingungen gut arrangiert und sind in der Regel einigermaßen zufrieden. Warum sollte also irgendetwas geändert werden? Man sagt ja auch „never change a running system". Dies bedeutet letztendlich, dass bei allen Mitarbeitern zunächst ein ungenügendes Problembewusstsein für die Notwendigkeit von Veränderungen besteht. Unter anderem deshalb sagt man auch, dass der größte Feind von Veränderungen ein bisheriger guter Geschäftserfolg ist. Erfolg lähmt in der Regel und macht träge. Man kann sich auf ihm ausruhen und eine Veränderung scheint nicht notwendig.

Modellvorstellung des Unternehmens als System

Betrachtet man ein Unternehmen aus der systemischen Perspektive, ergibt sich daraus ein weiterer Grund für die Notwendigkeit, die bestehenden, oft vereisten Zustände im Unternehmen aufzutauen. Versteht man ein Unternehmen als ein stabiles System und seine Mitarbeiter als Teile dieses Systems, gelten für dieses Unternehmen auch die Gesetz-

In stabilen Systemen muss der Anstoß größer sein

mäßigkeiten eines Systems. In einem stabilen System stabilisieren sich die einzelnen Teile gegenseitig. Zudem hat ein stabiles System auch einen gewissen Puffereffekt. Das bedeutet, dass es zunächst einer erheblichen Anfangsenergie bedarf, um überhaupt eine Bewegung zu verursachen. Dafür sind diese ersten Bewegungen dann recht gut vorhersagbar.

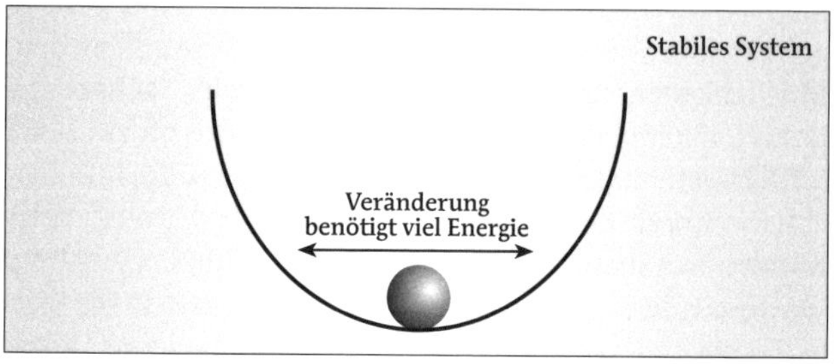

Abb. 8.1: Modell des stabilen Systems

In instabilen Systemen ist die Richtung schwer kontrollierbar

Bei einem instabilen System sieht dies anders aus. Hier wird nur eine relativ geringe Anfangsenergie benötigt, um Veränderungen anzustoßen. Dafür sind die Richtungen dieser Veränderungen dann tendenziell eher unvorhersagbar.

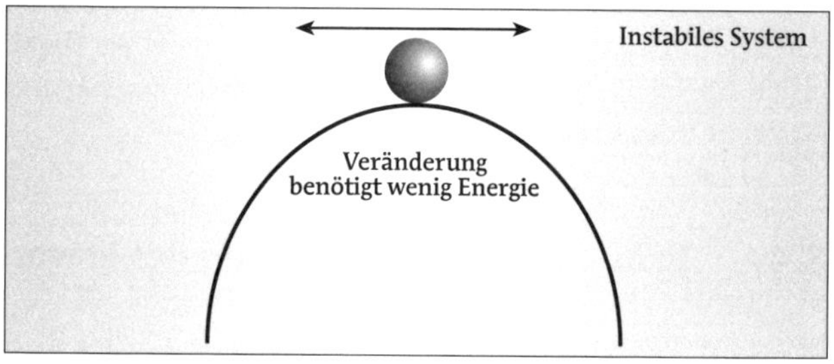

Abb. 8.2: Modell des instabilen Systems

UM VERÄNDERUNGSPROZESSE ANZUSTOSSEN, GIBT ES DEMENTSPRECHEND GRUNDSÄTZLICH ZWEI MÖGLICHKEITEN:
AUSREICHEND UND VIEL ENERGIE IN DIE PHASE DES ERWACHENS INVESTIEREN ODER DIE AUSGANGSLAGE DESTABILISIEREN.

Veränderungsanstöße erfordern hohe Energie

Die zweite Möglichkeit birgt mehr Risiken und wird deshalb nur für Ausnahmefälle empfohlen. Die erste Möglichkeit beinhaltet eine klare Kommunikation folgender Inhalte:

- Zahlen, Daten und Fakten über die momentan bestehende Ausgangslage,
- Gründe und Hintergründe für eine anstehende Veränderung und
- Sinn und Notwendigkeit einer anstehenden Veränderung.

Insgesamt muss es also gute Gründe dafür geben, etwas zu verändern. Diese Regel gilt für jeden Mitarbeiter des Unternehmens. Deshalb muss das gesamte Unternehmen erwachen, um bereit zu sein für Veränderungen. Diese Phase des Erwachens muss professionell gestaltet werden.

8.5 Persönlichen Nutzen schaffen und/oder Leidensdruck nutzen

Im Abschnitt 7.7 haben wir bereits dargelegt, dass es grundsätzlich zwei Gründe dafür gibt, warum sich Menschen verändern:

- persönlicher Nutzen oder
- Leidensdruck.

In vielen Veränderungsprozessen sind die beiden Faktoren überhaupt nicht berücksichtigt oder es wird vor allem auf den Leidensdruck gesetzt. In anderen Fällen ergibt es sich auch zufälligerweise aus dem Projektthema, dass ein Nutzen für die Betroffenen entsteht. Es ist jedoch in der Praxis eher selten anzutreffen, dass der Nutzen oder Leidensdruck im Rahmen einer Veränderung professionell genutzt bzw. gemanaget wird.

In der Praxis werden die Faktoren Nutzen und Leidensdruck viel zu wenig gezielt eingesetzt

Grundsätzlich haben Menschen eine durchaus beachtliche Leidensfähigkeit. Deshalb gilt sinnvollerweise:

> MAN SOLLTE EHER DEN FAKTOR DES NUTZENS ALS DEN FAKTOR DES LEIDENSDRUCKS AKTIVIEREN, UM MENSCHEN ZU VERÄNDERUNGEN ZU MOTIVIEREN.

Die klare Präferenz liegt darauf, mit dem Faktor Nutzen zu arbeiten

Zum Einsatz eines persönlichen Nutzens in Veränderungsprozessen gelten die folgenden Spielregeln:

Checkliste: Womit sich Nutzen stiften lässt

- Was den einen motiviert, lässt den anderen kalt. Es gilt herauszufinden, was den betroffenen Mitarbeitern und Stakeholdern wichtig ist. Nur Nutzenanreize, die für die betroffenen Mitarbeiter wertvoll sind, haben echte Motivationskraft.
- In bestimmten Fällen können durchaus auch finanzielle Anreize eingesetzt werden. Dabei bewegen monetäre Anreize kaum, wenn sie wie Gehaltserhöhungen als Anspruch empfunden werden. Ein finanzieller Anreiz kann also dann zu Veränderungen motivieren, wenn er als besondere Anerkennung betrachtet wird.
- Gegebenenfalls können auch nicht finanzielle Anreize eingesetzt werden, um Mitarbeiter zu Veränderungen zu motivieren.
- Die Systematik, mit der eine Veränderung mit einem persönlichen Nutzen verknüpft ist, muss transparent und verständlich sein.
- Je nach Mitarbeiter kann der persönliche Nutzen auch in folgenden Faktoren bestehen:
  - Die Aufgaben eines Mitarbeiters werden interessanter.
  - Ein Mitarbeiter erhält durch eine Veränderung eine größere Eigenverantwortung und Selbstständigkeit.
  - Ein Mitarbeiter erhält durch eine Veränderung eine größere Entscheidungskompetenz.
  - Ein Mitarbeiter erhält durch eine Veränderung einfachere Aufgaben.
  - Ein Mitarbeiter kann durch eine Veränderung persönlich wachsen und Neues lernen.
  - Die persönliche Belastung und der Arbeitsstress eines Mitarbeiters verringern sich.
  - Ein Mitarbeiter hat eine kürzere Anfahrtszeit zum Arbeitsplatz.

Die Möglichkeiten, mittels Change-Prozessen Nutzen zu bieten und so Engagement zu sichern, sind vielfältig

Aus dieser Auflistung wird deutlich, dass äußerst viele Möglichkeiten für den Einsatz eines persönlichen Nutzens in Change-Prozessen bestehen. Diese müssen allerdings klar und deutlich kommuniziert und transportiert werden. Dabei ist unter allen Umständen darauf zu achten, dass kein scheinbarer oder gar vorgegaukelter Nutzen vermittelt wird. Dies hat in der Regel einen Bumerang-Effekt und löst eher Ablehnung bei den betroffenen Mitarbeitern aus.

Leidensdruck darf nicht als Druck gehandhabt werden

Auch der **Effekt des Leidensdrucks** kann in Change-Prozessen genutzt werden. Dies bedeutet keinesfalls, dass auf die von einer Veränderung betroffenen Mitarbeiter Druck ausgeübt werden soll. Vielmehr soll der natürliche Leidensdruck, der schon durch eine nicht zufrieden stellende Ausgangslage verursacht wird, offen angesprochen und damit stärker in das Bewusstsein der Betroffenen gerückt werden. Führt z.B. ein bestehender Arbeitsablauf zu Schwierigkeiten, sollten diese angesprochen werden, um das Bewusstsein für die negativen Seiten der bestehenden Situation zu schärfen. Ausnahmsweise kann es sinnvoll und notwendig sein, bestehenden Leidensdruck durch eine Verschlechterung der Sachlage zu erhöhen. Hierbei darf jedoch keinesfalls übertrieben werden.

8.6 Schaffung von Transparenz und Nachvollziehbarkeit

Veränderungen benötigen das Engagement von allen Betroffenen. Um dieses Engagement zu erreichen, ist es notwendig, Einsicht und Überzeugung zu vermitteln. Dies ist nur möglich, indem Transparenz und Nachvollziehbarkeit für den Change-Prozess geschaffen wird.

Engagement funktioniert nur bei Transparenz

DABEI GEHT ES NICHT NUR UM DIE REINE INFORMATION DER BETROFFENEN, SONDERN DARÜBER HINAUS IST ES AUCH WICHTIG, VERSTÄNDNIS UND AKZEPTANZ ZU ERREICHEN SOWIE ÄNGSTE ABZUBAUEN.

Transparenz wird nicht über bloße Information erreicht, sondern erfordert den Dialog

Dies ist nicht zu erreichen, indem nur Informationen in eine Richtung gesendet werden. Im Gegenteil, Austausch und gegenseitiger Dialog sind erforderlich und müssen zusätzlich gefördert werden. Dazu sollte ein **systematisches Informations- und Kommunikationskonzept** ausgearbeitet und realisiert werden. Folgende Schritte sind dabei erforderlich:

- Identifikation aller relevanten Stakeholder und betroffenen Interessengruppen,
- Differenzierung der Stakeholder nach verschiedenen Kriterien, wie z.B. deren Informationsbedürfnis, deren Einstellung zum Change-Prozess, deren Vertrauen in die geplanten Veränderungen und deren Einflussmöglichkeiten auf die geplanten Veränderungen und
- Erstellung einer Informations- und Kommunikationsplanung, die an der Differenzierung der Stakeholder ausgerichtet ist.

Faustregeln für eine Kommunikationsplanung

Im Allgemeinen gelten bei der Erstellung einer Kommunikationsplanung folgende Faustregeln:

- Je größer die Betroffenheit, je negativer die Einstellung zum Change-Prozess und je niedriger das Vertrauen in das Change-Projekt, umso mehr muss die Kommunikationsplanung darauf ausgerichtet sein, Verständnis und Akzeptanz zu erreichen. Die ist nur möglich mit Kommunikation, die Nachfragen, Interaktion und Austausch zulässt.
- Je geringer der Grad der Betroffenheit, je positiver die Einstellung und je höher das Vertrauen, umso eher reicht reine Informationspolitik.

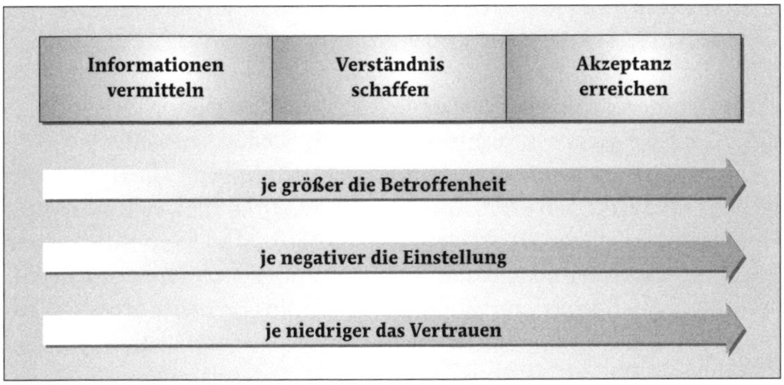

Abb. 8.3: Veranschaulichung der Kommunikationsplanung

Um Transparenz und Nachvollziehbarkeit zu schaffen, steht eine umfangreiche Klaviatur an möglichen Informations- und Kommunikationsinstrumenten zur Verfügung.

Überblick: Kommunikationsinstrumente

Instrumente zur reinen Vermittlung von Informationen

- Protokolle
- Mailings
- Persönliche Anschreiben
- Rundläufe
- Informationsflyer
- Artikel in Firmenzeitschriften
- Firmenfernsehen

Instrumente zum Austausch von Informationen

- Regelkommunikation, Bereichs-, Abteilungs- und Teammeetings
- Projektmeetings
- Präsentationen
- Diskussionsforen
- Road Shows
- Kick Off-Veranstaltungen
- Workshops
- Einrichtung einer Möglichkeit für die Beantwortung von Fragen (Hotline, Mail, Briefkasten etc.)
- Sounding Board
- Reflecting Team

Die Kommunikation darf nicht auf den Start beschränkt werden, sondern muss den gesamten Prozess begleiten

Der Erfolg einer guten Informations- und Kommunikationsplanung besteht allerdings nicht nur im Aufsetzen einer entsprechenden Planung, sondern sie muss auch sauber umgesetzt werden. Zudem darf es nicht nur einmal zu Beginn eines Change-Prozesses eine Information und Kommunikation geben, sondern diese muss laufend fortgeführt werden.

Persönlicher Kontakt ist unabdingbar

BEI ALLER KOMMUNIKATIONSPLANUNG DARF KEINESFALLS DER SPONTANE PERSÖNLICHE KONTAKT FEHLEN. INSBESONDERE DIE PROMOTOREN VON CHANGE-PROZESSEN (VORSTÄNDE, BEREICHSLEITER, AUFTRAGGEBER UND PROJEKTLEITER) MÜSSEN PERSÖNLICH ANSPRECHBAR SEIN UND FÜR FRAGEN ZUR VERFÜGUNG STEHEN.

Zudem sollten sie möglichst viele Gelegenheiten nutzen, über anstehende Veränderungen zu informieren und aktiv für diese zu werben.

Wesentliche Elemente können Qualifikationen und Trainings sein

Zu einem Kommunikationskonzept gehört immer die Überlegung, inwieweit **Qualifikation und Training** erforderlich sind. In vielen Change-Prozessen wird dieser Aspekt stark unterschätzt. Man kann jedoch nicht erwarten, dass Mitarbeiter Veränderungen umsetzen, wenn sie nicht entsprechend qualifiziert wurden. Wird die Einführung neuer Arbeitsabläufe nur per Mail angekündigt , braucht man sich nicht zu wundern, wenn diese zunächst nicht oder nur unzureichend umgesetzt werden.

In vielen Fällen wird aus Kostengründen auf Qualifikation und Training verzichtet, ein Fehler, mit dem eine große Chance vertan wird.

Nachvollziehbarkeit und Transparenz sollen darauf hinwirken, dass bei Betroffenen Einsicht entsteht. Einsicht ist die beste, aber nicht die einzige Strategie, um den Erfolg von Change-Prozessen zu fördern. Es gibt auch Mitarbeiter, bei denen dies nicht funktioniert. In diesen Fällen muss die Strategie notfalls vom Wollen zum Müssen gewechselt werden.

8.7 Unterstützung durch das Top-Management

Die Unterstützung durch das Top-Management (bei kleineren Unternehmen die Inhaber) ist ein unbedingter und mit der wichtigste Erfolgsfaktor für Change-Prozesse. Die eigentliche Umsetzung von Veränderungen muss durch betroffene Mitarbeiter erfolgen. Diese schauen aber stark darauf, wie die Unternehmensspitze zu den Veränderungen steht.

Wirksame Änderungsprozesse müssen von oben her sichtbar mitgetragen und unterstützt werden

DAS TOP-MANAGEMENT HAT EINE VORBILDFUNKTION, ES MUSS DAFÜR SORGEN, DASS DAS MITTLERE MANAGEMENT MITZIEHT UND ES MUSS ALS ESKALATIONSINSTANZ ZUR VERFÜGUNG STEHEN.

Die **Vorbildfunktion** liegt auf der Hand, denn natürlich werden Mitarbeiter einer Veränderung selber nur mit großem Zweifel begegnen, wenn dies schon die höheren Führungskräfte tun.

Fallbeispiel

In einem Unternehmen wurde ein neues Instrument für das Mitarbeiterjahresgespräch und die zugehörige neue Leistungsbeurteilung eingeführt. Ein Vorstandsmitglied äußerte sich schon im Vorfeld der Einführung negativ über das neue Instrument.

Wen wird es überraschen, in seinem gesamten Vorstandsbereich wurde das neue Mitarbeiterjahresgespräch überhaupt nicht genutzt. Schlimmer noch, dies wurde vom Unternehmen eine ganze Beurteilungsperiode, nämlich ein ganzes Jahr lang toleriert.

Erst nachdem ein „Ordnungsruf" des Vorstandsvorsitzenden erfolgte, wurde das neue Instrument auch vom besagten Vorstand eingesetzt. Widerwillig zwar, aber immerhin. In der Folge wurde das neue Jahresgespräch auch in seinem gesamten Vorstandsbereich durchgeführt. In solchen Situationen denken sich die Mitarbeiter natürlich: „Wenn die Großkopferten das nicht machen, brauche ich das erst recht nicht."

Deshalb gilt für alle Top-Manager: Wann immer möglich, müssen sie Vorbild sein und Veränderungen selber umsetzen und realisieren. Diese Umsetzung sollte offensiv, demonstrativ und öffentlich sichtbar sein.

Politische Spiele des mittleren Managements, die Change-Prozesse gefährden können, müssen konsequent unterbunden werden. Will zum Beispiel ein Geschäftsbereichsleiter geplante Veränderungen nicht umsetzen, weil sie von einem anderen Geschäftsbereichsleiter initiiert wurden, den er nicht leiden kann, muss unbedingt eingegriffen werden. Hier wird im oberen Management oft viel zu nachlässig gehandelt. Gerade mittlere Führungskräfte, die gute Geschäftsergebnisse bzw. Leistungen erzielen, werden diesbezüglich geschont. Sie können sich erlauben, politische Spiele gegen Veränderungen anzuzetteln, gegen Veränderungen zu opponieren oder sogar offenen Widerstand zu demonstrieren.

Mikropolitische Spiele im Eigeninteresse sind zu unterbinden

Es ist Aufgabe des Top-Managements, die mittleren Führungskräfte auf den Change-Prozess zu verpflichten und deren (mikro-)politische Spiele konsequent zu unterbinden.

Schließlich muss das Top-Management in schwierigen Situationen als **Eskalationsinstanz** zur Verfügung stehen. Werden anstehende Veränderungen zum Beispiel durch bestimmte organisatorische Einheiten verzögert, werden Leistungen nicht erbracht, die für einen Change-Prozess wichtig sind, oder werden Kostenplanungen überschritten, muss das Top-Management Konflikte lösen und Entscheidungen fällen. Leider unterschätzt das Top-Management manchmal seine Wirkung, es möchte das mittlere Management bzw. deren Leistungsträger nicht zu hart anfassen oder es hat andere Themen im Fokus. Das ändert jedoch nichts daran, dass es ohne die Unterstützung des Top-Managements nicht geht!

Als Eskalationsinstanz müssen Konflikte gelöst und klare Entscheidungen getroffen werden

8.8 Gewinnung des mittleren Managements

Auch der Einfluss des mittleren Managements auf das Gelingen von Change-Prozessen wird oft unterschätzt

Häufig wird der Einfluss des mittleren Managements auf den Erfolg von Veränderungen ebenfalls unterschätzt. Die Projektleiter von Change-Prozessen glauben oft, dass es ausreicht, wenn das Top-Management den Veränderungsprozess unterstützt und die Betroffenen informiert und teilweise auch einbindet. Oft haben Veränderungen allerdings auch mittelbare Auswirkungen auf das mittlere Management.

Fallbeispiel

Wir berichten über die Einführung eines Projektmanagement-Systems bei einem Automobilzulieferer. Im Rahmen dieses Systems war es auch vorgesehen, dass die Projektleiter eine echte Entscheidungskompetenz über die Verwendung des Projektbudgets erhalten sollten. Konkret sollten sie mit der Übernahme eines Projektes in der Unterschriftenberechtigung einem Abteilungsleiter gleichgestellt werden und eine entsprechende Handlungsvollmacht erhalten.

Diese Veränderung hat wiederum Auswirkungen auf das mittlere Management. In diesem Fall bedeutet zunehmende Entscheidungskompetenz der Projektleiter gleichzeitig abnehmende Entscheidungskompetenz beim mittleren Management. In der Folge wehrte sich das mittlere Management mit Händen und Füßen gegen diese angestrebte Veränderung. Da die Handlungsvollmachten durch die Abteilungsleiter, also durch das mittlere Management, erteilt werden sollten, hatten diese auch eine sehr gute Möglichkeit, ihren Widerstand auszuüben. Das neue Projektmanagement-System besteht bei diesem Unternehmen nun drei Jahre und in dieser Zeit wurde nicht eine einzige Handlungsvollmacht an Projektleiter vergeben.

Faktoren der „Hausmacht" des mittleren Managements

Wenn das mittlere Management nicht hinter einer Veränderung steht, hat es vielfältige Möglichkeiten, die Umsetzung dieser Veränderungen zu verhindern oder zu verzögern. Unter anderem sind dies:

- Die Filterung und Manipulation von Informationen über anstehende Veränderungen gegenüber den Mitarbeitern,
- negative Äußerungen über anstehende Veränderungen,
- aktiver Widerstand in der Konzeptionsphase von Veränderungen durch übertrieben negative Darstellung der Nachteile,
- Beibehaltung alter Vorgehensweisen,
- geschönte Rückmeldungen über den Umsetzungsgrad von Veränderungen,
- Einflussnahme auf Mitarbeiter, um diese zur Ablehnung der Veränderungen anzuregen
- und noch weitere.

Ein häufiger Beweggrund für den Widerstand mittlerer Führungskräfte ist deren Befürchtung, durch anstehende Veränderungen an Einfluss und Macht zu verlieren. Auch deshalb nennt man die Ebene des mittleren Managements die so genannte **Lähmschicht.**

Die mittlere Führungsebene darf nicht zur Lähmschicht werden

DESHALB MUSS DIE MITTLERE FÜHRUNGSEBENE UNBEDINGT FÜR VERÄNDERUNGEN GEWONNEN WERDEN.

Checkliste von Schritten zur Einbindung des mittleren Managements

- Identifikation der Auswirkungen von geplanten Veränderungen auf das mittlere Management,
- sauberes Informations- und Kommunikationskonzept gegenüber dem Mittelmanagement,
- frühzeitige Einbindung wichtiger Meinungsführer aus der mittleren Führungsebene,
- Controlling der Umsetzung durch Stichprobenkontrollen,
- Aktivierung des Top-Managements, damit dieses gegenüber dem mittleren Management die Wichtigkeit einer ordentlichen Umsetzung betont,
- Eskalation von unlauterem Widerstand des mittleren Managements gegenüber Change-Prozessen verhindern.

8.9 Einbindung und Beteiligung von Betroffenen

Es ist mit Sicherheit unbestritten, dass Menschen Veränderungen positiver gegenüberstehen und sie auch mit mehr Interesse und Engagement umsetzen, wenn sie selber eine direkte Einflussmöglichkeit auf die Gestaltung der Veränderungen hatten.

Gründe für die Vernachlässigung der Einbindung sind Zeitverlust und fehlendes Know-how

DESHALB IST ES EIN BEDEUTENDER EINFLUSSFAKTOR FÜR DEN ERFOLG VON CHANGE-PROZESSEN, WIE ES GELINGT, RELEVANTE STAKEHOLDER EINZUBINDEN.

Häufig werden die von Change-Prozessen Betroffenen zu wenig eingebunden, was primär zwei Gründe hat: Man befürchtet Zeitverluste und es besteht manchmal zu wenig Know-how dazu, wie man bei sehr vielen Betroffenen eine Möglichkeit zur Einbindung schaffen kann.

Mögliche **Zeitverluste** relativieren sich bei näherer Betrachtung jedoch. In der Tat kostet eine Einbindung von Stakeholdern Zeit, aber es kostet allerdings auch erhebliche Zeit, wenn Veränderungen auf Grund

Zeitverlust muss differenzierter betrachtet werden

mangelnder Überzeugung der Mitarbeiter bei der Realisierung verzögert werden. Dies ist in der Regel noch wesentlich zeitintensiver als eine frühe Einbindung relevanter Stakeholder in einem vertretbaren Rahmen.

Die Problematik, dass sehr viele Stakeholder von einem Change-Prozess betroffen sind, tritt relativ häufig auf. Die Einführung eines neuen Mitarbeiterjahresgesprächs betrifft alle Mitarbeiter eines Unternehmens. Die Reorganisation von Unternehmen betrifft gegebenenfalls tausende von Mitarbeitern. Die Einführung neuer Software betrifft vielleicht alle Mitarbeiter eines Bereichs. In solchen Fällen ist es natürlich schwer möglich, mehrere tausend Mitarbeiter in einen Change-Prozess aktiv bei der Planung und der Konzeption einzubinden. Dies kann aber trotzdem unproblematisch über **Multiplikatorenkonzepte** und ähnliche Modelle gelöst werden. Häufig wird dann allerdings vergessen, den betroffenen Mitarbeitern auch eine Transparenz über diese Multiplikatoren und deren Tätigkeit bzw. Einflussnahme zu vermitteln. Die unten stehende Checkliste gibt Hinweise, wie mit welchen Instrumenten Betroffene einbezogen werden können. Zusammenfassend gilt:

Zur Einbindung großer Mitarbeitergruppen eignen sich Multiplikatorenkonzepte

BEI DER EINBINDUNG VON MITARBEITERN IST WICHTIG, VOR ALLEM WICHTIGE MEINUNGSFÜHRER UND INFORMELLE MULTIPLIKATOREN UNTER DEN MITARBEITERN FÜR DEN CHANGE-PROZESS ZU GEWINNEN.

Checkliste: Möglichkeiten und Formen der Einbindung von betroffenen Stakeholdern und Mitarbeitern

- Schriftliche Interviews zur Aufnahme von Anforderungen und Bedürfnissen für die Konzeption der Veränderungen: Dabei muss von Anfang an kommuniziert werden, inwieweit diese Anforderungen wirklich berücksichtigt werden können. Wenn dies nur zu einem Teil oder innerhalb eines vorgegebenen Rahmens möglich ist, muss dies offen gelegt werden. Grundsätzlich gilt hier die folgende **Faustregel: Lieber keine als eine Scheineinbindung**.
- Workshops zur Aufnahme von Anforderungen und Bedürfnissen für die Konzeption der anstehenden Veränderungen
- Persönliche Gespräche zur Aufnahme von Anforderungen und Bedürfnissen für die Konzeption anstehender Veränderungen
- Prozeduren zur Abnahme von Zwischen- oder Endergebnissen
- Reviewprozeduren zur Sicherung der Qualität von Konzepten
- Beteiligung im Rahmen eines Sounding Boards (vgl. dazu Kapitel 10 über Strukturelle Interventionen)
- Teilnahme an einem Reflecting Team
- Beteiligung im erweiterten Projektteam
- Beteiligung in einem Reviewteam
- Beteiligung in einem Projektteam
- Beteiligung in einem Lenkungsausschuss
- Übernahme der Funktion eines Change-Agents
- Übernahme von Multiplikatorenfunktionen

8.10 Das richtige Timing und die richtige Geschwindigkeit

Buddha sagt man nach, er sei für folgenden Ausspruch verantwortlich: „Die Saite einer Geige darf nicht zu straff gespannt sein, sonst reißt sie. Sie darf aber auch nicht zu locker gespannt sein, sonst bringt sie keinen guten Ton hervor." Wir können dies als Faustregel auf die Geschwindigkeit von Veränderungsprozessen übertragen:

- Manche Unternehmen wollen zu schnell, zu viel auf einmal verändern. Dies überfordert die Mitarbeiter (die Saite ist zu straff gespannt).
- Manche Unternehmen verändern zu wenig und dies auch noch zu langsam. Dies unterfordert die Mitarbeiter und rächt sich in der Regel durch einen mäßigen oder sogar schlechten Geschäftserfolg (die Saite ist zu schlaff gespannt).

Das richtige Tempo lässt sich nur über Indikatoren einschätzen

Eine Formel oder auch nur feste Regel, wie viele Veränderungen in welcher Zeiteinheit für ein bestimmtes Unternehmen unter welchen Rahmenbedingungen gut zu bewältigen sind, ist nicht bekannt. Deshalb lassen sich nur Indikatoren nennen, wenn ein Change-Prozess zu schnell oder zu langsam abläuft:

Ungünstig: zu viel auf einmal ändern

- Wenn zu viel auf einmal verändert wird, geht dies oft zulasten der Umsetzung. Man bemerkt dies u.a. daran, dass die Mitarbeiter zwar den Eindruck haben, es werde viel neu geregelt, aber eigentlich ändere sich in der täglichen Praxis nicht wirklich etwas.

Ungünstig: zu schnell verändern

- Wenn die Geschwindigkeit von Veränderungen zu hoch ist, kommen viele Mitarbeiter nicht mit und steigen gedanklich einfach aus. Dies führt dann zu einer sehr halbherzigen Umsetzung von Change-Prozessen. Während die Mitarbeiter noch an der Realisierung der ersten Veränderung „herumdoktern", folgt meistens schon der nächste Change-Prozess, bei dem dann noch mehr Mitarbeiter aussteigen.

Ungünstig: durch zu lange Entscheidungen die Anfangsenergie verpuffen lassen

- Durch eine Analyse der Ausgangslage zu Beginn eines Change-Prozesses lässt wird eine gute Anfangsenergie entwickelt. Die Lage ist vielleicht nicht gut und vielen wird klar, dass eine Veränderung wirklich erforderlich ist. Der Change-Prozess läuft dann aber zu langsam ab, wenn sehr lange dauernde Entscheidungsrunden auf den Führungsebenen gedreht werden. Dies führt meistens dazu, dass die erste Anfangsveränderungsenergie schnell und stark nachlässt. Damit kann der Veränderungsprozess zu Ende sein, bevor er überhaupt begonnen hat.

Ungünstig: zu schleppende Umsetzung, bei der die Dinge im Sande verlaufen

- Entwickelt sich ein Change-Prozess im weiteren Verlauf der Konzeption und der Realisierung zu langsam und mit zu kleinen Schritten, geht damit oft ein Verlust an Aufmerksamkeit einher. Solche Veränderungsprozesse versickern dann oft im Nirgendwo und werden zu den untoten Change-Projekten, die nur noch vor sich hindümpeln.

Wird zu viel zu schnell, aber nicht richtig gemacht, entwickelt sich Veränderungsresistenz

Eine zu hohe Geschwindigkeit bei Change-Projekten geht oftmals damit einher, dass auch viel zu viele Veränderungen auf einmal angefangen, aber dann oftmals nicht richtig zu Ende gebracht werden. Manche Mitarbeiter haben bereits derartig viele Change-Prozesse miterlebt und ausgestanden, dass sie schon eine äußerst hohe **Veränderungsresistenz** entwickelt haben.

Beispiel

Wir kennen Fälle aus der Praxis, wo Mitarbeiter innerhalb von zwei Jahren drei neue Führungskräfte erlebten und sich der Name der Abteilung mehrfach änderte. In diesem Zeitraum wurden bestimmte Aufgaben dezentralisiert und kurze Zeit später wieder zurückzentralisiert, weil es nicht so funktionierte, wie es sollte. Die Mitarbeiter denken in solchen Fällen in krassen Vokabeln und/oder sprechen dies auch aus („die spinnen da oben", „die haben ja keine Ahnung", „die wissen ja gar nicht, was sie wollen" etc.)
In diesem Fall wurde geltend gemacht, dass der Markt diese Veränderungen fordere. So richtig das Argument ist, den Markt zu beachten - in diesem Fall hat es sich ad absurdum geführt, weil innerhalb von zwei Jahren die eingeführte Veränderung wieder rückgängig gemacht wurde.

Erfordernisse des Marktes lassen sich in Change-Prozessen nicht erzwingen

Allgemein muss man zur Kenntnis nehmen:

SELBST WENN DER MARKT SCHNELLE VERÄNDERUNGEN FORDERT, MÜSSEN STRUKTUREN UND VERÄNDERUNGSFÄHIGKEITEN BEACHTET WERDEN.

Zahlreiche Beispiele zeigen, und das haben wir in dem Kapitel über die Sünden bereits veranschaulicht, dass deren Missachtung zu schlecht laufenden Change-Prozessen führen kann und dass deshalb das vom Markt geforderte Ziel dennoch nicht erreicht wurde. Das bedeutet in der Konsequenz, dass „weniger" in der Menge, und dies mit angemessener Geschwindigkeit bei Change-Prozessen, durchaus „mehr" sein kann.

Auch der richtige Zeitpunkt ist entscheidend

Ebenso wichtig ist das **richtige Timing** bei Change-Prozessen. Wenn ein Unternehmen noch nicht reif für eine Veränderung ist, scheitern die entsprechenden Change-Projekte meistens.

Aus unserer Beratungstätigkeit kennen wir Unternehmen, die bestimmte Veränderungen vor rund zehn Jahren angehen wollten. Damals wurde dann auch ein entsprechendes Change-Projekt aufgesetzt, das dann allerdings kläglich scheiterte. Die gleiche Veränderung zu einem späteren Zeitpunkt - in in diesem Fall zehn Jahre später - war problemlos erfolgreich.

8.11 Projektmanagementmäßige Planung und Realisierung

Projektmanagement-Methoden sind allgemein hilfreiche Instrumente in Change-Prozessen, bis hin dazu, dass diese als „echte" Change-Projekte durchgeführt werden (was wir in Abschnitt 10.9 näher ausführen). Schon in Kapitel 7 haben wir bei den Sünden zahlreiche Versäumnisse hinsichtlich systematischer Projektarbeit vermerkt und die nachfolgend zusammengestellten, eigentlich selbstverständlich anmutenden Regeln resultieren aus den am häufigsten beobachteten Defiziten:

Projektmanagement-Methoden eigenen sich gut für Change-Prozesse

Man sollte eine Reihe von Grundregeln beachten, die jedoch in der Praxis oft missachtet werden

- Zu Beginn eines Change-Prozesses muss ein Business-Case durchgerechnet und im Verlauf des Change-Projektes nicht weiter nachgehalten werden. Das darf man nicht einfach vergessen!
- Für große Change-Projekte muss ein schriftlicher Auftrag fixiert werden („Projektauftrag"), in dem die Ziele und alle zugehörigen Rahmenbedingungen fixiert sind.
- Veränderungsprozesse können erst gestartet werrden, wenn man sich über die Ziele einig ist, wenn klar ist, wer der eigentliche Auftraggeber ist und wenn die zur Verfügung stehenden Ressourcen und Mittel geklärt wurden. Auch die Zeit muss realistisch abgesteckt sein.
- Ein Anfangs- und ein Endzeitpunkt müssen festliegen, ebenso die Zeitplanung für die Erledigung der erforderlichen Aufgaben und für die Lieferung von Zwischenergebnissen („Meilensteine").
- Für die einzelnen Aufgabenpakete werden To Do-Listen gebraucht (dass wir dies ausdrücklich erwähnen, geht darauf zurück, dass wir immer erleben müssen, dass man selbst in großen Change-Prozessen ohne To Do-Listen arbeitet).
- Wichtige Beschlüsse und Entscheidungen sind zu protokollieren und die Protokolle auch zu nutzen, damit keine Beschlüsse mehrfach gefällt werden.
- In vorab definierten Intervallen sind Statusreportings zu erstellen (und zu kommunizieren).
- Es ist ein Change-Projektteam einzurichten, das verlässlich tagt.

Wenn in vielen Unternehmen der Einsatz von Methoden und Instrumenten des Projektmanagements unzureichend erfolgt, ist dies größtenteils auf zwei Gründe zurückzuführen:

Unzulängliches methodisches Vorgehen ist teils durch unzureichende Qualifikation und teils durch Unwillen begründet

- Eine Qualifikation zum Projektmanagement ist doch nicht so verbreitet, wie man allgemein vermutet. Viele Leiter von Change-Projekten kennen die Methoden und Instrumente teilweise nicht oder nicht ausreichend. Auch Auftraggeber für Change-Projekte bzw. Führungskräfte der mittleren und höheren Führungsebenen sind nicht immer damit vertraut.
- Die Leiter von Change-Projekten sind unwillig, die Methoden und Instrumente einzusetzen (Mehraufwand, strengere Überprüfbarkeit).

AUS UNSERER PERSPEKTIVE IST ES UNERLÄSSLICH, EINEN CHANGE-PROZESS PROJEKTMANAGEMENTMÄSSIG ZU PLANEN, ZU STEUERN UND ZU REALISIEREN, WENN DIESER ERFOLGREICH SEIN SOLL.

Zusammenfassung der Vorteile von Projektmanagement für Change-Prozesse

Der Einsatz von Methoden und Instrumenten des Projektmanagements stellt im Verlauf des Change-Prozesses eine systematische Vorgehensweise sicher. Zudem ermöglichen die Instrumente des Projektmanagements eine höhere Überprüfbarkeit des Change-Prozesses, eine saubere Kontrolle und eine bessere Steuerung der Konzeption, Planung und Realisierung von Veränderungen. Zudem ist zu bedenken, dass die Beeinflussbarkeit von Veränderungsprozessen gerade zu Beginn hoch ist und im weiteren Verlauf des Projektes abnimmt. Dies liegt daran, dass einmal getroffene Entscheidungen nicht einfach wieder rückgängig gemacht werden können und sich somit mit zunehmender Dauer des Projektes die Entscheidungsmöglichkeiten und -freiheiten zunehmend einschränken.

GERADE PROJEKTMANAGEMENT STELLT EINE GANZE REIHE VON METHODEN ZUR VERFÜGUNG, DIE INSBESONDERE IN DER ANFANGS- UND STARTPHASE VON CHANGE-PROZESSEN EINGREIFEN. DAMIT WIRD SICHERGESTELLT, DASS IN DER PHASE MIT DEN GRÖSSTEN EINFLUSSMÖGLICHKEITEN UND DER GRÖSSTEN BEEINFLUSSBARKEIT PROFESSIONELL GEARBEITET WIRD.

Es sollten dabei Methoden aus den in Abb. 8.4 zusammengestellten Bereichen des Projektmanagements eingesetzt werden (siehe Näheres dazu auch im Kapitel 10.7.).

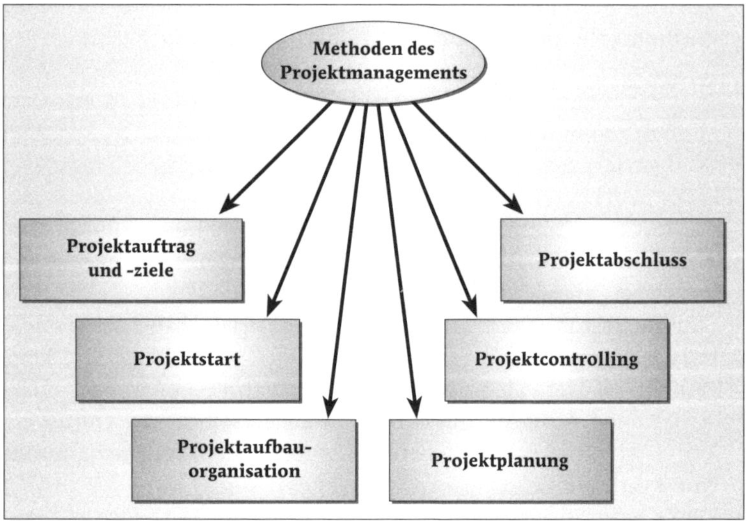

Abb. 8.4: Die sechs wesentlichen Teilbereiche von Projektmanagement

8.12 Professionelles Controlling

Man sollte unterstellen, dass die unternehmens- bzw. organisationsinternen Auftraggeber von Change-Prozessen ein dringendes Interesse daran haben, den Prozess professionell zu steuern und am Ende zu überprüfen. Ein solches Change-Prozess-Controlling unterbleibt in der Praxis jedoch häufig oder ist unzulänglich ausgeprägt. In der Folge werden vielfach zwar anfangs weit reichende Konzepte erstellt, z.B. für eine neue Strategie oder eine neue Struktur, aber die Umsetzung in die Praxis beginnt zu stagnieren, wenn erste Schwierigkeiten auftauchen. Dies ist die große Schwachstelle vieler Veränderungsprozesse und sie hat ihre Ursache mit darin, dass zu wenig kontrolliert und gesteuert wird.

Controlling wird nicht nur zur Schlussüberprüfung benötigt, sondern auch zur nachhaltigen Steuerung der Prozesse

> DEMENTSPRECHEND IST ES EIN WICHTIGER ERFOLGSFAKTOR, SYSTEME ZUR STEUERUNG DER REALISIERUNG VON VERÄNDERUNG ZU IMPLEMENTIEREN.

Steuerung und Controlling lassen sich vom Grundprinzip her als Regelkreis verstehen, siehe Abbildung 8.5.

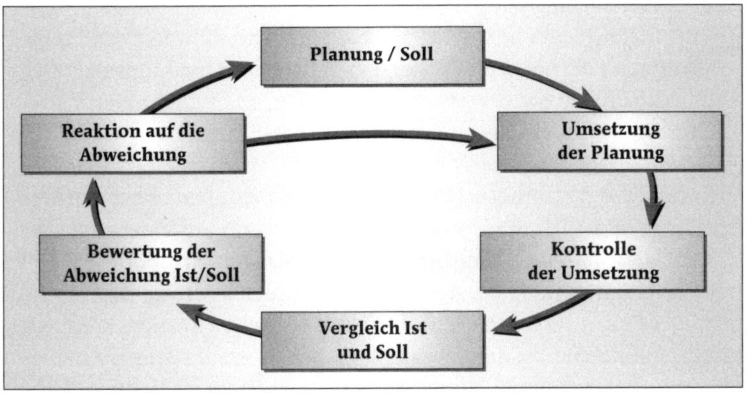

Abb. 8.5: Controlling als Regelkreis

Bei Change-Prozessen ist eine Steuerung in den beiden schon an früherer Stelle kurz erörterten Bereichen erforderlich:

- Umsetzungscontrolling und
- Ergebniscontrolling.

Umsetzungscontrolling und Ergebniscontrolling

Ziel des Umsetzungscontrolling ist es, die Umsetzung der geplanten Maßnahmen sicher zu stellen. Beim Ergebniscontrolling wird dagegen verfolgt, inwieweit auch das Endergebnis eintritt, das man sich ursprünglich von der Veränderung versprochen hat. Der Unterschied soll an einem Beispiel verdeutlicht werden.

Beispiel

Im Rahmen einer neuen Strategie wird eine neue Kundensegmentierung eingeführt. Ein Umsetzungscontrolling würde kontrollieren und steuern, inwieweit die Kunden neuen Betreuern zugeordnet und ihnen auch die zugehörigen neuen Produkte und Dienstleistungen angeboten wurden. Von dieser neuen Kundensegmentierung hat man sich allerdings auch ein Ergebnis erwartet. Man wollte vielleicht Kosten reduzieren, neue Kunden gewinnen oder die Erträge steigern. Ein Ergebniscontrolling kontrolliert und steuert, inwieweit die eigentlich gewünschten Ergebnisse erreicht werden.

ES GILT ALSO, RÜCKMELDESYSTEME ZU INSTALLIEREN, DIE FUNDIERTE INFORMATIONEN ÜBER DEN STAND DER DINGE (UMSETZUNG UND ERGEBNISSE) LIEFERN.

Für ein Controlling im Sinne von Rückmeldesystemen bieten sich mehrere Instrumente an

Solche Rückmeldesysteme können unter anderem sein:
- Schriftliches Statusreporting über den Umsetzungsgrad der geplanten Veränderungen,
- Rückmeldungen über den Umsetzungsgrad im Rahmen von Projektsitzungen oder bei den üblichen Bereichs- oder Abteilungsmeetings,
- Durchführung von Stichprobenkontrollen,
- Controlling von Meilensteinen im Change-Prozess oder
- Review Workshops.

Es ist unbedingt erforderlich, dass diese Rückmeldungen über den Stand der Dinge bezüglich der Umsetzung der geplanten Veränderungen weiterverfolgt und weiterverarbeitet werden. Leider ist an dieser Stelle manchmal ein nachlassendes Engagement und Interesse höherer und mittlerer Führungskräfte zu beobachten. Manche Führungskräfte sind mit ihren Energien zu diesem Zeitpunkt schon wieder bei ganz anderen Themen. Dabei fängt die Veränderungsarbeit jetzt erst richtig an. Deshalb müssen die Initiatoren und Auftraggeber von Change-Prozessen an dieser Stelle mit großer Nachhaltigkeit korrigierende und steuernde Maßnahmen definieren und ergreifen.

Führungskräfte sind aufgefordert, Steuerung und Korrektur mit hoher Nachhaltigkeit zu betreiben

8.13 Konsequentes Handeln

Wer ein Unternehmen oder eine Organiation verändern will, muss auch zu konsequentem Handeln bereit sein – dies ist mit einer der wichtigsten Erfolgsfaktoren. Beschäftigt das Unternehmen eine genügend große Zahl von Mitarbeitern, dann ist es schon alleine nach dem Gesetz der großen Zahlen sehr wahrscheinlich, dass sich unter den Mitarbeitern auch Widerständler befinden.

Darauf sind wir in den vorangegangenen Kapiteln schon mehrfach eingegangen und haben aus der Praxis berichtet, dass Unternehmen dann manchmal auf halbem Weg aufgeben oder Ausreißer zumindest tolerieren, wenn die Veränderungen anonsten im Großen und Ganzen eingehalten werden.

Beispiel

Ein schönes Beispiel für die Problematik, die mit dieser Haltung verbunden ist, begegnete uns bei der Einführung eines neuen Arbeitszeitmodells in einem Call Center. Dieses Modell sah neben bestimmten Arbeitszeitregeln auch Spielregeln für die Anmeldung im Telefonverbund vor. Alle Mitarbeiter einer Schicht mussten ab einem bestimmten Zeitpunkt angemeldet sein. Einer Mitarbeiterin gelang es, sich dieser Regel durch trickreiches Verhalten immer wieder zu entziehen. Die Leistungen der Mitarbeiterin waren ansonsten recht gut. In Ermangelung einer konsequenten Haltung, um keinen Streit zu produzieren, und weil die Leistungen eigentlich in Ordnung waren, beschloss das Management, dieses Verhalten zu tolerieren.

In der Folge überlegten sich die Kollegen dieser Mitarbeiterin, warum sie sich nicht eigentlich auch wieder später in den Telefonverbund einloggen könnten. Überlegt und getan, probierten es die ersten. Es folgten keine Konsequenzen von Seiten der Führung und innerhalb kürzester Zeit war man stillschweigend wieder zur alten Regelung zurückgekehrt. Diese bestand, grob gesagt, darin, dass jeder machte, was er wollte. Das Fazit: Eine faule Banane kann alle anderen verderben.

Deshalb ist es ein äußerst wichtiger Erfolgsfaktor in Change-Prozessen, Ausreißer auf jeden Fall einzufangen und ihnen gegenüber auch konsequent zu handeln. Gegebenenfalls muss hier sogar eine gesteuerte Eskalation gefahren werden.

9 Rolle der Stakeholder im Change-Prozess

In Change-Prozessen sind nicht nur viele Personen eingebunden, sie haben auch sehr unterschiedliche Funktionen. Manche wollen nur informiert sein, ohne dass sie mit den Informationen Aktionen verknüpfen. Andere hingegen haben auf Grund ihrer Funktion Entscheidungen zu treffen oder Teams bzw. ganze Projekte zu leiten. Um zu vermeiden, dass unnötige Schleifen in den Kommunikationswegen gedreht werden, Energie versandet oder der gesamte Prozess scheitert, ist es sinnvoll, genau darauf zu achten, dass alle relevanten Interessen- und Zielgruppen eingebunden werden.

Zielgruppe Mitarbeiter

Häufig haben Change-Manager die Befürchtung, dass gute Mitarbeiter das Unternehmen verlassen, wenn sie von den Veränderungen hören, oder man befürchtet zumindest, dass Mitarbeiter in eine „Depression" verfallen und sich nicht mehr engagieren. Diese Gefahr besteht in der Tat, wenn Kommunikation dysfunktional ist, Veränderungen verniedlicht werden oder wenn sogar gelogen wird. Die Konsequenz der Mitarbeiter ist oft, dass Fakten und das Agieren des Managements nicht verstanden werden. Das Vertrauen in die Unternehmenssteuerung geht verloren.

Empfehlung: Die Mitarbeiter können in der Regel mehr Wahrheit verkraften, als die meisten Manager glauben. Eine ehrliche – jedoch nicht überzogene – Darstellung der Ist-Situation und ggf. eines Sanierungsplans schafft sogar meistens eher Erleichterung als Frust. Der Mitarbeiter sieht, dass die Situation vom Management erkannt wurde und dass gehandelt wird. Je nach Interventionsdesign (siehe Kap. 10) können Mitarbeiter in die Veränderung der Konzeption eingebunden sein, bei der Umsetzung müssen sie sogar beteiligt werden.

Zielgruppe Führungskräfte

Das Top-Management und der Change-Manager haben oft ähnliche Befürchtungen über die Reaktionen der Führungskräfte wie bei Mitarbeitern. Es wird vermutet, dass eine Welle von Kündigungen kommen wird. Aber auch das Versetzen auf niedrigere Hierarchien oder in kleinere oder weniger „machtvolle" Bereiche wird vom Top-Management eher vermieden als realisiert. In der Konsequenz fühlen sich die Führungskräfte nicht für den Change-Prozess verantwortlich und verhalten sich passiv und im Veränderungsprozess nicht engagiert. Die Führungskräfte können nicht als Umsetzer und Sprachrohr gegenüber den Mitarbeitern fungieren.

Empfehlung: Binden Sie frühzeitig alle Ihre Führungskräfte in die Informationen ein. Je nach Umfang der Veränderung müssen entweder alle oder ein Teil der Führungskräfte an den Analysen mitarbeiten. Schaffen Sie für starke Meinungsträger eine Plattform für die Veränderung, damit die Meinungsführerschaft für den Change-Prozess genutzt werden kann. Widerständler können entweder isoliert, sanktioniert oder geschickt eingebunden werden, damit sie mit konkreten Aufgaben konstruktiv beschäftigt sind und keine Gegenaktionen mehr starten können.

Zielgruppe Kunden

Ob die Kunden etwas von bevorstehenden Änderungen erfahren sollen, hängt von der Art und dem Ziel der Neuerung ab. Auf jeden Fall sollten Veränderungen in den kundennahen Bereichen rechtzeitig kommuniziert werden. Auch können neue Wege der Mitbeteiligung gegangen werden: Kundenkonferenzen, Kundenbefragungen oder Benchmarking mit kundenrelevanten Organisationen helfen, Konzepte für Veränderungen zu finden.

Nicht selten haben Change-Manager Sorgen, dass der Umsatz stagniert, wenn Kunden über Veränderungen in Unternehmen erfahren. Kein Kunde hat etwas dagegen, wenn die Abläufe optimiert werden, sofern er selbst davon etwas hat. Berechtigte Befürchtungen kann jedoch das Top-Management haben, wenn es um Veränderungen geht, die mit Nachteilen für den Markt zusammenhängen, wie beispielsweise Einschränkung der Produktpalette, Rohstoffsubstitutionen, Umweltprobleme in der Fertigung etc.

Empfehlung: Hierzu lässt sich leider keine eindeutige Empfehlung abgeben. Zu unterschiedlich sind die Bedingungen am Markt und die Zielsetzungen des Veränderungsprozesses. Grundsätzlich ist jedoch eine gewisse Zurückhaltung angebracht. Sollten die Fakten jedoch nicht mehr zu verheimlichen sein, empfehlen wir, über die Maßnahmen des Change-Prozesses zu berichten und somit Zuversicht in die Umbaupläne des Unternehmens zu erzeugen. Bei sehr negativen und krisenhaften Entwicklungen wie Unfälle, Bilanzfälschungen etc. sollte eine professionelle Krisenkommunikation geführt werden.

Sind beispielsweise auf Grund von Fehlern in der Produktion bereits ausgelieferte Waren fehlerhaft, muss vielleicht sogar eine Rückrufaktion gestartet werden. In Nachgang ist es sinnvoll, die Kunden zu informieren, dass durch entsprechende Veränderungen im Unternehmen derartige Fehler nicht mehr auftreten können. Je stärker Kundenbindung und Kundentreue sind, umso mehr sollte das Unternehmen die Kunden über die internen Neuerungen informieren.

Zielgruppe Shareholder

Ob die Shareholder über Change-Maßnahmen informiert werden sollten, hängt zum einen von der Rechtsform des Unternehmens und zum anderen wiederum von Art und Umfang der Änderungen ab. Bei manchen großen Entscheidungen wie Fusionen, Geschäftsübernahmen etc. müssen definierte Entscheidungs- und Zustimmungswege eingehalten werden. Und das ist oft die Ursache für die Angst der Geschäftsführer, dass von anderer Stelle „mitgeredet" wird. Eine interessante Möglichkeit, dieses Problem zu übergehen, ist, dass nur über die Ergebnisse im Nachhinein und nicht über den Prozess der Veränderung berichtet wird. Problematische Entwicklungen treten ein, wenn Shareholder Informationen durch einen anderen Kanal bekommen. Missstimmungen und vielleicht sogar tief greifende Zerwürfnisse können entstehen.

> **Empfehlung**: Shareholder sollten immer über Transformationsprozesse eingeweiht sein. In welcher Tiefe die Einbindung erfolgt, hängt von der Tragweite der Neuerung ab.

Zielgruppe Arbeitnehmervertretung

Nicht selten befürchten Unternehmensleitung und Führungskräfte, dass die Betriebs- und Personalräte Change-Prozesse blockieren. Insbesondere in Fällen, in denen es um Abbau von sozialen Leistungen, Arbeitsbedingungen und Personalabbau geht, ist mit Widerstand zu rechnen. Aus dieser Befürchtung heraus werden Betriebsräte oft nur mit Ergebnissen konfrontiert. Die frühzeitige Information über die Problemlage und die zielgerichtete Einbindung in die Konzeption werden oft vernachlässigt und ganz unterlassen. Erst wenn bereits Beschlüsse von der Unternehmensleitung gefasst sind, wird eine offizielle Information gegeben. Der Betriebs- und Personalrat wird dann mit der konkreten Umsetzung (Sozialplan, Sozialauswahl etc.) beauftragt.

> **Empfehlung**: Die Arbeitnehmervertretung hat ein Recht darauf, über die Hintergründe und die Vorschläge von Veränderungen informiert zu werden (vgl. Kapitel 14). Wenn der Widerstand erst einmal aufgebaut ist, lassen sich nur schwer Veränderungen im Unternehmen durchsetzen. Die Verhandlungen mit der Mitarbeitervertretung müssen entsprechend den rechtlichen Grundlagen geführt werden (Beratung, Anhörung, Mitbestimmung).
> Binden Sie die Arbeitnehmervertretung frühzeitig in die Change-Gedanken mit ein. Sollte der Betriebsrat – besonders bei Personalabbaumaßnahmen – trotzdem blockieren, weisen Sie auf die Konsequenzen dieses seines Handelns hin. Manchmal ist es sinnvoll, einige wenige Arbeitsplätze abzubauen, anstatt die Existenz des gesamten Unternehmens in Gefahr zu bringen.

Teil C

Instrumente von Change-Prozessen

Vorbereitung und Durchführung von Change-Prozessen lassen sich grob in zwei Phasen gliedern bzw. unter zwei Blickwinkeln betrachten, für die beide ein Methodenrepertoire benötigt wird:

- Zum einen geht es darum, Strategiefindungsprozesse durchzuführen, die Strategie konkret auszuarbeiten und ein Prozessdesign zu entwerfen, das Gremien und Mitarbeiter entsprechend berücksichtigt. Die für Change-Prozesse geeigneten und üblich eingesetzten Instrumente aus strategischem Management, Organisationslehre und Projektmanagement sind Gegenstand von Kapitel 10 zu den strukturellen Interventionen.
- Die über Fakten, Methodik und Sprache hinaus wirksamen ganzheitlichen Methoden finden sich in Kapitel 11 über analoge Interventionen. Hier wird einleitend noch einmal darauf eingegangen, dass und wie man einen Change-Prozess aus der Schock- und Ablehnungsphase über die Phase des Widerstandes bis zur Akzeptanz und Umsetzung steuern kann. Im Mittelpunkt steht dann ein umfangreicher Baukasten konkreter, erprobter Trainings- und Workshop-Methoden, die nach Kategorien geordnet und in praxisnaher Form dargestellt werden.

10 Strukturelle Interventionen

Strukturelle Interventionen = Werkzeugkasten des Change-Managers für projekthafte Change-Prozesse

Unter strukturellen Interventionen verstehen wir den Methoden-Werkzeugkasten des Change-Managers, der einen Veränderungsprozess projekthaft angehen will. Es wird beispielsweise oft wie selbstverständlich darüber geredet, dass eine Strategie vorliegen muss, seltener findet man jedoch die Werkzeuge eines Strategiefindungsprozesses beschrieben.

In diesem Kapitel stellen wir die klassischen Bausteine eines Change-Prozesses vor, sodass der Change-Manager eine Handlungsanleitung für die praktische Umsetzung erhält.

Liste der konkreten Instrumente

Aus unserer Sicht gehört dazu eine Kenntnis folgender Methoden, denen je ein Abschnitt dieses Kapitels gewidmet ist:
- Benchmarking,
- Strategieentwicklung,
- SWOT,
- Organisationsdiagnose,
- Interventionsdesign,
- Gremienlandschaft,
- Kommunikationsmatrix,
- TCP- Matrix,
- Projektmanagement,
- Mitarbeiterbefragungen.

10.1 Benchmarking

Benchmarking = Vergleichsinstrument

Es ist sinnvoll, mit Organisationen zu vergleichen, die best practice bieten

Unter Benchmarking verstehen wir einen kontinuierlichen, systematischen Prozess des Vergleichens von Arbeitsprozessen. Dabei können Vergleiche mit internen Organisationseinheiten oder mit anderen Unternehmen angestellt werden. Sinnvoll ist es, Vergleichspartner zu wählen, die „best practice" repräsentieren, um dadurch die eigene Organisation zu verbessern.

Wenn man nicht warten möchte, bis man vom Wettbewerb überholt wird, kann es in vielen Situationen sinnvoll sein zu wissen, was andere gerade für Wege beschreiten. Von anderen zu lernen, kann ein sinnvoller Weg sein, Veränderungen im eigenen Unternehmen zu initiieren. Dazu Hammer/Champy (1994): „Im Grunde bedeutet Benchmarking, nach Unternehmen zu suchen, die in einem bestimmten Bereich eine Spitzenposition einnehmen, und zu lernen, wie sie das erreichen, damit man es dann nachvollziehen kann."

Insbesondere in Veränderungsprozessen kann es sinnvoll sein zu schauen, wie andere Unternehmen Sachverhalte gelöst haben.

Um ein erfolgreiches Benchmarking durchführen zu können, sind folgende Aspekte zu beachten:

- die eigenen Prozesse kennen,
- die eigenen Schwächen erkennen,
- Best practices aufspüren,
- die Umsetzung der Ergebnisse durch Anpassung der Erkenntnisse an die Umgebung im eigenen Unternehmen vornehmen.

Zwei Arten: Produktorientieres und prozessorientiertes Benchmarking

Es gibt unterschiedlche Arten des Benchmarking :

- Produktorientiertes Benchmarking : Hier ist das Ziel, die Produkte des Wettbewerbers zu analysieren, um Verbesserungspotenziale am eigenen Produkt zu erkennen und
- Prozessorientiertes Benchmarking: Dabei werden Produkte sowie zu deren Herstellung angewandte Prozesse erfasst. Dabei ist das Ziel, die eigenen Prozesse zu verbessern und somit die Leistungsfähigkeit des eigenen Unternehmens zu erhöhen.

Durchführung wettbewerbsorientiert oder generisch

Der Benchmark kann

- wettbewerbsorientiert durchgeführt werden, d.h., die Prozesse werden mit Unternehmen der gleichen Branche durchgeführt, oder
- generisch durchgeführt werden, d.h. mit Unternehmen anderer Branchen mit ähnlichen Prozessen.

Schritte beim Benchmarking

Folgende Schritte sind bei einem Benchmark zu beachten:

- Bestimmung des Benchmarking-Objekts,
- Beschreibung und Analyse,
- Benchmarking-Partner,
- Analyse der Unterschiede,
- Maßnahmenplanung,
- Sicherung der Ergebnisse.

10.1.1 Bestimmung des Benchmarking-Objekts

Die Festlegung des Benchmarking-Objekts beinhaltet die Identifikation und Auswahl geeigneter Prozesse. Diese müssen jedoch so klar abgegrenzt sein, dass ein Vergleich auch lohnend ist.

Auswahlkriterien für die Objekte

Hierzu sollten folgende Fragen geklärt werden:

- Was verursacht die größten Kosten?
- Wo liegen die Zeitkiller?
- Was verursacht Kunden(un)zufriedenheit?
- Wo haben wir die meisten Probleme?

10.1.2 Beschreibung und Analyse

Vergleichparamater

Um Prozesse vergleichen und bewerten zu können, müssen Parameter gefunden werden, die den Prozess kennzeichnen. Klassische Parameter sind Kosten und Durchlaufzeit. Weitere Beispiele für Kriterien sind z.B.:

Mögliche Benchmark-Kriterien

- Zufriedenheit der Kunden,
- Qualität des Produkts,
- Reaktionsfähigkeit,
- Reaktionsschnelligkeit,
- Durchlaufzeit,
- EDV-Unterstützung,
- Aufwand,
- Arbeitsteiligkeit,
- Zufriedenheit der Mitarbeiter,
- Qualität der EDV-Daten.

Wird ein Kennzahlensystem verwendet, sollte es prozessbezogen sein und alle Hierarchieebenen umfassen (Abb. 10.1).

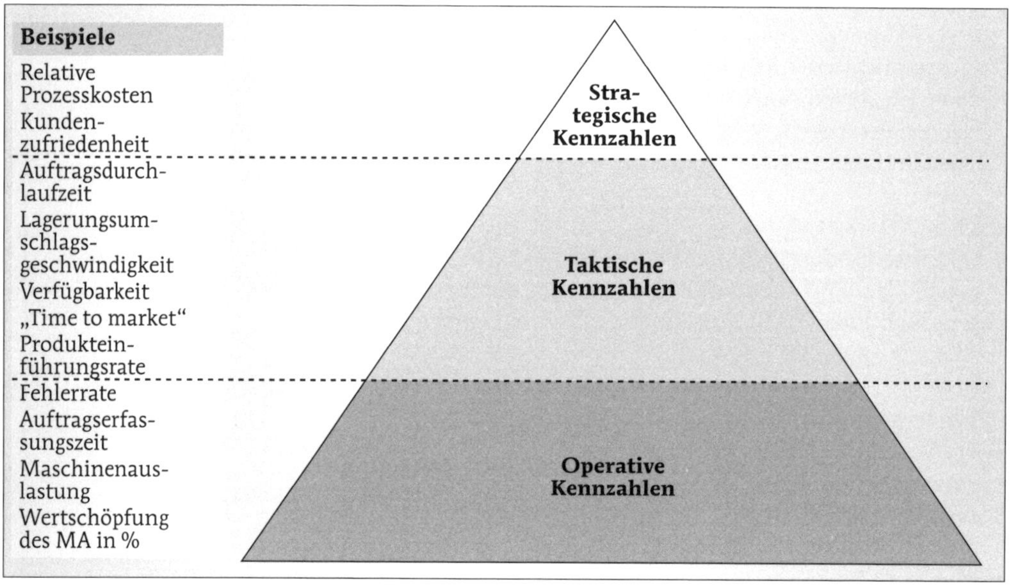

Abb. 10.1: Ebenen eines Kennzahlensystems (nach Metz/Hölzle 1995)

Hilfreich zur Analyse bestehender Prozesse ist das **Input-Output-Modell**: Welche ist die Eingangsgröße für den Prozess, wie erfolgt deren Verarbeitung, an wen wird was wie weitergegeben?

	Input	**Process**	**Output**
Was	Was bekomme ich?	Was wird bearbeitet?	Was gebe ich weiter?
Wer	Von wem bekomme ich es?	Wer bearbeitet?	An wen gebe ich es weiter?
Wie	In welcher Form bekomme ich es?	Auf welche Weise wird es bearbeitet?	In welcher Form gebe ich es weiter?
Womit	Auf welchem Weg bekomme ich es?	Womit (Mittel) wird es bearbeitet?	Auf welchem Weg gebe ich es weiter?
Warum	Warum bekomme ich es?	Warum wird es bearbeitet?	Warum gebe ich es weiter?
Wann	Wann bekomme ich es?	Wann wird es bearbeitet?	Wann gebe ich es weiter?

10.1.3 Benchmarking-Partner

Wettbewerber als Vergleichspartner

Sicher würden die meisten Unternehmensführer gerne „Mäuschen“ bei dem Wettbewerber spielen wollen. Benchmarking in der eigenen Branche gestaltet sich aber oft als schwierig. Häufig ist es auch so, dass sich bestimmte Standards in einer Branche durchgesetzt haben und bahnbrechende Innovationen durch Benchmarks gar nicht entstehen.

VIEL INTERESSANTER SIND OFT VERGLEICHE MIT UNTERNEHMEN AUS ANDEREN BRANCHEN. DER VERGLEICH GESTALTET SICH SCHWIERIGER, KANN ABER ZU REVOLUTIONÄREN VEREINFACHUNGEN BESTEHENDER PROZESSE FÜHREN.

Die Empfehlung vieler Benchmarking-Experten ist somit, sich viel Zeit bei der Auswahl der Unternehmen zu nehmen, mit denen die Prozesse verglichen werden sollen, und durchaus den Schwerpunkt auf Branchenfremde Unternehmen zu legen.

10.1.4 Analyse der Unterschiede

Wichtig bei der Benchmarking-Analyse ist in einem ersten Schritt das Herausarbeiten der Unterschiede. Diese sollten so deutlich wie möglich dargestellt werden. Dazu sollten Sie sich folgende Fragen stellen:

Fragen zu den Unterschieden

- Was ist anders/neu am Prozess des Benchmarking-Partners?
- Sind die Daten vergleichbar?
- Wie sieht die Kosten-Nutzen-Relation aus?
- Wie anpassungsfähig/übertragbar sind die Prozesse auf uns?
- Welche guten Anregungen/Ideen haben wir gefunden?

Eine Tabelle, auf der den einzelnen Leistungsmerkmale bewertet werden, hilft die Ergebnisse zu visualisieren (Beispiel in Abb. 10.2)

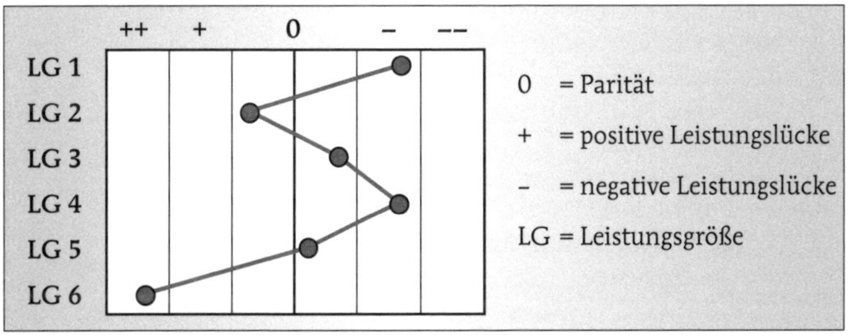

Abb. 10.2: Beispiel einer Tabelle einzelnerLeistungsmerkmale (Metz/Hölzle)

Besonderes Augenmerk auf den Erfolgsfaktoren

Hilfreich ist auch, wenn die Erfolgsfaktoren, also die Faktoren, die den Prozess besonders hervorheben, klar bewertet werden und in Relation zum eigenen Prozess gestellt werden.

Auf der folgenden Seite ist das Beispiel einer Tabelle mit Erfolgsfaktoren von Prozessen abgedruckt.

Kriterium	Erläuterungen	Bewertung
Zufriedenheit der Kunden Sind die Kunden mit der Durchführung des Geschäftsprozesses zufrieden?	Viel Lob, wenig Kritik	1
	Es gibt keine Bewertung durch die Kunden oder Lob und Kritik sind gleich gewichtet.	2
	Kritik ist selten und in der Regel nicht gravierend (Meckern)	3
	Häufige und zum Teil gravierende Beschwerden	4
	Permanente und heftige Beschwerden der Kunden	5
Qualität des Produkts Wie ist die Qualität der durch den Geschäftsprozess erstellten Produkte?	Die erbrachten Dienstleistungen/ erstellten Produkte sind fehlerfrei.	1
	Es treten selten Mängel auf.	2
	Es treten häufig geringfügige Mängel auf. (Es ist keine Nachbearbeitung erforderlich.)	3
	Es treten bei weniger als 1 % der Dienstleistungen/Produkte gravierende Mängel auf.	4
	Es treten bei mehr als 1 % der Dienstleistungen/Produkte gravierende Mängel auf.	5
Reaktionsfähigkeit Wie schnell kann der Prozess in Gang gesetzt werden?	Der Geschäftprozess kann flexibel gemäß den Anforderungen eingeplant werden.	1
	Eine Anpassung der Planung ist ohne großen Aufwand möglich.	2
	Eine Anpassung der Planung ist nur mit großem Aufwand möglich.	3
	Der Geschäftsprozess wird in die bestehende Planung eingefügt (ggf. zulasten des Termins)	4
	Der Geschäftsprozess kann ohne zusätzliche Ressourcen nicht ausgeführt werden.	5
Durchlaufzeit Welchen Anteil an der Durchlaufzeit (Durchlaufzeit = Liegezeit + Bearbeitungszeit) hat die eigentliche Bearbeitung?	100 % Die Bearbeitungszeit entspricht der Durchlaufzeit.	1
	>80 % Die Bearbeitungszeit beträgt mehr als 80 % von der Durchlaufzeit.	2
	>60 % Die Bearbeitungszeit beträgt mehr als 60 % von der Durchlaufzeit.	3
	>30 % Die Bearbeitungszeit beträgt mehr als 30 % von der Durchlaufzeit.	4
	<30 % Die Bearbeitungszeit beträgt weniger als 30 % von der Durchlaufzeit.	5
EDV-Unterstützung Wie wird der Geschäftsprozess durch die Datenverarbeitung unterstützt?	Der Geschäftsprozess ist vollständig EDV-unterstützt.	1
	Es bestehen geringfügige Lücken in der EDV-Unterstützung.	2
	Der Geschäftsprozess wird nur teilweise durch die EDV unterstützt.	3
	Der Geschäftsprozess ist überwiegend manuell.	4
	Es gibt keinerlei EDV-Unterstützung.	5

Kriterium	Erläuterungen	Bewertung
Arbeitsteiligkeit Ist der Geschäftsprozess sinnvoll aufgeteilt?	Die Aufteilung des Geschäftsprozesses ist optimal.	1
	Die Aufteilung des Geschäftsprozesses könnte geringfügig verbessert werden.	2
	Die bestehende Aufteilung des Geschäftsprozesses behindert die Durchführung des GPs.	3
	Die bestehende Aufteilung des Geschäftsprozesses führt zu Mehraufwänden.	4
	Die bestehende Aufteilung des Geschäftsprozesses führt zu erheblichen Mehraufwänden.	5
Zufriedenheit der Mitarbeiter Wie ist die Motivation der beteiligten Mitarbeiter durch den Geschäftsprozess?	Die Mitarbeiter sind durch den Geschäftsprozess motiviert.	1
	Die Arbeit wird als angenehm empfunden.	2
	Die Aufgaben sind den Mitarbeitern gleichgültig.	3
	Die Arbeit wird als unangenehm empfunden.	4
	Der Geschäftsprozess demotiviert die beteiligten Mitarbeiter.	5
Aufwand Wie groß ist der Aufwand für die Durchführung des Geschäftsprozesses? Grundlage: 500 Euro pro Tag und Mitarbeiter	<100 Euro	1
	<1 Tsd. Euro	2
	<10 Tsd. Euro	3
	<100 Tsd. Euro	4
	>1 Mio. Euro	5
EDV-Qualität Wie ist die Qualität der EDV-Systeme, die den Geschäftsprozess unterstützen? Unter Qualität wird verstanden Layoutgestaltung, Antwortzeitverhalten, Funktionalität, Transparenz, Systemintegrität, Schulung.	Die Qualität ist der Aufgabenstellung entsprechend gut.	1
	Die Qualität könnte leicht verbessert werden.	2
	Die Qualität ist verbesserungswürdig.	3
	Die Qualität muss dringend verbessert werden.	4
	Die Qualität wird der Aufgabenstellung nicht gerecht.	5

Nr.	Thema	Verantwortlich	Wer arbeitet mit	Wi-Vorlage	E-Termin	Status	Erledigt
1							
2							
3							
4							
...							

10.1.5 Maßnahmenplanung

Vereinbaren Sie klare Ziele und entwickeln Sie einen Massnahmenplan über die Aktivitäten, die Sie in Ihrem Unternehmen einleiten wollen.

Das oben abgedruckte Muster eines Maßnahmenplans (das ist nur ein Auszug, Sie haben sicher mehr als vier Themen) dient als Vorlage zur Umsetzung der Erkenntnisse aus dem Benchmark.

10.1.6 Sicherung der Ergebnisse

Ziel ist es nicht nur, oberstes („Weltklasse"-) Niveau zu erreichen, sondern dort auch zu bleiben. Prozesse sollen nicht nur einmalig optimiert, sondern permanent überprüft und kontinuierlich verbessert werden.

Bauen Sie eine Feed-back-Schleife auf und bestimmen Sie, wie oft Sie ein Feedback suchen.

Wenn Sie mit der Umsetzung der besten Ideen beginnen, mag das häufig der Fall sein. Längerfristig sollten Sie den Prozess bzw. das System periodisch überprüfen.

Pflegen Sie Ihr Netz an Benchmarkingpartnern. Benchmarking macht man nicht nur einmal.

Und der Aufbau neuer vertrauensvoller Kontakte bedarf bedeutend mehr Energie als die Pflege bestehender Verbindungen.

10.2 Strategieentwicklung

Mit der Strategie eines Unternehmens ist gemeint „...die Fähigkeit, in das System des natürlichen Wettbewerbs so einzugreifen, dass dadurch vorhersehbare Verschiebungen des wettbewerblichen Gleichgewichtes ausgelöst werden können" (Oetinger: Boston Consulting Group Strategie-Buch).

Damit ist Strategie der wichtigste Richtungsgeber für das gesamte Unternehmen. Von der Strategie hängen die Ziele ab.

Grosse Change-Massnahmen müssen immer auch die Strategie berücksichtigen bzw. hängen von ihr ab.

Wir empfehlen in unserer Beratungspraxis oft, Change-Prozesse mit einem Strategieentwicklungsprozess zu starten. Damit ist gewährleistet, dass die einzuleitenden Veränderungen auch zielgerichtet sind.

10.2.1 Strategiehorizonte

Strategieentwicklung findet auf unterschiedlichen Ebenen statt. Die strategischen Fragen sind vor allem auch vom Betrachtungszeitraum abhängig (kurz-, mittel- oder langfristig).

Hilfreich ist an dieser Stelle das bekannte St. Gallener Strategieentwicklungsmodell, das wir auf der übernächsten Doppelseite in einer modellhaften Übersicht darstellen.

10.2.2 Leitfragen im Rahmen einer Strategieentwicklung

Folgende Checkliste soll Ihnen helfen, die richtigen Fragen im Rahmen einer Strategieentwicklung zu stellen.

Checkliste: Fragen zur Strategieentwicklung

Phasen	Zentrale Leitfragen und Maßnahmen
1. Vision/Leitbild	Wo kommen wir her? Wer sind wir und was wollen wir sein? Wo wollen wir hin? Kerngeschäfte sind alle wertschöpfenden Beiträge. Welche Projekte, Prozesse und Kunden sowie Geschäftsbereiche/Werkstrategien haben Einfluss auf unser Geschäft? Welche strategischen Entwicklungen wirken sich auf uns aus?
2. Definition der Kerngeschäfte	Was ist unser Beitrag zur Wertschöpfung? Welche Bedeutung hat unser Bereich innerhalb des Unternehmens? Wo für wen wollen/müssen wir tätig sein? Wer sind unsere Leistungsabnehmer und interne/externe Wettbewerber? Wie werden sich die uns beeinflussenden Bereiche verändern? Welche Auswirkungen haben diese Veränderungen für unseren Bereich?
3. Umfeldanalyse	Entwicklung von relevanten Kriterien, die Einfluss auf unser Kerngeschäft haben, z.B. Nachfrage der Leistung, Interessengruppen (MA, Kunden), Markt und Konkurrenz, Technologieentwicklung, Sparten-/Funktionsstrategie Entwicklung eines Portfolios Entwicklung eines Chancen- und Gefahrenprofils Was sind unsere Stärken, was können wir bereits?
4. Interne Stärken- und Schwächen-analyse	Wo sehen wir Schwachstellen/Veränderungsbedarf, z.B. bezogen auf Qualifikation der MA und FK, Ressourcen, unsere Struktur/Organisation, unsere Abläufe/Prozesse? Was sind unsere zentralen Herausforderungen? Auf welche Fragen/Probleme müssen wir Antworten finden?
5. Erarbeitung der Grundstrategie	Wo steckt Handlungsbedarf, wo müssen wir aktiv werden? Was ergeben sich daraus für Zielsetzungen? Was sind die Erfolgsfaktoren und Gütekriterien?

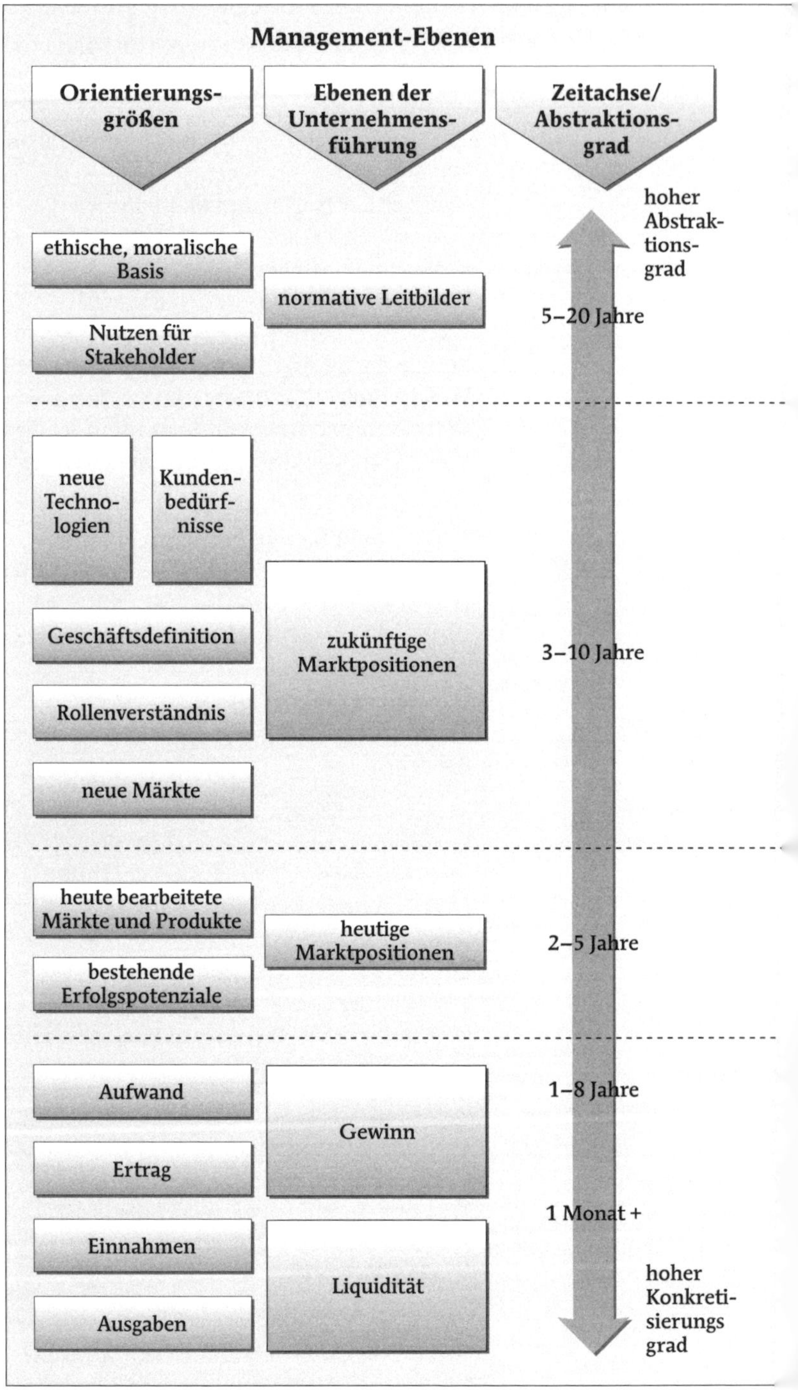

Abb. 10.3: Strategieentwicklungsprozess St. Gallen

Strategische Fragen

Steigern unsere Strategien den Unternehmenswert?

Entsprechen unsere Strategien den Normen und Wertvorstellungen, die durch die normativen Instanzen vorgegeben sind?

Sollen diese Normen und Wertvorstellungen weiterhin Gültigkeit haben oder sollen sie angepasst werden?

Wie entwickeln sich die Kundenbedürfnisse und was bedeutet das für unser heutiges Geschäft?

Wo bieten brachliegende Kundenbedürfnisse Ansatzpunkte für neue Geschäftsmöglichkeiten in interessanten Märkten?

Welche Technologien begründen neue Marktchancen bzw. Anpassungsbedarf?

Welche strategischen Ansätze sind auf Grund der Szenarien zur Markt-/Umfeldentwicklung anzupacken?

Genügen unsere heutige Geschäftsdefinition und unser heutiges Rollenverständnis zur Sicherung der langfristigen Überlebensfähigkeit?

Wie können heutige Marktpositionen verteidigt, besser genutzt und ausgebaut werden?

Genügt der von uns erbrachte Kundennutzen, um dauerhaft rentabel arbeiten zu können?

Welche Erfolgspotenziale und Kernfähigkeiten sind zu pflegen und auszubauen?

Führen die gewählten strategischen Stoßrichtungen zu einer dauerhaft überdurchschnittlichen Ertragskraft und Rentabilität?

Werden die noch brachliegenden Gewinnsteigerungspotenziale genutzt?

Wie viel Liquidität haben wir für strategische Investitionen in den Aufbau neuer Märkte und neuer Geschäftsfelder/Aktivitätsbereiche zur Verfügung?

Ist die Summe der Einzelstrategien finanzierbar?

10.2.3 Portfolioanalysen

Am bedeutsamsten:

Chancen-/Stärken-Portfolio und BCG

Im Rahmen einer Strategieentwicklung haben sich folgende beiden Portfolioanalysen als sehr hilfreich herausgestellt:

- Portfolioanalyse zur Darstellung der Chancen und Stärken des eigenen Unternehmens und
- BCG-Produktportfolio (Boston Consulting Group).

Chancen und Stärken

Abgeleitet aus konkret identifizierten Chancen und Stärken werden die zwei wesentlichen Schlüsselfaktoren herausgefiltert, welche die Grunddimensionen für das Portfolio darstellen, und deren Ausprägungen festgelegt (z.B. hoch/niedrig). Auf diese Weise ergibt sich eine Vier-Felder-Matrix (Abb. 10.4).

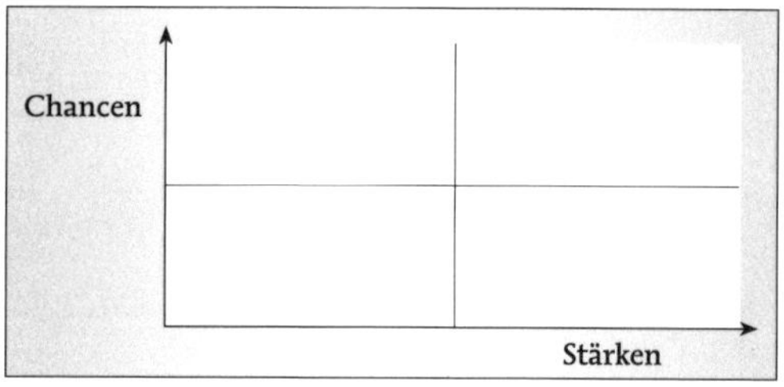

Abb. 10.4: Grundstruktur der Vier-Felder-Matrix des Chancen-Stärken-Portfolios

BCG-(Boston-Consulting-Group-)Portfolio

Mit dem BCG-Portfolio lassen sich Stragegien umreißen

Hier ordnet man seine Produkte nach Potenzial an Wachstum auf der einen Seite und aktuellem Marktanteil auf anderen Seite ein. Daraus können Sie erkennen, wie Sie Ihre Produkte in den nächsten Jahren entwickeln sollten.

Relativer Marktanteil		
hoch	**Cash-cows** Normstrategie: Gewinnstrategie, d.h. Ersatz- und Rationalisierungsinvestitionen zur Erhaltung des Marktanteils, Abschöpfen der positiven Cash-flows	**Stars** Normstrategie: Wachstumsstrategie, d.h. Ausbau der Kapazitäten heute Wachstum (ausgeglichener Cash-flow) Cash-Lieferanten von morgen
niedrig	**Dogs** Normstrategie: Desinvestitionsstrategie, d.h. Verkauf, Stilllegung, Liquidation	**Fragezeichen** Normstrategie: Offensivstrategie, d.h. Marktanteilssteigerungen, Kostendegressionspotenzial oder Herunterfahren des Marktanteils (womöglich Platzierung in Nische)
	niedrig	**hoch** **Marktwachstum**

Abb. 10.5: Strategien der Felder des BCG-Portfolios

10.2.4 Strategie als Rekursivschleife

Strategie ist nicht statisch, sondern muss regelmäßig überprüft werden

Strategieentwicklung wird oft als einmaliger Schritt missverstanden. Nach dem Motto: „Nun entwickle ich eine Strategie und muss diese dann nur noch umsetzen". In der heutigen schnelllebigen Zeit überholen sich manche Strategien fast schneller, als sie erstellt werden. Aus diesem Grund ist es extrem wichtig, dass das Management in regelmäßigen Abständen die vorhandene Strategie überprüft und gegebenenfalls ergänzt, verändert oder sogar über Bord wirft.

10.3 SWOT

SWOT-Analysen beziehen das Umfeld mit ein

Die SWOT-Analyse ist eine Methode, die Stärken und Schwächen einer Organisation im Lichte der Chancen und Bedrohungen in ihrem Umfeld zu beurteilen.

Das Akronym SWOT steht dabei für:
Strengths/Stärke
Weaknesses/Schwächen
Opportunities/Chancen
Threats/Risiken.

Entwickelt wurde die SWOT-Analyse in den 60er-Jahren des 20. Jahrhunderts von K. R. Andrews und darauf basieren die heute vorhandenen Methoden zur Situations- und Umfeldanalyse. Die vier Begriffe lassen sich etwas ausführlicher in Fragestellungen übersetzen:

- Strengths: Welche Stärken haben wir?
- Weaknesses: Wo liegen unsere Schwächen?
- Opportunities: Welche Chancen bietet das Umfeld?
- Threats: Welche Risiken birgt das Umfeld?

Besonders im Rahmen von Strategiesitzungen kann es hilfreich sein, sich im Management darüber auszutauschen. In der Regel ist die Diskussion über die Teilaspekte dabei wertvoller als das dann niedergeschriebene Ergebnis, das man einfach in vier Rubriken notiert (Abb. 10.6).

	Unternehmen
Stärken	
Schwächen	
Chancen	
Risiken	

Abb. 10.6: Unkompliziertes Protokollraster der SWOT-Analyse

10.4 Organisationsdiagnose

Organisationsdiagnose strebt ein Bild, aber keine nackten Daten an

Unter Organisationsdiagnose werden vielfältige Methoden zusammengefasst, die das Ziel haben, eine Organisation hinsichtlich bestimmter Kriterien zu beschreiben. Meist sind die Kriterien einem zu Grunde liegenden Modell oder einer Theorie entnommen. Beispielsweise kann eine Organisation entsprechend ihren Grenzen (offen, diffus, starr, verhärtet) oder den Rollen ihrer Mitglieder (Führer, Sündenbock, Gruppenclown) analysiert und beschrieben werden. Besonders im Rahmen von Organisationsentwicklungsprojekten, (siehe Abschnitt 2.3) kann es sehr hilfreich sein, eine so genannte „Organisationsdiagnose" durchzuführen.

BEI EINER ORGANISATIONSDIAGNOSE GEHT ES NICHT DARUM, „ECHTE DATEN UND FAKTEN" ZU ERMITTELN, SONDERN VIELMEHR ÜBER INTERVIEWS MIT DEN MITARBEITERN UND DEM MANAGEMENT DER ORGANISATION EIN BILD ÜBER DIESE ORGANISATION ZU BEKOMMEN.

Es zeigt sich, dass die Ergebnisse erstaunlich nahe an den „echten" Problemen der Organisation liegen. Anhand der Erkenntnisse können Veränderungen eingeleitet werden. Die Vorteile: Durch eine qualitative Untersuchung ist die Diagnose weniger zeit- und kostenintensiv und die Beteiligten fühlen sich viel stärker in den Prozess eingebunden.

Teilschritt	Vorgehen
Kontaktphase und Vorgespräche	Erste Orientierung auf beiden Seiten (Organisation und Beratung), Vorentscheidung über eine mögliche Zusammenarbeit
Vereinbarung des Vorgehens	Entwicklung der Arbeitsbeziehung, Kontraktschließung, Problemdefinition, Auswahl der Methoden zur Datensammlung und zum Feed-back
Datenerhebung und Aufbereitung	Erhebung des Ist-Zustands mit ausgewählten Methoden der Sozialforschung (Befragung, Einstellungsmessung)
Datenrückkopplung	Rückmeldung der Daten an das Klientensystem (Management und Mitarbeiter), Diskussion (z.B. in Workshops)
Diagnose	Sammlung möglicher Diagnoseansätze, Erkennen der inneren Verfassung der Organisation (Stärken, Schwächen)
Maßnahmenplanung und Durchführung	Entwicklung spezifischer Maßnahmenpläne (inkl. Festlegung der Methoden sowie der Verantwortlichen für Ausführung und Kontrolle)
Erfolgskontrolle	Bewertung der Effektivität, Entscheidung über Abschluss oder Weiterführung der OE-Maßnahme

10.5 Interventionsdesign

Das Interventionsdesign ist die Planung des eigentlichen Veränderungsprozesses

DAS INTERVENTIONSDESIGN LEGT FEST, WO, WIE, DURCH WEN, WANN „EINGEGRIFFEN“ BZW. INTERVENIERT WIRD, UM DIE VERÄNDERUNGEN ZU PLANEN UND UMZUSETZEN.

Dabei werden Zielgruppe, Inhalte, Vorgehensweise, Akteure etc. genau festgelegt. Das Interventionsdesign bezieht sich auf alle das Change-Management betreffenden Maßnahmen. Mit dem Interventionsdesign wird erreicht, dass

- der Prozess zielgerichtet gelenkt wird,
- der Informationsbedarf der Beteiligten befriedigt wird,
- die Beteiligten zu Betroffenen gemacht werden,
- Widerstände aufgefangen und bearbeitet werden.

Synonym: Masterplan

Kennzeichen: Langfristigkeit

Das Prozessdesign hat eine zentrale Bedeutung in der Gestaltung des Veränderungsprozesses. Im Rahmen eines Change-Prozesses sollte sich das Management genügend Zeit nehmen, das Interventionsdesign sauber zu planen. Meistens werden solche Interventionsdesigns, die auch manchmal „Masterpläne“ genannt werden, über mehrere Jahre hinweg geplant. Insbesondere, wenn es um kulturelle Veränderungen im Unternehmen geht, kann der Zeithorizont der Maßnahmen schnell vier bis fünf Jahre einnehmen. Neben der Erstellung ist es sehr wichtig, diesen Masterplan regelmäßig zu überprüfen und gegebenenfalls anzupassen. Im Management ist außerdem zu klären, welche Teile dieses Plans veröffentlicht werden sollen. Ein Beispiel zeigt Abb. 10.7.

	200x								200y											
Veränderungsdesign	05	06	07	08	09	10	11	12	01	02	03	04	05	06	07	08	09	10	11	12
Beirat Strategiesitzungen		▲						▲						▲						▲
Kundenworkshops							▲				▲								▲	
Teamentwicklung Vorstand	▲						▲						▲						▲	
Teamentwicklung Bereichsleiter			▲							▲								▲		
Teamentwicklung in den Abteilungen					●	—	—	—	—	—	—	—	—	—	—	—	—	—	—	→
Review Change-Prozess						▲					▲						▲			
Benchmarking-Projekte					●	—	●					●	—	●						
Aktivitäten Transformationsmanager	●	—	—	—	—	—	—	—	—	—	—	—	—	—	—	—	—	—	—	→
Beiträge in der Firmenzeitung	▲		▲		▲		▲		▲		▲		▲		▲		▲		▲	
Großveranstaltung							▲											▲		
Betriebsversammlungen	▲													▲						
Infomarkt der Projekte	●	●								●	●							●	●	
Supervisionen	▲		▲			▲			▲			▲			▲			▲		
Geschäftsprozessoptimierung (GPO)									●	—	—	—	—	—	—	—	—	—	—	→
Entwicklung eines Führungsmodells					●	—	—	—	—	—	—	—	—	—	—	—	—	—	—	→

Abb. 10.7: Auszug zur Zeitplanung aus dem Interventionsdesign

10.6 Gremienlandschaft

Unter Gremienlandschaft wird die Gestaltung der verschiedenen Gremien im Rahmen eines Veränderungsprozesses bezeichnet.

Festgelegt werden Zusammensetzung und Arbeitsmodi der Gremien

Damit ist nicht nur die Einrichtung von Gremien, sondern auch ihre Ausstattung mit Kompetenzen und Befugnissen gemeint. Es wird festgelegt, wer zu welchen temporären Gruppierungen gehört, welche Aufgaben dort erledigt werden, welche Ziele diese Gruppen haben, welche Entscheidungen von wem getroffen werden können und welche Informations-, Entscheidungs- und Eskalationswege eingerichtet werden. Damit wird sichergestellt, dass Arbeitsleistung und Kommunikation für die besondere Aufgabe aus dem „richtigen Terrain" kommen.

Insbesondere im Rahmen von Veränderungsprozessen ist es sinnvoll, die Key-Player in den Prozess einzubinden. Oft ist es jedoch so, dass insbesondere in Veränderungsprozessen die Rollen der Mitarbeiter im Prozess unklar sind. Darf ich mich beteiligen? Soll ich aktiv mitwirken? Bin ich Beobachter oder Gestalter? Hier ist es wichtig, dass die Unternehmensleitung klare Rollen definiert und die entscheidenden Personen diesen Rollen zuordnet. Die Bildung von Gremien kann hier hilfreich sein. Die im Folgenden beschriebenen Rollen haben sich im Rahmen von Change-Prozessen bewährt.

Steering commitee

Rolle des (Geld gebenden) und entscheidungsbefugten Auftraggebers

Das Steering commitee hat die Rolle des Sponsors des gesamten Veränderungsprozesses. Hier werden Konzepte vorgestellt, diskutiert und entschieden. Das Steering committee entscheidet, welche Ressourcen zur Durchführung des Veränderungsprojektes zur Verfügung stehen. Das Steering commitee sollte Vorbild für den Veränderungsprozess sein und die neue Denkweise vorleben. In der Regel ist das Steering commitee durch die Unternehmensleitung und das obere Management besetzt.

Transitionsteam

Rolle der Steuerung des Change-Prozesses

Das Transitionsteam hat die Aufgabe, den Change-Prozess zu steuern. Die Rolle des Transitionsteams ist:

- neue Impulse zu setzen,
- neue Ideen zu generieren,
- den Gesamtprozess zu beobachten und Rückmeldungen an das Steering commitee zu geben,
- mit dem Steering commitee regelmäßig den Status des Veränderungsprozesses zu diskutieren und
- den gesamten Veränderungsprozess (Projekte, Informationsdesign, usw.) zu beobachten und zu begleiten.

Change Agent

Rolle der intern beratenden Begleitung

Die Change Agents sind Führungskräfte und interne Berater, die die Aufgabe haben, die Umsetzung der Ideen und Konzepte des Transitionsteams zu begleiten. Dazu gehören

- Moderation von Workshops,
- Konzeption und Durchführung von Veranstaltungen,
- Unterstützung des Transitionsteams und
- „Wühlmaustätigkeiten" (Coaching, Unterstützung des Managements, Krisenmanager).

Soundingboard

Rolle von Rückmeldung und Kommunikation

Das Soundingboard ist das Fieberbarometer in dem Veränderungsprozess. Teil des Soundingboards ist u.a. auch der Betriebsrat, der in dem Veränderungsprozess die Interessen der Mitarbeiter vertritt und auch die aktuellen Befindlichkeiten gut kennt und diese mit einbringen kann. Das Soundingboard dient dem Steering commitee als Gesprächsplattform zur Entscheidungsfindung. Rollen des Soundingboards sind

- Abbau von Misstrauen , Missverständnissen, Fehlentwicklungen,
- Rückmeldung der Wahrnehmungen bezüglich des Projekts aus der jeweiligen Perspektive,
- Hinweise auf bisherige Versäumnisse und zusätzlich notwendige Initiativen und
- Multiplikatorenfunktion.

Projektoffice

Rolle des Office-managements

Das Projektoffice ist das Projektsekretariat des Veränderungsprozesses. Es hat folgende Aufgaben:

- Dokumentation von Sitzungen und Ergebnissen innerhalb des Veränderungsprozesses,
- Vorbereitungen von Sitzungen für die Gremien,
- Erstellung und Pflege eines Gesamtüberblicks der laufenden Projekte und Maßnahmen im Rahmen des Veränderungsprozesses und
- Wartung und Pflege einer Übersicht, welche Mitarbeiter im Veränderungsprozess wie eingebunden sind.

Prozessberater

Rolle der Impulsgebung und Einbringung externer Sicht

Die Prozessberater beraten und begleiten den Veränderungsprozess. Die Rolle der Prozessberater ist es, Impulse zu setzen und eine externe Sicht einzubringen. Dazu gehören:

- Erfahrungen aus anderen Change-Prozessen einbringen,
- Design des Change-Prozesses
- Coaching und Beratung des Steering commitees und des Transitionteams und
- Konzeption und Moderation von Workshops und Großveranstaltungen.

10.7 Kommunikationsmatrix

Planungsunterlage für die interne Kommunikation

Die **Kommunikationsmatrix** ist eine Übersicht, die klar definiert wer, wie, wann, von wem und worüber informiert wird. Damit wird transparent, wer in der Informationsbringschuld ist und welche Infos wann und wo vorliegen müssen. Teilweise kann die Matrix auch um die Art der Mitwirkung (z.B. Abstimmung) ergänzt werden.

KOMMUNIKATION IST UND BLEIBT EINE HAUPTAUFGABE IM RAHMEN VON CHANGE-PROZESSEN.

Schnell werden Personengruppen vergessen. Hilfreich ist es, die Personen in Betroffenheit und möglicher Einflussnahme einzuteilen und sie beispielsweise in ein Achsenkreuz, wie in Abb. 10.8, einzutragen.

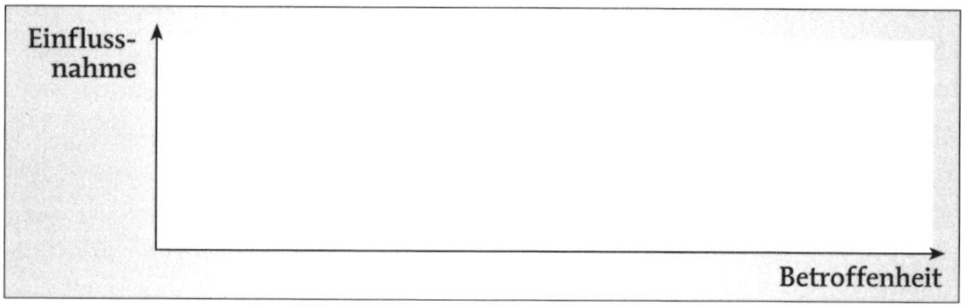

Abb. 10.8: Positionierung der Kommunikationspartner nach den Dimensionen Einflussnahme und Betroffenheit auf einfache Weise grafisch im Achsenkreuz

Die Personen können Sie dann – je nach dem Grad der Betroffenheit und dem Einfluss – auf unterschiedliche Arten einbinden und informieren. Folgendes Beispiel soll dies verdeutlichen:

Art der Einbeziehung/ Beteiligte	Informiert sein	Akzeptanz	Mitgestaltung	Verantwortung
H. Maier	14-tägiges Rundschreiben	Workshop	Teilnahme an Arbeitskreis A	Teilnahme im Lenkungs-ausschuss
Fr. Müller	Wöchentliche Regelkommu-nikation		Teilnahme an Arbeitskreis B	Teammitglied
H. Sommer	14-tägiges Rundschreiben	Workshop	Teilnahme an Arbeitskreis A	
H. Winter	14-tägiges Rundschreiben		Teilnahme an Arbeitskreis B	Teammitglied
Fr. Weiß	Wöchentliche Regelkommu-nikation		Teilnahme an Arbeitskreis A	
H. Schwarz				Teilnahme im Lenkungs-ausschuss

Mit einer **IMV-Matrix** besteht außerdem die Möglichkeit, die Personen in der Art ihrer Mitwirkung zuzuordnen. In Projekten ist die Zuständigkeitsklärung sehr wichtig. Mit der IMV-Matrix kann der Change-Manager sämtliche definierten Aufgaben, die anstehen, detaillierter zuordnen. Die IMV-Matrix legt fest: Wer für eine Aufgabe verantwortlich ist, wer mitarbeitet und wer über den Fortschritt der Arbeit informiert werden muss.

Integration von Mitwirkungsfunktionen

IMV-Matrix	H. Blau	H. Grün	H. Schwarz	H. Dick	Fr. Dünn	Fr. Rot	H. Gelb	H. Sommer	Fr. Winter
Aufgabe 1	V	M	M	M	I	I	I		
Aufgabe 2	M	M	V		I	I			I
Aufgabe 3		I	M	I	I		M	M	V
Aufgabe 4	V	M		M	I	M	I	I	
Aufgabe 5			M	I	M			V	M

Dabei bedeuten: I= Information, M= Mitarbeit, V= Verantwortlich

Abb. 10.9: Beispiel einer IMV-Matrix

10.8 TCP- Matrix

DIE TCP-MATRIX IST EINE ÜBERSICHTSTABELLE, DIE DIE WICHTIGSTEN ECKPUNKTE DER VERÄNDERUNG AUFNIMMT (TECHNIK , CULTURE/ KULTUR, POLITIK) UND IN VERBINDUNG MIT STRATEGIE, MIT ORGANISATION/ PROZESSEN/ STRUKTUREN UND DEM HUMAN RESOURCE MANAGEMENT BRINGT.

Die TCP-Matrix verbindet die Veränderungseckpunkte mit betrieblichen Bereichen

Damit lassen sich die Aufgaben der Veränderung eindeutig zuordnen.

Die TPC-Matrix stammt von N. Tichy - er hat ein Modell auch für Change-Projekte entwickelt, das aus drei Hauptschritten besteht:

1. Bereitschaft für Veränderungen schaffen
   ⇒ Ohne Führungsteam, das den Willen zur Veränderung hat, scheitert jeder Versuch!
   ⇒ Widerstände müssen erkannt und bekämpft werden.
2. Visionen entwickeln und mit Mitarbeitern committen
   ⇒ Visionen zu kommunizieren ist fast wichtiger als die eigentliche Erstellung!
3. Rearchitektur
   ⇒ Weg von „Funktionalen Strukturen“ zu „Prozessorientierten Strukturen“

⇒ Viel Zeit für Überzeugungsarbeit investieren
   ⇒ „Zusammenarbeit“ neu gestalten

In der Phase 1 muss sich die Führung jedoch ein klares Bild über die Organisation verschaffen. Hier kommt die TPC-Matrix zum Einsatz.

TPC IST EIN MODELL, NACH DEM SICH DIE HAUPT-AKTIONSFELDER UND DIE HAUPT-WERKZEUGE DES MANAGEMENTS IN EINER DREIMAL DREI-MATRIX KONZENTRIERT DARSTELLEN LASSEN.

Die drei Zeilen (Technische Ebene, Politische Ebene, Kulturelle Ebene), die die Aktionsfelder bezeichnen, werden vervollständigt durch drei Spalten (Strategie, Organisation/Prozesse/Strukturen, Human Resource Management), den Werkzeugen des Managements. Ein Beispiel:

	Strategie	**Organisation**	**HRM**
T	Definition des Kerngeschäfts/ Bestimmung der Strategie	Design der organisatorischen Struktur zur Umsetzung der Strategie	Entwicklung effektiver Methoden zum Management von HR
C	…	…	…
P	…		

IN KOMBINATION MIT EINEM SYSTEM-FEED-BACK IST ES UNTER ANWENDUNG DER TPC-MATRIX MÖGLICH, EINE STRUKTURIERTE UND GANZHEITLICHE UNTERNEHMENSANALYSE DURCHZUFÜHREN MIT DEM ZIEL, SO GENANNTE BLINDE FLECKEN HERAUSZUFILTERN.

Potenzielle – für eine Umsetzung sowohl förderliche als auch hinderliche – Variablen/Faktoren können aufgespürt werden.

10.9 Projektmanagement

Projektmanagement ist eine Arbeitstechnik, die je nach Einsatz einfache oder ausgefeilte Strukturierungen von komplexen Aufgaben ermöglicht.

BEIM VERÄNDERUNGSMANAGEMENT IST PROJEKTMANAGEMENT SEHR HILFREICH, WEIL ES ZEITPLÄNE, GREMIEN, AUFGABENVERTEILUNG UND ENTSCHEIDUNGSPUNKTE DEFINIERT.

Projektmanagement bietet herausragende Methodeneigenschaften für Change-Prozesse

Das Projektteam wird meistens von Mitarbeitern aus verschiedenen Ebenen und/oder Bereichen zusammengesetzt, sodass eine große Einbindung ermöglicht wird.

Um große Veränderungen effizient steuern zu können, ist professionelles Projektmanagment unabdingbar. Mindestanforderungen sind:

Projektmanagement braucht professionelles Vorgehen

1. Klare Ziele und ein schriftlicher Projektauftrag,
2. Projekt-Kick-off,
3. eine Projektorganisation,
4. ein Projektstrukturplan und ein Meilensteinplan sowie
5. eine Vereinbarung über das Reporting des Projekts.

10.9.1 Projektauftrag

Nachfolgend ist eine Checkliste zum Projektauftrag abgedruckt:

Checkliste:
Zehn wesentliche Bestandteile eines Projektauftrags

1. Projektname
2. Ausgangssituation
3. Ziele (Inhaltliche Beschreibung, Messgrößen, Priorisierung)
4. Nutzen
5. Kosten
6. Voraussichtliche Rentabilität
7. Risiken
8. Meilensteinplan
9. Projektleiter/Projektteam
10. Rahmenbedingungen: Was gehört nicht zu dem Projekt (Abgrenzung); Schnittstellen zu anderen Projekten, Abteilungen: einschränkende Vorschriften, gesetzliche Rahmenbedingungen

10.9.2 Projekt-Kick-off

Hilfreich ist es, wenn die Beteilitgten relativ früh in das Projekt eingebunden werden. Hier ist eine Startveranstaltung mit den Beteiligten sehr hilfreich. Dabei sollten folgende Punkte beachtet werden:

Aspekte, die beim Kick-off zu beachten sind

- Kennenlernen der Teams ,
- gleicher Informationsstand der Projektbeteiligten,
- Abklären der Projektziele sowie der Rahmenbedingungen,
- erste Ansätze über die Projektplanungsschritte (Projektstrukturplan, Meilensteinplan),
- Teamspielregeln für die Zusammenarbeit, Informationsweitergabe und Kommunikation festlegen,
- das Projektteam arbeitsfähig machen,
- prüfen, ob die notwendigen Fachkompetenzen im Team vorhanden sind,
- prüfen, ob die Mitglieder des Projektteams die notwendigen Kapazitäten zur Verfügung stellen können,
- Motivation des Teams und nicht zuletzt das
- „Wie geht's weiter?" festlegen.

Checkliste: Fragen zu Kick-off

Aufgaben/Tätigkeiten	Erledigt	
	Ja	Nein
Handelt es sich bei dem Vorhaben um ein Projekt?		
Ist das Projekt von Ihrem Auftraggeber schriftlich genehmigt?		
Hat der Kunde einen schriftlichen Auftrag erteilt?		
Ist die Budgetplanung für das Projekt erstellt?		
Ist das Projekt im SAP schon mit einer Kostenstelle angelegt?		
Ist der Projektleiter schon festgelegt?		
Steht das Team schon fest?		
Ist eine Kick-off-Veranstaltung schon durchgeführt?		
Sind die Linienvorgesetzten über das Projekt informiert?		
Haben Sie schon geklärt, wie Sie das Projektumfeld informieren?		
Liegt ein Projektstrukturplan vor?		
Liegt ein Meilensteinplan vor?		
Ist eine IMV-Matrix mit Ressourcenbelastung gemacht?		
Ist das Projekt in die Projektliste aufgenommen?		
Ist der Rhythmus der Teamsitzungen mit dem Team geklärt?		
Ist die Dokumentationsstruktur geklärt und kommuniziert?		
Ist die Häufigkeit des Reportings an Ihren Projektausschuss vereinbart?		
Haben Sie die Urlaubsplanung Ihrer Teammitglieder abgestimmt?		
Haben Sie Ihr Team über das Änderungsmanagement aufgeklärt?		
Haben Sie mit Ihrem Team die Kommunikationstools (E-Mail, etc.) abgestimmt?		
Haben Sie Spielregeln der Zusammenarbeit im Team vereinbart?		

10.9.3 Projektorganisation

Jedes Projekt sollte eine Projektorganisation haben. Hier wird definiert, wer Auftraggeber des Projekts ist, wer im Team mitwirkt und wer bei Bedarf als Experte hinzugezogen werden sollte. Hier ein Beispiel für eine Projektorganisation:

Instanz	Name	Bereich	Ressourcen
Projektausschuss	Dr. Maier H. Müller H. Schmid	A B C	2 % 2 % 2 %
Projektleiter/in	H. Kauser	AB	100 %
Kernteam	... ...	ACC BCA ...	50 % 50 % ...
Mitarbeiter	... ...	BDS ...	10 % ...

10.9.4 Projektstrukturplan und ein Meilensteinplan

Der erste wichtige Schritt in der Projektplanung ist der Projektstrukturplan, welcher die Grundlage für alle weiteren Planungsschritte bildet. Für jedes Projekt ist ein projektspezifischer Projektstrukturplan zu erstellen, der die Aufgaben und Verantwortlichkeiten festlegt. Mit dem **Projektstrukturplan** (PSP) erhält der Projektleiter ein Instrument, um

- die Verantwortungen klar zuzuordnen,
- Kostenstrukturen festzulegen,
- sich einen Überblick über die anstehenden Aufgaben zu verschaffen,
- eine Vorlage für die Dokumentation zu schaffen.

Er dient als Grundlage zur Steuerung und Verfolgung des Projektes hinsichtlich Terminen, Kosten und Qualität. Auf der nachfolgenden Seite ist in Abb. 10.11 ein Beispiel eines Projektstrukturplans abgedruckt.

Der **Meilensteinplan** ist ein wesentliches Planungsinstrument in der Grobplanung. Viele Projektleiter machen den Fehler zu früh, zu fein planen zu wollen. Wichtig in den meisten Projekten ist, zunächst ein grobes Termingerüst zu schaffen, mit folgenden Zielen:

- den Status des Projekts ermitteln zu können,
- Druck in das Projekt zu bringen durch Setzung von Zwischenterminen und
- wichtige Entscheidungen einzufordern.

Meilensteine sind ähnlich zu sehen wie Zwischenprüfungen. Es müssen Ergebnisse vorliegen. Ohne Ergebnisse kein Meilenstein! Es ist besonders wichtig, die Ergebnisse so zu definieren, dass diese auch überprüfbar sind.

DER MEILENSTEINPLAN IST FÜR DEN PROJEKTLEITER EIN WICHTIGES MOTIVATIONSINSTRUMENT, UM ENERGIE IN DAS PROJEKT ZU BRINGEN.

Besonders bei langen Projekten ist es wichtig, Zwischentermine zu haben, um die Mitarbeiter „bei der Stange" zu halten. Dies funktioniert nur, wenn auch bei Nicht-Einhaltung Konsequenzen seitens des Auftraggebers erfolgen. Der Auftraggeber hat somit eine entscheidende Rolle. Nur wenn er die Ergebnisse einfordert und den Druck auf das Projektteam hoch hält, werden sich die Beteiligten auch an die Vorgaben halten. Ein Meilensteinplan beinhaltet im Wesentlichen zwei Merkmale:

- Wann liegen welche Ergebnisse vor, die mir ein Urteil über den Stand des Projektes ermöglichen?
- Wann müssen bestimmte Entscheidungen getroffen sein?

Ein Beispiel eines Meilensteinplans findet sich in Abb. 10.10 und in Abb. 10.12 ist das Beispiel eines **Balkenplans** mit der genauen zeitlichen Gliederung der Arbeitspakete zu sehen.

Nr	Ergebnis	Dez. / 1. Quartal (Jan. Feb. Mrz.) / 2. Quartal (Apr. Mai Jun.) / 3. Quartal (Jul. Aug. Sep.) / 4. Quartal (Okt. Nov. Dez.) / 1. Quartal (Jan. Feb. Mrz.) / Apr.
1	Projektauftrag ist genehmigt	◆ 08.01
2	Projektbudget ist genehmigt	◆ 05.02.
3	Feinplanung liegt vor	◆ 05.03.
4	A-Muster liegt vor	◆ 09.04.
5	B-Muster liegt vor	◆ 30.04.
6	Fertigungslayout ist erstellt	◆ 02.07.
7	Versuch ist positiv abgeschlossen	◆ 16.07.
8	Freigabe Bestellung Serienwerkzeuge	◆ 01.10.
9	Start Pilotserie	◆ 22.10.
10	Positiver Abschluss Pilotserie	◆ 03.12.
11	Start Serie	◆ 21.01.
12	Projektabschluss	◆ 18.02.

Abb. 10.10: Beispiel zur Struktur eines Meilensteinplans (vgl. mit dem Balkenplan Abb. 10.12)

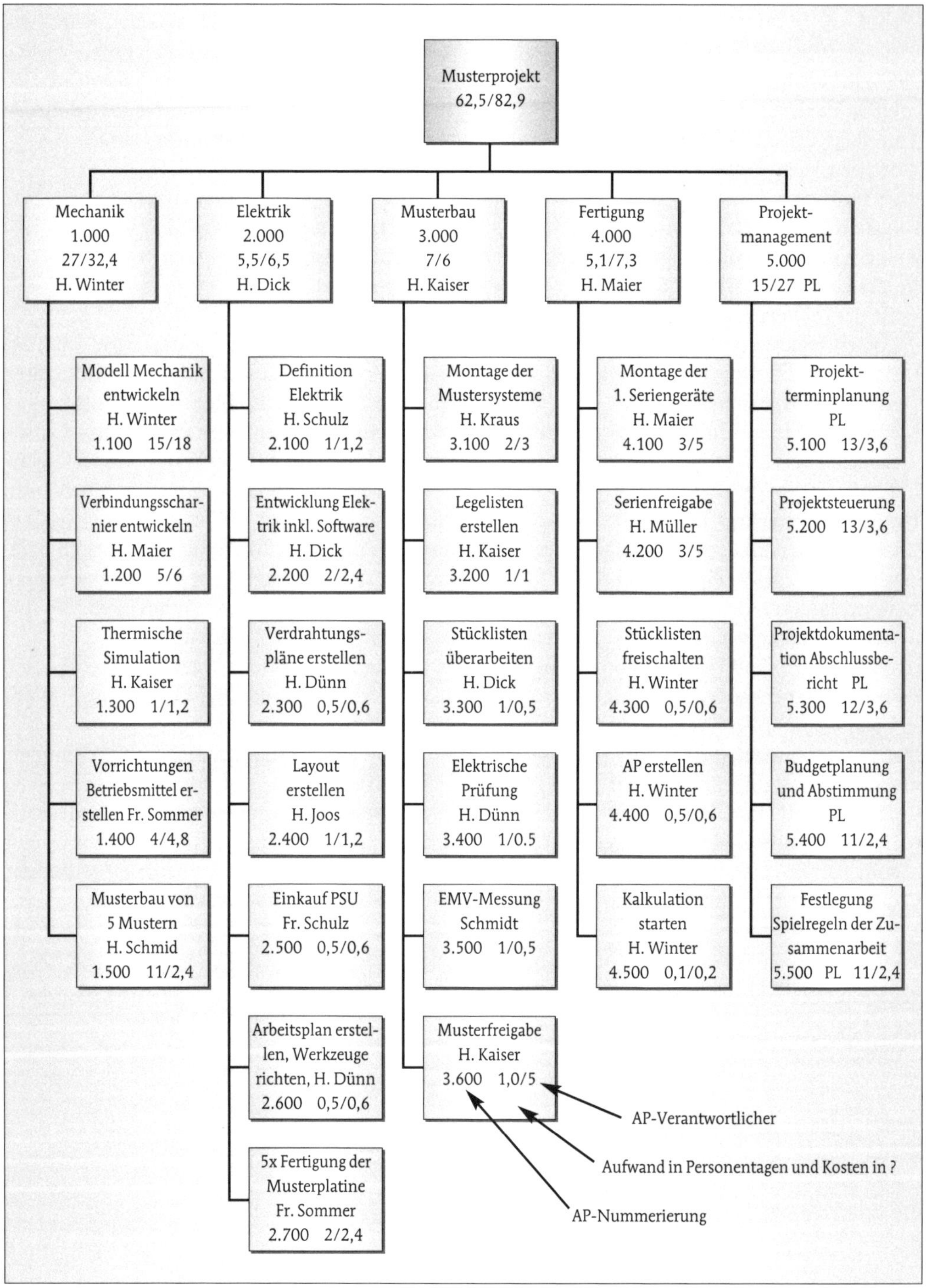

Abb. 10.11: Beispiel eines Projektstrukturplans

Vorgangsname	Anfang	Ende
Kalkulation starten	Mo. 03.01.00	Fr. 19.05.00
Projekt-Terminplanung	Mo. 03.01.00	Do. 06.01.00
Projektsteuerung	Mo. 03.01.00	Fr. 19.05.00
Projektdokumentation	Mo. 01.05.00	Fr. 12.05.00
Budgetplanung und Abstimmung	Mo. 03.01.00	Fr. 07.01.00
Festlegung der Spielregeln	Mo. 03.01.00	Mo. 03.01.00
Modell Mechanik entwickeln	Fr. 07.01.00	Do. 20.01.00
Definition Elektrik	Fr. 07.01.00	Do. 13.01.00
Entwicklung Elektrik	Fr. 07.01.00	Do. 30.03.00
Verdrahtungspläne erstellen	Fr. 07.01.00	Do. 03.02.00
Verbindungsscharnier entwickeln	Fr. 21.01.00	Do. 27.01.00
Thermische Simulation	Fr. 21.01.00	Fr. 28.01.00
Vorrichtungen erstellen	Fr. 28.01.00	Do. 10.02.00
Layout erstellen	Fr. 04.02.00	Do. 17.02.00
Einkauf PSU	Fr. 04.02.00	Do. 16.03.00
1. Meilenstein: Fertigungszeichnungen sind fertig	Do. 10.02.00	Do. 10.02.00
Musterbau von 5 Mustern	Fr. 11.02.00	Do. 09.03.00
2. Meilenstein: Elektrik Muster im Haus	Do. 09.03.00	Do. 09.03.00
Elektrische Prüfung	Fr. 10.03.00	Do. 04.05.00
EMV-Messung	Fr. 10.03.00	Mi. 15.03.00
Arbeitsplan erstellen	Fr. 17.03.00	Do. 30.03.00
Legelisten erstellen	Fr. 17.03.00	Do. 23.03.00
AP erstellen	Fr. 17.03.00	Mo. 20.03.00
Stücklisten überarbeiten	Fr. 24.03.00	Fr. 05.05.00
Fertigung der Musterpläne	Fr. 31.03.00	Do. 11.05.00
Musterfreigabe	Mo. 08.05.00	Fr. 19.05.00
Montage der Mustersysteme	Fr. 12.05.00	Do. 18.05.00
3. Meilenstein: Muster fertig	Fr. 19.05.00	Fr. 19.05.00
Stücklisten freischalten	Mo. 22.05.00	Di. 23.05.00
Montage der 1. Seriengeräte	Mi. 24.05.00	Di. 30.05.00
Serienfreigabe	Mi. 31.05.00	Do. 01.06.00
4. Meilenstein: Vorserie gelaufen	Do. 01.06.00	Do. 01.06.00

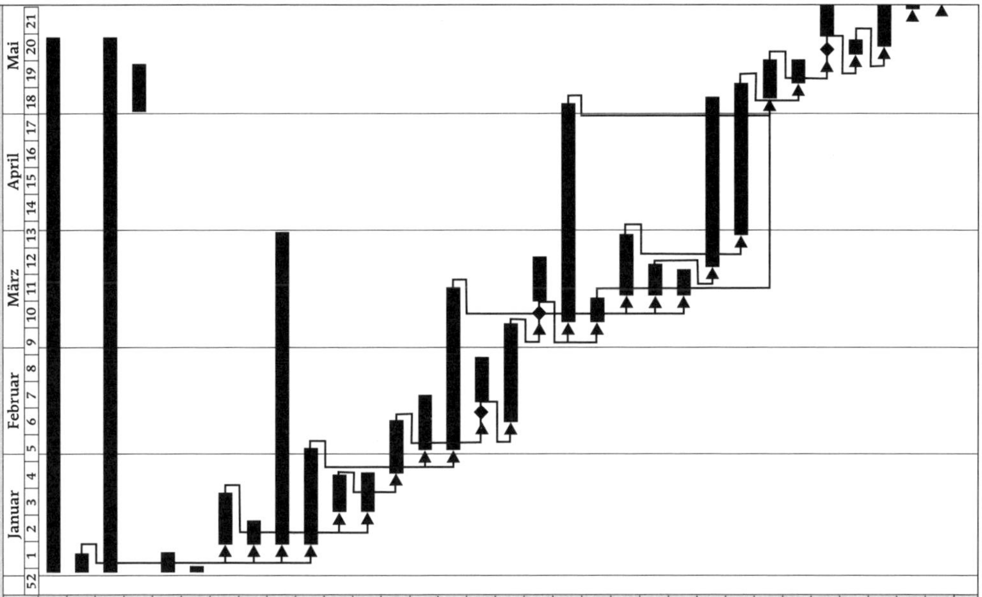

Abb. 10.12: Beispiel eines Balkenplanes

10.9.5 Reporting

Erforderliche Berichtsfrequenzen sind individuell unterschiedlich

Die Frage, wie ausführlich und in welcher Häufigkeit Berichte über den Status des Projekts an das Management geschrieben werden sollten, hängt von verschiedenen Faktoren ab:

- Vertrauen des Managements in den Projektleiter („Wenn ich nichts höre, ist alles OK!"),
- Firmenkultur („Bitte alles schriftlich in dreifacher Ausfertigung!"),
- Notwendigkeit, Informationen weiterzuleiten („ Wenn wir nicht wissen, wo das Projekt steht, können wir nicht entscheiden, ob wir das neue Produkt auf der Messe schon ankündigen sollten!"),
- Neugier („Wie machen die denn das eigentlich?").

Aus diesem Grund fällt es schwer „die beste" Berichtsform vorzugeben.

GRUNDSÄTZLICH EMPFIEHLT SICH, DAS MANAGEMENT NICHT MIT INFORMATIONEN ZU ÜBERFLUTEN. DAS „KISS"-PRINZIP (KEEP IT SIMPLE AND STRAIGHT) SOLLTE VOM PROJEKTLEITER IMMER BEHERZIGT WERDEN.

Wesentliche Features eines Projektberichts

Ein **Projektbericht**, ggf. formularmäßig angelegt, sollte umfasssen:

- Projekttitel,
- Berichtszeitraum (z.B. Monat) und Datum,
- ggf. Projekt-Nummer,
- auf jeden Fall den Ersteller, ggf. einen Verteiler,
- den eigentlichen Projektbericht, und dabei ggf. herausgehoben,
  - Aktuelles im Berichtszeitraum,
  - Probleme/Schwierigkeiten und
  - eine Rubrik „Zu entscheiden".

10.10 Mitarbeiterbefragung

10.10.1 Begriff und Funktion der Mitarbeiterbefragung

Im Rahmen von modernen und partizipativen Führungskonzepten spielt die Kommunikation untereinander und die Beteiligung der Mitarbeiter eine zentrale Rolle. Gerade bei Organisationsentwicklungs- und Veränderungsprojekten ist die aktive Beteiligung der Betroffenen nicht mehr wegzudenken. Zunächst wird mit der Mitarbeiterbefragung eine Analyse assoziiert. Wie der Name sagt, werden durch die Befragung Antworten der Belegschaft zusammengetragen. Doch ist diese Sichtweise viel zu kurz gefasst, ist heute doch bekannt, dass bereits Fragen als Intervention weit reichendere Folgen haben können.

Befragungen ermitteln nicht nur Befunde, sondern stellen zugleich eine Intervention dar

BEFRAGUNGEN IN UNTERNEHMEN LIEFERN NICHT NUR DATEN, SIE TRETEN TEILWEISE IMMENSE ERWARTUNGEN LOS.

Sie führen zu Polarisierungen hinsichtlich verschiedener Meinungen und sie können bei Nicht-Erfüllung der Erwartungen zu Motivationsproblemen und Frustrationen führen.

Gerade die erwähnten Schwierigkeiten zeigen, wie mächtig das Instrument ist, was - wenn es korrekt eingesetzt wird - sehr intensiv die Führung unterstützen kann. Und mit dieser Zielsetzung kann es sehr hilfreich für die Gestaltung des Unternehmens sein.

Weitere Begriffe, die teils synonym verwendet werden

Je nach Unternehmen und Zielsetzung sind die Begriffe für die Mitarbeiterbefragung verschieden. Es wird auch von Arbeitszufriedenheitsanalysen, Betriebsklimaanalysen, Meinungsumfragen, Meinungsforschung etc. gesprochen.

Funktionen der Mitarbeiterbefragung

Die Funktionen der Mitarbeiterbefragung sind:

- Analyse oder Diagnose: Hinsichtlich bestimmter Themenbereiche können vergleichbare Daten (durch Skalenmessungen) erhoben werden.
- Intervention oder gestaltender Eingriff: Durch das Gefragtwerden werden Denk- und Problemlöseprozesse ausgelöst. Gleichzeitig entstehen Erwartungen bei den Mitarbeitern. In der Geschäftsleitung wird sensibler auf Konflikte und Schwierigkeiten geachtet.
- Grundlage für Unternehmens-, Organisations- und Personalentwicklung: Die Informationen aus dem Unternehmen bieten eine höhere Qualität hinsichtlich der verschiedenen Entscheidungen für Veränderungen im Unternehmen. Hinsichtlich der Zielsetzung kann die Befragung bereits durch bestimmte Zielgruppen (z.B. Qualitätszirkel) konzipiert, durchgeführt und ausgewertet werden.
- Kontinuierliche Gestaltungsbasis: Wenn die Befragung in regelmäßigen Abständen wiederholt wird, können Veränderungen genau gemessen, besser gesteuert und als internes Benchmarking genutzt werden.

10.10.2. Variationen der Mitarbeiterbefragungen

Mitarbeiterbefragungen können sehr unterschiedlich aufgebaut sein. Maßgeblich wird die Zielsetzung sein, was mit der Befragung erreicht werden soll.

Mögliche Einsatzzeitpunkte

In Veränderungsprozessen gibt es folgende Möglichkeiten:

- Vor dem Veränderungsprozess werden durch die Befragung Informationen über Richtung und Ausmaß der Veränderung gesammelt.
- Nach dem Veränderungsprozess wird durch die Befragung ermittelt, welche Resultate erzielt wurden.
- Während langfristiger Veränderungsprozesse wird durch die Befragung eine Bestandsaufnahme des bisherigen Fortschritts gemacht, um evtl. Kurskorrekturen vornehmen zu können.

Ziele und Inhalte

Die Ziele der Mitarbeiterbefragungen können von der Messung allgemeiner Mitarbeiterzufriedenheit bis zu sehr spezifischen Fragestellungen, z.B. Einführung von Gleitzeit im Unternehmen, variieren. Daraus ergibt sich, dass die Inhalte sehr komplex über viele Themen reichen können oder auch sehr spezifisch aufgebaut sein können.

Form und Anonymität

Die Befragung wird in den meisten Fällen schriftlich durchgeführt. Bei abgegrenzten Themen und/oder komplexen Sachverhalten kann eine mündliche Befragung oder das Erarbeiten in Workshops sinnvoll sein. Die schriftliche Form hat unter anderem den Vorteil, dass die Anonymität gewährleistet ist.

Standardisierung

Werden Vergleiche von gemessenen Werten benötigt, kann nur eine Standardisierung helfen, die Daten aufzubereiten. Große Mitarbeiterbefragungen beinhalten teilweise standardisierte Antworten und teilweise offene Fragen, die freies Antworten ermöglichen.

Befragungsgruppe

Je nach Zielsetzung können befragt werden: Das gesamte Unternehmen, Teile des Unternehmens, z.B. bestimmte Standorte oder bestimmte Gruppierungen, z.B. nur Mitarbeiter ohne Personalverantwortung.

Vernetzung

Wenn im Unternehmen wichtige Richtungsänderungen anstehen, zum Beispiel Verbesserung der Kundenorientierung, wird es hilfreich sein, eine Kopplung von interner Mitarbeiterbefragung und einer parallel dazu stattfindenden Kundenbefragung oder eine Kundenzufriedenheitsanalyse durchzuführen. Dadurch ergeben sich interessante Aussagen zu gleichen Themen aus unterschiedlichen Perspektiven.

Die Ergebnisse sind sehr wichtige Basisinformationen, um die Richtung und Maßnahmen von Veränderungsmanagement bestimmen zu können.

Kommunikation und Feed-back

Wichtig ist bei jeder Befragung, welcher Personenkreis die Ergebnisse zur Einsicht bekommen wird. Es sind in den meisten Fällen die Geschäftsleitung, die Führungskräfte, der Personalbereich. Völlige Transparenz der Resultate kann erzeugt werden, wenn alle Mitarbeiter im Unternehmen alle Informationen zur Verfügung gestellt bekommen.

Dazwischen gibt es eine Vielzahl von Varianten, beispielsweise kann entschieden werden, dass jeder Bereich über alle Daten informiert wird, die ihn selbst betreffen. Erfahrungsgemäß ist es sinnvoll, die Fülle der

Daten so aufzubereiten, dass im Unternehmen ein Überblick über die Ergebnisse gegeben werden kann. Die Detaildaten werden den entsprechenden Stellen, die mit Maßnahmen zur Veränderung beauftragt sind, weitergegeben.

> Bei allen Befragungen kann nicht genug betont werden, dass das Zurückhalten der Befragungsergebnisse sehr negative Folgen im Unternehmen hat.

Misstrauen erwächst in der Belegschaft und die Gerüchte um die schlechten Resultate können kaum noch oder gar nicht mehr eingedämmt werden.

Ergebnisse durch den Prozess

Erfahrene Projektleiter, die den Prozess von Mitarbeiterbefragungen genau beobachten, können feststellen, dass bereits die Diskussion, ob und wie eine Befragung durchgeführt werden soll, wichtige Informationen liefert.

Wenn zum Beispiel Online-Befragungen abgelehnt werden, weil gefürchtet wird, dass die Anonymität nicht gewährleistet ist, kann sicher davon ausgegangen werden, dass nicht die Form der Befragung ein kritischer Aspekt ist, sondern die Furcht vor Sanktionen, wenn Mitarbeiter für das Unternehmen unangenehme Antworten geben. Spätestens dann sind Fragen über die Führung genau zu betrachten.

10.10.3 Mitarbeiterbefragung als Instrument der kontinuierlichen Unternehmensentwicklung

Wird die Unternehmensentwicklung kontinuierlich durch Mitarbeiterbefragungen unterstützt, ist es notwendig,

- **regelmäßig Befragungen** durchzuführen und
- **allgemeine Themenbereiche** wie Arbeitsbedingungen, Führung, Zusammenarbeit etc. abzufragen.

Regelmäßige Befragungen bieten Vergleichsmöglichkeiten

Als Alltagsbestandteil sind sie leichter zu handhaben

Dadurch kann kontinuierlich die Veränderung der Befragungsergebnisse mit den durchgeführten Maßnahmen über einen längeren Zeitraum verglichen werden. In der Regel werden umfassende Mitarbeiterbefragungen alle zwei Jahre durchgeführt. Die Regelmäßigkeit bringt mit sich, dass die Befragung zum „Alltag" im Unternehmen wird und daher die Diskussionen um Sinn, Nutzen und Wirkung weitgehend wegfallen. Gleichzeitig wird das Management die Ergebnisse regelmäßig in Entscheidungen einbinden. Das Bewusstsein, „etwas im Unternehmen ändern zu müssen", wird damit zum normalen Management-Alltag.

Themen, die in die allgemeine Befragung einfließen können, sind auf der folgenden Seite in einer Übersicht zusammengestellt.

Checkliste: Fragenkatalog Mitarbeiterbefragung

Arbeit, Arbeitsplatz, Organisation

- Aufgaben, Arbeitsbelastung, Sinnhaftigkeit des Tuns
- Prozessabläufe und Organisation
- Arbeitsplatzgestaltung, Arbeitszeit, autonome Arbeitsgestaltung
- Arbeitsbedingungen, Ergonomie, Umweltbelastungen
- Einbettung des Arbeitsplatzes im Unternehmen, im Bereich
- Gehalt, Benefits, Sozialleistungen

Zusammenarbeit und Kooperation

- Zusammenarbeit und Kooperation innerhalb des Bereiches
- Zusammenarbeit und Kooperation mit vor- und nachgeordneten Stellen und in den Prozessen
- Zusammenarbeit und Kooperation in Projekten und sonst. Arbeitsgruppen
- Zusammenarbeit und Kooperation in Unternehmen allgemein

Kommunikation und Informationswege

- Kommunikation im Unternehmen gesamt
- Kommunikation zwischen Führungskraft und Mitarbeiter
- Kommunikation der Kollegen untereinander
- Kommunikation und Information zu bestimmten Themen, zum Beispiel Produkte, Vertriebswege etc.
- Informationswege, Intranet, Mitarbeiterzeitung etc.

Führung und Vorgesetzter

- Führung im Unternehmen gesamt
- Führung, fachliche, methodische und soziale Fähigkeiten des eigenen Vorgesetzten

Eigenverantwortung und Partizipation

- Partizipation, Einbindung eigener Ideen und eigener Meinung
- Entfaltungsmöglichkeiten, Leistungsfähigkeit und Leistungsbereitschaft

Weiterbildung und Entwicklung

- Weiterbildungsmöglichkeiten
- Karrierepfade, Entwicklungsmöglichkeiten

Unternehmen

- Identifikation mit dem Unternehmen, Ruf und Ansehen der Firma
- Rolle des Unternehmens als Arbeitgeber
- Aktionsradius des Unternehmens (Produkte, Standorte, soziales Engagement etc.)
- Gesamtzufriedenheit mit dem Unternehmen

Statistik

- Alter
- Geschlecht
- Mitarbeitergruppe
- Betriebszugehörigkeit
- Standort, Hierarchie
- evtl. Zugehörigkeit zu welchem Bereich, zu welcher Abteilung

Methodischer Hinweis:

Es ist zwar von der Auswertung her aufwändig, jedoch hinsichtlich der Ergebnisse sehr ergiebig, wenn zu den Themenkomplexen mindestens eine offene Frage oder Platz für Anregungen enthalten ist. Dadurch können Informationen zu relevanten Aspekten, die konkret im Fragebogen nicht enthalten sind, erfasst werden.

Alle Themenbereiche können für die kontinuierliche Unternehmensplanung relevante Basisinformationen liefern. Wird zu einzelnen Themen besonderer Handlungsbedarf festgestellt, lassen sich entsprechende Kombinationen der Auswertungen bilden, z.B. die Arbeitsbedingungen der Mitarbeiter in der Produktion am Standort XY.

10.10.4 Ergebnisse der Mitarbeiterbefragung als Element des Change-Management

Wurde auf Grund von Resultaten einer umfassenden Befragung oder auf Grund anderer Erkenntnisse die Notwendigkeit von Veränderungsmanagement festgestellt, kann gezielt mit den Ergebnissen ein Projektauftrag an eine Projektgruppe vergeben werden. Meistens stehen die Change-Management-Maßnahmen in einem Zusammenhang mit anderen Erkenntnissen, die das Management zum Anlass nimmt, Veränderungen im Unternehmen anzuregen und umzusetzen. Dies kann beispielsweise zu Veränderungen der Produktpalette oder zu veränderten Arbeitsabläufen führen, sodass die Prozessketten des Fertigungsprozesses angepasst werden müssen. Hierbei interessieren die Ergebnisse, die mit den Fragen zur Tätigkeit und zur Arbeitsorganisation zusammenhängen.

Ergebnisse von Mitarbeiterbefragungen laufen oft mit anderen Veränderungsanlässen zusammen

Wird ein Unternehmen beispielsweise zukünftig im Ausland auftreten, werden die Ergebnisse der Image-Fragen der Mitarbeiterbefragung herangezogen, um bei einer sorgfältigen Marktkommunikation die interne Kommunikation im Unternehmen daraufhin abzustimmen.

Bei Anschaffung neuer Maschinen interessieren z.B. die Ergebnisse zum Themenkomplex Arbeitsbedingungen. Es wird deutlich, dass nicht nur die kompletten Befragungsergebnisse in einer Welle von Erneuerung genutzt werden können, sondern auch die Teilergebnisse tagtäglich im Management-Alltag Eingang finden sollten. Damit ist sicher, dass Missstände behoben, Fehler ausgemerzt und ständige Optimierungen durchgeführt werden. Ferner erlebt die Belegschaft, dass ihre Antworten ernst genommen und die Ideen genutzt werden.

Vernetzung

In vielen Unternehmen unterbleibt es, die Ergebnisse oder auch bereits die Konzeption einer Mitarbeiterbefragung mit anderen bestehenden Management-Tools zu kombinieren. Eine Anbindung an Führungsinstrumente wie Zielvereinbarung, Gehaltssysteme, Leistungsbeurteilungen, Fortbildungsmaßnahmen, Balanced-Score-Cards, Arbeitszeitregelungen, Organisationsentwicklungsmaßnahmen etc. wäre aber sehr hilfreich und unterstützt die Führungsarbeit. Sind die Instrumente und Tools in einem Unternehmen nicht sinnvoll miteinander kombiniert, verlieren sie nicht ihre Wirkung, sondern können sich sogar gegenseitig behindern und Miss-Management fördern. Gleichzeitig geht das Vertrauen in derartige Instrumente verloren, was die Führung erschwert.

Die Chance einer Vernetzung mit anderen Führungsinstrumenten wird in der Praxis oft verschenkt

10.10.5 Ablauf einer Mitarbeiterbefragung

Planung und Konzeption

Zunächst wird geklärt, welche Form der Mitarbeiterbefragung im Unternehmen eingeführt werden soll. Liegen bereits Ergebnisse früherer Jahre vor, sollten diese Erfahrungen – auch die Erfahrungen, die im Umgang mit diesem Thema gemacht wurden – einfließen.

Fragestellungen zur Konzeption

Fragen im Rahmen der Konzeption sind:

- Ist beabsichtigt, in regelmäßigen Abständen Befragungen durchzuführen? Oder sind einzelne Themen Befragungsgegenstand, die im Rahmen größerer Veränderungsprojekte auftreten?
- Zu welchen Änderungen ist das Unternehmen bereit? Wenn nur marginale Veränderungen gewollt werden, sollte keine Befragung durchgeführt werden!
- Welches sind die konkreten Ziele der Befragung? Welche Qualität müssen Ergebnisse aufweisen, damit sie Entscheidungsgrundlage sein können?
- Welche Themenbereiche sollen erfragt werden? Welchen Umfang darf der Fragenkatalog haben?
- Wie groß soll das Projekt „Mitarbeiterbefragung" werden? Wer soll im Projektteam mitarbeiten? Wer übernimmt die Projektleitung, wer ist im Lenkungskreis? Welche Bereiche, Abteilungen sollten eingebunden sein. Welcher Ablauf wird geplant?
- Wird eine externe Agentur beauftragt? Welchen Umfang wird die Beauftragung haben (z.B. Konzeption oder nur Auswertung)?
- Sind auch rechtliche Aspekte zu beachten? Ist der Betriebs- bzw. Personalrat eingebunden? Wie soll mit der Anonymität umgegangen werden?
- Gibt es eine Frauen- oder Gleichstellungsbeauftragte? Ist sie eingebunden?
- Sind besondere Fragen der Auszubildenden zu beachten oder sind sie einzubinden?
- Hinsichtlich welcher anderen Tools und Instrumente werden die Themen und Fragen fokussiert?

NEBEN DER KLÄRUNG DER SACHLICHEN FRAGEN SIND ZEITLICHER ABLAUF, MEILENSTEINE UND ENTSCHEIDUNGSSTUFEN FESTZULEGEN UND DIE INTERNE KOMMUNIKATION IST ZU PLANEN.

Ein Fragebogen muss „machbar" bleiben

Bei der detaillierten Planung des Fragenkataloges ist dann zu beachten, dass die **Anzahl der Fragen nicht zu groß** wird. Einerseits schreckt ein großer Fragebogen ab und andererseits wird die Auswertung der Datenmengen teuer und zeitaufwändig.

Durchführung

Eng mit der Durchführung sind die Ankündigung und die interne Kommunikation im Unternehmen zur Mitarbeiterbefragung verbunden. Wichtig sind klare Darstellungen von Zielen und Vernetzungen der Befragung. Nur wenn den Mitarbeitern bekannt ist, wozu die Resultate genutzt werden, wird sich die Belegschaft ordnungsgemäß an der Befragung beteiligen und ehrliche Antworten geben.

Ankündigung ist wichtig

Nach der Ankündigung durch Plakate, Informationstafeln, Intranet etc. wird der Fragebogen persönlich verschickt oder durch den Vorgesetzten verteilt. Um die Rücklaufquote zu erhöhen, haben sich wiederholte Aktionen, wie Erinnerungsschreiben mit Kugelschreiber, Pop-ups im PC und auch persönliche Ansprache in Eingangsbereich, Kantine etc. bewährt.

Erinnerungen sind notwendig

Sinnvoll ist auch, engagierte Beauftragte zu benennen, die sich als Ansprechpartner für Fragen zur Verfügung stellen. Auch ein Promoter aus der oberen Führungsriege hilft, dem Thema die notwendige Wichtigkeit zu verleihen.

Die Rolle eines Beauftragten hat sich bewährt

DER FRAGEBOGEN SELBST SOLLTE ÜBERSICHTLICH AUFGEBAUT UND EINFACH ZU LESEN SEIN. EIN PERSÖNLICHES ANSCHREIBEN VON DER GESCHÄFTSLEITUNG ZEIGT, WIE WICHTIG DER OBERSTEN FÜHRUNG DIE IDEEN DER BELEGSCHAFT SIND.

Beim Verteilen der Fragebögen ist wichtig, dass sie zum gleichen Zeitpunkt im Unternehmen verteilt werden. Für die Rücksendung muss sehr sorgfältig darauf geachtet werden, dass die **Anonymität** gewahrt bleibt. Geheime Kennzeichnung der verteilten Bögen, um später die Antworten zuordnen zu können, sind nicht nur unehrlich, werden nicht nur das Vertrauen in das Management zerstören, sondern zeugen auch von tief greifender Angst der Führung, ein ehrliches Feed-back zu bekommen.

Wichtig ist zeitgleiche Verteilung

DIE AUSWERTUNG DURCH EIN NEUTRALES INSTITUT/EINE AGENTUR HAT SICH BEWÄHRT, UM BEFÜRCHTUNGEN FEHLENDER ANONYMITÄT UND MANIPULATION VON ERGEBNISSEN ENTGEGENZUWIRKEN.

Es kann sinnvoll sein, die Auswertung an jemand „Neutrales" zu geben

Bei Einsatz umfangreicher Fragebögen oder Durchführung in großen Unternehmen mit vielen Teilnehmern ist es sinnvoll, einen **Pretest** durchzuführen. Mit einer kleinen Gruppe von zufällig ausgewählten Mitarbeitern wird die Befragung vorab durchgeführt, um festzustellen, ob die Abwicklung klar beschrieben ist, die Fragen eindeutig formuliert sind und die Sinnhaftigkeit der Fragen verstanden wird.

Bei großen Populationen empfiehlt sich ein Pretest

Die Rücklaufquote kann zum Teil sehr gering sein. Daher ist dringend zu empfehlen, die Befragungsfrist zu verlängern und viele Möglichkeiten der internen Kommunikation zu nutzen, um für die Beantwortung zu werben und mehrfach daran zu erinnern.

Bei geringen Rücklaufquoten muss nachgefasst werden

Ergebnisdarstellung

Bei der Auswertung der Fragebögen ist die Kombination der Antworten zu beachten, um durch die Darstellung der entsprechenden Schnittmengen eine solide Basis für die darauf folgenden Management-Entscheidungen zu haben. Ferner werden die Antworten aufbereitet, um Ergebnisse zu einzelnen Bereichen, Zielgruppen oder Themen zu bekommen. Damit lässt sich teilweise internes Benchmarking betreiben.

Antworten der offenen Fragen oder Anregungen der Mitarbeiter werden in thematische Schwerpunkte geclustert und aufbereitet.

Eventuell kann es hilfreich sein, zur Darstellung der Resultate weitere andere Daten hinzuzuziehen.

Zum Beispiel können zu den Antworten zum Themenbereich Arbeitszeit zusätzlich die Daten der Überstunden, Fehlzeiten etc. hinzugezogen werden.

Die Veröffentlichung auch von Vorergebnissen ist als Signal im Change-Prozess wichtig

Da die Befragungsergebnisse nur als Grundlagen für weitere Aktionen und Maßnahmen zu sehen sind, sollte mit der Veröffentlichung der Befragungsresultate gleichzeitig ein Maßnahmenkatalog über das weitere Vorgehen veröffentlicht werden. Selbst wenn die konkreten Aktionen noch nicht feststehen, ist es für die Mitarbeiter wichtig zu sehen, dass bestimmte Probleme oder Themen angegangen und Aktionen begonnen werden.

Mit der Veröffentlichung der Ergebnisse ist der Zeitplan über die weiteren Maßnahmen wichtig. Die Befragung ist nicht mit der Zusammenstellung der Antworten beendet. Jetzt beginnen konkrete Planungen, manche Ergebnisse werden nur in den einzelnen Bereichen bearbeitet, weil dort die Probleme geortet wurden. Andere Daten wiederum sind für die Veröffentlichung im Gesamtunternehmen hilfreich. Besonders die freien Antworten auf offene Fragen oder die Anregungen werden an die Verantwortlichen für KVP, Vorschlagswesen etc. weitergeleitet.

Bloße Veröffentlichung ist zu wenig, es muss eine Diskussion möglich sein

Es reicht nicht aus, die Ergebnisse der Befragung nur zu präsentieren oder zu veröffentlichen. Wichtig ist die Diskussion mit den Mitarbeitern. Was sagen die Daten aus? Welche Bedeutung haben die Ergebnisse? Welche Reaktionen sind zu erwarten? Sinnvoll ist es, einen einheitlichen Satz von Folien oder Beamer-Dateien für alle Führungskräfte zur Verfügung zu stellen. Detailergebnisse für die einzelnen Bereiche oder Abteilungen werden gesondert erstellt und können in Bereichsmeetings oder Abteilungsbesprechungen präsentiert und diskutiert werden.

Werden Führungskräfte beurteilt, muss sensibel mit den Ergebnissen verfahren werden

Für die Führungskräfte ist naturgemäß der Fragenkomplex zur Beurteilung der Führung besonders wichtig. Nicht jeder Chef kann ein solches Feed-back für sich problemlos annehmen und sein Verhalten konkret verbessern. Die Personal- und Organisationsentwicklung kann im Vorfeld diese Thematik ansprechen und durch Coaching die Führungskräfte auf konstruktives Verhalten vorbereiten.

Bei der Diskussion wird ebenso wichtig, die Punkte zu besprechen, die nicht oder nicht zur Zeit verändert werden. Es darf nicht der Eindruck entstehen, dass die Befragung ein Instrument der Wunscherfüllung ist. Mitarbeiter müssen die Hintergründe erfahren, weswegen vielleicht manche Veränderungen nicht zurzeit vorgenommen werden. Teilweise ergeben sich in der Diskussion der Resultate der Befragung von den Mitarbeitern wichtige Hinweise für die operative Umsetzung von Verbesserungen.

Maßnahmenumsetzung

Der Projektleiter der Befragung wird die Aktionspläne für die Umsetzung erstellen, damit kein Themenbereich und kein Verantwortlicher übersehen wird. Die einzelnen Meilensteine und Maßnahmen hingegen werden dann von den Verantwortlichen bearbeitet und mit der Geschäftsleitung wird über das weitere Vorgehen entschieden. Die Realisierung liegt in den Händen der jeweiligen Funktionsträger.

Der Projektleiter erstellt die Planung der Umsetzung selbst

Um die Fortschritte bei der Umsetzung zu dokumentieren, kann entweder der Projektleiter für Mitarbeiterbefragung, das Projekt des Change-Managements oder jemand aus der Unternehmensstrategie bzw. ein Assistent der Geschäftsleitung eingesetzt werden. Die detaillierte Umsetzung „vor Ort" liegt in den meisten Fällen in den Händen der jeweiligen Führungskraft. Übergreifende Realisierungen werden in Projekten abgewickelt.

Damit die Belegschaft stets die Auswirkungen ihrer Antworten erleben kann, ist die interne Kommunikation über die Projektfortschritte und die eingeleiteten Maßnahmen wichtig.

> AUCH DIE ERFOLGREICH ABGESCHLOSSENEN CHANGE-MASSNAHMEN SOLLTEN IN ENTSPRECHENDER WEISE DOKUMENTIERT, VERÖFFENTLICHT UND EVTL. AUCH GEFEIERT WERDEN.

Wichtig ist auch hier, nicht nur die Veränderungen zu besprechen, sondern auch die Aspekte, die nicht zu Veränderungen führen, z.B. dass ein Unternehmen in finanziell angespannter Situation nicht die Gehälter anheben kann.

Evaluierung

Zur Evaluierung gehört die lückenlose Verfolgung der Prozesse von der Entscheidung zur Maßnahme bis zur abgeschlossenen Umsetzung im Unternehmen. Die Zwischenschritte und Umsetzungsstadien werden verfolgt und dokumentiert. Die einzelnen Verbesserungen und Veränderungen lassen sich je nach Sachlage direkt oder im Laufe von z.B. Produktionszyklen in ihrer Umsetzung kontrollieren.

Auch in der Phase der Evaluierung bleibt die Kommunikation wichtig. Es muss jedem Mitarbeiter verdeutlicht werden, dass seine Anregungen und Antworten für das Unternehmen wichtig sind und – wenn möglich – in konkrete Veränderungen münden. Wird eine Befragung in regelmäßigen Abständen durchgeführt, lassen sich Vergleiche von Veränderungen im gleichen Turnus anstellen.

10.10.6 Besondere Probleme, Gefahren und Fehler

Der größte Fehler, der nicht nur die Befragung ad absurdum führt, sondern auch das Vertrauen in die Geschäftsleitung schwer beschädigt, sind Aussagen oder Verhaltensweisen der Geschäftsführer, in denen sie ausdrücken, wie wenig sie hinter der Befragung stehen und wie unwichtig ihnen die Ergebnisse sein werden. In solchen Situationen darf auf keinen Fall eine Befragung durchgeführt werden. Sie richtet mehr Schaden an, als sie Nutzen bringt.

Die Geschäftsleitung darf kein Desinteresse an der Befragung signalisieren

Die Folge von zweifelhaftem Interesse des Managements führt dazu, dass die Mitarbeiter sich kaum an der Befragung beteiligen. Wozu sollen sie sich die Arbeit des Ausfüllens machen, wenn nichts mit den Ergebnissen zum Verbessern unternommen wird? Auch Erinnerungen an frühere Befragungen, die dann im Sande verliefen, führt ebenfalls zu geringen Rücklaufquoten. Das Management hat keine Akzeptanz, es wird ihm nicht zugetraut, dass ihm etwas an der Verbesserung des Unternehmens liegt.

Die Befragung darf nicht überfrachtet werden

Bei der Planung einer Mitarbeiterbefragung entsteht gern eine „Datensammelleidenschaft“. Voller Begeisterung werden viele Fragen formuliert und es entstehen Massen von Daten, die kaum noch zu überschauen sind. Die Zuordnung zu konkreten Maßnahmen wird dadurch sehr erschwert.

Es dürfen keine Mitarbeitergruppen ausgegrenzt bleiben

Manchmal ist es nicht möglich, bereits bei der Konzeption bestimmte Personenkreise einzubinden, dann folgt oft der Boykott der Befragung. Gerade die Widersacher, die aus persönlichen Gründen gegen die Befragung sind, sollten frühzeitig angesprochen oder eingebunden werden, um den Widerstand in Grenzen zu halten und ihn nicht während der Befragung eskalieren zu lassen.

Nicht-Veröffentlichung schürt großes Misstrauen

Wenn die Geschäftsleitung bestimmte Ergebnisse nicht oder in veränderter Form veröffentlicht, wird massives Misstrauen entstehen. Die Gerüchte über die Gründe werden die wirklichen Ergebnisse an Schlechtigkeit noch übertreffen. Es wird nicht nur das Misstrauen in die Geschäftsleitung zunehmen, auch die Glaubwürdigkeit in andere Maßnahmen, z.B. betriebliches Vorschlagswesen, Qualitätszirkel, KVP-Prozesse etc., werden leiden.

Es ist schon vorgekommen, dass in einem Unternehmen die Ergebnisse der Befragung im Tresor des Personalleiters verschlossen wurden. Aktionen folgten ebenfalls nicht. In dem Fall, in dem wir dies in unserer Beratungspraxis erlebt haben, war es noch nach vier Jahren sehr schwer, eine erneute Befragung durchzuführen, da die Mitarbeiter den Sinn und den Nutzen auf Grund ihrer bisherigen Erfahrungen nicht einsehen konnten. Es braucht fast nicht erwähnt zu werden, dass ebenso Korrektur oder Fälschung von Ergebnissen einen schweren Vertrauensverlust in die Unternehmensleitung zur Folge haben werden.

Wenn Veränderungen nicht durchgeführt werden, muss sehr deutlich kommuniziert werden, was die Gründe dafür sind. Sicherlich können nicht alle Wünsche der Mitarbeiter erfüllt werden. Es muss dennoch unbedingt verdeutlicht werden, dass die Vorschläge der Mitarbeiter verstanden wurden, die Umsetzung jedoch zum jetzigen Zeitpunkt aus bestimmten Gründen nicht in Angriff genommen wird. Es können sachliche, finanzielle, soziale oder andere Gründe vorliegen, die unbedingt den Mitarbeitern mitgeteilt werden müssen.

Nicht-Durchführung von Veränderungen, die gewünscht werden, sollte begründet werden

10.10.7 Fazit

Eine Mitarbeiterbefragung kann nach den Erfordernissen auf die Situation des Unternehmens zugeschnitten werden. Der Gestaltungsspielraum ist sehr groß, sodass viele wichtige Aspekte für die Unternehmensentwicklung oder das Veränderungsmanagement angesprochen und erfragt werden können.

Da in Unternehmen die Dezentralisierung sowie Delegation und Partizipation der Mitarbeiter zunimmt, kommt den Mitarbeiterbefragungen immer mehr Bedeutung zu.

Die Befragungen beteiligen die Belegschaft an den Planungs-, Denk-, Entscheidungs- und Optimierungsprozessen. Gleichzeitig werden damit fundierte Daten als Grundlage für Management-Entscheidungen geschaffen. In der Zukunft wird die Bedeutung an Befragungen im Rahmen von Veränderungsprozessen immer mehr zunehmen.

10.11 Resistance Radar – ein Instrument zur quantitativen Bestimmung von Widerständen in Veränderungsprojekten

Mit dem Resistance Radar ist eine Quantifizierung und damit Vergleichbarkeit der Widerstände in Projekten einfach möglich.

In der Praxis ist es hilfreich, mögliche Widerstände von Menschen in Veränderungsprojekten/Prozessen zu erkennen. Das Widerstandsradar ist ein Instrument, um den projektspezifischen Veränderungswiderstand absolut und reproduzierbar zu messen.

Entwickelt wurde dieser „Resistance Radar" von Dr.-Ing. Bernd Langer und Norbert Brost, Mitarbeiter der Fa. Getrag in Untergruppenbach.

Basis ist ein Fragebogen (Abb. 10.16), der systematisch alle Widerstände (Resistance Objects: Ausgangslage, Weg und Ziel) eines Projektes abfragt. Hierbei wird in harte und weiche Faktoren unterschieden. Unter harten Faktoren subsumieren sich konkrete, sachliche Parameter, unter weichen Faktoren werden menschliche, emotionale Parameter verstanden. Rund 120 Hypothesen werden den Befragten vorgestellt. Die Antwortmöglichkeiten sind „trifft voll zu", „trifft teilweise zu" oder „trifft nicht zu". Je nach Antwort des Befragten gibt es skalierte Widerstandspunkte zwischen 1 und 5, wobei 5 Punkte den graduell stärksten Widerstand darstellen (Resistance Factor). Die dabei benutzen Fragetechniken sind selbstreflexiv („Mein persönlicher Widerstand bei dieser Hypothese ist ...") bzw. hypothetisch („Ich glaube, der Widerstand von Person x oder Personengruppe y bei dieser These ist ...").

Über alle Fragen hinweg ergibt sich gemittelt ein absoluter Gesamtwiderstand Total Resistance Factor TRF. Die Auswertung erfolgt über ein Widerstandsradarbild Resistance Radar Map RRM. Hierbei werden die Resistance Factors zu jeder Frage aufgetragen. Für die Resistance Objects des jeweiligen Projektes werden die Widerstände getrennt angegeben sowie nach den harten und weichen Faktoren unterteilt. Dieser RRM ist subjektiv, stellt also die Widerstandslandkarte aus Sicht des Befragten dar. Die Analyse zeigt dann, ob der höchste Widerstand eher bei der Ausgangslage bzw. dem Weg zu suchen ist, oder ob das Zielbild einen sehr starken Widerstand hervorruft. Damit können Interventionen klar strukturiert und zielgerichtet aufgebaut werden.

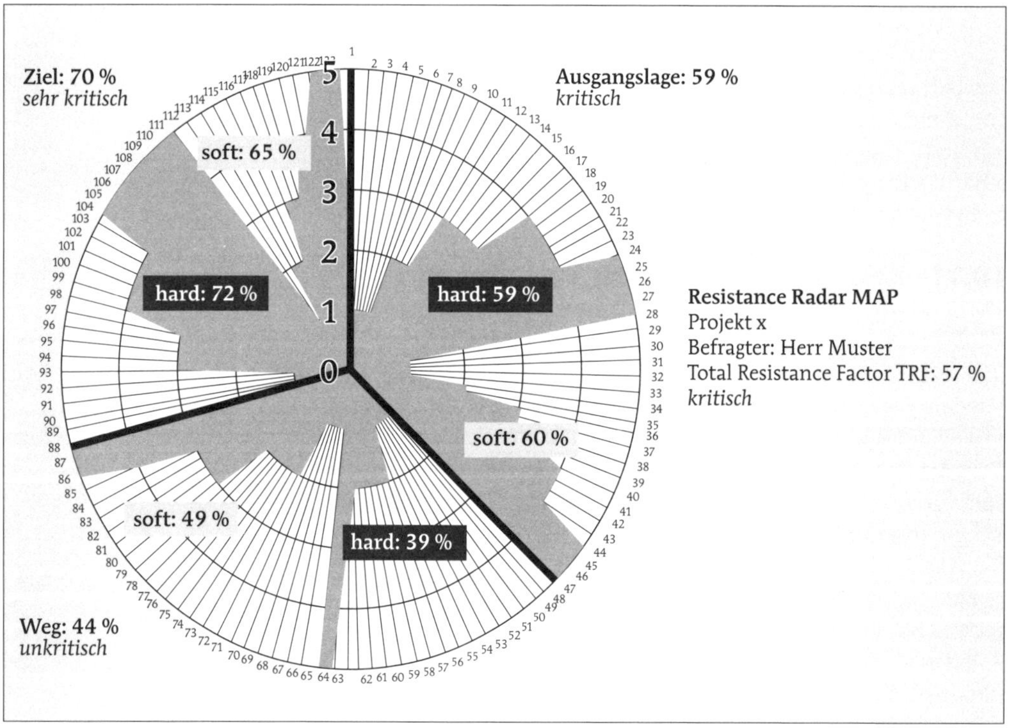

Abb. 10.13: Beispiel eines individuellen Resistance Radar Map RRM

Der nächste Schritt ist die Aufnahme des RRM von möglichst vielen Stakeholdern für eine intersubjektive Absicherung der Ergebnisse (vgl. 360 ° Feed-back). Projektpaten, Projektauftraggeber und Top-Management sollten mit involviert werden. Die Befragung sollte immer im Dialog mit einem durchgängigen Interviewer stattfinden, damit Aussagen auch direkt reflektiert werden können.

Werden nun die RRMs mehrerer Befragten überlagert, so werden die unterschiedlichen Sichtweisen über vorhandene oder befürchtete Widerstände transparent. Ein gemittelter Wert aller RRMs ist der Average Resistance Factor ARFn mit n = Anzahl TRF, den Menschen einem Projekt entgegenbringen.

Dies ist die Grundlage für eine systematische Thematisierung von Widerständen. In Workshops mit den Befragten werden

- die auffälligsten RRM-übergreifenden Abweichungen aufgezeigt,
- die stärksten Widerstände diskutiert,
- Energien auf die stärksten Widerstände fokussiert,
- Schwerpunkte von Interessengruppen identifiziert,
- individuelle RRMs abgeglichen und,
- Maßnahmen zum Abbau von Widerständen erarbeitet.

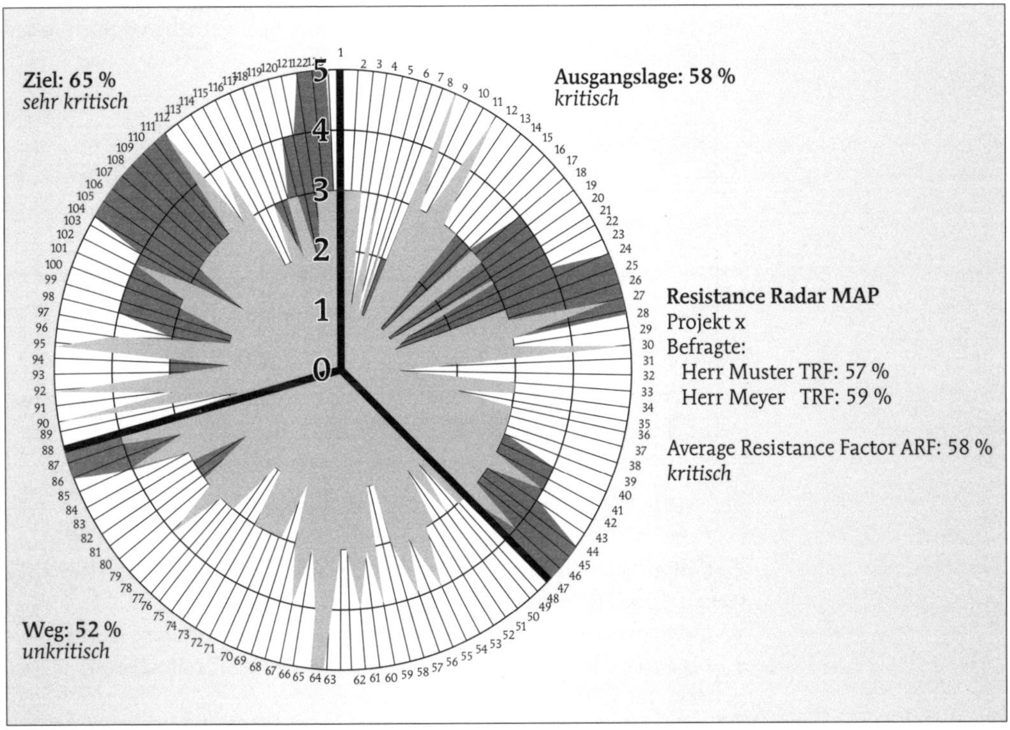

Abb. 10.14: Resistance Radar Maps RRM von zwei Stakeholdern überlagert

Veränderungswiderstände verändern sich im Laufe der Zeit. Daher werden RRMs grundsätzlich erarbeitet

- vor Beginn eines Projektes zur ersten Risikoabschätzung,
- zu Beginn eines Projektes,
- bei wesentlichen Meilensteinen,
- bei Stillstand im Projekt,
- bei massiven Irritationen im Projekt oder
- zur Überprüfung von Interventionen in zirkulären Veränderungsprozessen.

In vielen Fällen empfiehlt sich eine offensive Kommunikation. Mit dem Veränderungswiderstand steht eine bedeutende Kennzahl für Veränderung zur Verfügung (Abb. 10.15). Diese Kennzahl

- ist der Gradmesser für den Veränderungswiderstand in einem Projekt und kann in einen Projektstatusbericht aufgenommen werden.
- erlaubt eine Risikoabschätzung des Projekterfolges (wie kritisch oder unkritisch ist ein Projekt).
- ermöglicht die Darstellung der Widerstandsveränderung über Zeit.
- ermöglicht den Vergleich des ARF von unterschiedlichen Projekten (Multiprojektmanagement).
- zeigt die Streubreite der TRF innerhalb eines Projektes.
- erlaubt den gezielten Ressourceneinsatz von Projektcoaching oder Gegenmaßnahmen.

Resistance Radar			Projekt x	kritisch
Resistance Objects			Herr Muster	Herr Meyer
Ausgangslage	hard	58 %	59 %	54 %
	soft		60 %	59 %
Weg	hard	52 %	39 %	59 %
	soft		49 %	61 %
Ziel	hard	65 %	72 %	63 %
	soft		65 %	55 %
Total Resistance Factor TRF				59 %
Average Resistance Factor **ARF$_2$**			**58 %**	

Abb. 10.15: Kennzahlen des Resistance Radar

Vielfältige weiterführende Betrachtungen können durch das RRM entstehen. So könnten z.B.

- Gewichtungen bei einzelnen Hypothesen vorgenommen werden,
- verstärkende bzw. unterstützende Elemente ermittelt werden,
- lernende Elemente erarbeitet werden,
- eigene Widerstandsthemen durch Stakeholder hinzugefügt werden.

Die Synopsis aus Fragebogen und Grafik ermöglicht eine eingängige und schnell verständliche Darstellungsform, was zu einer erhöhten

Akzeptanz bei Entscheidungsträgern führt. Durch die Anwendung des Resistance Radar wird die Erfolgswahrscheinlichkeit von Veränderungsmaßnahmen deutlich erhöht.

hard	**Kundenziele / Kundenprojekte sind nicht gefährdet.**	
	(1) trifft voll zu	keine Auswirkungen auf Kundenziele
	(3) trifft teilweise zu	es kann zu Störungen kommen
	(5) trifft nicht zu	Kundenprojekte werden gefährdet oder „Wollen Sie etwa Kundenprojekte gefährden?“
hard	**Es ist der erste Versuch der Veränderung.**	
	(1) trifft voll zu	bisher der erste offizielle und inoffizielle Ansatz
	(3) trifft teilweise zu	es gab schon Versuche der Veränderung, z.B. Konzeptarbeit
	(5) trifft nicht zu	viele abgebrochene, erfolglose Versuche
hard	**Projektmitarbeiter / Abteilung hat Zeit für dieses Projekt.**	
	(1) trifft voll zu	ja, Ressourcen sind offiziell bereitgestellt
	(3) trifft teilweise zu	muss nebenher irgendwie gehen
	(5) trifft nicht zu	keine Zeit „für Kettensäge schärfen“
hard	**Es mischen sich keine Abteilungs-Fremde ein, Claims werden nicht verletzt.**	
	(1) trifft voll zu	interne Idee und Umsetzung, Reporting nach außen ist keine Gefahr
	(3) trifft teilweise zu	Gefühl der Beeinflussung von außen, Reporting ist unangenehm
	(5) trifft nicht zu	der Impuls kommt von außen oder die Veränderung wird von außen begleitet/getrieben
hard	**Die Veränderung ist nicht organisations- oder standortübergreifend.**	
	(1) trifft voll zu	innerhalb einer Abteilung
	(3) trifft teilweise zu	innerhalb einer Organisationseinheit
	(5) trifft nicht zu	standort- oder organisationsübergreifend/im Konzern
hard	**Das Controlling ist einfach und nachvollziehbar. Vertrauen in Zahlen.**	
	(1) trifft voll zu	die Controlling-Methoden sind einfach und Standardmethoden
	(3) trifft teilweise zu	hoher Aufwand für Controlling
	(5) trifft nicht zu	die Controllingzahlen passen nicht ins Gesamtbild, Annahmen und Scheingenauigkeit, hoher Aufwand
soft	**Die Lorbeeren werden von den „Richtigen“ geerntet.**	
	(1) trifft voll zu	offiziell und inoffizielle Zuordnung der guten Leistung
	(3) trifft teilweise zu	es werden auch Menschen gelobt, denen dies nicht zusteht
	(5) trifft nicht zu	andere werden gelobt, offiziell oder inoffiziell
soft	**Führungskräfte machen sich durch die Veränderung beliebt.**	
	(1) trifft voll zu	Aktive der Veränderung machen sich beliebt nicht zwischen den Stühlen stehen
	(3) trifft teilweise zu	bei eher unwichtigen Menschen macht man sich unbeliebt
	(5) trifft nicht zu	man eckt immer an, man steht zwischen den Stühlen bei ungeklärten Fragestellungen
hard	**Die Veränderung ist kein Impuls für weitere Veränderungen (Domino-Effekt).**	
	(1) trifft voll zu	es bleibt bei diesem einen Thema, weitere Veränderungen werden ausgeschlossen
	(3) trifft teilweise zu	weitergehende Maßnahmen werden nicht ausgeschlossen
	(5) trifft nicht zu	es ist abzusehen, dass in der Folge viele weitere Veränderungen gestartet werden (müssen)
soft	**Menschen verlieren nicht an Einfluss.**	
	(1) trifft voll zu	Einfluss wird nicht beschnitten, evtl. sogar verstärkt
	(3) trifft teilweise zu	Einfluss wird beschnitten
	(5) trifft nicht zu	Einfluss wird verloren

Abb. 10.16 *Beispielfragen für den Resistance Radar*

11 Analoge Interventionen im Veränderungsprozess

11.1 Einführung: Was sind analoge Methoden?

In Change-Management-Prozessen kommt es darauf an, dass etwas in Bewegung kommt. Neuerungen sind gefragt hinsichtlich Ideen, Gedanken, Abläufen, Produkten, Märkten, Absatzwegen - das ist nur eine kleine Zusammenstellung aus der denkbaren Vielfalt der involvierten Aspekte. Um das Hauptziel von Veränderungsmanagement zu erreichen - nämlich Neuerungen sinnvoll zu konzipieren und erfolgreich umzusetzen - können unterschiedliche Wege beschritten werden.

Im Kapitel 10 wurden die überwiegend durch Fakten, Methodik und Sprache wirksamen Instrumente vorgestellt. Dabei ist die Sprache der am meisten genutzte Weg um sich auszudrücken und beim Gesprächspartner etwas anzuregen. Doch kann die Wirksamkeit der Sprache noch unterstützt werden. Alle Sinneskanäle lassen sich dazu einsetzen.

Die strukturellen, fakten- und sprachorientierten Interventionen werden nun durch ganzheitliche Methoden ergänzt

ÜBUNGEN UND TECHNIKEN, DIE DEN MENSCHEN ALS GANZES IN SEINEM FÜHLEN, DENKEN UND HANDELN ANSPRECHEN, WERDEN ALS ANALOGE METHODEN BEZEICHNET.

Nonverbale Mittel stehen dabei im Vordergrund

Dabei werden hauptsächlich nonverbale Mittel (Rollenspiel, Bilder, Symbole etc.) eingesetzt. Die analogen Methoden stellen somit einen Gegenpol zu allen verbalen Kommunikationsmitteln dar, seien es nun Vorträge, Diskussionen und oder auch visuell aufbereitete sprachliche Präsentationen wie Folienvorträge oder Flip-Chart-Darstellungen.

Es handelt sich um ähnliche Methoden, wie sie vielfach aus der Personalentwicklung bekannt sind

Vielen Leserinnen und Lesern werden unter Einsatz von analogen Methoden bestrittene Workshops aus der Praxis bekannt sein, da sie heute im Rahmen der Personalentwicklung weit verbreitet sind. Da wir sie hier als Instrumente des Change-Mangement behandeln, richten wir den Blick im nächsten Abschnitt zunächst spezifisch darauf, wie und wann sie speziell in Change-Prozessen eingesetzt werden (können).

11.2 Analoge Methoden in Veränderungssituationen

Die analogen Methoden eignen sich für die unterschiedlichen Phasen eines Change-Prozesses

Gerade in Veränderungssituationen lassen sich die analogen Methoden hervorragend einsetzen:

Kreativität in der Analyse

- In der **Analysephase**, in der es darum geht, Probleme, Fehler und Schwierigkeiten zu entdecken und zu klären, bieten sich kreative Bestandsaufnahmen (Sketch über Beschwerden) und anschließende systematische Strukturierungen an.

Hier wird eine Kombination praktiziert, indem mit analogen Methoden begonnen und dann die Strukturierung wie in einer Moderation (z.B. mit verschiedenfarbigen Karten, visuellen Bewertungsrastern, linearen Ablaufplänen usw.) erarbeitet und visuell dargestellt wird.

Verarbeitung von Schock

- Befinden sich Mitarbeiter in der **Schock- oder Ablehnungsphase** einer Veränderung, ist es hilfreich, mittels körperlicher Methoden Ärger, Wut und Frustration herauszulassen. Erst dann kann ein weiterer Veränderungsschritt gegangen werden. Um keine Missverständnisse aufkommen zu lassen: Mit dem Ansprechen oder symbolischen Ausleben dieser negativen Gefühle werden diese Gefühle nicht automatisch gutgeheißen, sondern es soll eine Ebene erreicht werden, auf der man weiterarbeiten kann.

  Besonders die Bearbeitung des **Widerstandes** kann mit nonverbalen Methoden und Interventionen sehr gut gelingen. Es lassen sich (Horror-)Szenarien in ein großes gemeinsames Bild malen und die zerstörerische Wirkung lässt mit professioneller paradoxer Intervention sofort nach. Natürlich lassen sich auch Zukunftsszenarien so in der Vorstellung gestalten, dass sie Angst nehmen und Freude auf Neues entstehen lassen.

Aufarbeiten von Widerstand

Kreativität und Innovation in der Konzeption

- In der **Konzeptionsphase** von Strategien oder Neuerungen sind Fantasie, Vorstellungskraft, Kreativität, Innovationsfreude und Pioniergeist wichtig. Um die kreativen Ideen anzuregen, werden auch Fantasiereisen, Entspannungsverfahren und Trancetechniken genutzt. Mit der Energie der nonverbalen Methoden werden die Ressourcen der Führungskräfte und Mitarbeiter angeregt. Aus den Ergebnissen und Fakten der Analysen lassen sich in Verbindung mit den kreativen Elementen leicht neue, bisher unbekannte Ziele und Wege finden. Die Aktivierung bringt nicht nur neue Ideen oder Lösungen auf der sachlichen Ebene, dieser Prozess hilft auch dem Betroffenen, seine eigene Veränderungsentwicklung schneller und leichter zu bewältigen.

WÄHREND DER UMSETZUNG DER NEUERUNGEN BLEIBT WEITERHIN DIE KREATIVITÄT GEFRAGT. BESONDERS DER TRANSFER DER THEORETISCHEN KONZEPTE IN DIE „HANDGRIFFE DES ALLTAGS“ ERFORDERT PRAXISNAHES DENKEN.

Spielerische Elemente zum Ausprobieren bei der Realisierung

Begleitung der Einführung durch Workshops auch mit Rollenspielen

Dies geht mit der Phase des Ausprobierens einher. Spielerisches Darstellen von Abläufen, farbliche Gestaltung der Beschreibung von Arbeitsschritten oder der gemeinsame Workshop mit neuen Kollegen im Team erleichtern die Konkretisierung der Arbeit. Aber nicht nur die sachliche Ebene des Jobs, sondern auch versteckte Abwehr- und Boykottgedanken werden mittels analoger Techniken aufgedeckt und bearbeitet. Es ist einfacher, die eigenen Bedenken in einem Rollenspiel als nörgelnder Kunde auszudrücken, als sie in einem Gespräch mit dem Vorgesetzten zu erörtern.

Da in allen Phasen der Veränderung die Kommunikation eine wichtige Rolle spielt, kann auch die interne Kommunikation im Unternehmen mit neuen, nonverbalen Methoden gestaltet werden.

Analoge Interventionen sind auch in der Unternehmenskommunikation möglich

Großgruppenveranstaltungen können eine immense Kraft entwickeln. Gemeinsam mit vielen anderen über Teilprojekte entscheiden oder seine Meinung durch Punktekleben kundzutun, setzt auf der psychologischen und sozialen Ebene viel Energie frei, sodass Ausgrenzung und Isolation aufgeweicht werden. In den meisten Fällen werden Übungen durchgeführt, in denen das Verhalten der Beteiligten besonders deutlich zutage tritt. Es gibt auch Fälle, in denen Firmen Künstler sponsern und die produzierte Kunst zur Unternehmenskommunikation nutzen. Auch Theaterstücke werden genutzt, um Botschaften umzusetzen und zu kommunizieren.

Obwohl im Wirtschaftsleben zurzeit vielmehr die härteren Faktoren (nämlich die wirtschaftlichen Kennzahlen) genutzt werden, setzt sich parallel immer mehr durch, dass auch die weichen Faktoren eine Rolle spielen, wenn es darum geht, langfristig erfolgreich zu sein. Durch diese weichen Faktoren soll bzw. kann die Optimierung folgender Funktionen erreicht werden:

- Kontakt und Zusammenarbeit,
- Kooperation und Abstimmung,
- Teamarbeit, Arbeit in Prozessen,
- Kommunikation,
- Einstellung und Vorurteile,
- Reflexion und Neuentscheidung,
- Sensibilität und Konfliktlösefähigkeit ,
- Wahrnehmung und Problemlösefähigkeit,
- Veränderungs- und Entwicklungsfähigkeit,
- Tradition und Veränderungskraft,
- Innovationskraft und Kreativität,
- Engagement und Motivation,
- Qualität und Rationalisierung,
- Mitarbeiterbindung und Loyalität,
- Attraktivität des Unternehmens.

Diese Liste ist sicher nicht erschöpfend.

Trend zu ganzheitlichen, pädagogisch motivierten Methoden in der Erwachsenenbildung

Während bei der Erziehung von Kindern musische Bildung, Denken in Bildern und spielerisches Verarbeiten von Erlebnissen schon immer im Fokus der Pädagogik standen, waren in der Erwachsenenbildung eher die kognitiven und verbalen Methoden vorrangig. In letzter Zeit hat sich jedoch herausgebildet, dass das Verlernen alter Inhalte und das Lernen neuer Aspekte auch bei Erwachsenen mithilfe dieser ganzheitlichen Methoden leichter zu bewältigen sind und dass Lernerfolge positiver verlaufen.

Diese Erkenntnisse sind in der Praxis nicht ohne Auswirkung geblieben.

Beispielsweise hat Blanke in Firmen eine schriftliche Befragung zum Einsatz von Kunst in Unternehmen durchgeführt. „Aus welchen Gründen setzen Sie Kunst unter dem Aspekt der Unternehmensentwicklung ein?" Dabei kamen folgende überraschende Ergebnisse zutage:

- 18 % Das Unternehmen als Ort menschlicher Entwicklung verstehen
- 13 % Veränderungsprozesse einleiten, begleiten, spiegeln
- 13 % Unternehmenskultur fördern, Wir-Gefühl stärken
- 12 % Kunst und Kultur als Ideenlabor einbinden: Innovationen auslösen
- 11 % Identifikation: Visionen, Werte und Ziele erlebbar machen
- 10 % Gutes Betriebsklima schaffen, Mitarbeiter motivieren
- 9 % Marketing: Image und Botschaft von Produkten und Marken gestalten
- 8 % Renommee, öffentliches Ansehen steigern
- 6 % Mäzenatentum: Gesellschaftliche Verantwortung wahrnehmen

Kriterien von analogen Interventionen

Werden analoge Methoden und Interventionen genauer betrachtet, zeigen sich Besonderheiten, die die Erfolge dieser Übungen ausmachen.

Es sind Kriterien, die normalerweise in der Bearbeitung von Fragestellungen wenig beachtet werden. Dazu gehören Irritation, Orginalität, Intuition, Spiele, Sprache (ohne die auch die analogen Interventionen nicht auskommen) und Kommunikation, Farben, Raum und Formen, Visionen und Träume, ungewöhnliche Situationen, körperliche Übungen, Phänomene, Humor, Gehirn und Intelligenz, Kunst und Musik. Dies ist die Liste der Aspekte, die wir im Folgenden etwas näher beleuchten möchten.

Irritation

Irritationen sind angenehme Schocks, die aufrütteln und wachmachen. Sie durchbrechen die üblichen Muster im Wahrnehmen und Denken. Irritationen lösen zunächst Durcheinander und Chaos aus. Das, was man erwartet, tritt nicht ein, sondern etwas ganz anderes, das in diesem Kontext im Grunde nichts zu suchen hat. Das menschliche Gehirn braucht immer wieder Kontraste, um sich aus der Fülle der Informationen Besonderheiten zu merken. Die Irritation ist somit ein Kontrast zum Erwarteten. Daher werden Irritationen intensiv wahrgenommen und der Erinnerungswert ist höher als bei normalen erwarteten Ereignissen.

Irritationen lassen auch bisherige Zusammenhänge zerbrechen. Verhaltensweisen, die seit langem eingeübt waren und gelebt wurden, können durch irritierende Konfrontation leichter ver- oder entlernt werden, damit neues Verhalten seinen Platz einnehmen kann.

Originalität

Ähnlich wie die Irritation stellt die Originalität ein Ausbrechen aus dem Üblichen dar. Denken und Handeln sind unüblich und passen dennoch zu der entsprechenden Person. Die Person ist dafür vielleicht schon bekannt, stets ungewöhnliche Reaktionen zu zeigen. Dann wird die Person selbst als Original bezeichnet. Originalität kann nicht geplant werden. Sie entsteht im Laufe der Zeit durch die Qualität und Quantität der unüblichen Reaktionsweisen.

> UM ORIGINELLE IDEEN WACHSEN ZU LASSEN, IST ES IM UNTERNEHMEN NÖTIG, DASS UNGEWÖHNLICHE IDEEN /VORSCHLÄGE ERLAUBT SIND UND BEI EIGNUNG ZU VERBESSERUNGEN GENUTZT WERDEN.

Intuition

Nicht zu vergessen ist bei der Kreativität der Aspekt der Intuition. Intuition lässt sich schwer greifen; sie ist das, was man nicht auf

Knopfdruck erreichen kann. Intuition kommt nicht nach entsprechender Schulung von allein. Manchmal wird gesagt, Intuition sei das Gegenstück von Analytik, bei der die Einzelteile entscheiden. Jemand, der intuitiv handelt, analysiert nicht, er wägt nicht ab, sondern er erfasst mehr oder weniger ohne bewusste kognitive Prozesse die Situation als Ganzes. Dadurch kann er Entscheidungen treffen und Handlungen auslösen, die auch Nebensächlichkeiten und Folgen mit berücksichtigen.

DER TIPP ZUR INTUITION IST, SICH ZU ZERSTREUEN, ABZUDREHEN UND NEBEN SICH ZU STEHEN. DANN IST DIE CHANCE, EINE INTUITIVE LÖSUNG ZU FINDEN, AM GRÖSSTEN.

Da mit der Intuition zum Teil weitaus mehr Faktoren und Einflüsse berücksichtigt werden als bei einer umfassenden Analyse, bringt die Intuition nachhaltige Erfolge von Ideen und Lösungen zu Stande.

INTUITION KANN IN ALLEN BEREICHEN DES VERÄNDERUNGSMANAGEMENTS EINGESETZT WERDEN.

Bei der Entwicklung der Strategie kann sie hilfreiche Hinweise für zukünftige Entwicklungen bieten und bei der Unternehmenskultur beschreibt die Intuition die zum Teil verdeckten Werte, Normen und Tabus. Beim Coaching können intuitive Interventionen und Konfrontationen hilfreiche Weichenstellungen auslösen.

Spiele

Spiele haben keinen direkten Output, sie werden um des Spielens und um des Erleben willen gespielt. Es ist ein zweckfreies Tun, bei dem es nur darum geht, die Regeln des Spieles einzuhalten. Selbst das Verlieren hat keine Konsequenz für das Leben und dennoch sind Parallelen zum Leben und zur Lebensbewältigung in symbolischer oder abgewandelter Form enthalten. Spiele erleichtern die Rollenwechsel, sie üben das Nachdenken ein und sie lassen Handlungsalternativen zu, die im realen Leben oft nicht möglich sind. Spiele lassen die Kräftemessung zu, ohne dass es zu realen Kämpfen kommt. Beim Spielen wird auf Kooperation und auf Kampf gleichermaßen gesetzt. Strategisches Denken und vorausschauendes Überlegen werden geschult. Aber auch Spiele, die mit körperlichen Übungen und Bewegungen zu tun haben, können ihren Beitrag zu Erkenntnis und Erfahrung beitragen.

GERADE IM TEAMTRAINING WERDEN GERNE SPIELE EINGESETZT, BEI DENEN NUR DIE GRUPPE ALS GANZES GEWINNEN KANN, UND DAS NUR, WENN SIE KOOPERATIV HANDELT.

Das Erleben von Abhängigkeit und der gleichzeitigen Möglichkeit, weiter zu kommen, wird damit zum wichtigen Lernziel. Ansonsten finden sich immer wieder in verschiedenen Anwendungsbereichen **Rollenspiele** als beliebtes Mittel in der Organisationsentwicklung, weil darin verschiedene Rollen- und Verhaltensweisen spielerisch eingeübt und gelebt werden können.

Sprache und Kommunikation

Auch die analogen Methoden kommen nicht ohne Sprache oder Kommunikation aus. Besonders die Anleitung der Übungen muss klar und verständlich mitgeteilt werden, damit die Interventionen nicht „verwässert" werden. Aber auch die anschließende Präsentation und die Besprechung der Ergebnisse braucht die Sprache. Sprache kann zusätzlich Aspekte der Kreativität enthalten, denn durch die Sprache kann konfrontiert werden.

Besonders erwähnenswert ist das **Redefinieren**. Dabei werden Sachverhalte in einen anderen Kontext oder Sinnzusammenhang gestellt und führen daher zur Überraschung und zu einer Sichtweise aus einer anderen Perspektive.

Ebenso steuert die Sprache in Form von Fragen die Aufmerksamkeit. Bei Teamtrainings kann ein unaufmerksamer Teilnehmer durch gezieltes Fragen wieder in den Kreis der Aktiven zurückgeholt werden. Und die Sprache kann neue Ideen und Inhalte vermitteln. An dieser Stelle soll nicht weiter auf die Wirkungsweisen von Sprache und Kommunikation eingegangen werden, denn sie hat nicht die Kardinalrelevanz in der Wirksamkeit von analogen Methoden, sondern sie ergänzt nur.

Farben

Farben drücken Stimmungen aus und stellen symbolisch Werte dar. Sie können natürlich auch in verfremdeter Form eingesetzt werden. Jeder kennt die Zuordnung von Eigenschaften zu Farben, so wird Rot mit Lebendigkeit, Liebe, Anregung und Gefahr in Verbindung gebracht. Farben lösen Befindlichkeiten des Betrachters aus.

Der Einsatz von Farben bei Gebäudeausstattungen sollte daher besonders sorgfältig ausgewählt werden. Farben sind ein wichtiges Identifikationsmittel zum Beispiel für den Unternehmensschriftzug. Bei größerer Bekanntheit wird oft der Schriftzug selbst nicht mehr benötigt, die Farbe selbst hat dann die Information und die Botschaft übernommen.

Raum und Formen

Gebäude, Räume und deren Einrichtungen können viel erzählen. Sind sie zweckbestimmt und dennoch vermitteln sie mehr. Welche Botschaft sollen sie vermitteln? Welche Botschaft vermitteln sie tatsächlich? Wie sind die Räume eingerichtet? Funktionell, kreativ oder unüberlegt? Was stellt der Schreibtisch dar – Arbeitsmöbel, Trennbarriere, Statussymbol? Wo werden wichtige Meetings abgehalten? Was wird mit diesen besonderen Räumen ausgedrückt? Wichtigkeit, Macht, Understatement, Verwaltungszentrale, Kreativstätte? Wie ist das Material beschaffen? Wird Abgrenzung oder Offenheit ausgedrückt? Ist Künstlichkeit oder Natur im Fokus? Eine Vielzahl von Möglichkeiten kann mehr oder weniger bewusst ausgedrückt werden. So lange diese Ausdrucksmöglichkeiten erhalten bleiben, stiften sie Identitäten. Der, der darin lebt und arbeitet, wird sich im Laufe der Zeit immer mehr mit diesen Attributen identifizieren.

Gebäude, Räume, Ausstattung und deren Ausformung können Gegenstand von Veränderungen bei Änderungen der Strategie und der Unternehmenskultur sein. Ein kongruentes Erscheinungsbild muss zunächst erarbeitet und dann im Rahmen der internen und der externen Unternehmenskommunikation veröffentlicht werden. Nicht selten verändern Firmen mit einem umfassenden Wechsel ihres Unternehmenszweckes auch ihren Unternehmensauftritt durch neu gestaltete Geschäftsräume.

Visionen und Träume

Ein großer Teil der kreativen Lösungen beginnt mit einer Vision, mit einem Bild, das mehr oder weniger deutlich einen Traum verkörpert. Die Vision ist kein Ziel, Visionen sind nicht erreichbar, aber sie formen Wünsche und Ziele (wir hatten die Begriffe in Abschnitt 3.7 schon abgegrenzt). Visionen, die im Gegensatz zur Realität stehen, wirken energieaufladend. Es beginnt eine Dynamik von Träumen und Plänen. Visionäre sind die Denker des Unmöglichen. Sie sprechen etwas aus, was viele schon als Spinnerei abgehakt haben. Visionen können gemeinsam konstruiert werden, wenn alle sich am grenzenlosen Denken und kreativen Ersinnen beteiligen.

Visionen zu entwickeln, ist eine Arbeit, die in der Vorbereitung einer Unternehmensstrategie erfolgen kann. Eine kreative und lockere Atmosphäre ist dabei Bedingung.

Auch in Organisationsentwicklungs- und Teamtrainings können gemeinsame Visionen die Entwicklung fördern.

Bei Innovationsprozessen spielen Visionen eine wichtige Rolle. In der Personalentwicklung dient die Vision der Konkretisierung der eigenen Entwicklungsziele.

Ungewöhnliche Situationen

Ähnlich wie Irritationen, die in der Kommunikation zur Konfrontation genutzt werden, können Umgebungen solche Wirkungen auslösen. In den meisten Fällen werden Seminare und Workshops außerhalb der Firma durchgeführt. Dies bringt einige Vorteile mit sich. Das Fehlen der üblichen Umgebung und der Reiz von neuer Umgebung bringen Aufmerksamkeit und Neugier mit sich. Alte Denkmuster werden „gestört" und neue Erfahrungen können leichter erlebt werden.

> OUTDOOR-TRAININGS NUTZEN DIE WIRKUNG VON UNGEWÖHNLICHEN SITUATIONEN NOCH INTENSIVER.

Das Sich-Zurechtfinden in fremder Umgebung, in der Natur, mit geringen und ungewöhnlichen Hilfsmitteln löst umfassende Lösungsprozesse aus. Ungewöhnliche Situationen erleichtern es, die übliche „Business-Rolle" zu verlassen und sich auf neue Erfahrungen einzulassen.

Körperliche Übungen

Viele Übungen, die besonders häufig in Teamtrainings eingesetzt werden, nutzen den Einsatz von körperlichen Bewegungen.

Auflockerungsübungen helfen, Müdigkeit zu verscheuchen, und gemeinsame Pantomimeübungen bringen Spaß und entkrampfen gespannte Situationen.

Dennoch können körperliche Übungen weder unbegrenzt noch unbedacht im betrieblichen Rahmen eingesetzt werden. Die persönlichen Grenzen des Einzelnen müssen beachtet werden. Ebenso sind körperbetonte Übungen bei gemischt-geschlechtlichen Gruppen nicht unbedenklich anzuwenden. Erfahrungsgemäß werden die körperlichen Übungen von jungen Teilnehmern geschätzt, während ältere Teilnehmer aus verschiedenen Gründen nicht daran teilnehmen können oder möchten.

Die Einbindung und Durchführung von körperlichen Übungen sind sehr sorgfältig zu konzipieren und nur von professionellen Trainern durchzuführen. Manche Seminare beinhalten einen mehr oder weniger großen Teil an Fitness- oder Sportteilen, die nicht zum Selbstzweck durchgeführt werden sollten, sondern im Rahmen der Lernziele ihre Aufgaben und Ziele haben.

Phänomene

Nicht immer sind die wissenschaftlichen Erklärungen ausreichend, um Tatsachen zu erklären. Der logische und empirische Zugang zu unserer Welt kann nicht immer genutzt werden, denn es gibt eine Reihe von Vorkommnissen, die zwar beschrieben, aber nicht erklärt werden können, und man spricht dann von Phänomenen.

Phänomene lassen sich nur erleben. Wer ein Phänomen – vielleicht sogar unvorhergesehen – erlebt hat, wird sich der Begrenztheit seines eigenen Gedankenkosmos bewusst. Sich in einer Welt zurechtzufinden, in der manches nicht begründet und erklärt werden kann, macht zunächst Angst und später Neugier. Dieses Erleben birgt auch die Chance in sich, dass es immer noch etwas auf dieser Welt zu entdecken gibt.

Phänomene sind also Nahrung für den Forscherdrang. Nicht vergessen werden sollte jedoch dabei, dass das Staunen über das Unbekannte, ohne es analysieren zu wollen, auch einen Reiz hat, der Kreativität freisetzen kann.

Phänomene können in der Personalentwicklung als Markstein für die eigenen Grenzen eingesetzt werden. Konkreter Einsatz von Phänomenen kann z.B. durch Besuch von magischen Orten wie den Externsteinen, durch Besuch von Planetarium und Blick durch Fernrohre ins Universum erreicht werden.

Ein geschickter Trainer und Berater setzt die Gegenwart von bestimmten Umgebungen und Grenzen des eigenen Erfassens durch Analogien mit der jeweils aktuellen Situation des Unternehmens oder des eigenen Lebens in Verbindung.

Humor

Humor kann sehr unterschiedliche Formen haben - trocken, makaber, spaßig, cool, versteckt, zweideutig, derb oder feinsinnig. Aus der Situation heraus kann eine humorvolle Reaktion entstehen. Stets ist Humor ein geistiger „Seitensprung". Das, was üblicherweise erwartet wird, tritt nicht ein, sondern etwas anderes, was jedoch auch Sinn macht. Auch hier ist wieder erkennbar, dass das übliche Denken verlassen wird und neue Gedanken sogar noch Lachen und Freude auslösen. Freud'sche Versprecher oder andere Missgeschicke, die eigentlich peinlich sind, können zum Lachen anregen. Wer es versteht, statt über seine eigenen Schwächen zu grübeln, in entsprechender Weise zu lachen, kann viel besser mit Niederlagen oder Fehlern umgehen. Das Lachen über sich selbst zeugt von einem Perspektivwechsel, in dem man sich selbst nicht als Opfer erlebt, sondern sich von außen sieht und daher die Situation humorvoll betrachten und bewerten kann.

Lachen und gute Laune stecken an. Wer hat nicht schon einmal erlebt, dass die Gesellschaft von lustigen Mitmenschen die Stimmung der gesamten Gruppe beeinflusst. Es braucht nicht näher erläutert zu werden, dass in einer humorvollen Umgebung und in einem spaßigen Klima die Zusammenarbeit viel besser funktioniert als in einer frustrierenden und spannungsgeladenen Atmosphäre. Wohlgemerkt, es muss Humor sein - nicht Lächerlichkeit. Lächerlichkeit kommt auf, wenn andere abgewertet und nicht respektiert werden.

Humorvolle Interventionen sind üblicherweise in Maßnahmen der Organisationsentwicklung, der Personalentwicklung und der Fortbildung eingebunden und ein geschickter Trainer weiß, wann und wie er Humor einsetzen kann, ohne dass die Ernsthaftigkeit der Maßnahme leidet.

Gehirn und Intelligenz

Nicht geklärt ist der wissenschaftliche Streit, was denn unter Intelligenz zu verstehen sei. Zu unterschiedlich sind die Erfahrungen, die gemacht wurden. Intelligente und „studierte" Menschen versagen im Alltag und schlecht ausgebildete Jugendliche können kreativ aus ihrer chancenlosen Situation gute Entwicklungen herausholen. Allein das Wissen kann nicht nützlich sein. Es sind die Gedanken, die in unterschiedlicher Weise genutzt und eingesetzt werden, um zu guten Ergebnissen zu kommen. Nicht selten führt die standardisierte Bildung zu Denkmustern, die in manchen Situationen Sackgassen erscheinen lassen, obwohl interessante Varianten darauf warten, entdeckt zu werden.

Denken und Gedankenaustausch führen oft dazu, dass herausgefunden werden soll, wer Recht hat. In einer so komplexen Welt, in der der Konstruktivismus zeigt, wie jeder sich seine Welt selbst im Gehirn konstruiert, sind solche Streitdebatten völlig unnötig. Denkmuster schleichen sich ein, ohne dass dies bewusst wird. Besitzdenken, Konkurrenzdenken, Hierarchiedenken, Funktionsdenken, Machtdenken führen nicht zu besserer Wahrnehmung - im Gegenteil, diese Denkschablonen engen die Erfahrungen ein.

Kreative Intelligenz beginnt bei der Selbsterkenntnis, dass die eigenen Erfahrungen nicht die Welt allein sind. Wer hat sich schon Gedanken darüber gemacht, wie er sein Gehirn benutzt? Wer hat sich schon einmal bewusst gemacht, dass Ängste und Gefühle nicht durch äußere Umstände, sondern durch das eigene Denken entstanden sind? Wer kann sagen, wie er seine eigene Affektkontrolle, seine Problemlöseprozesse und seine Schlussfolgerungen ablaufen lässt? Erstaunlich ist oft, wie wenig die Menschen über ihren eigenen Denkapparat wissen und wie wenig sie ihn gezielt nutzen.

> Besonders hilfreich für kreative Lösungen ist das divergente Denken.

Dabei werden nicht die üblichen Denkprozesse eingesetzt, sondern neue andere Wege genutzt.

Das Bewusstmachen der eigenen Kognitionen wird in der Personalentwicklung, im Coaching und in Teamtrainings oder Teamworkshops genutzt. Übungen, bei denen besondere Positionen des Denkens, z.B. die des Kritikers, des Denkers, des Träumers eingesetzt werden, ermöglichen, den eigenen Erfahrungshorizont zu erweitern.

Kunst

Kunst vereint die Wirkungen von Farbe, Formen und Material. Sie kann in der Komposition und in der Darstellungsform anregen, provozieren und überraschen. Das Anregen löst Denkprozesse aus und es bringt Stimmungen zu Stande. Provokation und Aufrütteln etwa durch das Aufbrechen von gewohnten Wahrnehmungsmustern kann ebenfalls zum Nachdenken und Reflektieren anregen. Dabei spielt es keine Rolle, ob das Kunstobjekt fertig von einem Künstler präsentiert, ob es in einer Performance entwickelt oder durch die Teilnehmer eines Workshops erarbeitet wird. Kunst ist das Beispiel schlechthin für Neues. Denn durch künstlerische Darstellungen werden Dinge, Zusammenhänge und Aspekte in einer Weise dargestellt, wie sie sonst nicht zu sehen sind. Damit wird Althergebrachtes aufgebrochen und Neues geschaffen.

Spätestens hier zeigt sich, wie passend Kunst in Veränderungsprozessen in Unternehmen eingesetzt und genutzt werden kann. Manche Firmen lassen sich Kunstwerke eigens für ihr Unternehmen schaffen, um sie in den Räumen der Firma auszustellen.

Musik

Ähnlich wie die Farben wirkt auch Musik. Musik lässt die Gedanken fließen, sie beeinflusst Gefühle und sie verändert die Gehirnströme. Die Musik gibt Informationen über Geschwindigkeiten und Harmonien. Je nach Musikstück können Stress und Aggressionen abgebaut werden. Bei monotonen Klängen führt Musik in Trance-Zustände, die wiederum für neue Gedanken und neue Lösungen bereit machen. Musik kann Kraftpotenziale mobilisieren; das wurde bereits seit Jahrtausenden mit Arbeitermassen bei großen Bauprojekten oder bei Soldaten im Militär eingesetzt. Auch die Anregung zu rhythmischen Bewegungen und zur körperlichen Aktivität sind von Vorteil bei Veränderungen.

Musik wird heute bei Formen des Superlearning eingesetzt, wobei die Musik auf besondere Gehirnareale wirkt, die dann ihrerseits das Lernen erleichtern. Träumen und freie Assoziationen bewirken einen nicht kontrollierten und zum Teil unbewussten Gedankenfluss. Dadurch kommen Lösungen zu Stande, die bei bewussten Denkoperationen nicht möglich gewesen wären.

Musik kann auch Bilder und Visionen auslösen, die ihrerseits neue Ideen enthalten können. Somit kann der Einsatz von Musik vielfältige Reaktionen auslösen und beispielsweise auch Gedankenexperimente unterstützen.

> Vor einer übermässigen Berieselung durch Musik jedoch sei gewarnt.

Die ständige Geräuschkulisse in Kaufhäusern, Fahrstühlen etc. stellt eine sinnliche Lähmung dar. Das „Grundrauschen" birgt die Gefahr des Einlullens und nicht des kreativen Entdeckens.

Musik kann jedoch hilfreich in Workshops, Seminaren, Teamtrainings zur Unterstützung von Übungen eingesetzt werden.

11.3 Einsatzmöglichkeiten von analogen Interventionen

Immer dann, wenn neue Wege der Reflexion sinnvoll sind, eignen sich analoge Methoden. Sich selbst oder einen Sachverhalt aus einer nicht üblichen Perspektive zu betrachten, kann neue und wichtige Erkenntnisse bringen.

Beispiele dafür sind: Mit anderen als sonst üblichen Materialien zu experimentieren, mobilisiert Ideen, wirkt kreativ und regt die Phantasie an. Statt ein Meeting im Unternehmen in üblicher Form ablaufen zu lassen, kann die gemeinsame Gestaltung einer Plastik bisher vernachlässigte Fähigkeiten des Menschen ansprechen. In eine andere Rolle zu schlüpfen und die Gedanken eines anderen Menschen zu vertreten, erweitert nicht nur die Kommunikationsfähigkeit, sondern gibt Orientierung und neue Standpunkte. Wer schon einmal gemeinsam mit anderen Beteiligen ein großes Bild gemalt hat, wird erleben, wie sich alte Denkmuster aufweichen und neue Sinnzusammenhänge ergeben.

Analoge Interventionen sind subjektiv und objektiv zugleich und bieten ungeahnte Wirkungsweisen in individuellen und kollektiven Veränderungsprozessen. Sie sind parallel Weg und Ziel und bieten daher hervorragende Möglichkeiten der Reflexion. Besonders intensives Lernen ist bei Outdoor-Trainings möglich. In einer neuen und andersartigen Umgebung, unter bestimmten „erschwerenden" Bedingungen, z.B. einer Berghütte ohne Wasser und Strom, bekommt Zusammenarbeit einen wichtigen Stellenwert. Ein didaktisch fundiertes Konzept und eine professionelle Begleitung des Outdoor-Trainings sind unumgänglich, damit Konfrontation, Anleitung, Reflexion und Feed-back zum zielgerichteten Lernen genutzt werden können.

Im Folgenden werden eine Reihe von **Beispielen** kurz beschrieben, um einen Eindruck der Vielfältigkeit zu vermitteln. Erfahrene Moderatoren und Berater **wandeln teilweise die Übungen ab, um spezifische Fragestellungen im Unternehmen zu berücksichtigen.**

11.3.1 Analoge Methoden und Interventionen bei der Bearbeitung der Strategie

Entwicklung der Strategie

Die Erarbeitung der Strategie basiert auf fundierten Zahlen und Prognosen. Dennoch können Übungen eingesetzt werden, um sich dem Bild der Zukunft zu nähern. Intuition spielt hierbei eine wichtige Rolle.

Name	Zukunftswerkstatt
Ziel	Zukunftsvisionen entwickeln, zukünftige Entwicklungen eruieren
Anwendung	Strategiefindung, Unternehmensentwicklung, Veränderungen entwickeln, Coaching
Zeit	20 - 90 Minuten
Personen	2 - unbegrenzt
Ort, Räume	innen, nach Teilnehmerzahl
Material	Pinnwand, Kärtchen, evtl. Prognosedaten

Durchführung	1. Der Moderator gibt eine Einweisung in die Übung. 2. Es werden Prognosedaten vorgestellt. 3. Anhand der Daten erarbeiten die Teilnehmer ihre Ideen von zukünftigen Entwicklungen (evtl. in Kleingruppen aufgeteilt nach Produkten, Kunden, Lieferanten etc.). 4. Die Teilnehmer bzw. jede Kleingruppe stellt ihre Ergebnisse im Plenum vor. 5. Das Eintreffen der Ergebnisse wird nach vermuteten Eintrittswahrscheinlichkeiten geordnet und dokumentiert. 6. Aus den Ergebnissen werden Ziele für das Unternehmen oder für einzelne Bereiche, Abteilungen oder Mitarbeiter formuliert.

Ziele und Wege der Strategie

Um die taktische und operative Umsetzung der Strategie zu erreichen, werden konkrete Schritte – bezogen auf die Verantwortlichen – erarbeitet. Zugleich lassen sich Rahmenbedingungen und mögliche Schwierigkeiten besprechen und Vorsorge treffen.

Name	Disney-Strategie (nach R. Dilts)
Ziel	Verschiedene Perspektiven eines Sachverhaltes erkennen
Anwendung	Strategie, Unternehmensentwicklung, Veränderungsmaßnahmen, Teamtrainings, Coaching
Zeit	10 - 45 Minuten
Personen	3 - ca. 15 Teilnehmer
Ort, Räume	innen, 1 Raum
Material	Flip-Chart, Pinnwand, 3 verschiedenfarbige Karten
Durchführung	1. Der Moderator stellt die Übung vor. Der Plan, das Ziel, das Thema wird an ein Flip-Chart geschrieben. 2. Auf die bunten Karten wird jeweils Träumer, Realist, Kritiker geschrieben. 3. Einer bis drei Teilnehmer übernehmen die jeweilige Rolle. Sie beschreiben ihre Gedanken und Überlegungen aus der jeweiligen Rolle zum gemeinsamen Thema. 4. Evtl. können die Aussagen auf Karten geschrieben und visualisiert werden. 5. Je nach Gruppengröße und Erfordernissen können weitere Teilnehmer die 3 Rollen übernehmen.
Bemerkungen	Im Coaching kann diese Übung auch mit einer Person, die alle drei Rollen nacheinander einnimmt, durchgeführt werden.

Name	Zielklärung
Ziel	Ziele werden korrekt formuliert
Anwendung	Strategieumsetzung, Bereichs- oder Abteilungsziele vereinbaren, Unternehmenskultur verändern, Balanced-Score-Card festlegen
Zeit	45 - 90 Minuten
Personen	2 - 15 Teilnehmer
Ort, Räume	innen, 1 Raum, evtl. 2. Raum
Material	Pinnwand, Flip-Chart
Durchführung	1. Moderator stellt die Übung vor. 2. Auf dem Flip-Chart werden die Kriterien der Wohlgeformtheit von Zielen vorgestellt. 3. Ziele beschreiben den Endzustand als „Ist-Aussage", - Ziele sind positiv formuliert (keine Negation), - die Kriterien der Erreichung und des Erreichungsgrades werden bestimmt, - Ziele müssen mit anderen Zielen vereinbar sein, - Ziele müssen erreichbar sein, - Ziele müssen von den Verantwortlichen erfüllbar sein. 4. Die Gruppe oder Kleingruppen formulieren die Ziele, anhand der oben genannten Kriterien. 5. Die Ergebnisse werden vorgestellt und evtl. Korrekturen vorgenommen.
Bemerkungen	Die Kriterien unter Punkt 3 können auch für die Zielvereinbarungen mit Mitarbeitern genutzt werden.

Vorweggenommene Zukunft

Eine für zukünftige Veränderungen sehr geeignete Methode stellt „Future pacing" dar, eine Übung, die durch intensive Vorstellungskraft die Zukunft vorwegnimmt und damit eine gedankliche Verankerung erreicht. Ein intensives Bild von der Zukunft ermöglicht, die Realisierung klarer vorzubereiten und möglichen Schwierigkeiten im Voraus zu begegnen. Dabei werden möglichst genau und konkret Bilder der Zukunft entwickelt (Einzelarbeit oder Gruppe). Diese Übung kann aber auch in vielen anderen Bereichen (z.B. Coaching, Einführung neuer Instrumente, neues Design von Produkten etc.) eingesetzt werden. Besonderes Material ist nicht notwendig.

Name	Future Pacing (NLP)
Ziel	Das Bild der Zukunft wird klar und deutlich und die wichtigsten Bedingungen dazu können bestimmt werden.
Anwendung	Strategieentwicklung, Unternehmensentwicklung, Veränderungsmaßnahmen, Teamtrainings, Personalentwicklung, Coaching
Zeit	10 - 45 Minuten
Personen	2 - ca. 15 Teilnehmer
Ort, Räume	innen, 1 Raum

Durchführung	1. alle störenden Einflüsse, wie Handy etc., werden ausgeschaltet. 2. Der Moderator gibt eine intensive Einführung „Wir befinden uns im Jahre xxxx (Zukunft), Sie sehen..., Sie erleben ...". 3. Die Teilnehmer folgen den Gedanken (evtl. mit geschlossenen Augen) und erfassen ihre eigenen Bilder und Erlebnisse. 4. Jeder Teilnehmer schreibt seine Erfahrungen auf. 5. Die Teilnehmer tragen ihre Erlebnisse zusammen und erstellen ein Bild der Zukunft. 6. Die Zusammenfassung kann geclustert werden in Vor- und Nachteile etc.
Bemerkungen	Im Coaching kann diese Übung auch mit einer Person durchgeführt werden.

Blockaden und Widerstand

Ein Phänomen, das immer bei Veränderungen zu finden ist (und das wir in unterschiedlichen Zusammenhängen in vorangehenden Kapiteln schon ausführlicher erörtert haben) ist ein mehr oder weniger verdeckter Widerstand. Die Blockaden erschweren oder verhindern die Change-Maßnahmen, sodass es wichtig ist, daran offen zu arbeiten. Da Widerstände eine wichtige Funktion für die einzelne Person haben, lassen sie sich nur schwer und nur langsam mit logischen Erklärungen oder mit Einsicht abbauen. Als viel erfolgreicher haben sich die Methoden der paradoxen Verschreibung, der Provokation oder des systemischen Arbeitens herauskristallisiert. Dabei werden die blockierenden Aspekte zwar angesprochen, jedoch wird nicht mit dem erhobenen Zeigefinger gedroht, sodass keine Rechtfertigungen und kein Machtkampf folgen.

Name	„Schlachtung der heiligen Kuh"
Ziel	Tabus, Blockaden, Widerstände werden verdeutlicht und damit weniger unberechenbar.
Anwendung	Strategieentwicklung, Kulturveränderung, Organisationsentwicklung, Teamtraining, Konfliktworkshop
Zeit	60 - 120 Minuten
Personen	4 - 20 Teilnehmer
Ort, Räume	innen, 1 Raum, evtl. 2. Raum
Material	Pinnwand, Flip-Chart, Moderationsmaterial, Kärtchen
Durchführung	1. Moderator stellt die Übung vor. 2. Die gesamte Gruppe sammelt Stichworte, welche Probleme aufgekommen sind. 3. Je nach Teilnehmerzahl kann in einer Großgruppe (bis 10 Teilnehmer) oder in mehreren Kleingruppen gearbeitet werden. 4. Jede Gruppe sucht sich ein Thema heraus, das sie bearbeiten will. 5. Vom Moderator bekommen die Gruppen folgende oder ähnliche Arbeitsanweisungen: „Was ist zu tun, um die Probleme zu vergrößern?" „Was ist der Nutzen der Probleme?"

	„Was ist zu tun, um die Organisation verrückt zu machen?" „Wie sollten sich die Führungskräfte gehen lassen?" „Wie können am besten die Kunden vergrault werden?" „Womit kann man die Mitarbeiter aus dem Unternehmen treiben?" 6. Die Erarbeitung in den Gruppen kann als Rollenspiel, als Unternehmensleitsätze, als Geschäftsbericht oder Ähnliches erarbeitet werden. 7. Nach der vereinbarten Zeit stellt jede Gruppe ihr Ergebnis vor. 8. Nachdem alle Gruppen präsentiert haben, können Aktionslisten erstellt werden, was besser gemacht werden kann.
Bemerkungen	Auch bei dieser Übung sind die verbalen Elemente stark, dennoch können Rollenspiele und vor allem die paradoxe Anweisung, eine Fülle von Anregungen hervorrufen.

Darstellung der Strategie

Je nachdem, wie stark in der Strategie einer Firma die Rolle in der Gesellschaft oder im gesellschaftlichen Umfeld gesehen wird, kann auch mit nicht-verbalen Methoden die Strategie des Unternehmens verdeutlicht werden.

Dies können Kunstdarstellungen sein, die auf das Engagement, die Firma oder die Produkte verweisen. Oder besonders ausgewählte Sponsoring-Aktionen vermitteln nach innen ins Unternehmen wie auch nach außen eine Botschaft. Damit dient die Strategie gleichzeitig der Unternehmenskommunikation.

Name	Darstellung der Strategie
Ziel	Die Vision oder ein anderes Zukunftsbild wird dargestellt.
Anwendung	Strategie, Unternehmensentwicklung, Veränderungsmaßnahmen
Zeit	je nach Darstellungsform
Personen	–
Ort, Räume	–
Material	Am besten haben sich Bilder oder Statuen (weniger Filme oder Flyer) bewährt.
Durchführung	1. Die Geschäftsleitung lässt klären, welche Darstellungsform der Strategie an meisten gerecht wird. 2. Ein Künstler, ein Künstlerteam, ein Team aus dem Unternehmen etc. übernehmen den Auftrag. 3. Evtl. werden Vorentwürfe zur Abstimmung der Geschäftsleitung vorgelegt. 4. Die Darstellung wird erarbeitet. 5. Die Darstellung wird mit entsprechender interner und auch externer Kommunikation vorgestellt. 6. Evtl. können dazu fortlaufend Events oder andere Aktivitäten stattfinden, um die Strategie präsent zu erhalten.

Business-Theater

Um große Veränderungen ins Unternehmen zu tragen, kann sehr gut ein Theaterstück eingesetzt werden. Die visuelle und interaktive Darstellung einer neuen Situation kommt in den Firmen gut an und der Erinnerungswert ist sehr hoch. Besonders intensiv ist die Wirkung, wenn Mitarbeiter am Drehbuch beteiligt waren.

Name	Business-Theater
Ziel	Ein Sachverhalt, eine Botschaft wird in einem Theaterstück dargestellt.
Anwendung	Strategie, Unternehmensentwicklung, Veränderungsmaßnahmen
Zeit	Vorbereitungszeit Aufführungszeit
Personen	–
Ort, Räume	Bühne
Material	Drehbuch, Requisiten, Bühnenbild,
Durchführung	1. Projektplan wird erstellt. 2. Entscheidung, ob professionelle Schauspieler und/oder Mitarbeiter Akteure werden. 3. Drehbuch wird geschrieben. 4. Evtl. Korrektur durch Auftraggeber. 5. Vorbereitung der Aufführung. 6. Interne Kommunikation. 7. Durchführung der Aufführung. 8. Begleitende Maßnahmen, z.B. Intranet-Forum einrichten, interne Hotline z.B. für Verbesserungsvorschläge. 9. Review und Feed-back der Teilnehmer.

11.3.2 Analoge Methoden und Interventionen bei der Bearbeitung der Unternehmenskultur

Wie bereits im Kapitel 6 zur „Unternehmenskultur" ausführlich dargelegt, kann eine bewusste Änderung der Unternehmenskultur ein langwieriger und komplexer Prozess sein.

ÄNDERUNGEN SIND AM EHESTEN ERREICHBAR, WENN SIE NICHT NUR KOMMUNIZIERT, SONDERN MIT VIELEN SINNEN ERFAHRBAR WERDEN.

Darstellung der Kultur

Die Unternehmenskultur zeigt die Gesamtpersönlichkeit des Unternehmens. Wie kann diese „Persönlichkeit" anders besser dargestellt werden als durch Bilder oder Gestaltung von Zusammenhängen, z.B. Gebäude, Bezeichnungen, Mobiliar, Briefbögen etc.? Symbole oder analoge Abbilder der Werte und Ziele, die verkörpert werden sollen, drücken die Kultur aus. Unternehmen, die längere Zeit bestehen, haben vielleicht Darstellungsformen der Vergangenheit.

Es können jedoch nicht nur die starren Ausdrucksmöglichkeiten wie Gebäude etc. sein, die Corporate Identity kann sich auch in künstlerischen Ausdrucksformen (in einer Aufführung eines Theaterstückes, in einem Pantomimenspiel oder in einem komponierten Orchesterstück) zeigen.

In nicht wenigen Leitbildern oder Unternehmensverfassungen werden die Mitarbeiter als wichtiges Erfolgspotenzial des Unternehmens definiert. Dies gelingt nur, wenn die Firma sich selbst als einen Ort betrachtet, in dem die Menschen ihren Ort des Lebens und der Leistung finden. Die Gestaltung dieses Raumes für Leistung und Kreativität wird gerade durch nicht-verbale Aspekte vollbracht.

Gleichzeitig ist es nötig, die Gestaltung des Raumes einzubinden in „das Ganze", das das Unternehmen mit seiner Strategie ausmacht. Es darf also nicht dazu kommen, dass eine Firma ein Platz zur Selbstverwirklichung wird und die Unternehmensziele aus dem Auge verloren gehen.

Bei geplanten Change-Management-Maßnahmen kann es wichtig sein, diese Veränderungen durch Anpassung der äußeren Erscheinungsbilder zu unterstützen und zu verdeutlichen.

Diagnose der bestehenden Kultur

Um die bestehende Kultur darzustellen, ist zunächst eine Diagnose notwendig. Dies wird in den meisten Fällen durch Befragungen erreicht. Um die verbalen Methoden durch analoge Verfahren zu ergänzen, bieten sich die im Folgenden vorgestellten Übungen an.

Nicht jede der vorgestellten Übungen wird in jedem Unternehmen auf „Gegenliebe" stoßen, was wir in Abschnitt 11.4 noch näher thematisieren werden. Oft sind soziale oder kulturelle Organisationen diesbezüglich offener als Unternehmen (während sie im Gegenzug oft verhaltener mit Kennziffern umgehen).

Bildhafte Darstellung der Kultur

Die Beteiligten malen gemeinsam ein Bild, das die gegenwärtige Kultur darstellt. Dabei können besonders die nicht verbal geäußerten Tabus sichtbar werden.

Name	Gemeinsames Bild
Ziel	Ein Bild der gegenwärtigen Unternehmenskultur erstellen
Anwendung	Strategie, Unternehmensentwicklung, Veränderungsmaßnahmen
Zeit	60 Minuten bis mehrere Stunden
Personen	3 - ca. 15 Teilnehmer
Ort, Räume	innen, 1 Raum
Material	Plakatwand, Farben, Pinsel, evtl. Fingerfarben
Durchführung	1. Projektgruppe oder ausgewählte Mitarbeiter malen gemeinsam ein Bild, die Darstellung soll die bestehende Unternehmenskultur zeigen. 2. Beim Malen sollten die Teilnehmer nicht einen Teil des Plakates allein bemalen, sondern gemeinsam an den Motiven arbeiten. 3. Nach der Fertigstellung wird das Ergebnis vorgestellt. Evtl. geben die Akteure Informationen dazu. 4. Die Ergebnisse des Bildes, also die einzelnen Aspekte der Unternehmenskultur, werden von der Projektgruppe zur Veränderung der Kultur aufgenommen. 5. Darauf aufbauend werden Verbesserungen erarbeitet und entsprechend implementiert.
Bemerkungen	In der Personalentwicklung oder im Coaching kann die Übung abgewandelt werden, um die eigene gegenwärtige Situation darzustellen.

Symbolgeschichte

Die Beteiligten schreiben ein Märchen, ein Theaterstück, ein Drama, eine Oper o. Ä. und drücken damit die Kultur des Unternehmens aus. Das Stück kann auch zur Sichtbarmachung der verdeckten Ebene von den Akteuren aufgeführt werden.

Name	Symbolgeschichten
Ziel	Die gegenwärtige Unternehmenskultur wird in einer Symbolgeschichte dargestellt.
Anwendung	Unternehmensentwicklung, Veränderungsmaßnahmen
Zeit	45 - 120 Minuten
Personen	3 - ca. 15 Teilnehmer
Ort, Räume	innen, 1 Raum
Material	Flip-Chart, Papier, Schreibmaterial
Durchführung	1. Die Gruppenmitglieder einigen sich auf die Darstellungsform der Geschichte (Märchen, Drama, Gedicht, Oper etc.). 2. Danach übernehmen Kleingruppen einzelne Teile der Geschichte. 3. Alle Teile werden zusammengeführt und evtl. angeglichen. 4. Relevante Aspekte der Geschichte, die für die Unternehmenskultur wichtig sind, werden besonders hervorgehoben und an die Projektgruppe der Unternehmenskultur weitergeleitet.
Bemerkungen	Diese Übung kann auch von einer einzelnen Person durchgeführt und anschließend mit dem Coach besprochen werden.

Werbespot

Ähnlich wie im Teamtraining kann auch ein Werbespot mit Werbeaussagen über das Unternehmen erarbeitet werden. Die darin formulierten positiven Aspekte können einen Hinweis auf verdeckte Aspekte der Kultur enthalten.

Name	Werbespot
Ziel	Für das Unternehmen, die Unternehmenskultur oder die neue Strategie wird ein Werbespot erarbeitet.
Anwendung	Strategie, Unternehmens- und Kulturentwicklung, Veränderungsmaßnahmen, Teamtrainings, Coaching
Zeit	10 - 30 Minuten
Personen	3 - ca. 15 Teilnehmer
Ort, Räume	innen, 1 Raum
Material	Flip-Chart, Schreibmaterial
Durchführung	1. Der Moderator stellt die Übung vor. 2. Einzelpersonen oder Kleingruppen erarbeiten den Werbespot, der auf Karten geschrieben wird. 3. Anschließend stellen alle ihren Werbespot vor. 4. Der oder die Spots werden der Projektgruppe zur Verfügung gestellt und/oder für die weitere interne Kommunikation verwendet.

Unternehmensspiel

Teammitglieder, die damit beauftragt sind, die Kultur zu beschreiben, können ein Spiel erarbeiten, in dem die Spielregeln auf die verdeckten Werte und Normen des Unternehmens hinweisen.

Name	Unternehmensspiel
Ziel	Ein Spiel entwickeln, bei dem die Mitspieler in den Regeln die Besonderheiten des Unternehmen kennen lernen bzw. berücksichtigen müssen.
Anwendung	Unternehmensentwicklung, Veränderungsmaßnahmen, Teamtrainings, Coaching
Zeit	10 - 60 Minuten
Personen	3 - ca. 15 Teilnehmer
Ort, Räume	innen, 1 Raum
Material	Flip-Chart, Pinnwand, evtl. Spielbretter, Spielfiguren, Würfel
Durchführung	1. Der Moderator stellt die Übung vor. 2. Bei großen Gruppen werden Kleingruppen gebildet. 3. Zunächst werden in einem Brainstorming die ersten Gedanken zum Spiel gesammelt. 4. Danach erarbeiten die Gruppenmitglieder das Spielbrett, den Spielverlauf, die Regeln dazu und den Namen des Spiels. 5. Das Spiel wird einmal gespielt, um die Regeln zu überprüfen.

Veränderungen der Kultur

Zur Veränderung der Unternehmenskultur eignen sich auch Veranstaltungen mit Großgruppen: Impulsplakate, Meinungscliquen, Interessenpunkte kleben, Kreativmarkt etc..

Name	Open Space, Großgruppenveranstaltung
Ziel	Gemeinsam werden Ziele und Entscheidungen getroffen.
Anwendung	Unternehmensentwicklung, Veränderungsmaßnahmen
Zeit	4 - 8 Stunden
Personen	30 - 100
Ort, Räume	innen, 1 Saal, Bestuhlung
Material	Flip-Chart, Pinnwände, verschiedenfarbige Karten, Plakatpapier, Moderationskoffer, sonstiges Moderationsmaterial
Durchführung	1. Der Moderator bringt die Aufmerksamkeit der Teilnehmer in den Raum, indem er durch wenige Fragen die Teilnehmer aktiv einbindet: „Bitte zeigen Sie uns mittels Klebpunkten, wie Sie sich gerade fühlen." 2. Das Ergebnis wird sofort kommuniziert und visualisiert. 3. Es werden Kleingruppen von 6 bis 8 Teilnehmern gebildet. 4. Der Moderator gibt die Themen oder Aufgabenschwerpunkte für jede Gruppe bekannt. 5. Die Gruppen bekommen Zeit zur Erarbeitung der Ergebnisse. 6. Jede Gruppe präsentiert ihre Ergebnisse im Plenum. 7. Wenn nötig, wird in der Großgruppe durch Punktekleben entschieden, für welche Lösung sich das Plenum entscheidet.

Stimmungsbild großer Gruppen

Eine weitere Möglichkeit, Einstellungen, Meinungen oder Gruppierungen zu erfragen, ist das Erstellen eines Stimmungsbildes mittels Liedern, Schlagern oder anderer Musikstücke.

Name	„Da ist Musik drin!" - musikalisches Stimmungsbild
Ziel	Bildung und Zuordnung kleiner Gruppierungen innerhalb einer großen Gruppe
Anwendung	Open Space-Veranstaltungen, Kulturveränderungen, Teamentwicklungen
Zeit	30 - 90 Minuten
Personen	10 - 120 Teilnehmer
Ort, Räume	ein großer Raum
Material	Overhead, Plakatwand, Musikanlage, Lautsprecher, mindestens 4 und bis zu 7 verschiedene Musikstücke.
Durchführung	1. Moderator stellt die Übung vor. Es soll die persönliche Einschätzung einer Fragestellung durch die Teilnehmer vorgenommen werden. 2. Die Frage oder die Thematik wird für alle sichtbar visualisiert. 3. Als Einschätzung können Antworten in Form von 4 bis 7 Musikstücken gegeben werden, je nachdem, welche Musik die persönliche Antwort am ehesten repräsentiert. Auch die Musikstücke sind als Titel oder als Symbol visualisiert. 4. Es sind je nach Anzahl der Musikstücke an den Wänden Kennzeichen angebracht, wohin sich die dazugehörigen Teilnehmer stellen sollen. 5. Der Moderator fordert die Teilnehmer auf, sich nach ihrer Einschätzung zum Symbol für das entsprechende Musikstück zu stellen. Die Musik wird nacheinander gespielt. In einer einfacheren Variante kann auch das Lied von den Teilnehmern gesungen werden (Volkslieder und Schlager eigenen sich am besten, wie „Ich weiß nicht, was soll es bedeuten..." oder „Mit 17 hat man noch Träume ..." 6. Der Moderator gibt abschließende Hinweise, welche Gruppe am größten, welche am kleinsten ist usw.

Zukunftsspiel

Nachdem die Teammitglieder ein Spiel der Unternehmenskultur erarbeitet haben, kann der „Umweg" über das Spiel gewählt werden, um Veränderungen der Kultur zunächst spielerisch vorzustellen und dann konkret in die Realität umzusetzen.

Name	Zukunftsspiel
Ziel	Es wird ein Spiel erstellt, das das Unternehmen in der Zukunft darstellt (Science-Fiction oder Zeitreise).
Anwendung	Unternehmensentwicklung, Veränderungsmaßnahmen, Teamtrainings, Coaching

Zeit	1 - 3 Stunden
Personen	3 - ca. 15 Teilnehmer
Ort, Räume	innen, 1 Raum, evtl. Nebenräume
Material	Flip-Chart, Pinnwand, 3 verschiedenfarbige Karten, Spielbrett, Spielfiguren, Würfel, Requisiten
Durchführung	1. Der Moderator stellt die Übung vor. 2. Es werden Kleingruppen gebildet, die entweder das gesamte Spiel oder einen Teil erarbeiten. 3. Der Zeitrahmen für die Kleingruppenarbeit wird bestimmt. 4. Alle Gruppen erarbeiten ihre Aufgabe. 5. Die Gruppen stellen ihre Ergebnisse im Plenum vor. 6. Evtl. werden die besten Aspekte des Spieles zusammengefügt, um ein Super-Spiel daraus zu erstellen. 7. Einige Teilnehmer testen das Spiel. 8. Es wird für alle Mitarbeiter und/oder die neu eingestellten Mitarbeiter zur Verfügung gestellt. Evtl. kann ein interner Wettbewerb, der die Neuerungen zum Ziel hat, damit verbunden werden

Leitbild erarbeiten

In manchen Firmen wird, ausgehend von größeren Veränderungen, ein Leitbild erarbeitet oder zeitgemäß angepasst. Dabei ist es wichtig, die zum Teil subtilen Aspekte durch möglichst alle Hierarchieebenen und Subgruppen des Unternehmens darstellen zu lassen.

Name	Leitbild erarbeiten
Ziel	Es wird ein Unternehmens- oder Führungsleitbild erarbeitet.
Anwendung	Strategie, Unternehmensentwicklung, Veränderungsmaßnahmen
Zeit	3 - 12 Stunden
Personen	3 - 100 Teilnehmer, erfahrungsgemäß sollten viele eingebunden sein, die Erarbeitung muss jedoch nicht in einer einzigen Sitzung erfolgen. Ein mehrstufiges Vorgehen sichert die Qualität des Ergebnisses.
Ort, Räume	innen, 1 Saal, Nebenräume
Material	Flip-Chart, Pinnwand, Moderationsmaterial, verschiedenfarbige Karten
Durchführung	1. Die Geschäftsleitung erteilt einen entsprechenden Projektauftrag. 2. Die Themen werden mit allen Beteiligten grob strukturiert. 3. Zu den Themen werden Kleingruppen gebildet, die ihre Arbeit aufnehmen. 4. In den Kleingruppen können Methoden wie Brainstorming, Collage etc. genutzt werden. 5. Die Ergebnisse der Kleingruppen werden präsentiert und zusammengetragen. 6. Diskrepanzen der einzelnen Ergebnisse werden diskutiert und ausgeräumt. 7. Die Ergebnisse werden der Geschäftsleitung vorgestellt.

	8. Für das Leitbild wird ein Kommunikationsplan erstellt (kann bereits von einer Kleingruppe mit der PR-Abteilung erarbeitet werden). 9. Nach der Freigabe durch die Geschäftsleitung kann die Veröffentlichung erfolgen. 10. Begleitende Aktionen können die Implementierung unterstützen.

Meinungsmarkt

Bei Kulturveränderungen ist es wichtig, die Meinung und die Einstellungen der Belegschaft kennen zu lernen.

Name	Meinungsmarkt
Ziel	Einstellung und Meinung der Belegschaft zu erfassen, zu verbalisieren und zu veröffentlichen
Anwendung	Unternehmensentwicklung, Veränderungsmaßnahmen, Teamtrainings
Zeit	1 - 3 Stunden
Personen	6 - ca. 200 Teilnehmer
Ort, Räume	Saal, Flure des Unternehmens
Material	Pinnwände, Plakatwände, verschiedenfarbige Karten, Moderationsmaterial
Durchführung	1. Die Belegschaft wird über die Aktion auf verschiedenenWegen informiert. 2. Die Moderationswände werden thematisch vorbereitet und aufgestellt. 3. Die Mitarbeiter haben Gelegenheit, ihre Meinung auf die Pinnwände zu schreiben. 4. Es hat sich bewährt, wenn zu komplexen oder brisanten Themen Fachleute an den Pinnwänden Rede und Antwort stehen können. Wenn die Anwesenheit jedoch als Kontrolle angesehen wird, sollte davon Abstand genommen werden. 5. Die Ergebnisse können zusammengefasst werden und im Intranet oder in der Mitarbeiterzeitung veröffentlicht werden. 6. Intern kann in der Geschäftsleitung, in der Personalabteilung, dem Betriebsrat etc. eine Analyse angestellt werden, ob weiterer Änderungsbedarf besteht.

Name	Botschaften anzetteln
Ziel	Die Meinung der Belegschaft wird in kleinen Statements visualisiert.
Anwendung	Strategie, Unternehmensentwicklung, Veränderungsmaßnahmen, Teamtrainings, Coaching
Zeit	30 - 60 Minuten
Personen	3 - ca. 100 Teilnehmer

Ort, Räume	Firmengebäude
Material	Post-it-Zettel
Durchführung	1. Die Geschäftsleitung erteilt einen entsprechenden Auftrag mit der Bekanntgabe des Themas der Aktion. 2. Die Belegschaft oder die Zielgruppen werden über die Aktion informiert. Evtl. mit einem Einladungsschreiben wird ein Block von Post-it-Zetteln verschickt. 3. Während des definierten Zeitraumes können die Mitarbeiter im gesamten Gebäude oder in bestimmten Bereichen „Etwas anzetteln“. Beispiele hierzu: Zettel am Fenster „Bei uns haben Sie den Durchblick“. 4. Die originellsten Zettel werden intern veröffentlicht. 5. Evtl. kann damit ein Preisausschreiben verbunden werden.

Die alte Kultur begraben

Bei aller Veränderungs- und Neuerungsarbeit darf nicht vergessen werden, dass Neues erst angenommen werden kann, wenn das Alte nicht mehr aktiv ist.

Name	Trauerritual
Ziel	Alte Verhaltensweisen, alte Rituale oder sonstige Sachverhalte werden bewusst abgelegt und entlernt.
Anwendung	Unternehmensentwicklung, Veränderungsmaßnahmen, Teamtrainings, Coaching
Zeit	45 - 60 Minuten
Personen	3 - ca. 20 Teilnehmer
Ort, Räume	innen, evtl. außen,
Material	Karton, feuerfeste Form, Schreibmaterial, Feuerzeug
Durchführung	1. Der Moderator richtet die Aufmerksamkeit der Teilnehmer auf die Übung. 2. Das, was abgelegt werden soll, wird von den Teilnehmern auf ein Blatt Papier geschrieben. 3. Die Blätter werden während einer geführten Trance- oder Meditationsübung bewusst zerknittert oder zerrissen. 4. Danach werden die Reste in dem vorgegebenen Karton „angemessen bestattet“, wobei jeder Teilnehmer eine kurze Trauerrede hält. Die Blätter können auch bewusst ins offene Feuer geworfen werden. 5. Allen Teilnehmern ist dabei bewusst, dass die Zeiten mit diesen Themen, Ritualen usw. vorbei sind. 6. Im Anschluss kann mit den Teilnehmern über das persönliche Erleben dieses Abschieds gesprochen werden. 7. Danach schließt sich evtl. eine Übung zum future pacing an.
Bemerkungen	Kann auch im Einzelcoaching durchgeführt werden.

Events

Feste, Veranstaltungen und Events bieten die Möglichkeit, durch kombinierten Einsatz von Reden, Gesten und Symbolen Gemeinsamkeiten darzustellen und auch auf die Gefühlsebene der Belegschaft einzugehen. Es übersteigt den Rahmen dieses Buches, auf die Durchführung näher einzugehen, dazu verweisen wir auf die betreffende Fachliteratur.

11.3.3 Analoge Methoden und Interventionen in der Unternehmenskommunikation

Häufig lässt sich aus der Strategie und aus dem Geschäftszweck ein logischer Zusammenhang zum äußeren Erscheinungsbild, zum Logo etc. herstellen. Besonders in bestimmten Branchen wie Mode, Tourismus, Freizeit, Lifestyle bietet es sich an, nicht nur verbale, sondern auch **bildhafte Botschaften** in der Unternehmenskommunikation zu verwenden. Wenn die Informationen über die Firma und ihre Produkte oder Leistungen besonders die Emotionen ansprechen sollen, wird gern in der Werbung, in Logos und in visuellen Darstellungen mit Symbolen und Bildern gearbeitet. Besonders große Firmen können auf Grund eines höheren Budgets Kunst und bildhafte Darstellungsformen in ihre Kommunikation aufnehmen.

In manchen Firmen (Mode-, Schönheits- und Wellnessbranche) wird die Ästhetik groß geschrieben. Im Erscheinungsbild des Unternehmens sowie im Auftreten wird die Schönheit in den Vordergrund gestellt. Dies sollte beim Einsatz der analogen Methoden ebenfalls berücksichtigt werden.

Offizielle interne Kommunikation

Nonverbale Botschaften zeigen sich in der offiziellen Unternehmenskommunikation in den üblichen Anwendungsbereichen und werden hier nur der Vollständigkeit halber erwähnt. Es sind die Aspekte des Corporate Design und der Corporate Communications (Werbung, Verkaufsförderung, Sponsoring etc.).

Diagnose der gelebten Kommunikation: Fragebogen zur internen und externen Kommunikation

Die häufigste Methode zur Erfassung der internen und exteren Unternehmenskommunikation sind verbale Methoden, wie z.B. Fragebogen oder Interview (siehe dazu auch den ausführlichen Abschnitt 10.10 zur Mitarbeiterbefragung).

Feed-back in Meetings

Intern lässt sich die gelebte Kommunikation direkt im Anschluss an Besprechungen und Meetings erfragen. Manchmal führen Firmen besondere Aktionswochen zur Optimierung der Gesprächskultur durch. Dabei können in Besprechungsräumen Plakate aufgehängt sein, in denen auf Skalen oder in Tabellen die Meinung zur abgelaufenen Sitzung eingetragen wird.

Metaphern

Die Kommunikation kann auch mittels analoger Methoden bearbeitet werden, indem die Kommunikation selbst zum Gegenstand der Betrachtung wird. Darauf bezieht sich die Übung „Report eines Außerirdischen" auf der folgenden Seite oben.

Veränderungen der internen Kommunikation

Veränderungen und Optimierungen der internen Kommunikation lassen sich am besten in einem Projekt planen und umsetzen. Je nach Größe des Unternehmens und den zur Verfügung stehenden Ressourcen werden

- Schwarzes Brett,
- Mitarbeiterzeitung,
- Newsletter,
- Intranet,
- Leseberechtigungen für vernetzte Datenbanken

optimiert.

Name	Report eines Außerirdischen
Ziel	Die Besonderheiten der Kommunikation der Organisation wird in einer Metapher beschrieben.
Anwendung	Veränderungsmaßnahmen, Teamtrainings, Coaching
Zeit	1 - ca. 3 Stunden
Personen	3 - ca. 15 Teilnehmer
Ort, Räume	innen, 1 Raum
Material	Flip-Chart, Pinnwand, Moderationsmaterial
Durchführung	1. Der Moderator stellt das Thema vor. 2. Jeder Teilnehmer schreibt zunächst spontan seine ersten Einfälle zur Kommunikation auf. 3. Dann werden Kleingruppen gegründet, in denen der Bericht eines Besuchers von einem anderen Stern geschrieben wird. Fokus dabei ist die Schwierigkeit der Kommunikation des Außerirdischen mit den Mitgliedern der Organisation. 4. Die Kleingruppen stellen ihren Bericht des außerirdischen Reporters vor. 5. Alle Spezifika bezüglich der Kommunikation werden zusammengeschrieben und evtl. einer Gruppe im Unternehmen zur Verfügung gestellt, die für die interne Kommunikation verantwortlich ist.

11.3.4 Analoge Methoden und Interventionen in der Organisationsentwicklung

Der Bereich der Organisationsentwicklung ist ein sehr großes Feld mit zum Teil sehr unterschiedlichen Zielsetzungen und Anwendungsfeldern. Dazu werden im Folgenden einige Einsatzbereiche für analoge Methoden vorgestellt und dazu Übungen aufgeführt.

Change-Management und Veränderungen

In der konkreten Umsetzung der Verbesserungsmaßnahmen sind die operativen Prozesse und Arbeiten auf die neue Situation anzupassen. Diese geschieht in vielen Fällen in Workshops mit den betroffenen Mitarbeitern.

Neue Prozesse

Die Teams und Gruppen, die von Change-Management-Maßnahmen betroffen sind, erarbeiten die neuen Prozessschritte und koordinieren die Übergänge in den Teilprozessen gemeinsam. Dabei ist die visuelle Darstellung sehr hilfreich, um Überschneidungen und Lücken zu entdecken.

Name	Prozessketten
Ziel	Die betroffenen Mitarbeiter stellen die Prozessketten, in denen sie arbeiten, mit verschiedenen Methoden dar.
Anwendung	Change-Management, Veränderungsmaßnahmen, Teamtrainings
Zeit	2 - 8 Stunden
Personen	5 - ca. 20 Teilnehmer

Ort, Räume	innen, 1 Raum, evtl. Gruppenräume
Material	Flip-Chart, Pinnwände, Moderationsmaterial
Durchführung	1. Die Prozesse bzw. die einzelnen Teilprozesse werden im Groben definiert. 2. Die Kleingruppen werden evtl. entsprechend den Prozessen gebildet. 3. Je nach Fragestellung werden die einzelnen Aufgaben in den Kleingruppen bearbeitet. 4. Zur besseren Visualisierung lassen sich die Teilprozesse und die einzelnen Arbeitsschritte mit farbigen Plakaten, Symbolen oder Pfeilen darstellen. 5. Die Kleingruppen stellen ihre Ergebnisse im Plenum vor. 6. Für auftretende Probleme wie Doppelarbeiten, unsaubere Schnitt- oder Kontaktstellen werden gemeinsam Lösungen gesucht. 7. Nachdem die Teilprozesse und Prozessschritte abgestimmt sind, stellen sich die Teilnehmer entsprechend ihren Prozessketten auf. 8. Die lokale Ausrichtung des Prozesses und die eigene Aufstellung darin gibt den Beteiligten eine weitere Möglichkeit, den Prozessgedanken zu verankern. 9. Evtl. kann im Anschluss gemeinsam noch eine Aktionsliste erstellt werden, in der die konkreten Maßnahmen (Wer, was, wann) aufgelistet werden.

Vereinbarung treffen, future pacing

Bei Veränderungen ist es wichtig, die Umsetzung zu monitoren. In Change-Prozessen ist es unverzichtbar, dass alle, die daran arbeiten, hinter den Veränderungen stehen und sie in erforderlicher Weise umsetzen. Ferner sind Vereinbarungen zu treffen, was zu tun ist, wenn bestimmte Vorgaben nicht eingehalten wurden. Dies wird in einer Aktionsliste festgehalten. Damit wird ein Vorgriff auf mögliche Schwierigkeiten gemacht und bereits Vorgehensweise und Eskalationswege aufgezeigt.

Name	Aktionspläne für die Zukunft
Ziel	Die Aufgaben werden konkret und klar definiert, sodass die Verantwortlichen innerlich vorbereitet sind und klare Vorstellungen bekommen, was sie wann tun werden.
Anwendung	Change-Management, Veränderungsmaßnahmen, Teamtrainings, Coaching
Zeit	1 - 3 Stunden
Personen	3 - ca. 20 Teilnehmer
Ort, Räume	innen, 1 Raum, evtl. Gruppenraum
Material	Flip-Chart, Pinnwände, Moderationsmaterial
Durchführung	1. Der Moderator erörtert die Zielsetzung. 2. Für jeden Beteiligten/Verantwortlichen wird ein Aktionsplan erstellt. „Was ist zu tun?“ „Wann muss das Ergebnis wo vorliegen?“

	„Wer muss wann eingebunden werden?" „Welche Probleme könnten auftreten?" 3. Der Moderator führt eine geleitete Fantasiereise in die Zukunft. 4. Danach erörtert jeder Einzelne/jede Gruppe den Aktionsplan und füllt ihn so konkret wir möglich aus. 5. Für auftretende Schwierigkeiten (sachliche oder persönliche) werden gemeinsam Lösungen gesucht. 6. Zur Überprüfung, ob und wie der Aktionsplan eingehalten wurde, wird ein neuer Termin vereinbart. 7. Evtl. kann mit einem Change-Agent oder einem Multiplikator vereinbart werden, dass er bei Problemen zu Hilfe gerufen wird. 8. Zur besseren Visualisierung kann der Aktionsplan und die Zielerreichung mit einem Balken- oder Tortendiagramm dargestellt werden.

Feed-back zur Realisierung

Es werden die Stadien der Umsetzung von Veränderungsmaßnahmen festgehalten und auch die Erfahrungen der Mitarbeiter zusammengetragen. Je nach Ergebnis lassen sich zeitnahe Korrekturen oder Verbesserungen durchführen.

Name	Wegstrecke
Ziel	Die Umsetzung von Change-Management-Maßnahmen wird visualisiert.
Anwendung	Veränderungsmaßnahmen, Teamtrainings, Coaching
Zeit	30 - 120 Minuten
Personen	3 - ca. 15 Teilnehmer
Ort, Räume	innen, 1 Raum
Material	Flip-Chart, Pinnwände, verschiedenfarbige Karten und Punkte, Moderationsmaterial
Durchführung	1. Der Moderator bereitet Pinnwände vor. 2. Darauf sind auf einer Ziellinie die Veränderungen und ihre Meilensteine aufgezeichnet. 3. Die Teilnehmer kleben einen blauen Punkt für die Zielerreichung auf sachlicher Ebene. 4. Danach wird die unterschiedliche Positionierung der Zielerreichung diskutiert und abschließende Maßnahmen geplant bzw. ergriffen. 5. Der Moderator fügt eine Linie der persönlichen Veränderung hinzu. 6. Im nächsten Schritt kleben die Teilnehmer einen Punkt auf diese Linie, um ihre persönlichen Veränderungen darzustellen. 7. Auch hierzu können die Teilnehmer ihre individuellen Erfahrungen austauschen, um Blockaden zu bearbeiten.
Bemerkungen	Es bleibt jedem Berater oder Moderator überlassen, wie spielerisch er die Wegstrecke ausmalen und gestalten will.

Innovationen und Verbesserungen

Wer rückblickend Situationen betrachtet, in denen Erfindungen gemacht, in denen Lösungen für bisher nichtlösbare Probleme gefunden oder in denen nie da gewesene Innovationen entwickelt wurden, wird erkennen, dass es häufig entspannte Situationen waren. Keineswegs war der Erfinder verbissen mit komplizierten Gedankengängen beschäftigt. Oft sind es Analogien gewesen, die die Lösung herbeizauberten. Kaum jemand käme auf die Idee, eine sich in den Schwanz beißende Katze mit der Darstellung des Benzolringes in Verbindung zu bringen. Das Prinzip zeigt, dass einfache Wege zu neuen Erkenntnissen führen können.

Häufig ist es sogar nötig, sich zu entfernen und aus einer anderen Perspektive die Sache zu betrachten, um zu neuen Erkenntnissen darüber zu gelangen. Kreativität löst alte Denkrichtungen auf und bringt neue gedankliche Verknüpfungen mit sich, wenn man sich von den eingefahrenen Denkmustern löst und spielerische Wege und Aktivitäten mit allen Sinneskanälen nutzt.

Statt ausschließlich zu denken, kann mit visuellen, auditiven und vor allem mit kinästhetischem Empfindungen und Ausdrucksmöglichkeiten gearbeitet werden. Derartige Vorgehensweisen dienen dazu, bei Veränderungen in einem Unternehmen kreative Methoden einzusetzen. Sich nicht im Detail verlieren, sondern umfassende Lösungen auf neuen Wegen finden, ist dann die Devise.

Briefkasten, Wunderkiste, Vorschlagswesen

In Innovationsworkshops können Mitarbeiter Wünsche und Verbesserungen erarbeiten, die Ideen können in einen Briefkasten geworfen werden oder sie werden über das firmeninterne Intranet direkt an die Verantwortlichen für das Vorschlagswesen geschickt.

Teamentwicklung und Team-Workshops

Die meisten analogen Methoden werden in Teamtrainings eingesetzt. Damit werden das individuelle und das gemeinsame Erleben im Team verknüpft. Wichtig bei Teamentwicklungen ist die klare Zielsetzung, die dann eine zielgerichtete Steuerung des Teamprozesses und den richtigen Einsatz von Methoden erlaubt. Hier werden einige beispielhafte Übungen vorgestellt.

Teamentwicklung

Teams sind mehr als eine Gruppe von Menschen, die zusammen arbeiten. Jeder im Team hat seine Rolle, die er ausfüllt oder ausfüllen soll. Alle Mitglieder stehen in einer besonderen Beziehung zueinander und pflegen unterschiedliche Kommunikationsstile. Um die teilweise komplexe und auch widersprüchliche Wahrnehmung der Mitglieder darzustellen, sind analoge Methoden sehr gut geeignet, da Zerreden und Rechthaberei weitgehend unterbleiben.

Name	Bootsmannschaft
Ziel	Das Team malt sich selbst in einem Bild als Bootsmannschaft.
Anwendung	Teamtrainings, Coaching
Zeit	45 - 90 Minuten
Personen	3 - ca. 10 Teilnehmer
Ort, Räume	innen, 1 Raum

Material	Pinnwand, Plakatpapier, Farben und Pinsel, Fingerfarben, evtl. alte Zeitschriften, um Collageelemente einfügen zu können, Klebstoff und Kreppband, dicke Stifte, altes Zeitungspapier
Durchführung	1. Der Moderator stellt die Übung vor. Es soll ein Boot mit Mannschaft gemalt werden. Jeder hat eine Rolle auf dem Schiff, z. B. Koch, Kapitän, erster Offizier etc. 2. Das Plakatpapier wird auf den Boden gelegt/geklebt (Krepp). Evtl. altes Zeitungspapier darunter und am Rand auslegen. 3. Die Teilnehmer teilen sich auf, welche Teile sie auf dem Plakat bemalen wollen. 4. Die Teilnehmer schmücken das Boot und die Besatzung aus. Dadurch werden weitere Einzelheiten aus dem Team verdeutlicht. 5. Nach Fertigstellung können die Teilnehmer auch an den Motiven der anderen weitermalen. 6. Der Moderator registriert den Prozess des Malens. 7. Nach Abschluss wird über Motive, Vorgehensweise und Erleben gesprochen.
Bemerkungen	Kann auch als Übung in Großgruppenveranstaltungen genutzt werden.

Team zu verkaufen

Die Teammitglieder erarbeiten einzeln oder in Gruppen die Vorteile ihres Teams. Es fördert das Bewusstsein und den positiven Gruppenzusammenhalt.

Name	Team zu verkaufen
Ziel	Es wird ein schlagkräftiger Werbespot für ein Team erarbeitet.
Anwendung	Veränderungsmaßnahmen, Teamtrainings, Coaching
Zeit	15 - 60 Minuten
Personen	3 - ca. 15 Teilnehmer
Ort, Räume	innen, 1 Raum
Material	Flip-Chart, Pinnwand, verschiedenfarbige Karten
Durchführung	1. Der Moderator stellt die Übung vor. Leistungskraft, Fähigkeiten und Erfahrungen sollen damit bewusst gemacht werden. Eine positive Grundstimmung wächst in der Gruppe. 2. Die Teilnehmer schreiben auf Kärtchen, welches die Vorteile ihres Teams sind. 3. Die Karten werden geclustert. 4. Für die einzelnen Themengruppen wird der treffendste Begriff erarbeitet. 5. Abschließend wird ein Satz bzw. der Werbeslogan gemeinsam formuliert. 6. Wichtig ist die Zustimmung aller Teammitglieder zum Slogan. Bei Widerstand müssen die Einwände bearbeitet werden.

„Wenn unser Team ein ... wäre, wäre es ..."

Diese Übung ist eine weitere Variante zur Präsentation des Teams in einer Analogie.

Name	„Wenn unser Team ein ... wäre, wäre es ..."
Ziel	Das Team charakterisiert sich in der Form eines Gegenstandes, Tieres o. Ä.
Anwendung	Teamtraining
Zeit	10 - 45 Minuten
Personen	3 - ca. 20 Teilnehmer
Ort, Räume	innen, 1 Raum
Material	Flip-Chart, Pinnwand, verschiedenfarbige Karten, Moderationsmaterial
Durchführung	1. Der Moderator fragt „Wenn unser Team ein Tier wäre, wäre es ..." 2. Jedes Gruppenmitglied schreibt seine Assoziationen auf Karten. 3. Die gefundenen Ideen werden vorgestellt und zusammengetragen. 4. Diese Übung kann auch mit anderen Beispielen wie Auto, Pflanze, Staat, Erdteil etc. durchgeführt werden. 5. Der Moderator bespricht mit den Teilnehmern aus den Analogien wichtige Erkenntnisse über die Eigenschaften, das Arbeiten und das Erleben des Teams. 6. Je nach Zielsetzung können damit Rollen, Verhalten oder Konflikte erklärt und geklärt werden.

Vertrauens- und Machtkarten

Eine Möglichkeit, deutlich seine Einstellung gegenüber anderen Teammitgliedern zu äußern, ist die folgende Übung.

Name	Vertrauen und Macht
Ziel	Jedem Teammitglied wird Vertrauen und Macht von den übrigen Mitgliedern zugewiesen.
Anwendung	Teamtrainings
Zeit	1 - 3 Stunden
Personen	3 - ca. 15 Teilnehmer
Ort, Räume	innen, 1 Raum
Material	Flip-Chart, Pinnwand, farbige Karten, Plakat mit Feed-back-Regeln
Durchführung	1. Der Moderator bespricht die Übung. 2. Es werden Regeln für faire Kritik oder sorgfältiges Feed-back vorgestellt. 3. Die Teilnehmer unterschreiben diese Regeln und bekunden damit eine Selbstverpflichtung zu fairem Arbeiten. 4. Jeder Teilnehmer verteilt jeweils 3 Vertrauens- und 3 Machtkarten an seine Kollegen und begründet ihnen gegenüber seine Entscheidung. 5. Nachdem alle Teammitglieder sich ausgetauscht haben, wird eine Blitzlicht-Runde angeschlossen, ohne dass über die individuellen Themen gesprochen wird.

Maschinen- oder Wageninspektion

In Teams bringen nicht selten unausgesprochene Konflikte „Sand ins Getriebe“. Um solche Schwierigkeiten aufzudecken und zu beheben, bietet sich folgende Übung an.

Name	Maschinen- oder Wageninspektion
Ziel	Schwierigkeiten, Probleme und Konflikte im Team sind durch die Bearbeitung verdeutlicht.
Anwendung	Veränderungsmaßnahmen, Teamtrainings
Zeit	1 - 2 Stunden
Personen	3 - ca. 15 Teilnehmer
Ort, Räume	innen, 1 Raum
Material	Flip-Chart, Pinnwand, Schreibmaterial
Durchführung	1. Der Moderator stellt die Übung vor. 2. Die Teammitglieder erarbeiten eine Inspektionsliste, indem sie das Team als Maschine oder als Wagen ansehen. Dabei wird eine Mängelliste wie beim TÜV erstellt. 3. Hierdurch werden Probleme und Schwierigkeiten deutlich und durch die symbolhafte Darstellung in einer „entschärften“ Version kommuniziert. 4. Zum Beheben der „Mängel“ können Vorschläge entweder in der Gruppe gesucht werden oder jeder Teilnehmer schreibt seine Lösungsvorschläge auf Karten, die dann später gesammelt und besprochen werden. 5. Aus den gemeinsamen Lösungsvorschlägen werden verbindliche Aktionen vereinbart (Aktionsliste, wer, was, wann mit wem erledigen wird).

Eine weitere Möglichkeit, komplexe Sachverhalte und Gefühle des Berufsalltags auszudrücken, sind Masken oder Requisiten, die symbolhaft für bestimmte Themen stehen.

Name	Maskenspiel
Ziel	Themen, Mythen, Tabus oder andere Dinge sind durch Masken und Gegenstände dargestellt.
Anwendung	Kulturentwicklung, Veränderungsmanagement, Teamtraining
Zeit	45 - 90 Minuten
Personen	5 - 15 Teilnehmer
Ort, Räume	innen, 1 Raum
Material	Gipsmasken, Requisiten wie Tücher, Hut, Wolldecke, Kissen, Topf, Kleidungsstücke, Lametta, Geschenkbänder, Stecknadeln etc.
Durchführung	1. Der Moderator legt die Masken und Requisiten aus. 2. Jeder Teilnehmer überlegt sich, welches Thema er mit welcher Requisite darstellen will.

	3. Ein oder zwei Teilnehmer nehmen sich ihre Teile und beginnen damit eine Darstellung oder ein Rollenspiel. 4. Eine Variante kann dabei sein, dass die Maske oder die Requisite selbst als Akteur fungiert und antwortet. 5. Wenn die Gruppe nicht größer als 5 oder 6 Personen ist, können die übrigen Teilnehmer mitspielen. 6. Bei größeren Gruppen wird das Spiel zweimal mit je einer Halbgruppe durchgeführt.

Koordinations- und Kooperationsübungen

Es werden verschiedene Formen von Koordinations- und Kooperationsübungen eingesetzt, wenn es darum geht, das Verhalten in der Gruppe darzustellen.

Viele der Übungen können nur gelingen, wenn sich alle gemeinsam helfen. Einzelkämpfer werden diese Übungen kaum bestehen können.

Name	Zauberstab
Ziel	Es wird eine gemeinsame Aufgabe gelöst, indem alle kooperieren.
Anwendung	Teamtrainings
Zeit	15 - 60 Minuten
Personen	3 - ca. 6 Teilnehmer
Ort, Räume	innen, 1 Raum
Material	1 Zauberstab (ca. 60 cm Länge), Plakat, auf dem die vorgeschriebene Route des Stabes vorgegeben ist.
Durchführung	1. Der Moderator erläutert die Aufgabe. 2. Die Teilnehmer nehmen einen Stab, den sie auf der Fingerspitze ihres ausgestreckten Zeigefingers gemeinsam balancieren. 3. Der Stab muss auf der vorgeschriebenen Route entlanggeführt werden. 4. Die Übung kann nur gelingen, wenn sich die Beteiligten verständigen und sich über die Vorgehensweise abstimmen. 5. Diese Übungen bringen meistens viel Spaß und auch viele Erkenntnisse über das Teamverhalten der einzelnen Mitglieder. 6. Im Anschluss werden die Erfahrungen darüber besprochen.
Bemerkungen	Statt einen Stab zu balancieren, kann auch ein grobmaschiges Netz genommen werden, das von mehreren Teilnehmern gehalten wird, während ein oder mehrere andere Teilnehmer durch das Netz hindurchkriechen. Dies ist nur möglich, wenn alle kooperieren und zusammenarbeiten.

Eigenschaften vorhersagen

Besonders bei interkulturellen Teams hat sich folgende Übung bewährt. Sie kann aber auch genauso gut bei Fusionen mit den verschiedenen Teilnehmern durchgeführt werden.

Name	Eigenschaften vorhersagen
Ziel	Es werden die Vorstellungen oder auch Vorurteile über andere Gruppen verdeutlicht.
Anwendung	Interkulturelle Teamtrainings
Zeit	30 - 90 Minuten
Personen	3 - ca. 15 Teilnehmer
Ort, Räume	innen, 1 Raum, evtl. zusätzlich ein Gruppenraum
Material	Flip-Chart, Pinnwand, verschiedenfarbige Karten, Moderationsmaterial
Durchführung	1. Der Moderator teilt die Gruppe entsprechend den Nationalitäten auf. 2. Jede Gruppe schreibt über die anderen Teilnehmer Eigenschaften auf Kärtchen auf. 3. Im gemeinsamen Plenum werden die Eigenschaften visualisiert und evtl. erläutert. 4. Danach nimmt die Gruppe, über die gesprochen wurde, Stellung zu den vorgetragenen Eigenschaften. 5. Dies wird mit jeder Nationalität in gleicher Weise durchgeführt. 6. Am Ende werden die daraus gewonnenen Erkenntnisse von jedem erneut auf Karten aufgeschrieben und aufgehängt. 7. Evtl. können daraus gemeinsame Aktionen vereinbart werden, um die Eigenschaften zu bestätigen oder um neue Erkenntnisse zu gewinnen.

Aus Vorwürfen werden Wünsche (Konfliktklärung)

Nicht selten stehen offene oder verdeckte Konflikte einem reibungslosen Arbeiten im Wege. Teams oder sogar ganze Abteilungen können darunter leiden, wenn persönliche Barrieren die Zusammenarbeit stören. Daher spielt in Teamentwicklungsmaßnahmen oder Teamworkshops die Konfliktklärung eine wichtige Rolle.

Name	Aus Vorwürfen werden Wünsche
Ziel	Konfliktreiche Vorwürfe werden zu Veränderungswünschen
Anwendung	Teamtrainings, Coaching
Zeit	30 - 90 Minuten
Personen	3 - ca. 15 Teilnehmer
Ort, Räume	innen, 1 Raum
Material	Flip-Chart, Schreibmaterial, Karten
Durchführung	1. Zunächst schreibt jeder Teilnehmer die Kritikpunkte, die er an einen anderen richtet, auf. 2. Der Moderator gibt dann die Anweisung, jeden Kritikpunkt umzuformulieren, sodass ein Wunsch daraus entsteht. Je nach Vertrautheit der Gruppe kann dieses Umformulieren gemeinsam mit allen oder allein von jedem Teilnehmer geschehen. 3. Dann setzen sich die jeweiligen Kontrahenten zusammen und tragen sich ihre Wünsche vor.

	4. In einem weiteren Schritt können zu den Wünschen die konkreten Kriterien festgeschrieben werden, woran erkannt wird, wann die Wünsche/Ziele erreicht wurden. 5. Der Moderator und evtl. einige Helfer achten darauf, dass die Vereinbarungen der beiden Gesprächspartner kongruent getroffen werden. 6. Abschließend wird in der Gruppe besprochen, ob Reste übrig geblieben sind, die mit anderen Methoden bearbeitet werden müssen.

Tabus und Konflikte

In vielen Gruppen und Teams kommt es gerade in Zeiten der Veränderungen zu Feindseligkeiten, Missverständnissen und Konflikten, die unter der Oberfläche schwelen, jedoch nicht offen angesprochen und damit ausgeräumt werden können.
Hilfreich ist es, in einer geschützten Atmosphäre und mit sorgfältiger Methodik diese Schwierigkeiten aufzudecken und zu bearbeiten.

Name	Tabu-Reigen
Ziel	Unausgesprochene Themen, Konflikte oder Tabus werden bekannt und verdeutlicht
Anwendung	Kulturveränderungen, Teamtrainings, Konfliktworkshops
Zeit	45 - 60 Minuten
Personen	3 - 15 Teilnehmer
Ort, Räume	innen, 1 Raum,
Material	Pinnwand, Moderationskärtchen, Stifte
Durchführung	1. Moderator stellt die Übung vor. 2. Jeder Teilnehmer schreibt auf 1 Karte ein Thema, einen Konflikt oder ein Tabu, das in der Gruppe nicht besprochen wird, aber vorhanden ist und wirkt. 3. Die Karten eingesammelt und gemischt. 4. Der Moderator verteilt die Karten an die Teilnehmer. Jeder liest die Karten im Stillen. 5. Dann gibt jeder die gelesenen Karten an seinen rechten Sitznachbarn weiter, der sie ebenfalls im Stillen liest. 6. Dies wird so lange fortgesetzt, bis jeder alle Karten gelesen hat. 7. Dann werden die Karten vom Moderator wieder eingesammelt und vernichtet. 8. Über das Gelesene und die eigenen Ideen dazu wird **nicht** geredet.
Bemerkungen	Dies ist zwar auf den ersten Blick eine verbale Übung, dennoch hat sie eine besondere Wirkungsweise: Mit dem Aufzeigen der Tabus und Konflikte wird in jedem Teilnehmer etwas ausgelöst, das nicht durch Diskussionen, sondern durch das Bekanntsein verändert wird.

Feed-back

Feed-back ist die Rückmeldung über das Erleben. Obwohl Feed-back eine verbale Methode ist, können in abgewandelter Form analoge Techniken genutzt werden.

Name	Feed-back
Ziel	Die Erfahrung eines Menschen wird an einen anderen weitergegeben.
Anwendung	Veränderungsmaßnahmen, Teamtrainings, Coaching
Zeit	20 - 60 Minuten
Personen	3 - ca. 15 Teilnehmer
Ort, Räume	innen, 1 Raum
Material	–
Durchführung	1. Der Moderator bittet alle Teilnehmer um ein Feed-back zu einem bestimmten Thema. 2. Evtl. werden die Regeln für ein gutes Feed-back nochmals vorgestellt (Ich-Aussage, Ich-Erleben, keine Interpretationen, keine Beleidigungen). 3. In der sprachlichen Form wird jeder darüber reden. 4. In einer analogen Form wird das Feed-back in einer Metapher oder eine Analogie gegeben, z.B. Feed-back in Form eines Wetterberichtes, eines Börsenbarometers etc. 5. Das Feed-back wird nicht kommentiert oder diskutiert. 6. Je nach Ziel, zu dem das Feed-back gegeben wurde, wird daran weitergearbeitet.
Bemerkungen	Feed-back kommt in verschiedenen Einsatzmöglichkeiten vor (Großgruppenveranstaltungen, Workshops, Change-Management-Maßnahmen, Konfliktklärungen und Coachings).

Hier eine weitere Übung für Feed-back innerhalb einer Gruppe.

Name	Rücken-Feed-back
Ziel	Feed-back wird in geschützter Form gegeben
Anwendung	Teamtrainings, verhaltensorientierte Seminare und Selbsterfahrung
Zeit	30 - 60 Minuten
Personen	2 - 15 Teilnehmer
Ort, Räume	innen, 1 Raum
Material	1 vorbereitete Pappe pro Teilnehmer, Kreppband
Durchführung	1. Der Trainer bereitet die Pappen vor: Es werden darauf 4 Segmente unterteilt, die folgende Überschriften haben: „Mir gefällt an Dir..."/„Mach weiter mit ..."/„Hör auf mit ..."/ „Probier mal..." 2. Jeder Teilnehmer bekommt auf den Rücken das Pappschild mit Kreppband geklebt. 3. Dann gehen die Teilnehmer im Raum herum und jeder gibt dem anderen sein Feed-back, indem er seine Meinung auf die Pappe schreibt.

	4. Wenn alle ihre Meinung ausgetauscht haben, werden die Pappen abgenommen 5. Eine Diskussion sollte nicht stattfinden.
Bemerkungen	Diese Form der Rückmeldung eignet sich besonders für Gruppen, die wenig Erfahrung mit Feed-back haben.

Praxistransfer

Die konkrete Realisierung im Alltag ist für Change-Maßnahmen äußerst wichtig. Nicht selten bleiben gute Vorsätze nur Vorsätze. Die Umsetzung, die oft mit Verhaltensänderungen einhergeht, fällt vielen Menschen schwer. Unterstützend haben sich Vereinbarungen bewährt, die der Mitarbeiter mit sich selbst, mit Kollegen oder einem Lernpartner schließt.

Name	Praxistransfer
Ziel	Eine neue zukünftige Situation wird gedanklich vorweggenommen und konkretisiert.
Anwendung	Strategie, Unternehmensentwicklung, Veränderungsmaßnahmen, Teamtrainings, Personalentwicklung, Coaching
Zeit	15 - 60 Minuten
Personen	3 - ca. 15 Teilnehmer
Ort, Räume	innen, 1 Raum
Material	Flip-Chart, Schreibmaterial, evtl. Moderationsmaterial
Durchführung	1. Der Moderator stellt die Übung vor. 2. Das Zukunftsziel wird definiert. Es sind die Kriterien bekannt, wann das Ziel als erreicht gilt. 3. Der Moderator führt eine Zukunftsreise durch (Fantasiereise, Trance), in der die Teilnehmer sich in die Zukunftssituation versetzen. 4. Dabei wird in einem future pacing die zukünftige Verhaltensweise möglichst konkret und genau vereinbart. „Das werde ich am ... mit ... tun, probieren." 5. Als Unterstützung werden ebenfalls Hilfen eingebaut. „Ich werde ... einbinden, der mich unterstützt." 6. Auch werden eigener Boykott und mögliche Schwierigkeiten präventiv angesprochen: „Wie werde ich mich daran hindern, Erfolg zu haben?" 7. Nach der Trance schreiben sich die Teilnehmer ihre Antworten auf die Fragen des Moderators auf. 8. Wenn Hilfe mit anwesenden Kollegen vereinbart wurde, kann das sogleich besprochen werden. 9. Zur Kontrolle werden Maßnahmen, z.B. Telefonat, neues Treffen, vereinbart. 10. Zur besseren Übersicht bietet sich an, eine Aktionsliste oder einen Meilensteinplan zu erstellen.
Bemerkungen	Im Coaching kann dies auch mit einer Person durchgeführt werden.

Review

Im Nachgang zum Praxistransfer kann ein Rückblick helfen, die realisierten Erfolge und auch die nicht gelungenen Umsetzungen zu besprechen. Dies wird ebenfalls verbal durchgeführt und wird daher hier nicht näher erläutert. Gegebenenfalls kann eine der vorgenannten Übungen abgewandelt werden, in der Rückblick und das Feed-back auf einer Linie visualisiert werden oder eine Kartenabfrage mit Metaphern beispielhaft angereichert wird.

11.3.5. Analoge Methoden und Interventionen in der Personalentwicklung

Obwohl der Schwerpunkt des Buches auf das Change-Management gelegt ist, spielt die Personalentwicklung eine nicht unbedeutende Rolle. Denn gerade in Zeiten des Wandels werden Positionen neu besetzt. Beispielsweise muss ein Meister seine Sozialkompetenz unter Beweis stellen, um einen verantwortlichen Posten im Betrieb zu bekommen oder eine junge Führungskraft kann sich in einer neu geschaffenen Position bewähren.

Am verbreitetsten und am meisten bekannt sind die analogen Methoden in den Programmen der Personalentwicklung.

In **Assessment-Centern** werden Rollenspiele zur Potenzialerkennung genutzt, in Seminaren können durch ganzheitliche Übungen Beziehungen geklärt werden und mittels kreativer Darstellungsformen können versteckte Vorurteile aufgedeckt und abgebaut werden. Es bietet sich unweigerlich an, die vielfältigen Ziele der Personalentwicklung mittels analoger Methoden zu bearbeiten.

Um sich diesem weiten Feld der Einsatzmöglichkeiten zu nähern, ist es sinnvoll, die Methoden nach den Schritten der Personalentwicklung zu ordnen:

Potenzialerkennung, Diagnosen

Besonders zum Erkennen von eigenen Fähigkeiten, die besonders in der Zusammenarbeit mit anderen wichtig sind, bieten sich Rollenspiele an.

Selbstbildnis, Ich-Plakat

Besonders zu Beginn von Seminaren oder am Anfang von Coaching-Gruppen werden gern spielerische Methoden genutzt, um die Vorstellungsrunde nicht nur verbal und „trocken" ablaufen zu lassen. Dazu finden Sie auf der folgenden Seite die Übung „Selbstbildnis".

Postkorb-Übungen

In Assessment-Centern, die zur Potenzialanalyse eingesetzt werden, kommen häufig so genannte Postkorbübungen vor. Dabei werden Materialien, die üblicherweise in der eingehenden Post sind, vorgelegt, auch dazu finden Sie auf der nächsten Seite einen Übungsvorschlag.

Gruppendiskussionen

Gruppendiskussionen in Assessment-Centern sind ebenfalls Rollenspiele. Die Gruppenmitglieder bekommen eine bestimmte Aufgabe, wie z.B., eine gemeinsame Entscheidung zu treffen.

Dabei können Kommunikation, Konsensfähigkeit, Argumentationsweise, Durchsetzungsvermögen usw. beobachtet werden. Teilweise entdeckt der Kandidat selbst seine bevorzugten Strategien, Fehler, Grenzen und Stärken. Nach der Übung werden die Beobachter ihr Feed-back mit dem Kandidaten besprechen und ihre Wahrnehmung erläutern.

Entwicklung, Coaching, Lernen

Es gibt eine unendliche Zahl von Übungen und Methoden, die in Seminaren und Workshops eingesetzt werden, um das Lernen anzuregen und neue Verhaltensweisen einzuüben. Als Beispiel stellen wir die Übung „Sechs Hüte" vor.

Name	Selbstbildnis
Ziel	Die Vorstellung der eigenen Person wird durch eine Analogie vorgenommen.
Anwendung	Eröffnungsphase in Seminaren, Teamtrainings, Coachings
Zeit	10 - 45 Minuten
Personen	sinnvoll bei 3 - ca. 15 Teilnehmern
Ort, Räume	innen, 1 Raum
Material	Flip-Chart-Papier, Pinnwand, Klebeband
Durchführung	1. Der Moderator gibt ein Raster für das Selbstbildnis vor. Neben Name und Funktion können Sternzeichen, Lieblingsspeise, Stärken, Hobbys etc. enthalten sein. 2. Jeder Teilnehmer füllt sein Selbstbild aus. 3. Die Selbstbilder werden aufgehängt. Jeder stellt sich zusätzlich zum Bild verbal vor. 4. Als Variation wird auch angewendet: Ein Teilnehmer stellt einen anderen vor. 5. Teilweise können bereits im Raster Gedanken zu den eigenen Fähigkeiten aktiviert werden bzw. Blockaden deutlich werden, sich selbst positiv darzustellen.

Name	Postkorbübungen
Ziel	Verdeutlichung von Arbeitsweisen
Anwendung	Personalentwicklung
Zeit	2 - 3 Stunden
Personen	1
Ort, Räume	innen, 1 Raum
Material	Postkorbmaterial (muss gut und strukturiert vorbereitet werden!)
Durchführung	1. Die Postkorbmaterialien sind vorbereitet. Dabei sind bestimmte Schwierigkeiten eingebaut (Terminüberschneidungen, Reklamationen, Konflikte etc.). 2. Der Teilnehmer bekommt eine Anweisung zu seiner Rolle, z.B. als Bereichsleiter Vertrieb. Auch erhält er die Unterlagen für eine bestimmte Zeit zum Durchsehen. 3. Dann wird er aufgefordert, die Unterlagen im Beisein der Beobachter zu bearbeiten. 4. Die Beobachter registrieren Vorgehensweise, Effektivität, Logik, Entscheidungen etc. 5. Nach den verschiedenen Übungen erhält der Kandidat die Rückmeldung über sein Leistungsverhalten.
Bemerkungen	Ähnliche Rollenspiele im Assessment-Center sind auch Präsentationen oder Kundengespräche.

Sechs Hüte

Dies ist eine Übung, die nicht selten als „Kindergartenübung" bezeichnet wird, und wo Teilnehmer ihr Verhalten als peinlich erleben. Dennoch bringt sie wichtige Erkenntnisse. Erfahrene Moderatoren/Trainer wandeln die Übung in der Weise ab, dass sie weniger unpassend empfunden wird.

Name	Sechs Hüte
Ziel	Es kann ein Sachverhalt aus verschiedenen Positionen betrachtet und argumentiert werden.
Anwendung	Strategie, Unternehmensentwicklung, Veränderungsmaßnahmen, Teamtrainings, Coaching
Zeit	30 - 90 Minuten
Personen	6 - 12 Teilnehmer
Ort, Räume	innen, 1 Raum
Material	Flip-Chart, 6 verschiedenfarbige Hütchen oder Karten
Durchführung	1. Der Moderator leitet die Übung ein. 2. Die Gruppe beschreibt ein Problem oder eine Aufgabe, das bzw. die an das Flip-Chart geschrieben wird. 3. Dann übernehmen die Teilnehmer die 6 farbigen Hüte: weiß = sachlich; rot = emotional; schwarz = skeptisch; grün = expansiv; gelb = optimistisch; blau = steuernd 4. Jeder gibt zum Problem ein Statement entsprechend seiner Hutfarbe ab. 5. Die Argumente werden notiert. 6. Nachdem jeder mindestens 1 Statement abgegeben hat, werden die Hüte getauscht. 7. Die unterschiedlichen Aussagen werden visualisiert und bilden die Grundlage für das weitere Vorgehen (Entscheidungen etc.).
Bemerkungen	Eine ähnliche Variante ist das Pro-/Kontra-Spiel, bei dem die Aussagen polarisiert werden.

Blitzlicht

Jeder sagt ein oder zwei Sätze über das, was ihn zum momentanen Zeitpunkt beschäftigt.

Name	Blitzlicht
Ziel	Kurze Bestandsaufnahme über die gegenwärtige Befindlichkeit
Anwendung	In allen Gruppenveranstaltungen, Meetings, Seminaren und Workshops
Zeit	10 - 30 Minuten
Personen	3 - ca. 15 Teilnehmer
Ort, Räume	innen, 1 Raum
Material	–
Durchführung	Der Moderator leitet die Übung ein. Jeder Teilnehmer sagt sein kurzes Statement. Es wird keine Diskussion oder Interpretation angeschlossen.
Bemerkungen	Der Moderator und die Teilnehmer erhalten wichtige Hinweise, womit die Teilnehmer zurzeit beschäftigt sind.

Feed-back, Praxistransfer und Review

Feed-back dient dem Trainer u.a. zur Anpassung vorgefertigter Übungen an die Gruppe

In den meisten Maßnahmen zur Personalentwicklung werden – wie bereits unter Organisationsentwicklung beschrieben – Übungen zum Feedback und zur Reflexion durchgeführt, die meistens das Ziel haben, die konkrete Umsetzung zu unterstützen. Ein professioneller Trainer oder Coach wird immer das Feed-back seiner Teilnehmer nutzen, um sein Vorgehen an der Zielperson auszurichten anstatt vorgefertigte Übungen vorzugeben.

11.3.6 Analoge Interventionen bei sonstigen Einsatzmöglichkeiten

Weitere wichtige Übungen sind teilweise nicht analog, sondern verbal, betreffen aber doch innere Bilder und Befindlichkeiten

Hier wird auf die sonstigen Einsatzmöglichkeiten von verschiedenen Methoden hingewiesen. Die meisten dieser beschriebenen Methoden sind verbal, sie entsprechen also nicht direkt den analogen Methoden. Dennoch darf nicht vergessen werden, dass es nicht nur darauf ankommt, wie eine Übung abläuft, sondern auch darauf, was im einzelnen Menschen stattfindet. Dies sind innere Prozesse in Form von Bildern, Filmen, Gefühlen und Befindlichkeiten. Wegen der immensen Bedeutung dieser inneren Prozesse für den Verlauf von Veranstaltungen, Seminaren und Workshops werden sie hier kurz angesprochen.

Aufwärmübungen, Kennenlernen, Arbeitsvereinbarung

Teilnehmer sind nicht sofort geistig anwesend, sondern müssen „hereingeholt" werden

Sehr häufig sind die Teilnehmer zu Beginn einer Veranstaltung zwar körperlich, jedoch noch nicht mit ihren Gedanken anwesend. Noch hängen sie vielleicht dem letzten Telefonat oder dem Erleben auf dem Hinweg nach. Zum konzentrierten Arbeiten ist es notwendig, dass der Moderator oder Trainer die Gedanken der Teilnehmer „einfängt" und sie ganz „ankommen" lässt.

Ankommensübungen

Fragen fordern erste Konzentration ab

Der Moderator sammelt die Aufmerksamkeit aller Teilnehmer durch bestimmte Fragen. Die Angesprochenen müssen sich konzentrieren, um zu antworten. Auch kann der Moderator noch vor der Vorstellungsrunde alle Teilnehmer bitten, ein Bild des Raumes zu malen. Auch dies lenkt die Aufmerksamkeit in das Hier und Jetzt.

Erwartungen klären

Unausgesprochene Erwartungen sind ebenso zu klären wie das Leistbare

Besonders zu Beginn von Seminaren und Workshops ist es wichtig, die bisher unausgesprochenen Erwartungen zu verdeutlichen. Ferner muss geklärt werden, welche der Erwartungen erfüllt und welche nicht geleistet werden können. Häufig wird die Erwartungsklärung mittels Kärtchen und Visualisierung durchgeführt – also eine verbale Moderationsmethode. Entscheidend bei dieser Übung ist, dass die unausgesprochenen Erwartungen nicht bis zum Schluss der Veranstaltung „brodeln" und am Ende als Enttäuschung bei allen Beteiligten übrig bleiben.

Arbeitsvereinbarung

Zu Beginn von Personalentwicklungsmaßnahmen oder beim Coaching sind Arbeitsvereinbarungen wichtig. „Was will ich heute erreichen?“ Meistens werden diese Vereinbarungen verbal formuliert, da sie jedoch der betreffende Mitarbeiter mit sich selbst abschließt, wird er mit der Arbeits- und Zielvereinbarung Bilder und Gefühle verbinden, die auch als solche zum Vereinbarungsgegenstand werden können. Je stärker die emotionale Beteiligung ist, desto erfolgreicher wird die Arbeitsvereinbarung eingehalten. Sie ist eine ähnliche Übung, wie sie oben unter future pacing beschrieben wurde.

Arbeitsvereinbarungen sind umso effektiver, je stärker die emotionale Bindung daran ist

Wahrnehmung, Feed-back und Selbstmanagement

Ein gutes Feed-back kann weit reichende Veränderungen des Verhaltens ermöglichen. Durch die Rückmeldung eines Gegenübers, wie das eigene Verhalten bei anderen ankommt, lässt sich die eigene Wirkungsweise viel besser einschätzen und steuern. Daher werden saubere Feed-back-Prozesse in professionell durchgeführten Maßnahmen nie fehlen.

Kombination der Methoden

Die Einsatzmöglichkeiten von analogen Methoden sind fast unbegrenzt. Im Bereich des Change-Managements bekommen sie eine besondere Bedeutung. Es lassen sich beispielsweise sehr effektive Kombinationen konzipieren. Nur ein kleines Beispiel: In einer Ladenkette wurde zur Effektivitätssteigerung ein internes Benchmarking durch Open Space-Veranstaltungen durchgeführt. Alle Beteiligten konnten ihre eigenen Erfahrungen vorstellen und gleichzeitig konnten die anderen davon lernen.

Die vorgestellten analogen Methoden sind natürlich auch kombinierbar und eröffnen so ein sehr großes Repertoire

11.4 Kritik an den analogen Interventionen

Obwohl sich in der letzten Zeit die Anwendung von nonverbalen Techniken im Wirtschaftleben durchgesetzt hat, ist allerorts immer wieder Kritik zu hören. Am häufigsten tritt die mangelnde Akzeptanz oder geringes Verständnis für die Methoden auf. Die Übungen werden als „Kindergartenkram“, „Sandkastenspiele“ oder „unnütze Spielereien“ abgetan.

Die Meinung zu analogen Interventionen ist polarisiert – einerseits starke Verbreitung, andererseits deutliche Ablehnung

Solche Argumente sind häufig zu hören, wenn die Sichtweise von Entwicklung und Lernen eine sehr einseitige und auf ausschließlich kognitiven Wissenserwerb gerichtet ist. In Zeiten des harten Wettbewerbs und der schlechten Konjunkturlage werden erfahrungsgemäß ganzheitliche Lernmethoden abgelehnt. Manchem Manager sind die Übungen suspekt, weil er selbst derartige (positive) Erfahrungen nie gemacht hat und ihm daher der persönliche Zugang zu neuen Lernwegen fehlt.

Die Gründe für die Ablehnung sind recht unterschiedlich

Oft sind es Vorurteile oder falsche Denkmuster, die den Einsatz von analogen Methoden verhindern. Der Gedanke, dass bei diesen Übungen keine „richtigen“ Ergebnisse herauskommen, oder die Abwehr von Soft-Faktoren lassen schnell die Ablehnung gegenüber nonverbalen Methoden wachsen. Manchmal ist es auch Überforderung, sich z.B. mit einem gemalten Gruppenbild zur Unternehmenskultur zu beschäftigen und relevante Aspekte herauszufinden.

Manche Führungskräfte scheuen das Feed-back

Ferner verbirgt sich nicht selten Angst vor diesen Methoden und der damit verbundenen Konfrontation, dem Feed-back oder dem vermeintlichen Schlecht-Abschneiden. Wer als Manager gewohnt ist, einsame Entscheidungen zu treffen, seine Gedanken nicht aufzudecken und nicht offen zu kommunizieren, wird sich in der Tat schwer tun, die Erfahrungen in einer Gruppe anzunehmen und als positiv zu bewerten.

In machen Situationen ist es sinnvoll, Führungskräfte nicht mit Kollegen aus der gleichen Firma zu trainieren, sondern sie in ein externes Seminar zu schicken, damit entfällt die Angst vor Gesichtsverlust.

Wer sehr stark pragmatisch eingestellt ist, wird die nonverbalen Methoden eher ablehnen. Es sollte trotz aller Vorteile dieser Übungen möglich sein, auf die individuellen Lernstile eines Menschen Rücksicht zu nehmen und keine Pflichtveranstaltungen daraus werden zu lassen.

Neben bloßer ablehnender Haltung gibt es in der Sache liegende, berechtigte Kritik an den analogen Methoden

Dennoch bleibt berechtigte **Kritik am unüberlegten Einsatz** dieser Methoden übrig. Outdoor-Trainings sind nicht das Maß aller Dinge, sie sind kein verdecktes Assessment-Center und sie sind kein Fitness-Test für Manager. Leider wurde von manchen sportbegeisterten Trainern der Auftrag umfunktioniert, zum Beispiel für sportliche Hobbies. Wir kennen schlechte Beispiele, wo ältere Arbeitnehmer, Frauen oder Mitarbeiter mit besonderer familiärer Situation (z.B. pflegebedürftige Ehefrau) ohne vorherige Abstimmung für mehrere Tage auf eine einsame Berghütte transportiert wurden – das ist unprofessionell und nicht zielführend. Andere sollten ihren Teamgeist auf einer Rafting-Tour beweisen. Zu einseitig wird Verhalten in Freizeitsituationen auf die Arbeitswelt übertragen und pseudopsychologisch interpretiert. Das ist eine sehr zweifelhafte Art, Personalentwicklung zu betreiben. Es bieten sich auch andere Möglichkeiten an, z.B. gemeinsame Gestaltung einer Skulptur für den Eingangsbereich oder das Malen eines Bildes für die Kantine.

Anzutreffen sind rücksichtsloser Einsatz und Fehlinterpretation

Zu unerfahrene Personalentwickler konzipieren an den Zielgruppen vorbei

Da die Unternehmen oft sehr unreflektiert agierende junge Personalentwickler einsetzen, sind auch die bevorzugten Methoden solche für junge Leute. Es müssen aber Übungen und Teilnehmer harmonieren, ist dies nicht der Fall, werden Widerstand und Boykott zunehmen.

Haben Personalentwickler erst einmal durch falsches Vorgehen Vertrauen zerstört und gewissermaßen „verbrannte Erde“ hinterlassen, dauert es in der Regel, bis die Bereitschaft für derartige Methoden in den betreffenden Unternehmen wiederkehrt.

Bleiben wir noch einem Moment beim unreflektierten Einsatz von analogen Methoden und sehen wir uns dazu noch ein Beispiel an.

Beispiel

In einem Unternehmen sollte die Kundenorientierung intensiviert werden. Die Geschäftsleitung gab ein Theaterstück in Auftrag, das die mangelnde Serviceorientierung der Mitarbeiter zeigte. Nach der Aufführung des Stückes vor der Belegschaft fühlte sich jeder der ca. 700 Mitarbeiter „wie mit dem erhobenen Zeigefinger vorgeführt". Die Belehrung durch die Geschäftsleitung kam nicht nur nicht an, sie führte sogar zur gegenteiligen Reaktion des Unverständnisses.

Systematische Fehler beim Einsatz

Zusammenfassend lässt sich sagen, dass die Kritik an analogen Methoden an folgenden Aspekten festgemacht werden kann:

- Die Methoden werden angewandt, ohne dass die didaktischen Ziele beachtet wurden.
- Die Methoden passen nicht in die Unternehmenskultur des Unternehmens.
- Die Methoden passen nicht zu den Einstellungen und dem Alter der Teilnehmer.
- Die Methoden werden zwar korrekt eingesetzt, aber Nachbereitung und Praxistransfer fehlen.
- Die Information über die Hintergründe der Übungen sind nicht bekannt. Die Übungen werden als Spielerei angesehen.

Es ist einleuchtend, dass die im Berufsleben ungewöhnlichen „Eigenarten" der analogen Methoden nicht sofort und nicht direkt akzeptiert sind. Mit entsprechender Vorbereitung und korrekter Durchführung lassen sich jedoch hervorragende Ergebnisse erzielen.

11.5 Besonderheiten bei Einführung und Einsatz von analogen Interventionen

Einmalige Interventionen zeitigen wenig Erfolg

Zunächst sollte überlegt werden, ob der Einsatz von analogen Methoden und Interventionen häufiger genutzt werden soll oder nur einmalig. Wenn beispielsweise in einem traditionsbewussten Unternehmen, in dem die wenigen Führungskräfteseminare kognitiv ausgerichtet sind, einmal ein Business-Theaterstück aufgeführt wird, muss man sich bewusst sein, dass die Akzeptanz eher gering ausfallen wird.

Flankierung ist notwendig

Werden in einer Organisation oder in einem Unternehmen analoge Methoden erstmalig oder erstmalig im großen Stil eingesetzt, sind nicht nur sorgfältige Vorbereitung und professionelle Durchführung wichtig. Es sind zusätzlich **flankierende Aktivitäten** nötig, um der Belegschaft diese Methoden und die Einsatzbereiche nahe zu bringen.

Die Integration analoger Interventionen in einen komplexeren Prozess muss von der Führung gutgeheißen werden, andernfalls muss man darauf verzichten

Einerseits müssen die Urteile, die bereits durch Vorkenntnisse oder Vorerfahrungen bestehen, angesprochen und bearbeitet werden. Wenn die Teilnehmer davon ausgehen, dass eine Großgruppen-Veranstaltung ein großes Durcheinander ist, werden sie nur schwer gute Ergebnisse erarbeiten können. Wichtig ist es, dass das Management die Projektleitung und die, die den Prozess steuern, indem diese Methode eingesetzt wird, hinter diesem Vorgehen stehen. Wenn der Geschäftsführer über die Methodik der Vorgehensweise auch nur eine abfällige Bemerkung macht, ist die Methode damit unbrauchbar geworden. Ein Einsatz sollte dann dringend vermieden werden, damit der gesamte Prozess nicht in einem Fiasko endet.

Die Akteure müssen überzeugt sein und die Intervention professionell beherrschen

Ferner müssen alle aktiv Beteiligten genau die Regieanweisungen der Methode kennen und auch mit möglichen Widerständen umgehen können. Sie müssen „ihr Produkt" mit den dahinter liegenden didaktischen Zielen und den ausgefeilten methodischen Abläufen genau kennen und auch dahinter stehen. Wenn bereits im Projekt oder im Vorbereitungsteam Bedenken herrschen, müssen sie zunächst bearbeitet und ausgeräumt werden.

Es ist unumgänglich, eine sorgfältige Vorbereitung zu haben. Die Unterlagen müssen korrekt und fertig sein, die Vorbereitung des Raumes muss vor Beginn abgeschlossen sein und die Vorgehensweise muss klar und eindeutig sein. Bei auftretenden Fehlern und Nachlässigkeiten kommt nicht nur der Prozess in der Veranstaltung ins Schlingern, es wird auch nicht mehr deutlich, welche Ziele und didaktischen Vorgehen dahinter stecken. Völlig verständlich, dass dann die Kritik an den „Spielereien" wieder aufkommen wird.

Bei der Durchführung kommt es auf das Geschick des oder der Moderatoren an. Nicht nur das Abwickeln des vorgegebenen Ablaufes ist wichtig, es muss gleichzeitig auf die Gruppenprozesse (Subgruppen, Widerständler, Energieverlust etc.) geachtet und entsprechend damit umgegangen werden. Manchmal ist es nicht einfach, beispielsweise paradoxen Interventionen einzubauen oder ungewöhnliche Fragestellungen, die aus dem systemischen Denken kommen, mit der Gruppe zu bearbeiten. Auch hierbei kommt der internen Kommunikation eine wichtige Rolle zu, indem verdeutlicht wird, dass nur durch neue Ideen auch neue Wege im Unternehmen beschritten werden können.

Sind die ersten Erfolgen mit den analogen Methoden zu verzeichnen und ist die Akzeptanz in der Organisation groß, lassen sich unbedenklich weitere Aktionen und Maßnahmen mit derartigen Methoden durchführen.

Teil D

Umfeld und Randbedingungen

Change-Prozesse finden natürlich niemals im „luftleeren" Raum statt, sondern sie sind in Rahmenbedingungen eingebunden.

Entscheidenden Einfluss nimmt die Organisationsform, deren Veränderung wiederum selbst Gegenstand des Change-Prozesses sein kann. Kapitel 12 befasst sich mit den grundlegenden organisatorischen Kategorien und aktuellen Entwicklungen, wie man sie u.a. bei Kunden- und Dienstleistungsorientierung, Integrations- oder umgekehrt Auslagermodellen sowie flachen Hierarchien vorfindet.

Wesentliches zu rechtlichen Rahmenbedingungen, insbesondere zum Betriebsverfassungsgesetz, ist in Kapitel 13 zusammengefasst, das sich weiterhin mit der bei jedem Change-Prozess unabdingbaren Zusammenarbeit mit dem Betriebsrat und weiteren Gremien befasst.

Kapitel 14 geht darauf ein, wie externe Beratung (Checkliste zur Beraterauswahl) und interne Begleitung (bis hin zur Wechselwirkung mit der Controlling-Abteilung) den Change-Prozess beeinflussen und zu seinem Erfolg beitragen.

12 Organisationsformen

Formale Organisation ist häufig der erste Ansatzpunkt beim Change-Prozess

Die formale Organisation ist häufig die erste „Stellschraube“, die bei anstehenden Veränderungen im Unternehmen betrachtet wird. Nicht selten werden Veränderungsprozesse mit dem Zeichnen neuer Organigramme begonnen. Die Organigramme wiederum bestimmen mit ihren „Kästchen“ über Hierarchie und Mitarbeiteranzahl, was Macht und Einfluss der Stelleninhaber bedeutet. Der enge Zusammenhang zwischen der formalen „objektiven“ Struktur und den „Wirkmechanismen“ bei den Mitarbeitern muss daher bei vielen Change-Maßnahmen besonders berücksichtigt werden. Neid, Feindbilder, Kommunikationsschwierigkeiten, Arbeitsblockaden etc. hängen oft mit der Identifikation zur Organisationseinheit ab.

Die Bevorzugung bestimmter Organisationsformen hat sich im Laufe der Zeit wiederholt gewandelt

Im Laufe der letzten Jahrzehnte haben sich vielfältige Organisationsmodelle entwickelt, um den unterschiedlichen Anforderungen im Arbeitsablauf gerecht zu werden. Teils steht die Beziehung zum Kunden im Vordergrund, teils sind es die internen Abläufe, die eine Organisation bevorzugt bestimmen. Aber auch dem Zeitgeist entsprechende Trends bestimmen nicht selten Entscheidungen über die Organisationsform.

Beispiel

In den 80er- und 90er-Jahren des 20. Jahrhunderts galten kleine und flexible ausgegliederte Tochterunternehmen als zukunftsträchtig und ganze Konzerne wurden in einige Dutzend selbstständige Firmen zerlegt, die nur noch durch das Dach einer Holding zusammengehalten wurden. Inzwischen ist wieder der Trend zu fusionierenden Großunternehmen eingetreten. Dabei können durchaus auch gegenläufige Trends in der Organisationsgestaltung erfolgreich sein.
Manche Firmen ficht der jeweilige Trend gar nicht an, sondern sie gehen unbeirrt den Weg des „Einfachen“: Es gibt keine Niederlassungen, alles wird zentral geregelt, es wird nur noch ein kleines Sortiment hergestellt. Der Vertriebsweg ist eindeutig gestaltet und der Kunde weiß genau, wann und wo er sein Produkt bekommen kann. In der Regel führt diese Strategie zu einem längeren Produktlebenszyklus, sodass nicht nur weniger Produktionsumstellungen, weniger Werbeausgaben und weniger Vertriebskosten anfallen, sondern auch Führung und Zusammenarbeit unkomplizierter sind.

Um die Frage nach der optimalen Organisationsform besser – oder überhaupt – beantworten zu können, zeigen wir in diesem Kapitel die Vor- und Nachteile der unterschiedlichen Möglichkeiten auf und erläutern im Überblick das differenziertes Vorgehen in der Organisationsentwicklung.

12.1 Funktionale Struktur

Die **funktionale Aufteilung eines Unternehmens** (im Sinne der Aufbauorganisation) ist die bekannteste und häufigste Organisationsform: Das gesamte Unternehmen ist in die funktionalen Bereiche wie Produktion, Vertrieb, Verwaltung etc. aufgeteilt. Innerhalb dieser Bereiche sind - je nach Größe - weitere Unterteilungen, wie beispielsweise Einkauf, Vorfertigung, Endmontage, Personalabteilung etc. möglich. Zusätzlich existieren Stabsabteilungen wie Unternehmensentwicklung, Presse und Kommunikation.

Am häufigsten sind Unternehmen funktional gegliedert

Vorteile

Die Vorteile dieser Ordnung liegen auf der Hand. Eine eindeutige Bezeichnung der Organisation ermöglicht klare Einordnung und Information, was in den Bereichen und Abteilungen bearbeitet wird. Dadurch können sich Führungskräfte und Mitarbeiter schnell in verschiedenen Firmen orientieren und zurechtfinden, auch weil die Aufgaben ähnlich aufgebaut sind. Bei der Durchführung von Benchmarkings ist es schnell möglich, problemlos Vergleiche anzustellen.

Hauptvorteil sind klare Strukturen

Nachteile

Als nachteilig ist eindeutig festzustellen, dass die Abläufe über die funktionalen Organisationsgrenzen hinaus nur selten klar definiert sind. Die starren Funktionsgrenzen erschweren die Zusammenarbeit mit anderen Bereichen im Unternehmen oder mit externen Geschäftspartnern. Zielorientierung, Abstimmungen und Koordinationen sind durch die eingegrenzten Verantwortungsbereiche eingeschränkt. Ein differenziertes und sorgfältiges Schnitt- und Kontaktstellenmanagement wird erforderlich.

Hauptnachteil ist zu wenig Prozessorientierung

FÜR DIE ORGANISATIONSENTWICKLUNG ERGIBT SICH EIN GROSSER HANDLUNGSBEDARF, UM DIE NACHTEILE DIESER STRUKTUR FÜR DIE ARBEITSABWICKLUNG ZU ÜBERWINDEN.

Organisationsentwicklung muss es leisten,

- verhärtete Subgruppenkulturen innerhalb der Funktionsbereiche aufzulösen,
- die Kommunikationswege und -möglichkeiten auszubauen und
- das wichtige Ziel zu verfolgen, die Koordination über die Funktionsgrenzen hinaus zu verbessern, um die Nachteile der Struktur zu überwinden.

Eine Hauptaufgabe von OE ist die Überwindung der Nachteile

FÜR DIE FÜHRUNGSKRÄFTE IST ES WICHTIG, DURCH COACHING GENÜGEND SENSIBILITÄT ZU ERLANGEN, UM AUFTRETENDE SCHWIERIGKEITEN RECHTZEITIG ERKENNEN UND ABBAUEN ZU KÖNNEN.

12.2 Funktional zentrale und dezentrale Strukturen

Funktionale Organisation lässt Dezentralität zu, was auch zugenommen hat

Die Entwicklung von funktional dezentralen Organisationen hat in den letzten Jahren beträchtlich zugenommen, da diese Struktur für Mitarbeiter und Unternehmensleitung erhebliche Vorteile mit sich bringt. Klar definierte Entscheidungsbefugnisse werden an die dezentralen Einheiten oder Personen delegiert, sodass schnell und situationsgerecht auf die Anforderungen vor Ort reagiert werden kann. Auch die Planung wird teilweise auf die dezentralen Einheiten verlagert.

Besonders wichtig ist, dass ebenso Verantwortung an Mitarbeiter weitergegeben wird und somit Entlastung für die Führungskräfte eintritt. Dies ist im Hinblick auf flache Hierarchien unverzichtbar. Ferner können mit der Dezentralisierung zusätzliche Möglichkeiten des Personalentwicklungsinstrumentariums eingesetzt werden. Dabei ist an Job-Enrichment- und Job-Enlargement-Modelle zu denken, sodass eine höhere Flexibilität bei den Beschäftigten erreicht werden kann. Dass der eigene Aktionsradius erweitert wird und dass das Bewusstsein von ganzheitlichem Arbeiten wachsen kann, wird nicht selten von den Mitarbeitern als stark motivierend empfunden.

Bei Dezentralisierung muss OE das Augenmerk auf Kontakt- und Schnittstellen richten

Dennoch darf der Kontakt zu zentralen Steuerungsorganen und zu anderen Einheiten im Unternehmen nicht vernachlässigt werden.

Es muss Aufgabe der Berater oder Organisationsentwickler sein, bei der ersten Umsetzung der Dezentralisierung die Kontakt- und Schnittstellen so aufzubauen, dass neben den Produktions- oder Materialprozessen der Kommunikations- und Informationsfluss sorgfältig aufgebaut wird.

Für die Führungskräfte ergeben sich ebenfalls eine Fülle von Veränderungen. Sie bekommen mehr Verantwortung übertragen und ihr Einfluss- und Machtbereich erweitert sich entsprechend.

Auch junge Führungskräfte oder Nachwuchskandidaten haben damit die Chance, den Führungsalltag zunächst dezentral kennen und einüben zu lernen. Bei erfahrenen Managern ist ein gewisses Maß an Umstellung des Führungsverhaltens nötig. In den dezentral verantwortlichen Organisationseinheiten sind meistens mehr Anleitung, Ermutigung und Ermächtigung wichtiger als Anweisung und Steuerung.

Erforderlich ist eher partizipative Führung

Die Führung hat ihren Schwerpunkt weniger in der sachlichen Orientierung, sondern mehr im partizipativen Stil.

Obwohl die Kontrolle der Arbeitsergebnisse notwendig bleibt, muss sie in ihrer Art und Weise mehr auf die Mitarbeiter eingehen als in Einheiten, in denen die Vorgaben starr sind.

Vorteile von Dezentralisierung und was zu beachten ist

Für das Unternehmen können durch die dezentrale Organisationsform lange Verwaltungswege und hohe Verwaltungskosten vermieden werden. Der Planungs-, Koordinations- und Kontrollaufwand sinkt, weil es weniger Schnittstellen gibt. Durch das Vor-Ort-Prinzip können schneller und vielleicht auch sorgfältiger Entscheidungen getroffen werden. Die Humanressourcen lassen sich besser, wirkungsvoller und effektiver einsetzen.

Dezentralisierung bietet den Vorteil, vieles flexibel vor Ort regeln zu können

Es wird zukünftig immer mehr Verschiebungen der Verantwortung entlang der Produktions- und Prozessketten geben. Durch die Vernetzung von verschiedenen Unternehmen oder die Einbindung von Spezialisten verlagert sich immer mehr der Prozess der Wertschöpfung auf verschiedene Orte, die teilweise auch außerhalb des eigentlichen Unternehmens liegen können.

In den zentralen Einheiten, die weiterhin im Unternehmen bestehen, kommen bei einer solchen Entwicklung nicht selten bei der Ausgliederung von Funktionen Sorgen um die eigene Machterhaltung auf. Es ist vordringlich nötig, den Prozess der Ausgliederung von Teilen der zentralen Funktionen, die Rolle der zentralen Einheit, neu zu definieren.

Dabei muss aber stärker auf die Prozesse geachtet werden

> Es steht nicht mehr die unternehmensweite Steuerung und Kontrolle des einzelnen Vorgangs im Vordergrund, sondern die Leitung des Prozesses mit der Beratungsfunktion der dezentralen Einheiten.

Solche Veränderungen können z.B. den zentralen Einkauf oder die Personalabteilung betreffen. Es werden nicht mehr alle Beschaffungsvorgänge über die Zentrale abgewickelt, sondern sie erstellt Regeln, wie die dezentrale Beschaffung ablaufen wird. Damit erhalten die zentralen Einheiten die wichtige Rolle des internen Beraters oder des internen Dienstleisters.

Vorgehen bei Ausgliederungen im Rahmen von Change-Prozessen

Bei Change-Management-Prozessen, die der Ausgliederung von zentralen Funktionen dienen, müssen diese Veränderungen der Arbeitsinhalte, der Arbeitabläufe und der sozialen Rollen neu definiert und aufgebaut werden. Für den einzelnen Mitarbeiter bedeutet dies Flexibilität im Arbeitsverhalten und das Erlernen neuer Inhalte und das Einüben neuer Rollen und Verhaltensweisen.

Bei Ausgliederungen müssen neue Abläufe und Rollen sorgfältig geklärt werden

Wenn die Ausgliederungen sich bereits in der Praxis bewährt haben, können einige Zeit später Teamtrainings oder Workshops zum Zwecke eines Reviews oder einer „Organisationsinventur" durchgeführt werden. Damit lassen sich eventuell auftretende Schwierigkeiten im Keim entdecken und beheben. Aber auch ohne dass Schwierigkeiten im Fokus stehen, kann das Wir-Gefühl der Gruppe durch einen solchen Workshop gestärkt werden.

12.3 Regional zentrale und dezentrale Strukturen

Zentrale Bereiche lassen sich grundsätzlich auch regional ausgliedern

Je nach Größe des Unternehmens können mehr oder weniger zentrale Bereiche oder zentrale Funktionen regional ausgelagert sein. Wir müssen hier noch vorausschicken, dass wir bei dem in diesem Abschnitt betrachteten Aspekt über größere Unternehmen traditionellen Zuschnitts sprechen und nicht etwa über netzwerkartige Organisationsformen, bei denen die dezentrale Konzeption konstituierend ist, was eine völlig andere Problematik darstellt (wie man sie beispielsweise aus dem IT-Bereich kennt, wo solche flexiblen Arbeitsformen häufig vorkommen, oder bei virtuellen Unternehmen, siehe dazu Abschnitt 12.5).

Auch die betriebswirtschaftlichen Beweggründe sollen an dieser Stelle nicht näher erläutert werden, da sie den Rahmen dieses Buches sprengen. Vielmehr soll hier das Augenmerk der Betrachtung auf die sozialen Aspekte gelenkt werden.

In traditionellen Unternehmen erfolgt dies hauptsächlich aus Standortgründen

Meistens sind es die nicht ausreichenden Standortressourcen, die eine Auslagerung erforderlich machen. Manchmal ist das Zentralgebäude ausgelastet, sodass weitere Immobilien angekauft oder angemietet werden müssen. Manchmal sind es auch bereits vorhandene Standorte, die durch Fusionen eingebunden werden müssen.

Die räumliche Abtrennung von Aufgaben, Teilprozessen oder Prozessen führt sehr häufig zu Problemen, die sich nicht nur in Fehlern bei der Abwicklung, sondern auch in psychosozialen Bereichen zeigen.

Vorteilhaften Raumsituationen stehen jedoch oft psychosoziale Nachteile gegenüber

Vorteilhaft sind in der Regel die besseren räumlichen Bedingungen, die durch die Auslagerung entstehen (größeres Raumangebot, verbesserte Arbeitsbedingungen durch Licht, Luft, Klima etc.). Dies können auch modernere Produktionsstätten oder großzügigere Verwaltungs-, Vertriebs- oder Repräsentationsräume sein. Für die Zusammenarbeit, für das Zusammengehörigkeitsgefühl und für bestimmte Logistik-Prozesse ist eine Auslagerung jedoch negativ. Durch die räumliche Ferne entstehen meistens unvollständige Kommunikation sowie mangelhafte Identifizierung mit der Abteilung und deren Aufgaben. Konflikte zwischen den Subgruppen sind die am häufigsten auftretenden Schwierigkeiten. Trotz der kontinuierlichen Weiterentwicklung der technischen Telekommunikationsmöglichkeiten ist nicht gesagt, dass die Kommunikations- und Kooperationsschwierigkeiten damit aus der Welt sind.

Wenn sich die räumliche Trennung von Organisationseinheiten nicht vermeiden lässt, ist es eine wichtige Führungsaufgabe, die Kooperation der Menschen und die Koordination der Aufgaben zu synchronisieren.

Den Führungskräften obliegt die wichtige Aufgabe, regelmäßige Zusammenkünfte oder Meetings einzuberufen, um die Verantwortlichen nicht nur an einen Tisch zu holen, sondern auch, um das kontinuierliche Zusammenarbeiten trotz regionaler Ferne zu gewährleisten. Wichtig ist, die Kommunikation in einer Weise ständig zu pflegen und aufrechtzuerhalten, sodass niemand in der Prozesskette von Abstimmungen und Entscheidungen abgekoppelt ist.

Die Führungskräfte sind aufgefordert, Zusammenarbeit ausgleichend zu gestalten

Die Organisationsentwicklung kann auch hier durch Workshops, in denen die Zusammenarbeit, die Arbeitsinhalte, die Abläufe und die Rollen aller Beteiligten geklärt und definiert werden, helfen. Oft bauen sich versteckte Konflikte oder Abgrenzungen gegenüber den „anderen" auf. Es gilt dann, zeitnah die Konflikte aufzudecken und aufzuarbeiten. Erfolgreich haben sich dabei mit den Beteiligten erarbeitete Rituale bewährt. So ist beispielsweise denkbar, dass wöchentlich Telefon- oder Videokonferenzen der Verantwortlichen durchgeführt werden. Mitarbeiter können ebenfalls Informationsketten aufbauen. Informell werden Kontakte geknüpft, die dann regelmäßig gepflegt werden.

Mit den Änderungen von Zuständigkeiten und Verantwortlichkeiten gehen Veränderungen der sozialen Rolle einher. Wie bereits bei den Change-Prozessen zur Dezentralisierung beschrieben, kommt auf Verantwortliche der bisherigen zentralen Einheiten die neue Rolle des internen Beraters oder Dienstleisters zu. Damit ist die geteilte Verantwortung für einen Sachverhalt gemeint. Beispielsweise sind der Personalbereich als auch der jeweilige Vorgesetzte für Aspekte der Personalführung zuständig. Diese Form der geteilten Verantwortung erfordert viel Kooperationsbereitschaft der Beteiligten und einen erhöhten Abstimmungsbedarf im Unternehmen. Fehlt die Bereitschaft und die Konsensfähigkeit der Beteiligten, kommt es zu Energie raubenden Machtkämpfen und zu dysfunktionalen Organisationsabgrenzungen. Dennoch überwiegen langfristig die Vorteile – nämlich Entlastung der zentralen Einheit und Übertragung von Verantwortung an das Linienmanagement.

Regionale Ausgliederungen haben vergleichbare Wirkung wie Dezentralisierung allgemein und betreffende Probleme sind aufzufangen

So sehr sich diese Form in der Praxis auch durchgesetzt hat, so wenig darf darüber hinweggegangen werden, dass auch bei sorgfältiger Klärung der Schnittstellen häufig Konflikte und Machtspiele entstehen. Immer dann, wenn ein Sachverhalt mehrdeutig auszulegen oder definiert ist und die Abstimmung erfolgen muss, kann es schnell sein, dass nicht der Sachverstand, sondern die politischen Machtverhältnisse entscheiden. Die Folge davon werden nicht nur unstimmige, unfaire und falsche Entscheidungen sein, es werden auch auf lange Sicht Verlässlichkeit und Seriosität des Managements infrage gestellt. Wichtige Hinweise, ob die Glaubwürdigkeit der Führung schwindet, lassen sich in Mitarbeiterbefragungen, in Beschwerden bei betrieblichen Sozialeinrichtungen oder in Aussprachen beim Betriebs- oder Personalrat finden. Der dringende Handlungsbedarf kann in Coachings, Teamtrainings und Events aufgearbeitet werden.

12.4 Kunden- und Dienstleistungsorientierung

Der Dienstleistungsgedanke hat nicht nur innerhalb des Unternehmens zunehmend eine große Bedeutung erfahren. Wirtschaft setzt immer mehr - auch als Zusatznutzen für die vielen identischen Produkte - auf Service und Dienstleistung. Zunächst ist dabei die typische Kundenorientierung gemeint.

Kundenorientierung umfasst heute ein ganzes Bündel von Funktionen

Diese geht mittlerweile weit über den ursprünglichen, traditionellen Begriff hinaus und vereint eine Vielzahl von Funktionen, die nicht mehr nur das Kaufen bzw. Verkaufen meinen. Bereits bei der Entwicklung und Diversifizierung von Produkten und Leistungen werden die Kundenwünsche frühzeitig berücksichtigt. Teilweise sind die Produkte so stark erklärungsbedürftig, dass ein guter Service für die Kunden unumgänglich ist. Aber auch die systematische Erfassung von Kundenzufriedenheit, ein professionelles Reklamationsmanagement oder Maßnahmen zur Kundenbindung gehören dazu. Heute ist es selbstverständlich, dass zu den Produkten, deren Nutzung erklärungsbedürftig ist, von den herstellenden Unternehmen Serviceleistungen wie Hotline, Kundenzeitschrift oder Kundendienst angeboten werden.

Insbesondere im E-Commerce gibt es Verschiebungen längs der Wertschöpfungskette

Durch die technischen Entwicklungen im Bereich des E-Commerce haben sich Verschiebungen entlang der Wertschöpfungskette ergeben. Bestellungen können vom Kunden direkt online in die Systeme des Lieferanten eingegeben werden. Meistens lassen sich ebenfalls für definierte Nutzer Informationen im Netz bereitstellen, die von den berechtigten Kunden jederzeit abgerufen werden können.

Der Gedanke, den Kunden in den Mittelpunkt des wirtschaftlichen Denkens zu stellen, bekommt durch diese erwähnten Beispiele auch eine Dimension, die Anforderungen an die Organisation eines Unternehmens stellen. Um Anfragen und Reklamationen schnell bearbeiten zu können, bedarf es einer straffen Ablauforganisation.

DIE VERNETZUNG MIT KUNDEN DURCH ONLINE-KONTAKTE ERFORDERT NEBEN DEN TECHNISCHEN VORAUSSETZUNGEN AUCH EINE EXCELLENT KONZIPIERTE STRUKTUR UND KOMBINATION VON INTERNER ORGANISATION UND EXTERNEM MARKTAUFTRITT.

Vernetzung verändert zwangsläufig auch organisatorische Strukturen

Gleichzeitig ist es durch die teilweise undurchschaubaren Prozesse und Arbeitsschritte den Mitarbeitern häufig nicht leicht, die Zusammenhänge zu erkennen und die Feinsteuerung in ihrem eigenen Arbeitsgebiet zu übernehmen.

WICHTIG WIRD DABEI, NEBEN DER ENTWICKLUNG EINES ENTSPRECHENDEN BEWUSSTSEINS ZUR KUNDEN- UND DIENSTLEISTUNGSORIENTIERUNG AUCH DIE GESTALTUNG DER ABLÄUFE ENTSPRECHEND ANZUPASSEN UND BEI VERÄNDERUNGEN ZU KORRIGIEREN.

In groß angelegten Change-Management-Maßnahmen werden nicht nur die Prozessschritte neu gegliedert, die technischen Anbindungen geschaffen und die entsprechende Marktkommunikation geschaffen; es ist auch eine Bewusstseinsveränderung nötig. Jeder Einzelne im Unternehmen muss sich seiner Rolle und seiner Verantwortung im Unternehmen bewusst sein, die er im Hinblick auf den Kunden spielt, der bekanntermaßen den Umsatz und den Gewinn ins Unternehmen bringt.

Change-Prozesse sind hier nicht nur technisch zu denken, sondern in Richtung Bewusstseinsbildung für Kundenorientierung

Die Organisations- und die Personalentwicklung bringt ein Fülle von Möglichkeiten mit sich, um diesen Bewusstseinsprozess in Gang zu setzen:

Möglichkeiten, die sich für OE und PE anbieten

- Beispielsweise lassen sich Hospitationen oder Praktika im Vertrieb für Beschäftigte organisieren, die nicht primär zum Vertrieb gehören.
- Reklamationen gehören nicht in die Schublade oder in den Papierkorb, sondern sie sind wichtige Grundlage für Verbesserungen.
- Auch Kundenkonferenzen bringen eine Fülle von Vorteilen mit sich. Die Kundenbindung wird erhöht, der persönliche Kontakt zu Kunden ist für viele Mitarbeiter sinnstiftend und viele Ideen können gegenseitig entwickelt werden, um Optimierungen anzuregen und umzusetzen. Dadurch bleibt der Kunde im Betrieb keine unbekannte Größe mehr.

12.5 Integrationsmodelle der Organisation

Die vielfältigen Nutzungsmöglichkeiten der modernen Telekommunikationstechnologien, die stetige Weiterentwicklung von Hochleistungsnetzen und die steigenden Anforderungen an schnelle Informationsverarbeitung führen zu zahlreichen Modellen der Vernetzung entlang der Entwicklungs-, Produktions- und Vermarktungsprozesse. Es entstehen dadurch Vernetzungen, die über die Unternehmensgrenzen hinausgehen und weitere Geschäftspartner einbinden:

Vernetzung bringt eine Vielzahl von Integrationsprozessen mit sich, die Kooperation erfordern

- Vernetzung der Finanzprozesse mit Banken etc.,
- Integration von Kunden in die Entwicklungsprozesse von Produkten und Produktionsmitteln und -maschinen,
- Integration von Kunden in das Auftrags- und Vertriebsmanagement,
- Vernetzung von Zulieferern mit internen und externen Kunden-Hotlines,
- Einbindung von Zulieferern zur Qualitätssicherung,
- Kooperation zu Vertriebs- und Handelsallianzen,
- Integration von Logistikprozessen,
- Kooperation von internen und externen Beteiligten zum Zwecke der Wissensvermittlung.

Die Möglichkeiten der Kooperationen können bis zu einem Ausmaß erweitert werden, dass von einem **virtuellen Unternehmen** gesprochen werden kann.

Dies reicht bis zu Modellen virtueller Unternehmen

Ein virtuelles Unternehmen besteht aus zeitweilig existierenden Netzwerken und wird meistens nur für bestimmte Ziele gegründet, Hierarchien und Organigramme existieren nicht und die Kosten werden entsprechend den Beteiligten aufgeteilt.

Betriebswirtschaftlichen Vorteilen stehen hier oft erhebliche mitarbeiterseitige Probleme gegenüber

So sehr die betriebswirtschaftlichen Vorteile ins Auge stechen, so sind doch die Schwierigkeiten für nicht wenige Mitarbeiter nicht zu übersehen.

Erster Nachteil für hochgradig vernetzte und virtuelle Organisationsformen ist häufig, dass die Aufgaben nicht problemlos aufteilbar sind, sodass durch die virtuelle Zusammenarbeit manche Aufgaben auseinander gerissen werden und die Verantwortung nicht mehr lokalisiert werden kann. Ferner lassen sich die Kosten und Risiken nicht immer entsprechend verrechnen, was dann zu unsauberen Controlling-Daten führt.

Auch ist zu bedenken, dass es zwischen den Mitarbeitern durch den externen Einfluss vermehrt zu Zielkonflikten kommt. Die Organisationsgrenzen sind durchlässig und damit nicht klar abgegrenzt, was wiederum die Orientierung erschwert. Die Zusammenführung von Spezialistenwissen garantiert nicht von vornherein die Verkürzung der Prozesse und damit eine Kostensenkung. Es besteht die Gefahr, dass die Beteiligten mit der Vielzahl der Kontakte, der Informationen und der Kooperationen überfordert sind. Ein Zusammengehörigkeits- und Wir-Gefühl entsteht nicht zwangsläufig und bleibt oft sogar aus. Der einzelne Mitarbeiter hat keine „Heimat" an seinem Arbeitsplatz und verliert unter Umständen damit seine individuelle berufliche Identität im Unternehmen.

Je mehr die Organisationsgrenzen diffus und durchlässig werden, je mehr Telekooperationen eingeführt werden und je weniger die Menschen direkt miteinander arbeiten und leben, umso mehr sind kontinuierliche Organisationsentwicklungsmassnahmen nötig.

Sicherlich können in Projektsitzungen, in Meetings oder in anderen gemeinsamen Aktivitäten die Mitarbeiter „ihre" Kollegen treffen. Dennoch bleibt in der Regel zu wenig Zeit, um die Metakommunikation über die Art und Weise der Zusammenarbeit und über die unausgesprochenen Erwartungen, Enttäuschungen usw. zu pflegen. Dabei sind einerseits die sehr „menschlichen" Aspekte der Zusammenarbeit Thema wie auch das Vereinbaren von besonderen Kommunikationsregeln, die in der virtuellen Welt unbedingt notwendig sind.

Die Unterstützung durch Organisationsentwicklungsworkshops, durch Führungskräftecoachings und durch weitere Personalentwicklungsmaßnahmen wie Mentoring (durch internen oder externen Mentor) ist bei virtuellen Organisationen noch mehr angeraten als schon bei den dezentralen Organisationen beschrieben.

Eine Hilfestellung besteht in Mentoring

Beispiel

Mitarbeiter, die eine Zeit lang ohne einen festen Arbeitsplatz nur mit einem flexiblen Rollcontainer in Unternehmen „unterwegs" waren, beschrieben ihr Erleben als „Heimatlosigkeit" und als demotivierend, was zu einem schleichenden Verlust der Firmen-Identität führte.

Bei aller Begeisterung für Neues und für die Flexibilität brauchen Menschen auch gleichzeitig ein gewisses Maß an Sicherheit, Beständigkeit und Verlässlichkeit, das als Basis für alle neuen und kreativen Energien fungiert.

Professionelle Organisationsentwickler werden diese individuellen Bedürfnisse geschickt in die Change-Management-Prozesse einbinden. Die Personalentwicklung kann entsprechende Maßnahmen wie Job-Rotation, Hospitation etc. anbieten, um die Zusammenarbeit zu fördern.

OE entwickelt kooperative, ganzheitliche Organisationsformen

In den letzten Jahren haben sich besondere kooperative, ganzheitliche Organisationsformen entwickelt. Hier werden die wichtigsten mit ihren Vor- und Nachteilen vorgestellt und die spezifischen Anforderungen an die Organisationsentwicklung und -pflege erörtert.

12.5.1 Gruppenarbeit, Fertigungsinseln

Im Zusammenhang mit der bewussten Abkehr von monotoner Fließbandarbeit hat sich in vielen Produktionsbetrieben die Einführung von Gruppenarbeit oder Fertigungsinseln bewährt. Obwohl alle einer Führungskraft zugeordneten Mitarbeiter gern als Gruppe oder als Team bezeichnet werden, muss der Begriff eindeutig definiert werden.

Beispiele aus der Produktion

Entscheidend für die professionelle Gruppenarbeit ist, dass
- ein Auftrag für die gesamte Gruppe besteht,
- die Mitglieder der Gruppe ein gemeinsames Ziel haben,
- Regeln bestehen, nach denen die Arbeit aufgeteilt ist und durchgeführt wird und
- die Mitglieder sich als Gruppe fühlen.

Im beruflichen Umfeld sind häufig die folgenden Gruppen anzutreffen:
- Arbeitsgruppe und Fertigungsteams entsprechend der oben genannten Definition,
- teilautonome Arbeitsgruppen (Fertigungsinseln, Servicegruppen),
- Projektgruppe,
- Qualitätszirkel.

Die Arbeitsgruppen sind in der organisatorischen Anbindung mehr oder weniger an die Weisungsbefugnisse gebunden. In vielen Unternehmen werden die Gruppen durch Gruppenleiter geführt, deren Rolle als Führungskraft meistens nicht klar festgelegt ist. Oft haben die Gruppenleiter eine fachliche Leitungsfunktion, jedoch nur partiell personelle Führungsbefugnisse, die nicht selten je nach Situation definiert werden.

Als entscheidender Vorteil der Gruppenarbeit gilt, dass die Mitarbeiter mehr als nur einen Teil des Arbeitsprozesses erleben und ausführen können (Job-Enlargement). Durch die Übernahme von direkten und indirekten Aufgaben können mehr Kenntnisse erworben und Flexibilität erlernt werden (Job-Enrichment). Die selbstregulativen Aspekte der Arbeit in Gruppen begünstigen die Übernahme von Verantwortung. Die Gruppenarbeit erfordert und ermöglicht nicht nur die Fokussierung auf sachliche/fachliche Kompetenzen, sondern auch auf soziale Kompetenzen.

Gruppen haben keinesfalls nur Vorteile

DIE ARBEITSWISSENSCHAFTLER UND WIRTSCHAFTSPSYCHOLOGEN SIND SICH IN IHRER EINSCHÄTZUNG EINIG, DASS DIE VORTEILE DER GRUPPENARBEIT NICHT IMMER DIE NACHTEILE AUFWIEGEN.

Es wird der Modetrend kritisiert, der teilweise reflexions- und kritiklos eine Verherrlichung der Gruppen- und Teamarbeit beschreibt. Nachteilig ist auf jeden Fall, dass der Leistungsoutput weder quantitativ noch qualitativ besser als in anderen Arbeitsformen ist. Nur sozial schwache Gruppenmitglieder fühlen sich besser aufgehoben und erbringen mehr Leistung als allein. Einzelkämpfer, innovative Kreative und Spezialisten erbringen, in einer Gruppe eingebunden, weniger Leistung als alleine. Auffällig ist auch der Widerspruch, der sich darin äußert, dass in den Anforderungsprofilen häufig Teamfähigkeit gefordert wird, aber dennoch in Unternehmen die durchsetzungsstarken Egozentriker besser beurteilt und belohnt werden als die Teamplayer.

DER PROZESS DER EINFÜHRUNG VON GRUPPENARBEIT BEDARF EINER ENGMASCHIGEN BEGLEITUNG DURCH DIE ORGANISATIONSENTWICKLUNG, IN DER DIE WIDERSTÄNDE UND DIE BEFÜRCHTUNGEN AUFGEARBEITET WERDEN.

Hinweise zur Implementierung von Gruppenarbeit

Nach Implementierung ist dringend darauf zu achten, dass weder Machtkämpfe noch Mobbing zwischen Team- und Gruppenmitgliedern ablaufen. Besondere Brisanz entsteht, wenn die Gruppenleitung im rollierenden System innerhalb der Gruppe von verschiedenen Mitgliedern übernommen werden soll. Besonders „entmachtete" Gruppenleiter sollten in einem Einzelcoaching auf die Situation vorbereitet werden. In manchen Fertigungsgruppen haben die Meister ihre Funktion als Leiter der Gruppe eingebüßt. Auch in diesen Fällen ist es unumgänglich, die psychosozialen Aspekte bereits im Vorfeld der Veränderungen zu bearbeiten.

12.5.2 Workflow-Arbeit

Von der zunehmenden PC-Vernetzung gehen Workflow-Prozesse aus

Mit der technischen Weiterentwicklung von Informations- und Kommunikationstechnologien sowie der Einrichtung von vernetzten PCs lässt sich im Rahmen der Ablaufprozesse Workflow-Einsatz einführen. Die organisatorischen Vorteile sind überwältigend:

Vorteile

- Beim Start eines Geschäftsvorganges werden Vorlagen, Statistiken, Wiedervorlagen, Informationen an andere Stellen etc. automatisch gestartet.
- Die Bearbeitungsabläufe sind standardisiert, sodass weniger Fehler auftreten können.
- Es kann jederzeit eine Statusabfrage gestartet werden.
- Papier-Dokumente können eingescannt und weiterverarbeitet werden.
- Die nachgeordneten Bearbeiter können rechtzeitig Signale bekommen, welche Arbeiten anstehen.
- Die Wiedervorlagetermine gehen automatisch ein.
- Durch die Standardisierung lassen sich Plausibilitätskontrollen einbauen.
- Elektronische Genehmigungen erlauben schnelle Bearbeitung und elektronische „Unterschriften".
- Der Prozess bzw. der Geschäftsvorgang wird automatisch protokolliert.

Trotz der Vorteile ist die Akzeptanz begrenzt

Dennoch lässt die Akzeptanz in der Praxis zu wünschen übrig. Von der Vision eines papierlosen Büros scheint die Wirtschaft noch weit entfernt. Paradoxerweise wurde von den Beteiligten sogar ein Mehrverbrauch an Papier erreicht, weil die Dokumente von den bearbeitenden Mitarbeitern an verschiedenen Arbeitsplätzen dennoch ausgedruckt und bearbeitet wurden. Alte Gewohnheiten haben die Oberhand gewonnen.

Die Durchsetzung braucht Begleitung

Um die Vorteile für das Unternehmen (schnelle Durchlaufzeiten der Vorfälle) zu sichern, muss eine sachgemäße Nutzung des Workflow erreicht werden. Die Akzeptanz der Arbeitsform kann nur über die einzelnen Mitarbeiter erreicht werden. Teamtrainings, Qualitätszirkel, Projekt oder Coaching müssen eingesetzt werden, um die Reaktionen des Boykotts, des Widerstands oder der Ängste aufzuarbeiten.

12.6 Auslagerungsmodelle aus der Organisation

Oursourcing weist große Bandbreiten auf

Die Flexibilisierung und Differenzierung der Arbeitsprozesse geschieht nicht nur durch Vernetzung oder Integration, es kann auch der umgekehrte Weg durch **Outsourcing** in verschiedener Form geschehen. Die Spannbreite reicht von der räumlichen Auslagerung eines Arbeitsplatzes, der Ausgliederung von betrieblichen Funktionen an andere Standorte oder ins Ausland bis zur Streichung der Tätigkeiten im Unternehmen und zum Einsatz von Lieferanten oder Dienstleistern.

Entscheidend ist, dass es in diesen Fällen des Change-Managements um Abgeben und um Aufgeben von Tätigkeiten und Funktionen geht. Gelegentlich muss eine strikte Trennung bewältigt werden, in anderen Fällen ist es wichtig, trotz der räumlichen Abtrennung eine Anbindung aufrechtzuerhalten.

12.6.1 Telearbeit

Auch Telearbeit ist vielfältig, gemeinsam ist allen Modellen fast nur die räumliche Aufteilung des Arbeitsplatzes

Telearbeit hat sich bis heute in verschiedener Ausformung und Anbindung entwickelt. Ein einheitliches Konzept dazu kann es wegen der Vielfalt der Möglichkeiten nicht geben. Dennoch ist das wichtigste Kriterium die räumliche Aufteilung eines Arbeitsplatzes. Es können die gesamte Tätigkeit oder nur Teile eines Arbeitsplatzes aus dem Unternehmen ausgelagert sein. Die Zeiten der Telearbeit können festgelegt oder auch flexibel gehalten werden. In den meisten Fällen wird die Telearbeit im Haushalt des Arbeitnehmers durchgeführt. Seltener wird eine Bürogemeinschaft genutzt oder die Telearbeit mobil abgewickelt.

Mitarbeiter haben Vorteile ...

Vorteilhaft für den Mitarbeiter ist die Einsparung von Wegezeiten und das Arbeiten in den häuslichen Räumen. Besonders in ländlichen oder unzugänglichen Gebieten ist der Wegfall von langen Anreisezeiten vorteilhaft. Der Nutzen für das Unternehmen liegt in der Einsparung von Raumbedarf und dem Image als teilzeit- und telearbeitfreundlicher Arbeitgeber. Allerdings bemängeln die Telearbeitskräfte sehr häufig, dass sie von den übrigen Kollegen abgeschottet sind und viele Informationen sie nicht erreichen bzw. an ihnen vorbeigehen.

... aber Führungskräfte sind herausgefordert

Für die Führungskräfte sind Telearbeitsplätze manchmal eine Herausforderung. Schließlich müssen „unsichtbare" Mitarbeiter geführt werden. Wichtigster Weg aus diesem Dilemma ist, die Führung stringent auf die Ergebnisse und den Output auszurichten. Die Führungskraft sollte alle Möglichkeiten der Einflussnahme durch das persönliche Gespräch nutzen. Anweisungen durch Aktennotizen oder per Mail lassen hingegen die persönliche Beziehung außer Acht, auf die es bei der Telearbeit besonders ankommt.

12.6.2 Center-Organisation

Center und Business Units sind eigenverantwortliche Subeinheiten

Im Rahmen der Dezentralisierung von Verantwortung haben sich Center und Business Units herausgebildet. Die Einrichtung dieser Organisationen bringt einige deutliche Vorteile mit sich. Es entstehen deutlich abgegrenzte Verantwortungsbereiche, die Marktpräsenz kann verbessert werden, die Kundenorientierung intensiviert, das Kostenbewusstsein deutlicher und die Motivation der Mitarbeiter gefördert werden. Typische Formen sind Cost-Center (Steuerung durch Kostenkontrolle), Service-Center (Cost-Center mit Service-Funktion), Profit-Center (Steuerung durch Leistungs- und Kostenvorgaben), Erlös-Center (Steuerung durch Erfolg/Erlös), Investment-Center/Business-Unit (kleines Unternehmen im Unternehmen, ohne rechtliche Selbstständigkeit).

Dennoch ist nicht gesagt, dass zwangsläufig mit der Einrichtung von Centern eine positive Entwicklung des Unternehmenserfolges einhergeht. Die Beobachtungen in der Praxis zeigen nicht unerhebliche Probleme. Besonders bei der Einrichtung von diesen eigenverantwortlichen Centern oder Units treten eine Fülle von Barrieren auf. Sehr häufig wird ein Klima des „Hauen und Stechens" beschrieben, in dem teilweise mit Tricks und auch illegalen Vorgehensweisen der Erfolg der eigenen Einheit in den Vordergrund gestellt wird – koste es, was es wolle. Dies wiederum hat dann zur Folge, dass dieses Verhalten im Unternehmen fatalerweise entschieden mehr Kosten verursacht, wenn es keine Center-Organisation geben würde.

Sie garantieren nicht automatisch besseren Erfolg

BEI DER BILDUNG DER CENTER SIND MEHRSTUFIGE UND AUF VERSCHIEDENEN EBENEN ANSETZENDE CHANGE-MASSNAHMEN NÖTIG. DIE AUSWAHL DER FÜHRUNGSKRÄFTE MUSS DURCH DIE PERSONALENTWICKLUNG SORGFÄLTIG BETRIEBEN WERDEN.

Die Einrichtung erfordert immer gestaltete Change-Prozesse

Gerade aus den Erfahrungen anderer Unternehmen heraus sollten nicht die egozentrischen und ehrgeizigen Jung-Manager gewählt werden. Für die Leitung eines Centers oder einer Unit muss ein erfahrener Manager mit Weitsicht eingesetzt sein.

Die Beteiligten in einem Center sollten rechtzeitig in die Change-Prozesse eingebunden werden. In Organisationsentwicklungsmaßnahmen wird es darum gehen, das Beharren auf die alten Aufgabenbereiche aufzugeben und die neuen Aufgaben verantwortlich zu übernehmen. Die Ablehnung von Verantwortung ist bei vielen Aufbau-Prozessen von Center-Organisationen eine dringend zu bearbeitende Schwierigkeit. Den Führungskräften muss laufend die Behebung von Konkurrenzdenken am Herzen liegen. Die Probleme, die die Mitglieder einer Center- oder Unit-Organisation haben, ist die Situation des „Sowohl-als-auch". Sie gehören einer eigenständigen Einheit an, müssen für diese arbeiten und sind gleichzeitig dem Unternehmen zugehörig.

Diese Diskrepanzen werden in Workshops aufgearbeitet. Sicherzustellen sind ebenfalls die Kommunikation und die Koordination mit den übrigen Teilen des Unternehmens.

12.6.3 Outsourcing, Globalisierung

Unter Kostengesichtspunkten ist ein Unternehmen immer wieder gezwungen, kontinuierlich zu prüfen, welche Aufgaben fremd vergeben oder welche selbst erledigt werden sollen. Bis heute haben sich typische Bereiche herauskristallisiert, die häufig outgesourct werden. Dies sind oft Logistiksteuerung, Lohn- und Gehaltsabrechnung, Call-Center, die Forschungs- und Entwicklungsabteilung.

Typische fremd vergebene Bereiche

Je nach dem Ausmaß der Abtrennung sind die Grenzen in unterschiedlicher Tiefe zu ziehen. Im Falle der ausgesourcten Lohn- und Gehaltsabrechnung ist es wichtig, eine enge Anbindung an den externen Lieferanten aufzubauen und zu pflegen, da die Zusammenarbeit nicht nur reibungslos funktionieren muss, sondern auch rechtliche Aspekte (z.B. Steuerprüfung) eine Rolle spielen.

Neben den betriebswirtschaftlichen Überlegungen, welche Funktionen im Unternehmen als Kernkompetenz verbleiben und welche zur Fremdvergabe werden, können die Entscheidungen eine nicht unerhebliche Unruhe im Unternehmen auslösen. Die Ausgliederung von Aufgaben und Leistungen wird sehr schnell als Abbau im Unternehmen gesehen und mit wirtschaftlicher Notlage assoziiert. Es ist enorm wichtig, dass die interne Kommunikation die Entscheidungsfindung und das Realisierungskonzept detailliert veröffentlicht, um Missverständnisse zu vermeiden.

Outsourcing und Auslagerung ins Ausland sind brisant und müssen sorgfältig kommuniziert werden

Ähnlich brisant ist die Auslagerung von Teilen der Produktion ins Ausland. Im Inland werden diese Aktionen weder von den Kommunen noch von den Mitarbeitern begrüßt. Schwächung des Unternehmens wird vermutet, zudem sorgen sich die Mitarbeiter um ihre Arbeitsplätze. Die besondere Situation im Zielland (Sprache, politisches System, Mentalität etc.) macht zusätzlich den Mitarbeitern Angst. Es ist eine wichtige Aufgabe des Managements, die Entscheidung deutlich zu kommunizieren und gemeinsam mit der Organisationsentwicklung die Veränderungsprozesse engmaschig und zeitnah durchzuführen.

Etwas positiver gestaltet sich die Auslagerung von Teilen des Exportbereiches ins Ausland. Vertriebskräfte vor Ort zu haben, wird von vielen Beteiligten begrüßt. Die vermuteten Umsatzerwartungen lassen die Risiken in den Hintergrund der Überlegungen treten. Sicherlich ist der Zugang zum Absatzmarkt im Land sehr von Vorteil, was dann dem gesamten Unternehmen zugute kommt.

Auch nachdem Unternehmensteile ausgelagert sind, ist es wichtig, engen Kontakt mit den Mitarbeitern zu halten. Erfolge, die im Ausland errungen wurden, sind ebenfalls in der Zentrale zu kommunizieren. Empfehlenswert ist, regelmäßige Meetings oder Kontakte einzuführen und bei Schwierigkeiten in entsprechenden Workshops Klärungen zu erreichen.

12.7 Hierarchieproblematik

In den letzten Jahrzehnten haben sich viele Fragen mit der Gestaltung der Hierarchien in Organisationen beschäftigt. Zunehmende Reaktionsgeschwindigkeiten erforderten den Abbau von hierarchischen Barrieren und von Hierarchien.

> Allgemeingültige Aussagen zu optimalen Hierarchieaufbauten gibt es nicht.

Es hängt zu sehr von der Größe, der Arbeitsteilung, den Mitarbeitern, den Bedingungen etc. ab, welches die optimale Abstufung in den Hierarchien ist. Wichtig ist, die notwendige Steuerung durch Hierarchien zu erreichen, ohne dass organisatorische Trägheit oder übermäßiger Verwaltungsaufwand entstehen.

Optimale Hierarchiestufen hängen vom einzelnen Unternehmen ab

Da zurzeit die Verschlankung von Unternehmen durch Hierarchieabbau in vielen Organisationen durchgeführt wird, haben sich in diesem Zusammenhang einige Besonderheiten für das Change-Management ergeben. Folgende Ansatzpunkte für die konkrete Organisationsentwicklungsarbeit sind wichtig:

Probleme bei der Verflechtung von Hierarchien

- Es werden Führungskräfte überflüssig. Kündigung oder Versetzung auf statusniedrige Positionen sind oft die Folge.
- Bei Führungskräften tritt Verunsicherung auf, bei Mitarbeitern teilweise Orientierungsschwierigkeiten.
- Durch die verringerte Anzahl von Führungspositionen müssen die Karrierepfade angepasst werden, da weniger Führungsnachwuchs benötigt wird.
- Mit den geringeren Karrierechancen verliert das Unternehmen als Arbeitgeber an Attraktivität, es sei denn, es werden weitere Benefits angeboten.
- Die Führungskräfte haben eine größere Führungsspanne (mehr Mitarbeiter) zu „bearbeiten“.
- Der Abstimmungsbedarf der Mitarbeiter untereinander und mit anderen Organisationseinheiten nimmt in der Regel zu.
- Für Mitarbeiter, die weniger an Selbstbestimmung und eigenverantwortlichem Arbeiten interessiert sind, stellt das Fehlen von Hierarchien eine belastende Situation dar, da Anleitung und Unterstützung auf ein Mindestmaß beschränkt bleiben.

Um dennoch die **Vorteile von flachen Hierarchien** (Kostensenkung, Flexibilität, Schnelligkeit etc.) nutzen zu können, sind nicht nur bei der Abschaffung von einzelnen Ebenen gezielte Veränderungsmaßnahmen wichtig, sondern auch bei der weiter führenden „Pflege“ der Organisation. Dabei sind folgende Aspekte zu beachten:

Aspekte zur Problemlösung

- Bewusstmachen der Vorteile der Organisationsstruktur anhand konkreter Beispiele,
- Abbau von Widerständen, Ängsten und Vorurteilen in Workshops sowie in persönlichen Gesprächen und Coachings,
- Unterstützung der „schwachen“ Mitglieder der Organisation durch Einzelgespräche, Coaching, Förder- und Fortbildungsmaßnahmen,
- Unterstützung der bleibenden Führungskräfte durch Coaching und Verbesserung von Methodenkompetenz sowie Arbeitstechniken, um die größere Führungsspanne zu bewältigen,
- Entwicklung bzw. Überprüfung von Regeln der Zusammenarbeit, um Missverständnisse auszuräumen und Konflikte abzubauen bzw. zu vermeiden.

Das idealtypische Modell der sich selbst organisierenden Strukturen, in denen je nach Bedarf von den Mitgliedern spontan Steuerungseinheiten gebildet werden, funktioniert in der Praxis nicht. Zu sehr entscheiden dabei Macht und Dominanz über die sachlichen Notwendigkeiten.

Vor- und Nachteile in jungen Unternehmen mit einer von vornherein flachen Hierarchie

Gerade in jungen Unternehmen und in Organisationen mit geringer Hierarchieanzahl setzt sich eine **Führungskultur** durch, die **von Partnerschaftlichkeit geprägt** ist, die Statussymbole und Standesgrenzen ablehnt, und in denen sich Management und Mitarbeiter mit „Du" anreden. Die Vorteile dieser Unternehmenskultur liegen auf der Hand, gleichzeitig sind die Nachteile (fehlende Distanz, Überbewertung des Zwischenmenschlichen) ebenso präsent wie schädlich. Nicht selten suchen sich die Bedürfnisse nach Anerkennung und Macht andere Wege, um zur Befriedigung zu gelangen.

12.8 Zusammenfassung

Die Organisation muss nach den zu erreichenden Zielen ausgerichtet werden

Die Gestaltung einer Organisation muss sich in erster Linie an den sachlichen Gegebenheiten und den zu erreichenden Zielen orientieren. Dennoch wird es in der Praxis nicht so sein, dass ein Unternehmen „auf der grünen Wiese" sachlich geplant und aufgebaut wird. Zu sehr spielen weitere Aspekte, die besonders auf der soziopsychologischen Ebene zu finden sind, entscheidende Rollen.

Sachliche und unternehmenspolitische Dimensionen müssen vereinbart werden

Ferner sind in den allermeisten Fällen bereits bestehende Strukturen vorhanden, mit denen nicht nur die Geschichte der Firma verbunden ist, sondern auch Personen ihren Platz zum Teil seit langer Zeit innehaben. Es ist nicht leicht, den Spagat zwischen den sachlichen Notwendigkeiten, den äußeren Zwängen und den menschlichen Bedürfnissen und Befindlichkeiten herzustellen. Die, die mit Veränderungsmaßnahmen betraut sind, stehen in einem ähnlichen Konflikt, sie sollen sachlich korrekte Strukturen entwerfen und gleichzeitig die „politischen" Dimensionen, die auch ihren eigenen Arbeitsplatz bestimmen (Seilschaften, Gönner etc.), nicht vernachlässigen.

Berater für eine Außenperspektive sind hilfreich

Bereits bei der Planung ist es ratsam, externe Berater einzubinden, die auf Grund ihrer Sichtweise aus anderer Perspektive die Vor- und Nachteile von Organisationsformen und ihren Veränderungsphasen kennen und auch die Schwierigkeiten im Keim entdecken und bearbeiten können.

Wichtige Hilfen sind die verschiedenen Möglichkeiten der Organisationsentwicklung, die neben der Kommunikation auch die Aspekte der Arbeitsstrukturierung, die der Entwicklungsphasen und der psychologischen Prozesse im Menschen berücksichtigen und nutzen kann.

13 Rechtliche Aspekte im Change-Management

13.1 Notwendigkeit zur Beachtung rechtlicher Rahmenbedingungen in Change-Prozessen

Bei Organisationsänderungen und Change-Management-Prozessen mit ihren weit reichenden Auswirkungen werden nicht selten operative und administrative Aufgaben der Umsetzung vernachlässigt bzw. sogar vergessen. Entstehen später Probleme, weil die Versäumnisse rechtliche Fragen aufwerfen oder gar Gesetzesübertretungen sichtbar werden, sind die Folgen der „Nacharbeit" oft Ärger, Mehrarbeit und Kosten.

Praxiserfahrung ist, dass rechtliche Aspekte unterschätzt werden

Hinweis zu diesem Kapitel

Um Ihnen als Leser/innen, die Sie möglicherweise in der Rolle einer Führungskraft oder eines Beraters stehen, einen Überblick zu geben, welche rechtlichen Aspekte bei den Organisationsänderungen relevant sind, werden im Folgenden Hinweise auf die jeweiligen Rechtsgrundlagen gegeben. Eine arbeitsrechtlich vertiefende Darstellung kann aus Platz- und Aktualitätsgründen an dieser Stelle aber keinesfalls geboten werden, sodass auf die jeweilige Fachliteratur und die Gesetzestexte selbst verwiesen wird. Auch ist es in vielen Situationen angeraten, sich beraten zu lassen.

Change-Manager können zwar keine Rechtsexperten sein, brauchen aber Überblick und Grundlagen

Wir wollen jedoch auf alle wesentlichen Aspekte hinweisen, die uns täglich in Veränderungsprozessen begegnen und rechtliche Implikationen haben oder haben können.

Wie in vielen Lebenssituationen haben wir auch in Unternehmen die Tendenz einer Überregulierung. Führungskräfte sind eigentlich schon längst nicht mehr frei in ihren Entscheidungen – auch wenn das immer wieder suggeriert wird. Relevant in Change-Prozessen können insbesondere sein:

Entscheidungen sind durch den rechtlichen Rahmen oft stark eingeschränkt

- wirtschaftsprivatrechliche Grundlagen nach HGB und BGB,
- Arbeitsgesetze,
- Betriebsverfassungsgesetz,
- Tarifabkommen, Betriebsvereinbarungen,
- betriebliche Übungen usw.

Change-relevante Rechtsgebiete

Das Betriebsverfassungsgesetz spielt naturgemäß eine herausragende Rolle und über dessen Teile und Abschnitte wird auf der folgenden Doppelseite eine Übersicht gegeben. Darüber hinaus greifen zahlreiche weitere Gesetze und Verordnungen in Change-Prozesse ein, was aber letztlich grundlegende Kenntnisse betrifft, über die jeder verfügen muss, der wirtschaftlich tätig ist und Mitarbeiter beschäftigt. Wir werden dies in Abschnitt 13.3 noch kurz umreißen.

Im Vordergrund steht das Betriebsverfassungsgesetz

Übersicht über die Teile des Betriebsverfassungsgesetzes

Erster Teil	Allgemeine Vorschriften	§§ 1 bis 6
Zweiter Teil	Betriebsrat, Betriebsversammlung, Gesamt- und Konzernbetriebsrat	§§ 7 bis 59a
	Erster Abschnitt: Zusammensetzung und Wahl des Betriebsrats	§§ 7 bis 20
	Zweiter Abschnitt: Amtszeit des Betriebsrats	§§ 21 bis 25
	Dritter Abschnitt: Geschäftsführung des Betriebsrats	§§ 26 bis 41
	Vierter Abschnitt: Betriebsversammlung	§§ 42 bis 46
	Fünfter Abschnitt: Gesamtbetriebsrat	§§ 47 bis 53
	Sechster Abschnitt: Konzernbetriebsrat	§§ 54 bis 59a
Dritter Teil	Jugend- und Auszubildendenvertretung	§§ 60 bis 73b
	Erster Abschnitt: Betriebliche Jugend- und Auszubildendenvertretung	§§ 60 bis 71
	Zweiter Abschnitt: Gesamt-Jugend- und Auszubildendenvertretung	§§ 72 bis 73
	Dritter Abschnitt: Konzern-Jugend- und Auszubildendenvertretung	§§ 73a bis 73b
Vierter Teil	Mitwirkung und Mitbestimmung der Arbeitnehmer	§§ 74 bis 113
	Erster Abschnitt: Allgemeines	§§ 74 bis 80
	Zweiter Abschnitt: Mitwirkungs- und Beschwerderecht des Arbeitnehmers	§§ 81 bis 86a
	Dritter Abschnitt: Soziale Angelegenheiten	§§ 87 bis 89

Wir erleben allerdings immer wieder Führungskräfte, die zu uns als Berater kommen und darüber klagen, dass sie in einem Korsett von Regeln gefangen und überhaupt nicht handlungsfähig sind. Insbesondere im Rahmen von Veränderungsprozessen werden plötzlich viele Regeln und Gesetze tangiert, die im bisherigen betrieblichen Alltag keine oder wenig Bedeutung hatten. Wir können nur ausdrücklich darauf hinweisen, sich auch und gerade in Change-Prozessen unbedingt rechtskonform zu verhalten. Auch die juristische Praxis mit ihren Auseinandersetzungen ist der beste Beleg dafür, wie viele rechtliche Fallstricke sich im Berufsalltag verbergen. Manche Führungskräfte bekommen das ungute Gefühl, dass sie am besten nur noch in Begleitung eines Juristen auftreten sollten.

	Vierter Abschnitt: Gestaltung von Arbeitsplatz, Arbeitsablauf und Arbeitsumgebung	§§ 90 bis 91
	Fünfter Abschnitt: Personelle Angelegenheiten	§§ 92 bis 105
	Erster Unterabschnitt: Allgemeine personelle Angelegenheiten	§§ 92 bis 95
	Zweiter Unterabschnitt: Berufsbildung	§§ 96 bis 98
	Dritter Unterabschnitt: Personelle Einzelmaßnahmen	§§ 99 bis 105
	Sechster Abschnitt: Wirtschaftliche Angelegenheiten	§§ 106 bis 113
	Erster Unterabschnitt: Unterrichtung in wirtschaftlichen Angelegenheiten	§§ 106 bis 110
	Zweiter Unterabschnitt: Betriebsänderungen	§§ 111 bis 113
Fünfter Teil	Besondere Vorschriften für einzelne Betriebsarten	§§ 114 bis 118
	Erster Abschnitt: Seeschifffahrt	§§ 114 bis 116
	Zweiter Abschnitt: Luftfahrt	§§ 117
	Dritter Abschnitt: Tendenzbetriebe und Religionsgemeinschaften	§§ 118
Sechster Teil	Straf- und Bußgeldvorschriften	§§ 119 bis 121
Siebenter Teil	Änderung von Gesetzen	§§ 122 bis 124
Achter Teil	Übergangs- und Schlussvorschriften	§§ 125 bis 132

Der Übersicht liegt das Betriebsverfassungsgesetz vom 15. Januar 1972 (BGBl. I S. 13), zuletzt geändert am 23. Juli 2001 (Stand bei Drucklegung), zu Grunde.

Aber Professionalität erfordert auf jeden Fall, alle rechtliche Rahmenbedingungen einzuhalten.

Wir möchten hier nicht auf die moralische Seite eingehen, sondern nur allein schon darauf hinweisen, dass Ignoranz oder der Versuch des Durchlavierens schlicht gefährlich wäre:

Es besteht Haftung und möglicherweise auch persönliche Haftung, ferner gibt es das erhebliche Risiko, dass getroffene Entscheidungen oder Beschlüsse, die nicht rechtens sind, revidiert werden müssen.

Nicht alle OE-Maßnahmen haben rechtlich relevante Aspekte

Natürlich haben aber nicht alle Organisationsentwicklungsmaßnahmen rechtlich relevante Aspekte. Wo sie auftreten, ist es sinnvoll, sich im Voraus der Tragweite von rechtlichen Aspekten bewusst zu sein. Da das Arbeitsrecht nicht in einem einzigen geschlossenen Gesetzbuch zu finden ist, sondern sich aus einer Fülle von gesetzlichen Bestimmungen zusammensetzt, ist es besonders hilfreich, sich mit den Grundlagen vertraut zu machen, wenn es zu gesetzlichen Kollisionen der verschiedenen Rechtsquellen kommt.

Reine Teamtrainings sind rechtlich unverfänglich

Betrachten wir zunächst die wesentlichen, grundsätzlichen Kategorien:

- Bei Teamtrainings oder Workshops, in denen es darum geht, die sozialen Beziehungen zu klären, Konflikte zu bewältigen und „den Sand aus dem Getriebe" zu nehmen, sind kaum rechtliche Aspekte zu beachten.

Schon bei Auswirkungen z.B. auf Zuständigkeiten greifen Mitbestimmungsrechte

- Schon anders wird die Situation, wenn sich z.B. durch einen Workshop Änderungen der Zuständigkeiten und der Verantwortung ergeben. Nicht selten werden damit auch die Befugnisse wie Unterschriftsberechtigung, die Berechtigung, Ziele zu vereinbaren oder Gehaltseingruppierungen festzulegen, betroffen sein. Spätestens dann sind die Mitbestimmungsrechte des Betriebsrates, die Kompetenzregelung des Unternehmens (evtl. Betriebsvereinbarung) und das Vertragsrecht tangiert.

  Teilweise wird der Betriebsrat hinsichtlich Teamentwicklungsmaßnahmen über standardisierte Abläufe von Personalentwicklungsabteilungen informiert.

Bei großen Änderungen sind dann immer zahlreiche Rechtsgebiete betroffen

- Selbstverständlich sind große Änderungen wie Betriebsstillegungen oder Fusionen immer mit einer Fülle von rechtlichen Aspekten bestückt, die beachtet werden müssen. Sie haben naturgemäß Aufgabenänderungen, Versetzungen oder Kündigungen zur Folge. Grundsätzlich kann gesagt werden: je mehr formale Änderungen geplant und umgesetzt werden, umso mehr müssen rechtliche Grundlagen beachtet werden. Hierbei hat das Betriebsverfassungsgesetz eine zentrale Bedeutung. Es regelt die Zusammenarbeit im Unternehmen mit der Arbeitnehmervertretung bzw. dem Betriebsrat. Wir empfehlen jeder Führungskraft, sich mit der Thematik auseinander zu setzen. Insbesondere, wenn sich Konfliktsituationen in der Zusammenarbeit mit der Arbeitnehmervertretung ergeben, ist es wichtig, als Führungskraft „sattelfest" zu sein in dem, was geht und was nicht geht. Die Tabelle auf der vorangehenden Tabelle gibt da nur eine erste Hilfe, es gilt, sich ausführlicher mit dem BetrVG zu beschäftigen.

Führungskräfte sollten sattelfest in der Frage sein, wann Mitbestimmungs- und anderes Recht zum Tragen kommen

WICHTIG FÜR JEDE FÜHRUNGSKRAFT IST ES ZU WISSEN, WANN MITBESTIMMUNGSRECHTE DES BETRIEBSRATS VORLIEGEN.

Ein Verstoß dagegen kann in einem Konfliktfall sämtliche Entscheidungen nichtig machen. Die Einhaltung gewisser Formalismen kann somit essenziell werden. Die Mitwirkungsrechte und Mitbestimmungsrechte des Betriebsrates beziehen sich vor allem auf folgende Bereiche:

Wesentliche Mitbestimmungssachverhalte

- Soziale Angelegenheiten - §§ 87 bis 89 BetrVG,
- Arbeitsplatzgestaltung, Abläufe, Arbeitsumgebung - §§ 90 f BetrVG,
- personelle Angelegenheiten - §§ 92 - 105 BetrVG,
- wirtschaftliche Angelegenheiten - §§ 106 - 113 BetrVG.

An den Arbeitgeberentscheidungen ist der Betriebsrat in unterschiedlicher Intensität und mit unterschiedlichen Rechten beteiligt. Es werden folgende Mitwirkungsrechte des Betriebsrates unterschieden:

Unterscheidung der wesentlichen Mitwirkungsrechte des BR

- Das **Informationsrecht** des Betriebsrates hat das Ziel, als Arbeitnehmervertretung rechtzeitig informiert zu sein. Dies ist besonders bei Planungen und bei wirtschaftlichen Vorhaben wichtig.
- Ein **Vorschlagsrecht** kommt zum Tragen, wenn der Betriebsrat z. B. bei der Personalplanung oder bei der Personalentwicklung Vorschläge machen kann, die der Arbeitgeber prüfen muss.
- Das so genannte **Anhörungsrecht** dient dazu, dem Betriebsrat eine Möglichkeit zu geben, zu Entscheidungen der Geschäftsleitung Stellung zu nehmen und auf das Management einwirken zu können. Wird der Betriebsrat nicht ordnungsgemäß angehört, kann die Entscheidung des Arbeitgebers unwirksam werden, z.B. fehlende Anhörung bei arbeitgeberseitiger Kündigung.
- Beim **Beratungsrecht** hat die Geschäftsleitung die Meinung des Betriebsrates einholen und sich mit ihm über die betreffende Sache zu beraten.

Die eigentlichen Mitbestimmungsrechte des Betriebsrates kommen in folgenden Fällen zum Tragen:

Unterscheidung der wesentlichen Mitbestimmungsrechte des BR

- Durch das **Widerspruchsrecht** kann der Betriebsrat bestimmte Entscheidungen (Einstellung, Stellenbesetzung, Umgruppierung, Versetzung) blockieren. Wenn der Betriebsrat die Zustimmung verweigert, kann der Arbeitgeber seine Entscheidung nur durch eine Entscheidung vor dem Arbeitsgericht durchsetzen.
- Eine noch stärkere Mitbestimmung wird durch das **Vetorecht** des Betriebsrates erreicht. Das trifft oft bei sozialen Belangen zu, indem der Arbeitgeber keine Entscheidung vor dem Arbeitsgericht einklagen kann.
- Das weit gehendste Recht wird von dem Betriebsrat durch das **Initiativrecht** durchgesetzt. Der Betriebsrat kann Entscheidungen selbstständig treffen und durchsetzen. Das Initiativrecht gilt hinsichtlich der Aufstellung eines Sozialplanes.

NEBEN DER ARBEITNEHMERVERTRETUNG EXISTIERT IN UNTERNEHMEN MIT MEHR ALS ZEHN LEITENDEN ANGESTELLTEN EIN SPRECHERAUSSCHUSS DER LEITENDEN ANGESTELLTEN.

Sprecherausschussgesetz für leitende Angestellte

Er vertritt naturgemäß die Interessen der leitenden Angestellten (und dies ist in einem Sprecherausschussgesetz geregelt, SprAuG § 25).

Sind durch die Change-Management-Massnahmen Veränderungen der Arbeitsbedingungen, personelle Massnahmen, Änderungen der Beurteilungskriterien oder wirtschaftlichen Angelegenheiten betroffen, hat der Sprecherausschuss ein Mitwirkungsrecht.

Im Gegenzug entfallen für leitende Angestellte andere Regelungen.

13.2 Planung und Vorbereitung von Organisationsänderungen unter Berücksichtigung der formal-rechtlichen Aspekte

Bei anstehenden Change-Prozessen Gremien rechtzeitig einbeziehen

Bereits bei den ersten Überlegungen zu Organisationsänderungen sollte der Betriebsrat bzw. der Personalrat und der Wirtschaftsausschuss rechtzeitig einbezogen werden. Dies ist nach § 106 ff. des BetrVG vorgeschrieben. Alles, was die wirtschaftliche und finanzielle Lage des Unternehmens betrifft, wird gemeinsam zwischen Arbeitgeber und Betriebsrat bzw. bei Unternehmen mit über 100 Mitarbeitern dem Wirtschaftsausschuss beraten. Nach dem BetrVG hat der Arbeitgeber mit dem Wirtschaftsausschuss fortlaufend zu beraten:

Mit dem Wirtschaftsausschuss fortlaufend beraten

- die wirtschaftliche Lage des Unternehmens,
- die finanzielle Lage des Unternehmens,
- die Produktionszahlen,
- die Umsatzzahlen,
- die Investitionspläne,
- Veränderungen der Produktionsverfahren,
- Rationalisierungsmaßnahmen,
- Verlegung von Betrieben oder Betriebsteilen,
- Stillegung oder Zusammenschluss von Betrieben oder Betriebsteilen,
- Änderungen der Organisation.

Change-Management-Maßnahmen betreffen auf jeden Fall die letzten vier Punkte.

Es sollte also darauf geachtet werden, dass der Wirtschaftsausschuss vor jeder Art von Reengineering oder Veränderungsprozessen informiert wurde.

Besondere Situation bei großen Veränderungen, möglicherweise mit Sozialplan

Der Betriebsrat hat auch bei Betriebsänderungen ein Beratungsrecht, wenn große Nachteile für die Belegschaft zu erwarten sind. In diesen Fällen wird ein **Sozialplan** erstellt, der die wirtschaftlichen Nachteile mildern soll.

Erstellt der Arbeitgeber keinen Sozialplan, wird die rechtliche Sachlage für das Unternehmen unvorteilhaft und es müssen z.B. an die Mitarbeiter Abfindungen gezahlt werden.

Es ist also nochmals darauf hinzuweisen, unbedingt rechtzeitig alle erforderlichen Stellen einzubinden. Nichts ist verheerender, als wenn die Mitarbeitervertretung auf Grund von Gerüchten in Misstrauensstimmung kommt. Erfahrungsgemäß wird danach die Zusammenarbeit zwischen Geschäftsleitung und Mitarbeitervertretung sehr viel schlechter funktionieren, als wäre beizeiten eine Zusammenarbeit begonnen worden.

Falls vorhanden, Sprecherausschuss beteiligen

Wenn es im Unternehmen einen Sprecherausschuss der leitenden Angestellten gibt, dann muss er ebenfalls rechtzeitig in die Planungen mit einbezogen werden.

Beachten, dass auch Befragungen zu beraten sind

Basiert eine Organisationsentwicklungsmaßnahme auf einer **Befragung** der Mitarbeiter, ist ebenfalls zu raten, den Betriebsrat frühzeitig in die Konzeption des Befragungsprojektes einzubeziehen. Werden im Fragebogen bestimmte personenbezogene Daten erhoben bzw. kann durch die Ergebnisse auf Leistung oder Eignung des Mitarbeiters geschlossen werden, dann sind die Fragebögen mitbestimmungspflichtig.

Sensibel sein, dass auch kleine Änderungen beratungspflichtig sein können

Nicht selten kommt es auch vor, dass nicht gleich große Veränderungen angedacht sind, sondern es geht viel häufiger um die kleinen Umstrukturierungen innerhalb einer Abteilung oder eines Bereiches. Da werden kleine Veränderungen, die zum Beispiel nur mit einigen wenigen Versetzungen oder mit Änderungen der Arbeitsabläufe oder Zuständigkeiten zusammenhängen, vorgenommen. Je nachdem, von welcher Stelle die „kleine" Organisationsänderung „in Auftrag" gegeben wird, muss auch die Personalabteilung eingebunden werden, sofern dies noch nicht geschehen ist. Durch die in den letzten Jahren aufgekommene Teilung der Verantwortung ist nicht immer klar, in welchem Maße eine Führungskraft allein, ohne Beteiligung der Personalabteilung und ohne Betriebsrat Veränderungen initiieren kann. In solchen Fällen sollte immer die Personalabteilung eingebunden werden, die dann die Kontakte zum Betriebsrat pflegt. Nichtsdestotrotz ist ein direkter „guter Draht" der jeweiligen Führungskraft zum Betriebsrat trotzdem zu empfehlen.

13.2.1 Veränderungen der Personalplanung und Personaleinsatzplanung

Im BetrVG §§ 92 bis 95 sind die Mitbestimmungen über allgemeine personelle Angelegenheiten geregelt. Damit hat der Betriebsrat ein Informationsrecht hinsichtlich der Personalplanung und ein Beratungsrecht bei den entsprechenden Maßnahmen. Damit sollen besondere Härten vermieden werden (§ 92 BetrVG). Ein reines Mitbestimmungsrecht hat der Betriebsrat hingegen bei der Gestaltung von **Personalfragebögen** sowie bei der Festlegung von Grundsätzen und Kriterien bei der Auswahl und Beurteilung von Personal (§ 94 ff BetrVG).

Zur Mitsprache über Personelles gehören Personalfragebögen

Der Sprecherausschuss der leitenden Angestellten wird ebenfalls eingebunden, wenn durch die Planungen personelle Maßnahmen (§ 31 SprAuG) tangiert werden.

13.2.2 Veränderungen der Ablauforganisation

Die meisten Veränderungen der Ablauforganisation, inkl. baulicher Maßnahmen, unterliegen der Mitbestimmung

Bei allen Maßnahmen, die die Aufgaben und die Arbeitsbedingungen der Mitarbeiter verändern, ist die Mitbestimmung nach BetrVG §§ 90 f. zu beachten. Hierzu gehören bauliche Veränderungen ebenso wie in Produktionsbetrieben die Änderungen der Fertigungsbänder mit ihren Taktzeiten und ihren Arbeitsschritten. Immer dann, wenn Aufgabenanalysen, Arbeitsplatzbeschreibungen und Bewegungsabläufe in zeitlicher, räumlicher oder personeller Hinsicht erstellt werden, dann können und werden sie für Leistungsbeurteilung, Lohneingruppierung oder Personaleinsatzplanung genutzt. Hierbei gilt es, die Mitbestimmung nach dem Betriebsverfassungsrecht ebenso zu respektieren wie auch Bestimmungen des Datenschutzes und der Arbeitssicherheit.

Es hat sich immer bewährt, diejenigen, die mit diesen Aufgaben betraut sind, z.B. den Datenschutzbeauftragten, den Betriebsarzt oder den Arbeitssicherheitsbeauftragten rechtzeitig über die geplanten Analysen und Änderungen zu informieren bzw. einzubinden.

Sehr oft wird auch die Aktualisierung von Stellen- und Funktionsbeschreibung in einem Veränderungsprozess vergessen. Bei der Erstellung von Zeugnissen oder Stellenausschreibungen kommt es dann zu einem erhöhten Abstimmungsbedarf, um Konflikte mit dem Mitarbeiter zu vermeiden. Für die interne Stellenausschreibung gilt § 93 BetrVG.

Betreffen die Change-Maßnahmen auch im weitesten Sinne die Arbeitsbedingungen der leitenden Angestellten, dann hat der Sprecherausschuss der Leitenden ein Mitwirkungsrecht nach § 30 SprAuG.

13.2.3 Spielregeln und Ordnung des Betriebs und des Verhaltens der Arbeitnehmer

Über selbst auferlegte Spielregeln sollte der BR informiert werden

In Fällen, wo sich ein Team durch eine Teamentwicklungsmaßnahme auf gemeinsame Spielregeln in den Arbeitsabläufen einigt, sollte selbst dies dem Betriebsrat mitgeteilt werden. Manchmal kann es auch sein, dass das Unternehmen als Ganzes sich bestimmten Verhaltensweisen verpflichtet, z.B. kann die Klärung von Konflikten geregelt werden, die Behandlung von Verbesserungsvorschlägen oder der Umgang mit Kunden. Solche Vereinbarungen sind in § 87 (1) Nr. 1 des BetrVG geregelt.

Soziales und Vieles zu Entgelt und Arbeitszeiten fallen unter die Mitbestimmung des BR

Die Mitbestimung des Betriebsrates bei **sozialen Angelegenheiten** ist sehr stark. Die Wirksamkeit von sozialen Maßnahmen ist von der Zustimmung des Betriebsrates abhängig. So sind z.B. Rauchverbote, Eingangskontrollen, Zeiterfassung, Parkplatzordnung oder Kleidungsvorschriften mitbestimmungspflichtig.

Auch die Auszahlungszeiten der Arbeitsentgelte (Wochen- oder Monatslohn, bargeldlose Zahlung) sind mit dem Betriebsrat abzustimmen.

Bei der Ausgestaltung und Verwaltung von Sozialeinrichtungen wie Betriebskindergarten, Kantine, Freizeitstätten sowie Pausen- und Ruheräumen muss ebenfalls der Betriebsrat mitreden. Sind Betriebswohnungen vorhanden, wird der Betriebsrat bei der Vergabe dieser Wohnungen sowie bei den Mietbedingungen mitbestimmen. Das Gleiche gilt für die Abstoßung von Betriebswohnungen.

13.2.4 Versetzungen

Vorgehensweisen bei der Versetzung

Wird ein Mitarbeiter innerhalb des Unternehmens versetzt, kann dies durch Bewerbung auf eine offene Stelle und nachfolgender Stellenbesetzung oder durch das Weisungsrecht (innerhalb des Berufsbildes des Mitarbeiters) erfolgen. Eine weitere weniger gebräuchliche Möglichkeit ist die der Änderungskündigung, bei der der alte Arbeitsvertrag gekündigt wird und ein neuer Arbeitsvertrag mit geänderten Arbeitsbedingungen (niedrigere Hierarchie und geringeres Entgelt) angeboten wird. In allen Fällen bedarf es der Zustimmung des Betriebsrates.

Gelegentlich wird es erforderlich, dass Gesundheitsuntersuchungen vor den eigentlichen Versetzungen vorgeschaltet werden. Dies sollte bei besonders gesundheitsbelastenden Arbeitsbedingungen oder besonderen Einsatzbereichen, z.B. Kantine, dringend beachtet werden.

13.2.5 Veränderungen der Arbeitszeit

Unter den Begriff Arbeitszeitregelung fallen mehrere Aspekte

Nicht selten zieht eine Änderung von Aufbau- und Ablauforganisation Veränderungen der Arbeitszeit nach sich. Auch die Mitbestimmung über die Regelung der Arbeitszeit ist im BetrVG § 87 (1) Nr. 2 verankert. So müssen Beginn und Ende der täglichen Arbeitszeit, die Pausen, Gleitzeit, Schichtarbeit oder die Verkürzung der sonst üblichen Arbeitszeit (Kurzarbeit) sowie die Ausweitung der üblichen Arbeitszeit (Überstunden) mitbestimmt werden. Um Überkapazitäten abzubauen, wird häufig auch der Abbau von Mehrarbeit bzw. von Überstunden angeordnet.

In manchen Firmen werden die **Urlaubszeiten** durch einen Urlaubsplan geregelt. Diese Vorgehensweise, die Kriterien für die Urlaubsgenehmigung oder auch die Vereinbarung von Betriebsferien sind ebenfalls mitbestimmungspflichtig. In Phasen des Change-Managements kann es sein, dass ein zeitlich eingegrenzter Urlaubsstopp verhängt wird. Dies sollte unbedingt rechtzeitig mit dem Betriebsrat abgestimmt und mitbestimmt werden. In manchen Fällen gewähren Unternehmen längeren unbezahlten Urlaub, der einerseits den Personalüberhang vermindern kann, aber auch für die Arbeitnehmer interessante Möglichkeiten (langer Auslandsaufenthalt, Sabbattical, Studium) beinhaltet.

Durch die **Umwandlung von Vollzeit- in Teilzeitstellen** kann ebenfalls eine Verringerung der Kapazität erreicht werden. Veränderungen dieser Art sind ebenfalls mitbestimmungspflichtig.

Kurzarbeit muss von der Bundesagentur für Arbeit geprüft werden

Soll die Mitarbeiterzahl gehalten, jedoch die Kapazität gedrosselt werden, bietet sich an, für einen Betrieb oder das ganze Unternehmen **Kurzarbeit** zu vereinbaren. Da mit der Kurzarbeit gleichzeitig eine Verringerung der Vergütung verbunden ist, gelten besondere Regelungen. Die Notwendigkeit der Kurzarbeit wird vom Arbeitsamt (d.h. der Bundesagentur) geprüft. Die Kurzarbeit muss Arbeitsplatz erhaltend sein und gleichzeitig darf keine Mehrarbeit/Überstunden genehmigt werden. Auch sind Rationalisierungsprozesse zum gleichen Zeitpunkt als kritisch zu erachten. Das Kurzarbeitergeld wird in §§ 67 bis 68 AFG geregelt. Die meisten Unternehmen regeln die Einführung und Umsetzung der Kurzarbeit durch eine Betriebsvereinbarung.

13.2.6 Personalabbau

Möglichkeiten des Personalabbaus

Bevor es bei Reengineeringmaßnahmen und Sanierungen zu Kündigungen kommt, versuchen die Unternehmen zunächst, über Arbeitszeitverkürzung (siehe oben) und den Abschluss von so genannten **Kapovaz-Verträgen** die Arbeitszeit der Mitarbeiter nach den betrieblichen Belangen zu regeln und damit bei der Bezahlung einzugrenzen.

Der Personalabbau wird dann in der nächsten Stufe mit dem Nicht-Besetzen von frei werdenden Stellen und dem vorzeiten Ausscheiden von Mitarbeitern mittels Altersteilzeit betrieben. Auch der Abbau von eingesetzten Leasingarbeitnehmern dient dem Einsparen von Kosten.

Kündigung ist mitbestimmungspflichtig

Bringen diese Maßnahmen noch nicht die erwünschten Einsparerfolge, werden **betriebsbedingte Kündigungen** notwendig. Vor jeder Kündigung muss der Betriebsrat mit einer Begründung angehört werden, da sie sonst unwirksam ist. Bei einer ordentlichen Kündigung (§ 102 BetrVG) kann der Betriebsrat Widerspruch einlegen, sodass der Mitarbeiter weiterbeschäftigt werden muss, bis eine rechtskräftige Entscheidung gefallen ist. Handelt es sich um eine außerordentliche Kündigung (z.B. bei Arbeitsverweigerung, Diebstahl im Unternehmen) hat der Betriebsrat lediglich ein Anhörungsrecht.

Aufhebung unterliegt der Vertragsfreiheit, hat jedoch andere Nachteile

Mittels **Aufhebungsverträgen** können einvernehmliche Lösungen der Arbeitsverhältnisse erreicht werden. Dies wird über die allgemeine Vertragsfreiheit (§§ 241 – 305 BGB) geregelt. In der Praxis gestaltet sich jedoch die „einvernehmliche Trennung" von Mitarbeitern nicht so einfach. Psychologische Faktoren spielen dabei eine große Rolle. Nicht selten werden Machtkämpfe, Rechthaberei oder auch „Abzocke" bzgl. der Abfindungen probiert. Mitarbeiter, die mit dieser Vorgehensweise nicht vertraut sind, werden oft „über den Tisch gezogen" und erleben ihre ungerechte Behandlung oft erst spät, wenn sie bereits ausgeschieden sind. Unternehmen, die sich auf diese Art von Mitarbeitern trennen, werden nicht selten in ihrer Glaubwürdigkeit und Seriosität geschwächt.

Bei großen Sanierungen oder drohender Insolvenz werden oft Entlassungen oder **Massenentlassungen** von der Geschäftsleitung eingeleitet. In Veränderungsprojekten wird es, wenn es zu Entlassungen kommt, um betriebsbedingte Kündigungen gehen. Die Gründe für die einseitige Vertragsauflösung liegen in diesem Fall in den wirtschaftlichen Ursachen begründet. Meistens sind Rationalisierungen, die Einschränkung der Produktion oder Auftragsrückgänge die Gründe für die missliche Lage. Auch hier gilt, dass vor jeder Kündigung der Betriebsrat angehört werden muss, da sonst die Kündigung unwirksam ist. Eine Ausnahme stellt die Kündigung eines leitenden Angestellten dar, bei dem diese Zustimmung nicht erforderlich ist, da der Betriebsrat die Rechte von leitenden Angestellten nicht vertritt. Stattdessen muss der Sprecherausschuss der leitenden Angestellten eingebunden sein.

Soziale Aspekte bei Entlassungen

Bei der Auswahl, welcher Arbeitnehmer betriebsbedingt gekündigt wird, hat der Arbeitgeber soziale Aspekte zu berücksichtigen. Mitarbeiter, die einen Sonderkündigungsschutz genießen (Betriebsratsmitglieder, Schwerbehinderte), werden von der Gruppe der zu kündigenden Mitarbeiter ausgeschlossen (§ 1, Abs. 3, KSchG). Aus der Gruppe der nach arbeitsplatzbezogenen Merkmalen miteinander vergleichbaren Mitarbeiter werden diejenigen die Kündigung erhalten, die am wenigsten auf das Einkommen durch den Arbeitsplatz angewiesen sind. Diese Kriterien zur sozialen Vergleichbarkeit wurden vom Bundesarbeitsgericht definiert und betreffen die Dauer der Betriebszugehörigkeit, das Lebensalter und die Unterhaltsverpflichtungen. Entsprechend einem Punkteschema kann danach die soziale Auswahl für die betriebsbedingten Kündigungen getroffen werden.

Kriterienverfahren und ihre Durchführung

Das auf den ersten Blick einleuchtende Verfahren eines Punktesystems wird jedoch in der Praxis recht schwierig in der Durchführung. Es wird ein enormer Verwaltungsaufwand getrieben. Manchmal werden zusätzliche Kriterien wie Nebeneinkünfte, Vermögensverhältnisse, pflegebedürftige Angehörige, Arbeitsmarktchancen, Krankheiten etc. herangezogen. Es wird jedoch nicht nur angesetzt, welche Funktion der Arbeitnehmer zurzeit einnimmt, sondern auch die Funktionen, die er früher oder zusätzlich ausüben könnte. Die so genannte „Austauschbarkeit" des Mitarbeiters muss in einem komplizierten Verfahren ermittelt werden. Nicht zulässig ist es, sich im Laufe der Sozialauswahl auch gleich von den Minderleistern zu trennen.

Erstellen eines Sozialplans und Hinzuziehen der Einigungsstelle

Inzwischen ist es zur Norm geworden, dass die fehlende „Gerechtigkeit" durch die Sozialauswahl teilweise durch Gerichtsverhandlungen nachgebessert wird. Um den schwierigen Prozess der Sozialauswahl zu erleichtern, wird in den meisten Firmen ein **Sozialplan** erstellt, in dem die Kriterien der Auswahl und ihre Gewichtung zueinander festgelegt werden. Wird zwischen Betriebsrat und Geschäftsleitung keine Einigung durch einen Sozialplan erreicht, kann eine Einigung durch das Landesarbeitsamt oder die Einigungsstelle erfolgen. Im Sozialplan sind ferner die finanziellen Leistungen des Unternehmens an die Betroffenen geregelt.

Werden von den Personalabbaumaßnahmen auch leitende Angestellte betroffen sein, ist der Sprecherausschuss entsprechend § 31 SprAuG einzubinden.

Im Falle von **Betriebsänderungen § 111 BetrVG** (Stillegung, Verlegung oder Zusammenlegung eines von Betriebsteilen bzw. eines) Betriebes fallen ebenfalls häufig betriebsbedingte Kündigungen an. Auch bei grundlegenden Änderungen der Betriebsorganisation bzw. des Betriebszweckes und der Einführung neuer Arbeitsmethoden und Produktionsverfahren kommt es nicht selten vor, dass Personalfreisetzungen anfallen.

Massenentlassungen sind anzeigepflichtig

Auch kann es bei großflächigen Betriebsänderungen zu **Massenentlassungen** kommen. Bei Massenentlassungen besteht neben der Beratung mit dem Wirtschaftsausschuss und dem Betriebsrat eine Anzeigepflicht beim Arbeitsamt. Der Interessenausgleich (§112 BetreVG) regelt die organisatorische und technische Umsetzung der Betriebsänderung. Im Sozialplan wird festgelegt, durch welche Maßnahmen die wirtschaftliche Härte der Betroffenen geregelt werden soll.

Auffanggesellschaft als Alternative

Nachteilig wirken sich Massenentlassungen auf das Ansehen des Unternehmens in der Öffentlichkeit aus. Das Vertrauen in die Firma als verlässlicher Arbeitgeber geht in den meisten Fällen verloren. Um Massenentlassungen zu vermeiden, sollte an andere Möglichkeiten, wie z.B. Überführung in eine **Auffanggesellschaft,** gedacht werden. Eventuell kann auch die stufenweise Verringerung der Belegschaft eine Massenentlassung vermeiden.

13.2.7 Veränderungen bei Prämien, Anreizsystemen, Erfolgsbeteiligungen, Incentives

Häufig sind die Entgeltsysteme durch Tarifverträge geregelt. Bei entsprechenden Änderungen muss das Tarifvertragsrecht beachtet werden. In der letzten Zeit jedoch häufen sich die Austritte von Unternehmen aus den Arbeitgeberverbänden und damit auch aus dem Geltungsbereich von Tarifverträgen.

Austritt aus dem Arbeitgeberverband vermeidet nicht Beachtung von rechtlichen Bestimmungen

Aber auch Unternehmen, die nicht tariflich gebunden sind, haben rechtliche Grundlagen zu beachten. Häufig sind dazu Betriebsvereinbarungen im Unternehmen geschlossen worden, die eine festgelegte Geltungsdauer haben. Der Betriebsrat hat auf deren Grundlage ein Mitbestimmungsrecht in allen Fragen der betrieblichen Lohngestaltung, dem Festlegen von Entlohnungsgrundsätzen und -methoden.

Bei variablen Gehaltsanteilen wird oft auch die Beurteilung der Erreichungshöhe festgelegt. Hier ist eine enge Koppelung an die Aufgaben, an die Zielerreichung und an die Leistungsbeurteilung direkt oder indirekt möglich. Veränderungen in den Abläufen, Zielen und Aufgaben haben somit auch Auswirkungen auf die variablen Gehaltsanteile. Werden z.B. Kundenbetreuungsgebiete verändert, verändert sich ebenfalls der Umsatzanteil der betreffenden Vertriebsmitarbeiter.

Es sind also alle Führungsinstrumente und ihre rechtliche Grundlage (Betriebsvereinbarung) zu betrachten, die einen Einfluss auf die monetäre und nichtmonetäre Entlohnung bzw. Benefits haben.

Hierbei ist auch zu bedenken, dass sich durch die Organisationsänderungen manchmal eine Reihe von Zuständigkeiten ändern. Wechselt für einen Mitarbeiter der Vorgesetzte, so muss geprüft werden, ob dann ein Zwischenergebnis der Leistungsbeurteilung, der Zielerreichung festgestellt oder ein Zwischenzeugnis geschrieben werden sollte. Dies gilt sowohl für Unternehmen mit Tarifvertrag wie auch für tariflich freie Unternehmen.

13.2.8 Veränderungen bei den IT-Systemen, IT-Programmen und technischen Einrichtungen

Datentechnische Veränderungen im Unternehmen sind vielfach mitbestimmungspflichtig

Auch die Einführung und Veränderung von IT-Systemen, IT-Programmen und sonstigen technischen Einrichtungen (technische Zugangsmodule, Überwachungskameras) sind mitbestimmungspflichtig. Entscheidend hierbei ist, ob der Einsatz der Technik dazu genutzt werden kann, die Leistung oder das Verhalten von Mitarbeitern direkt oder indirekt zu überwachen.

Hierbei bietet es sich an, nicht nur den Betriebsrat einzubinden, sondern auch den Datenschutzbeauftragten zu informieren und an den Planungen mitzubeteiligen.

Datenschutz ist zu beachten

In den Reengineeringprozessen, bei denen sich die Zugriffsrechte der einzelnen Mitarbeiter verändern, sollte je nach Tragweite der Zugriffs- oder Leserechte eine Information an den Betriebsrat gegeben werden und die Befugnisse der Mitarbeiter in einer Stellen- oder Funktionsbeschreibung festgehalten werden. Auch hierbei ist wegen der Datenschutzproblematik der Datenschutzbeauftragte hinzuzuziehen.

Arbeitssicherheit ist zu beachten

Werden durch Reengineeringmaßnahmen Veränderungen in der Produktion vorgenommen, wird es in den meisten Fällen auch wichtig, die Fachkräfte für Arbeitssicherheit, den Arbeitssicherheitsbeauftragten und/oder den betriebsärztlichen Dienst hinzuzuziehen. Wichtige Regelungen über die Verhütung von Arbeitsunfällen und Berufskrankheiten werden von diesen Verantwortlichen eingebracht, überprüft oder aufgehoben.

13.3 Sonstige rechtliche Grundlagen

Bei all den bereits beschriebenen Organisationsänderungen gelten grundsätzliche rechtliche Bestimmungen, die immer Beachtung finden müssen. Dies sind die internen Stellenausschreibungen, die bei der Schaffung neuer Stellen oder auch manchmal bei der Umorganisation dazu dienen sollen, dass sich Mitarbeiter intern auf andere Stellen bewerben können oder sollen.

Weitere Gesetze schützen besondere Personengruppen im Arbeitsleben

Ebenso beachtet werden muss das Mutterschutzgesetz. Schwangere Frauen und Mitarbeiterinnen bis zum Ablauf von vier Monaten nach der Entbindung haben ein Kündigungsverbot. Arbeitnehmerinnen, die im Erziehungsurlaub sind, kann zum Ende des Erziehungsurlaubs gekündigt werden. Sind im Unternehmen besonders Frauenförderprogramme aufgelegt, ist es sinnvoll, auch hierbei die zwingenden Vorgaben, sofern sie vorhanden sind, zu beachten.

Sind von den Veränderungsmaßnahmen Auszubildende oder Jugendliche betroffen, ist es wichtig, die Jugend- und Auszubildendenvertretung einzubinden. Diese geschieht in der Regel durch den Betriebsrat, sofern er rechtzeitig informiert wurde.

Hinsichtlich des Arbeitseinsatzes und des Kündigungsschutzes genießen auch Schwerbehinderte einen besonderen Schutz. Die Kündigung eines Schwerbehinderten muss bei der Hauptfürsorgestelle beantragt werden.

Die hier angesprochenen Regelungen sind wesentliche, aber die Liste ist, wir weisen nur vorsichtshalber darauf hin, natürlich bei weitem nicht erschöpfend.

13.4 Qualifizierung für neue Aufgaben

Kommen durch größere Veränderungsmaßnahmen Versetzungen vor, kann die Weiterqualifizierung auf die neuen Stellen erforderlich werden.

Qualifizierungsmaßnahmen sind mit dem BR abzustimmen

Werden betriebliche Weiterbildungsmassnahmen geplant, so sind diese mit dem Betriebsrat abzustimmen (§ 98 BetrVG).

Besonders die Auswahl, wer an welchen Weiterbildungsmaßnahmen teilnehmen kann/soll, wird dabei geprüft. Dies wird besonders wichtig, wenn es um die Auswahl von Nachwuchskandidaten geht.

Außerdem kann der Betriebsrat auch an der Ausstattung von betriebsinternen Bildungseinrichtungen mitwirken. Bei der Auswahl und Bestellung von Ausbildern hat der Betriebsrat ein Mitbestimmungsrecht.

13.5 Rechtliche Besonderheiten bei der individuellen Führung in Change-Prozessen

13.5.1 Vorübergehende Weisung

Vorübergehende Versetzung ist meist unproblematisch

In Umbruchzeiten, wenn z.B. Abteilungen aufgelöst werden, kann es sein, dass die Mitarbeiter vorübergehend in anderen Abteilungen oder Bereichen eingesetzt werden. Das kann ohne offizielle Versetzung geschehen und liegt im Weisungsrecht des Vorgesetzten.

13.5.2 Fehlverhalten bei Change-Prozessen und deren rechtliche Folgen

Manchmal kommt es vor, dass Mitarbeiter die Veränderungen im Unternehmen gar nicht oder nur sehr schwer mittragen können. Je nach Verstoß des Mitarbeiters ist es zunächst Aufgabe der Führungskraft, mit dem Mitarbeiter über seine Verfehlungen zu sprechen. In der Regel liegen z.B. in rüpelhaftem Verhalten oder im Streuen von Gerüchten Ängste zu Grunde, die der Betreffende nicht anders bewältigen kann, als in seiner Umgebung in dieser Form aufzutreten.

Typisches Fehlverhalten im Leistungsbereich

Das Fehlverhalten kann sich äußern in Pflichtverletzungen im Leistungsbereich durch

- Minderung der Arbeitsleistung (Quantität und Qualität, „Es lohnt nicht mehr, hier zu arbeiten.“),
- unentschuldigtes Fehlen am Arbeitsplatz (mangelnde Disziplin),
- unbefugtes Verlassen des Arbeitsplatzes/Arbeitsbereiches.

Pflichtverletzung im Vertrauensbereich

Pflichtverletzungen im Vertrauensbereich sind unter anderem

- Störungen des Betriebsablaufes (umständliches Abwickeln, um zu beweisen, dass die Neuerungen doch nicht funktionieren),
- Störungen des Betriebsfriedens (Gerüchte streuen, Beleidigungen, Rufmord),
- Abwerbung von Mitarbeitern („Aufforderung, das sinkende Schiff zu verlassen“),
- falsche Angaben bei Arbeitsberichten, Protokollen etc. („die neuen Veränderungen schlechtreden“),
- Missbrauch von Befugnissen (besonders bei Führungskräften und Mitarbeitern, die durch das Change-Management Rechte und Macht eingebüßt haben),
- Diebstahl, Betrug („Man muss mitnehmen, was man kriegen kann“).

Ermahnungen haben rechtlich keine Bedeutung, d.h., sie können vor Gericht nicht nachgewiesen werden und haben für Rechtsstreits keine Wirkung.

Aber dennoch kann psychologisch das Wort „Ermahnung“ beim Mitarbeiter eine entsprechende Dringlichkeit und Ernsthaftigkeit auslösen. In vielen Firmen wird die Ermahnung nicht mehr genutzt.

Ermahnungen sind folgenlos, disziplinarisch und rechtlich wirksam sind Abmahnungen, die regelgerecht erfolgen müssen

Haben Gespräche und Ermahnungen des Vorgesetzten keine Wirkung gezeigt, kann eine Abmahnung ausgesprochen werden.

Wegen der Beweissicherung ist eine schriftliche Abmahnung einer mündlichen vorzuziehen.

Checkliste: Anforderungen an eine Abmahnung

- Der zu bemängelnde Sachverhalt muss genau beschrieben sein (wann, wie, mit wem).
- Die Abmahnung muss dem Empfänger zugehen (Bestätigung über den Erhalt der Abmahnung unterschreiben lassen).
- Bei ausländischen Mitarbeitern gilt nicht nur die Übergabe, sondern auch eine Zeitspanne, in der die Abmahnung entsprechend übersetzt werden kann.
- Bei schwer wiegenden Verstößen, die sogar eine außerordentliche Kündigung nach sich ziehen können, dürfen zwischen dem Verstoß und der Abmahnung nicht mehr als 2 Wochen verstrichen sein.
- Abmahnungen können nicht nur vom direkten Vorgesetzten, sondern auch von anderen, die zu verbindlichen Anweisungen befugt sind, ausgesprochen werden. In der Praxis jedoch wird kaum ein Projektleiter oder Teamleiter ohne Absprache mit dem direkten Vorgesetzten eine Abmahnung aussprechen.

Die Rechte des BR gestalten sich differenziert

Es sind nur die Abmahnungen mitbestimmungspflichtig, die eine Auswirkung auf die kollektive Ordnung haben. Je nach Verfehlung, z.B. bei Boykott durch mutwillige Zerstörung von Maschinen oder bei Diebstahl, kann sofort eine außerordentliche (fristlose) Kündigung ausgesprochen werden. Dabei hat der Betriebsrat kein Widerspruchsrecht.

13.6 Fazit

Viele Führungskräfte nehmen das Thema der rechtlichen Aspekte nicht ernst genug. In Veränderungen stehen sie dann einem Bertriebsrat gegenüber, der sich intensivst über die Rechte und Pflichten der Arbeitnehmer hat schulen lassen. Dies wird ein ungleicher Kampf, aus dem die Führungskraft oft als Verlierer herauszugehen droht. Es ist aber sicherlich auch so, dass nicht alles „so heiß gegessen wird, wie es gekocht wird". Die meisten Situationen und Konflikte lassen sich mit gutem Willen der beteiligten Personen einvernehmlich lösen. Gut ist es jedoch, auf entsprechende Konfliktsituationen vorbereitet zu sein.

14 Externe und interne Begleitung von Change-Prozessen

14.1 Rolle von externen Beratern

„Ein Prozessberater ist am besten, wenn die Menschen kaum merken, dass er da ist. Es ist nicht gut, wenn Menschen ihm gehorchen oder Beifall bekunden. Schlimmer, wenn sie ihn verachten ... aber von einem guten Prozessberater, der wenig spricht, wenn seine Arbeit getan, sein Ziel erreicht ist, werden sie sagen: ‚Wir haben es selbst getan'."
W. B. Reddy (frei nach Laotse) in „Prozessberatung von Kleingruppen", Leonberg 1997

Hohe Anforderungen an den Berater

Zunehmende Erwartungen an notwendige Veränderungsprozesse in Unternehmen lassen immer mehr Führungskräfte Hilfe bei Change-Management-Beratern suchen. Die Anforderungen an diese sind dementsprechend hoch:
- Beratung und Begleitung bei der Strategieentwicklung und -umsetzung,
- Analyse der Organisation,
- Kenntnisse des Controlling und der Finanzen,
- Neuorientierung des Marketing und nicht zuletzt
- psychologische und kommunikative Fähigkeiten für die Erfolg versprechende Umsetzung einschließlich Konfliktmanagement.

Doch wie leistet ein Berater diese Anforderungen? Ganzheitliche Beratung ist - noch - eine Seltenheit.

Man trifft zwei Gruppen von Beratern an

Der Beratermarkt ist zweigeteilt:
- Auf der einen Seite haben wir die klassischen Unternehmensberatungen, die **Organisationen eher als technische Gebilde** sehen und den Schwerpunkt der Beratung auf die Optimierung der Organisation legen. Die Empfehlung lautet dann in der Regel, Geschäftsprozessoptimierungen, Downsizingprogramme oder Produktportfoliobereinigungen vorzunehmen.
- Auf der anderen Seite gibt es die Beraterfraktion, die den **Menschen im Mittelpunkt** sehen. In dem Fall werden Change-Prozesse in der Regel den Fokus auf Zusammenarbeit und Entwicklung von Individuen und Gruppen legen.

Ganzheitlich tätige Berater sind selten

Es gibt nach unserem Eindruck nur wenige Berater, die es schaffen, beide Sichtweisen zu integrieren und eine ganzheitliche Beratung vorzunehmen (auch wenn die meisten „Ganzheitlichkeit" auf den Visitenkarten stehen haben). Das bedeutet nicht, dass wir hier jetzt Kollegenschelte betreiben, sondern wir plädieren dafür, beide Seiten zusammenzubringen, wozu auch die Auftraggeber Verantwortung tragen, und das möchten wir im Folgenden detaillierter ausführen und beschreiben. Werfen wir zunächst einen Blick auf die bestehende Praxis.

Unternehmen folgen oft (zu) einfach dem Fokus des Beraters

Nicht wenige Veränderungsprozesse in Organisationen orientieren sich zu stark am einseitigen Themen-/und Kompetenzfokus der jeweiligen Beratungsgesellschaft. Daran sind letzthin auch die verantwortlichen Manager nicht ganz schuldlos, die derzeit oft nach der Formel „hart und radikal ergibt wirkungsvoll" Veränderungsprozesse durchführen lassen. Beobachtbar ist ein bei den betroffenen Mitarbeitern hohes Ohnmachts- und Frustpotenzial, verbunden mit massiven betriebswirtschaftlichen Reibungsverlusten, welche – zumindest in diesem Ausmaß – vermeidbar wären.

Der Blick auf die Gesamtorganisation, die Berücksichtigung struktureller, kultureller und personeller Themen ist vor diesem Hintergrund sehr wichtig. Der Themenfokus kann sich dabei in den einzelnen Phasen des Change-Prozesses ändern. Die wenigsten Veränderungsprozesse verlaufen völlig zielgerichtet und geplant. Ist die Zielsetzung fokussiert auf die Steigerung der Effektivität einer Organisation, vernachlässigt man das humanitäre Feld. Die Konsequenz: Mitarbeiter werden verunsichert und Widerstände nicht aufgefangen. Wer dagegen in Massenveranstaltungen Mitarbeiter auf die neue Vision des Unternehmens einschwört, übersieht leicht konkrete Maßnahmen im Businessbereich. Alle Aspekte sollten berücksichtigt werden.

In der Praxis findet man demgegenüber häufig vorgefertigte „5-Phasen-und-wir-sind-da-Konzepte", die weit gehend rigide durchgezogen werden und oft eher Schaden als Nutzen bringen.

> INSOFERN KOMMT DER KRITISCHEN AUSWAHL BEI DER INANSPRUCHNAHME PROFESSIONELLER UNTERSTÜTZUNG UND BERATUNG GROSSE BEDEUTUNG ZU. BENÖTIGT WERDEN BERATER, DIE ALS PROFESSIONELLE GRENZGÄNGER ZWISCHEN DEN VERSCHIEDENEN WELTEN IHRE KUNDEN WIRKUNGSVOLL UND AUTONOMIEFÖRDERND BEI DER ERREICHUNG IHRER ZIELE UNTERSTÜTZEN.

Wo Ganzheitlichkeit nicht mit einer Beraterfirma möglich ist, können Partner und Netzwerke verpflichtet werden

Achten Sie darauf, dass Sie für die einzelnen Aspekte des Change-Prozesses auch die richtigen Berater einbinden. Ein Change-Manager als Einzelkämpfer birgt z.B. die Gefahr, dass er alles selber machen will, auch die Aufgaben, für die er kein Spezialist ist. Besser ist es, wenn der Berater auf ein gut funktionierendes Netzwerk von Beraterkollegen zurückgreifen kann, welches die verschiedenen Aspekte eines Veränderungsprozesses abzudecken vermag. „Technos", die beispielsweise auf Organisationsstrukturen, Finanzen und Geschäftsentwicklung spezialisiert sind, sind dabei genauso wichtig wie die „Psychos", die sich mit den so genannten „weichen" Faktoren wie Mitarbeiterführung, Unternehmenskommunikation und -kultur auseinander setzen.

Wie findet ein Entscheider nun gezielt das Consultingunternehmen mit der nötigen Allround-Kompetenz, das eine solche Basis mittragen kann?

Erstes Kriterium für die Auswahl ist die Persönlichkeit, wenn diese stimmig ist, folgen weitere Kriterien

> Achten Sie bei der Auswahl eines Change-Management-Beraters zunächst (!) auf die Persönlichkeit.

Fragen Sie sich:
- Stimmt die Chemie?
- Passt die Person zur Firmenkultur?
- Spricht der Consultant eine klare Sprache?
- Verfügt er über ein breites und flexibles Repertoire?
- Kann er glaubhaft eine Sicht auf die Gesamtorganisation vermitteln?

Wichtig sind Berufserfahrung, Aus- und Fortbildung, soziale Kompetenz

Doch die Persönlichkeit eines Beraters kann nicht allein das Kriterium für die Auswahl sein. Langjährige Berufserfahrung aus heterogenen Branchen eröffnet ein weites Sichtfeld der Problemlage, während die Fokussierung auf eine Branche zur Betriebsblindheit führen kann. Eine vielseitige Aus- und Fortbildung sowohl in sozialer Kompetenz als auch im betriebswirtschaftlichen Bereich ermöglicht einen ganzheitlichen Ansatz. Netzwerker und Teamplayer mit starker sozialer Kompetenz sind eher für einen Change-Prozess geeignet als reine Fachspezialisten. Ein Change-Management-Berater sollte als Generalist die verschiedenen Disziplinen wirkungsvoll integrieren können.

Checkliste:
Kriterien für die Auswahl eines geeigneten Beraters

- Klärung der Ziele und der eigenen Bedürfnislage – welches Know-how wird benötigt, das Sie im eigenen Hause nicht oder nicht in ausreichendem Maße besitzen?
- Hat der Berater die nötige Kompetenz? Kennt er sich mit der speziellen Aufgabenstellung aus? (Branchenkenntnisse sind eher zweitrangig, da diese in Ihrem Haus vorhanden sind.)
- Hat der Berater einen ganzheitlichen Ansatz und Kenntnisse sowohl im organisatorischen als auch im kulturellen Bereich?
- Welche ähnlichen Projekte hat der Berater durchgeführt? Lassen Sie sich Referenzen nennen! Scheuen Sie sich nicht, dort anzurufen und nachzufragen.
- Lassen Sie sich die Vorgehensweise schildern. Achten Sie auf die Schwerpunkte der Beratung.
- Wer führt den Auftrag durch? Nötigenfalls sollten Sie den Ansprechpartner vertraglich fixieren lassen. Sonst haben Sie evtl. den Profi das erste und letzte Mal bei den Akquisitionsgesprächen gesehen, um sich den Rest des Projekts mit Newcomern ärgern zu dürfen.

14.2 Beratung durch die interne Personal- und Organisationsentwicklungsabteilung

Veränderungsprojekte werden von mehreren aus dem Unternehmen heraus initiiert und unterstützt. Jeder der Beteiligten hat seine Aufgaben und eigenen Interessen in diesem Prozess. Zunächst wird die Funktion der internen Personal- und Organisationsentwicklung betrachtet. Je nach Größe des Unternehmens kann es sinnvoll sein, eine eigene Personal- und Organisationsentwicklung zu installieren und beizubehalten.

Kriterien für erfolgreiche Beratung

Der Erfolg der Beratung durch die Personal- und Organisationsentwicklung bezieht sich auf mehrere Aspekte

- Effektivität,
- Zielerreichung
  - ergebnisbezogen und
  - prozessbezogen,
- Effizienz,
- Wirtschaftlichkeit, darin eingeschlossen
  - Kosten-Nutzen-Verhältnis,
- Qualitätskriterien,
- Wirksamkeit der Maßnahmen,
- Relevanz der Konzepte und Maßnahmen,
- Hilfe zur Selbsthilfe.

Im Rahmen der verschiedenen Aufgaben, die die Personal- und Organisationsentwicklung übernimmt, werden die Pläne, Aktionen und Maßnahmen des Change-Managements maßgeblich mitgestaltet und umgesetzt. Entsprechend der oben aufgelisteten Erfolgskriterien wird der größte Teil des Beitrages zum Veränderungsmanagement in der spezifischen Konzeption und der Steuerung von Ablauf- und Durchführungsprozessen bestehen. Dabei werden verschiedene Modelle und Paradigmen – beispielsweise das systemische Denken – zu Grunde gelegt.

> Nicht immer sind die Themen des Arbeitens in der Personal- und Organisationsentwicklung direkt sichtbar.

Detaillierte Ablaufprogramme, die unter anderem die Gruppendynamik oder die Befindlichkeit der Teilnehmer berücksichtigen und nutzbar machen, sind nicht immer konkret sichtbar, sie haben jedoch eine enorme Wirksamkeit im Verlauf der Veranstaltung. So kann beispielsweise das individuelle Coaching einer Top-Führungskraft sehr wirkungsvoll sein, auch wenn die Coaching-Sitzungen und die Themen nicht einmal dem nächsthöheren Vorgesetzten bekannt sind.

14.2.1 Beratung, Konzeption und Umsetzung von Change-Management-Prozessen

Die besonderen Stärken des internen PE/OE-Bereiches liegen gegenüber externen Beratern darin, dass enormes Wissen über die Persönlichkeiten und die Kultur des Unternehmens dort vorhanden ist. Dieses interne Know-how kann wichtige Hinweise zu Vorgehens- und Wirkungsweisen liefern. Damit wird zielsichere Planung möglich und Fehler durch kulturfremdes Denken werden vermieden. Die interne Personal- und Organisationsentwicklung verfügt ferner über sehr detailliertes Wissen bezüglich der Humanressourcen und über die offiziellen und informellen Strukturen der Firma, was gerade in Veränderungsprozessen unbedingt vonnöten ist.

Stärken interner Berater

Auftraggeber Geschäftsleitung

Als wichtigster Ansprechpartner der Personal- und Organisationsentwicklung ist die Geschäftsleitung zu nennen. Von dort kommen die Aufträge zu großen und weit reichenden Änderungen. Gemeinsam können Geschäftsleitung und die Verantwortlichen aus der Personal- und Organisationsentwicklung die Konzepte und Vorgehensweisen besprechen und abstimmen. Meistens werden im Projekt, das die Veränderungen bearbeitet, als Teilprojektleiter oder Teammitglied einer oder mehrere Mitarbeiter der Personal- und Organisationsentwicklung vertreten sein.

Die GL muss die Kompetenzen für PE/OE klar abstecken

> DURCH DEN GENERELLEN ARBEITSAUFTRAG ODER DEN SPEZIELLEN PROJEKTAUFTRAG SOLLTE VON DER GESCHÄFTSLEITUNG KLAR DEFINIERT SEIN, ÜBER WELCHE BEFUGNISSE DIE PERSONAL- UND ORGANISATIONSENTWICKLUNG VERFÜGT.

In den meisten Fällen ist die Frage der Verantwortung nicht geklärt. Die PE/OE wird als interner Dienstleister gesehen, der zwar Anregungen oder Ideen einbringen kann, jedoch keinerlei Befugnisse hat. Nicht selten verkommt dann die Arbeit der Personal- oder Organisationsentwickler zu einer recht undefinierten Beratung, die nicht unbedingt ernst genommen werden muss. Die Folgen sind oft fatal. Beispielsweise werden die Bedenken der PE/OE über die nicht ausreichende Vorbereitung einer Veranstaltung von den Führungskräften vom Tisch gefegt. Wenn dann die Veranstaltung einen schlechten Verlauf nimmt, wird gern der PE/OE die Verantwortung nachträglich zugeschoben. Dies ist ein Vorgang, der tagtäglich in Firmen zu beobachten ist, und Abhilfe schafft nur eine **klare Verteilung der Verantwortung**.

Abstimmungspartner: Externe Berater

Auch der Einsatz externer Berater ist zwischen diesen Parteien zwingend zu koordinieren, um Redundanzen und fehlende Stimmigkeit zu vermeiden. Meistens arbeiten im weiteren Verlauf der Veränderungsprojekte

Bei zusätzlichen externen Beratern braucht man naturgemäß Abstimmung

die externen Berater und die interne Personal- und Organisationsentwicklung gemeinsam am Prozess. Manchmal sind die Beratungsaufgaben, die an die Externen gegeben werden, deckungsgleich mit den Tätigkeiten die von der internen Personal- und Organisationsentwicklung übernommen werden. Schwierig kann dabei sein, dass Konkurrenzdenken entsteht und dass gegeneinander gearbeitet wird. Dennoch bringen solche Konstellationen, wenn sie bewusst in einem Projekt gesteuert sind, den Vorteil, dass jeder seine Sichtweise beitragen kann. Nicht selten kommen dabei wegen der unterschiedlichen Sichtweise interessante Erkenntnisse zu Stande. Eine Abstimmung und Koordination darf selbstverständlich nicht unterbleiben. Dabei werden Vorgehensweisen, Einsatz von Medien, Sprachregelung, Organisation der Maßnahmen etc. konkret miteinander abgestimmt. In machen Fällen werden beispielsweise Workshops oder Projektsitzungen gemeinsam von Externen und Internen durchgeführt, was selbstverständlich einer guten Vorbereitung und einer sauberen Rollenverteilung bedarf.

Parallele Aktivitäten sind nicht unüblich, weil sie Perspektivenvielfalt bringen

Vorteile der internen Personal- und Organisationsberater

Sie liegen, wie gerade schon teilweise angesprochen, in den unternehmensinternen Kenntnissen über Menschen, Historie und Kultur im Unternehmen, den schnellen Arbeits- und Reaktionsweisen, da keine Einarbeitung nötig ist, der stetigen Präsenz vor Ort und den erlebten Erfahrungen im Unternehmen und den meistens niedrigeren Kosten.

Abwägen der Vor- und Nachteile interner Beratung

Nachteile für die internen Berater

Hier sind Probleme bei der Kapazitätsauslastung (zu wenig, zu viel) zu nennen, die Akzeptanzproblematik (dem eigenen Kollegen wird weniger zugetraut als einem Externen), Konflikte, wenn unangenehme oder unpopuläre Lösungen vorgeschlagen werden oder Interessenkollision, wenn die eigene Abteilung von Veränderungen betroffen ist.

> Eine weitere Möglichkeit, internes und externes Know-how zu nutzen, kann durch den Einsatz eines Interim-Managers oder eines Teilzeitmanagers erreicht werden. Damit können intern zeitweilig Führungsaufgaben von einem Externen übernommen werden.

Ansprechpartner: Führungskräfte

Wie auch bei allen anderen Themen der Personalentwicklung werden Fragestellungen des Change-Prozesses mit den jeweiligen Führungskräften abgestimmt. Besonders die Vorgesetzten, die vom Veränderungsmanagement in ihrem Bereich konkret betroffen sind, sind kontinuierliche Ansprechpartner der PE/OE-Mitarbeiter. Wie bereits an anderer Stelle beschrieben, hängt die Rolle der Personal- und Organisationsentwicklung sehr stark von den eindeutigen und klaren Befugnissen ab.

AUCH IN DER ZUSAMMENARBEIT MIT DEN FÜHRUNGSKRÄFTEN IST WICHTIG, WANN EINE (UNVERBINDLICHE) BERATUNG UND WANN EINE KLARE VERANTWORTUNG DURCH DIE MITARBEITER DER PE/OE ÜBERNOMMEN WIRD.

Themenspektrum der Beratung für Führungskräfte

Die Themenbereiche der Beratung für die Führungskräfte können sein:
- Einzelberatung für die Führungskraft selbst (Verhalten, Einstellung, Probleme),
- Beratung und Durchführung von Auswahlverfahren bei Stellenneubesetzungen,
- Beratung zu Themen von Subgruppen (Team, Abteilung, Bereich) und evtl. Maßnahmen wie Workshops, Trainings etc.,
- Beratung und Umsetzung zu Vorgehensweisen bei mentalen Veränderungsprozessen (Kundenorientierung, Produktinnovationen, Verbesserungsvorschläge),
- Beratung und Umsetzung von Change-Management-Maßnahmen (Organisation, Outplacement, Versetzungen, Qualifizierung).

Die Personal- und Organisationsentwicklung hat immer – auch ohne offizielle Change-Management-Maßnahmen – Veränderung im Fokus. Selbst bei Alltagsproblemen steht die Verbesserung und damit die Änderung im Vordergrund. Besonders die sehr hilfreiche Methode der Organisationspflege, das heißt, die kontinuierliche Betreuung einer Organisationseinheit, sodass keine Fehlentwicklungen, Konflikte oder Leistungsabfälle entstehen, sollte permanenter Aufgabenbereich der internen Personal- und Organisationsentwicklung sein.

Ansprechpartner: Betriebs- und Personalrat, Frauenbeauftragte

Vertrauensvolle Zusammenarbeit ist insbesondere bei personellen Veränderungen notwendig und sinnvoll

Besonders in den Change-Maßnahmen, die mit Änderungen der Arbeitsbedingungen oder mit personellen Veränderungen zu tun haben, ist eine kontinuierliche und vertrauensvolle Zusammenarbeit zwischen Personal- und Organisationsentwicklung und den Arbeitnehmervertretern wichtig (siehe Kapitel 13). Die Beratungsthemen beleuchten oft die Befindlichkeiten der Belegschaft und eine geeignete Vorgehensweise, wie damit umzugehen ist. Es werden die Betriebs- und Personalräte sowie die Frauenbeauftragte hinsichtlich der prozessualen Vorgehensweise und der psychosozialen Reaktionsmöglichkeiten beraten. Gemeinsam werden Auftritt und Sprachregelung abgestimmt und es wird entsprechend vorgegangen. Wenn erforderlich, werden ebenso die Schwerbehindertenbeauftragten oder die Jugendvertreter einbezogen.

Ansprechpartner: Projektleiter und Projektmitglieder

Nicht selten kommt es in einem Veränderungsprojekt zu Konflikten oder zu Zielkollisionen der Beteiligten. Auch hierbei können die Mitarbeiter der Personal- und Organisationsentwicklung hilfreich zur Seite stehen,

Coaching für Projektleiter

indem sie außerhalb der üblichen Projektarbeit mit den Betroffenen Klärungen erarbeiten. Auch das Coaching des Projektleiters ist denkbar und sinnvoll. Wichtig ist dabei, eine Rollenkollision zu vermeiden. Wenn die PE/OE selbst Projektmitglied ist, kann sie zwar einerseits im Hintergrund zusätzlich beratend wirken. Es darf jedoch keine Verwirrung über die Ziele und die Rolle bei den verschiedenen Aufgaben entstehen. Manchmal ist es sinnvoller, dann das Coaching des Projektleiters an einen Externen zu vergeben, um eine saubere Aufgabentrennung zu haben.

Ansprechpartner: Mitarbeiter

Bei Beratung und Coaching von Mitarbeitern muss dies im Unternehmensinteresse bleiben

Selbstverständlich steht die Personal- und Organisationsentwicklung auch den Mitarbeitern unterstützend zur Verfügung. Dennoch ist dabei besondere Vorsicht bezüglich der Befugnisse vonnöten. Beratung, Training oder Coaching, die konträr zu anderen Zielen im Unternehmen stehen, dürfen keineswegs vorkommen. Es wird großer Schaden angerichtet, wenn beispielsweise das Führungsnachwuchsprogramm von der Geschäftsleitung gestrichen wurde und dennoch Nachwuchskandidaten gefördert werden.

> Es kann also nicht oft genug darauf hingewiesen werden, dass die Beratung oder Förderung von Mitarbeitern nur in Abstimmung mit dem jeweiligen Vorgesetzten erfolgen darf.

Ausgenommen davon sind kurze Informationen an Mitarbeiter – diese Informationen müssen jedoch auch den jeweiligen Führungskräften zur Verfügung stehen.

14.2.2 Veränderungen der Personalentwicklungskonzepte durch Change-Management-Maßnahmen

Zielgruppe Auszubildende

Jugendliche bedürfen bei Change-Prozessen besonderer Betreuung, um Verunsicherungen zu vermeiden

Werden im Unternehmen Auszubildende beschäftigt, sollte die Personal- und Organisationsentwicklung die Jugendlichen über die zukünftigen Veränderungen rechtzeitig informieren. Nicht selten haben die jungen Mitarbeiter solche Change-Prozesse noch nie erlebt und können die „Bewegungen" im Unternehmen nicht oder nur schlecht einordnen. Sorgen um den Ausbildungsplatz oder Ängste, ob die erforderlichen Lernziele erreicht werden, entstehen in unklaren Situationen schnell. Eventuell kann der Jugendvertreter die Kontaktstelle zwischen Personal- und Organisationsentwicklung und den Auszubildenden herstellen.

Gleichzeitig stellt ein großer Veränderungsprozess die Chance dar, daran beispielhaft viele Themen des Lehrplanes anzusprechen. Kleinere Lernprojekte, Vorträge, Aktionen oder Hospitationen lassen sich hervorragend nutzen, um für die Jugendlichen die betriebliche Ausbildung praxisnah zu gestalten. Die Auszubildenden können somit live hinter den Aufbau und die Abläufe einer Firma schauen.

Durch Fusionen kann es sich ergeben, dass Auszubildende mit neuen und anderen Ausbildungsberufen ins Unternehmen kommen. Nicht selten stellen die stets neuen Diversifizierungen von Ausbildungsgängen (aktuelle Beispiele sind Informatikkaufmann/-frau, Fitnesskaufmann/-frau) das Unternehmen vor neue Aufgaben. Es gilt, die detaillierten Ausbildungspläne am Arbeitsplatz umzusetzen, was ein hohes Maß an Flexibilität und Einsatzbereitschaft der betrieblichen Ausbilder erfordert.

Die administrativen Aufgaben wie Versetzungen, Sicherstellen, dass zertifizierte Ausbilder bereitstehen etc., werden hingegen in den meisten Fällen von der Personalabteilung erledigt.

Zielgruppe neue Mitarbeiter

Als weitere Zielgruppe der Personal- und Organisationsentwicklung sind die neuen Mitarbeiter zu nennen. Dabei ist es nicht relevant, zu unterscheiden, ob es sich um neu eingestellte Mitarbeiter handelt oder um Mitarbeiter, die aus anderen Unternehmensteilen oder Standorten an einem neuen Ort zusammengefasst werden. Für den einzelnen Menschen ist dies eine Veränderung, die mehr oder weniger stark mit Änderungen seines Lebens einhergeht. Manchmal sind es Umzüge oder räumliche Trennung von der Familie oder neue Aufgaben, die auf ihn zukommen.

Change-Prozesse können Anlass zur Integration neuer Mitarbeiter sein, was jedoch mit den üblichen Einarbeitungsmitteln erfolgen kann

Hierbei gilt es einerseits, entsprechende Informationen adäquat bereitzustellen und anzubieten. Dann kann die Einarbeitung am Arbeitsplatz sein, das mag das neue Betriebsgelände sein oder es kann die Eingliederung in ein bereits bestehendes Team im Ausland sein. Für die aufgabenbezogene Einarbeitung lassen sich die üblichen Methoden wie Hospitation, Traineetätigkeit, Schulung oder Informationsmappe anwenden. Bei der erfahrungs- und gefühlsmäßigen Eingliederung in bestehende Gruppen kann nur der persönliche Kontakt sicheren Erfolg der Einarbeitung versprechen.

Ggf. sind Fortbildungen anzupassen

Je nach Art und Umfang der Veränderungen im Unternehmen sind Fortbildungen entsprechend anzupassen. Es kann sein, dass neue Berufsbilder als Grundlage für die Weiterentwicklung nötig sind, auch Aktualisierungsfortbildungen sind denkbar, durch die die Mitarbeiter den erforderlichen Stand des Wissens erfahren oder die entsprechenden Fertigkeiten einüben. Bei Internationalisierungen stehen Sprach- und Kulturtrainings an erster Stelle, Workshops zum Abbau von Vorurteilen und kulturellen Missverständnissen folgen.

Ggf. sind veränderte Karrieremöglichkeiten für Nachwuchskräfte zu gestalten

Für die Führungsnachwuchsentwicklung müssen je nach Veränderungen der Aufbauorganisation neue Karrierepfade entwickelt werden. Durch den vielfach umgesetzten Abbau von Hierarchieebenen sind weniger Führungspositionen zu besetzen, was dann oft zur Abnahme der

Attraktivität des Arbeitsgebers führt. Alternativ werden häufig eine Fach- und Spezialistenlaufbahn oder die zeitweilige Übernahme von Projektverantwortung aufgebaut. Der Personal- und Organisationsentwicklung kommt nicht nur die Aufgabe zu, diese neuen Modelle zu entwickeln, sondern sie auch entsprechend im Unternehmen zu vermarkten, dazu gehört nicht nur die interne Kommunikation, sondern auch die fachgerechte Beratung der Führungskräfte, die diese veränderte Situation bei Stellenneubesetzung und bei Zielgesprächen adäquat umsetzen müssen.

Ähnliches gilt für die **Managemententwicklung** im Unternehmen. Die Themen für die Entwicklungsmaßnahmen können sich durch die Change-Management-Maßnahmen teilweise stark ändern. Anzuraten ist, das Thema Veränderungsmanagement bereits im Vorfeld von Planungen anzubieten und die beteiligten Führungskräfte mit den Grundlagen, Techniken und allgemeinen Vorgehensweisen vertraut zu machen. Im Falle des Abbaus von Führungspositionen könnte individuell eine professionelle Outplacement-Beratung eingeschaltet werden.

In manchen Firmen wird eine **Nachfolgeplanung** betrieben, die sicherstellen soll, dass für wichtige Führungspositionen stets ein Nachfolger eingesetzt werden kann. Dies setzt eine kontinuierliche Begleitung der Nachfolgekandidaten voraus, ohne dass eine nachteilige „Kronprinzen-Förderung“ entsteht. Bei Veränderungen im Unternehmen kann es vorkommen, dass die potenziellen Nachfolger nach einer Umstrukturierung keine Zielposition mehr haben. In solchen Fällen muss eine alternative Lösung gefunden werden, will man die Führungskraft nicht aus dem Unternehmen verlieren. Teilweise ist es für die Planung von Change-Prozessen wichtig, sich im Vorfeld solcher Konsequenzen bewusst zu sein. Die Mitarbeiter der Personal- und Organisationsentwicklung haben daher die wichtige Aufgabe, die Geschäftsleitung und die Führungskräfte frühzeitig über diese Veränderungen „am Rande“ hinzuweisen.

Auch die Zahlen der Personalplanung müssen im Rahmen von strukturverändernden Change-Prozessen angepasst werden. Dies wird in der Regel vom Personalbereich in Zusammenarbeit mit den verantwortlichen Führungskräften übernommen. In ähnlicher Weise ist bei veränderten Anforderungsprofilen bei der Mitarbeiterauswahl bzw. bei der Sozialauswahl im Falle von betriebsbedingten Kündigungen zu verfahren.

Bei Fusionen ist besonders an die Harmonisierung von Entlohnungssystemen und Benefit-Konzepten zu denken, andernfalls werden Neid und Missgunst das Klima beeinträchtigen.

Die PE/OE wird gegebenenfalls die Methoden an die durch die Change-Maßnahmen veränderten Zielgruppen anpassen. Besonders bei international tätigen Unternehmen ist sorgfältig darauf zu achten, dass durch bestimmte Methoden, wie z.B. Projektmanagement, Outdoor-Trainings, Rollenspiele keine Irritationen oder Missverständnisse bei den Mitarbeitern aus der jeweils anderen Kultur entstehen.

14.2.3 Kritik am Veränderungs„zauber"

Manchmal kann man sich des Eindrucks nicht erwehren, und das haben wir in den einleitenden Kapiteln dieses Buches schon einmal angesprochen, dass Veränderungen in Unternehmen das „Lieblingsspielzeug" mancher Manager sind. Die stetige Veränderung als „Zauberei", bei der „mal eben schnell" das Kerngeschäft des Unternehmens oder die Preispolitik geändert wird, hat, wenn sie nicht fundiert ist und keine Beständigkeit aufweist, eine sehr verheerende Wirkung innerhalb der Belegschaft und auch beim Kunden bzw. im Markt.

Veränderungen müssen dosiert bleiben ...

BEI VERÄNDERUNGEN DARF DAS, WAS DEN CHARAKTER EINER FIRMA, EINES PRODUKTES, EINES DIENSTES AUSMACHT, NICHT VERLOREN GEHEN.

Denn dann verschwände der Wiedererkennungswert und nicht selten auch das Produkt. Ausnahme ist hierbei die gezielte Veränderung von Firmen- und Produktnamen, wenn zum Beispiel Unternehmen von anderen Firmen übernommen werden, dann ist das Verschwinden des einen Unternehmens gewollt.

Ebenfalls ist schon, und zwar in Kapitel 7, das unangemessene Tempo bei den Sünden von Change-Prozessen angesprochen worden: Kaum ist ein Thema nicht mehr aktuell, dann kommt in vielen Unternehmen schon die nächste Veränderung. Manche Mitarbeiter beklagen dies als „Montagsidee". Wenn der Chef am Wochenende Zeit hatte, Fachzeitschriften zu lesen, nahm er neueste Trends oder Ideen auf, die dann montags an die Mitarbeiter mit den Worten: „Warum haben wir das noch nicht?" als Projektauftrag weitergeben wurde. Schon beim Beauftragen des Projektes ist jedem erfahrenen Mitarbeiter klar, dass vieles davon schon im Vorfeld zum Scheitern verurteilt ist. Denn die Idee allein ist nicht ausschlaggebend, Ziel, Zweck, Sinn und Resourcenverfügbarkeit sind entscheidend. Auch unter diesem Aspekt kommt der Beratung durch die Personal- und Organisationsentwicklung eine wichtige Rolle zu. Sie hat den Blick auf die Machbarkeit und die möglichen Folgen in der Praxis zu lenken.

... und brauchen machbares Tempo

Selbst, wenn die einzuführende Veränderung sinnvoll erscheint, ist häufig zu beobachten, dass die Geduld bei Veränderungsprozessen fehlt. Das Management ist nicht selten in dem Eindruck verfangen, dass mit dem Verabschieden eines Veränderungskonzeptes bereits die Veränderung vollzogen ist. Jedoch die Landkarte ist nicht die Landschaft. Mit der Planung ist nicht die Veränderung erfolgt. Besonders die Änderungen in der Unternehmenskultur, in Verhaltensweisen und in den unausgesprochenen Normen erfordern viel Zeit und Geduld. Die „Instant-Denke" bei vielen Führungskräften lässt nicht wenige Maßnahmen scheitern, weil zu schnell mit den neuen Ergebnissen gerechnet wird, die dann noch nicht eingetreten sind und man damit den gesamten Veränderungsprozess als gescheitert verurteilt.

Nur angestoßene, aber nicht zu Ende realisierte Veränderungen sind nicht effektiv

Die Personal- und Organisationsentwicklung hat also nach zwei Seiten zu arbeiten:

- Zum einen geht es darum, die enormen Potenziale und Wirkungsweisen, die eine professionelle Personal- und Organisationsentwicklung bewirken kann, aufzuzeigen und
- gleichzeitig sind die unrealistischen und nicht erfüllbaren Vorstellungen zu korrigieren und rechtzeitig Kursänderungen einzuleiten, wenn die Prozesse aus der Kontrolle laufen.

14.2.4 Zusammenfassung

Zusammenfassend lässt sich sagen, dass die Personal- und Organisationsentwicklung einerseits als direkter und indirekter Mitgestalter von Veränderungsprozessen fungiert. Direkt werden konkrete Maßnahmen und Veranstaltungen von diesem Bereich durchgeführt. Indirekt wirken die PE/OE-Mitarbeiter durch ihre interne Dienstleisterfunktion auf Geschäftsleitung, Führungskräfte und Mitarbeiter ein, indem sie ihr Gedankengut, zum Beispiel des prozessualen oder des systemischen Denkens und Vorgehens, weitergeben.

Die Rolle der internen Personal- und Organisationsentwicklung ist diffizil und kompliziert. Sie verfügt einerseits über mächtige Hilfsmittel und andererseits hat sie meistens „nur" Beratungsfunktion. Das heißt, ihre Vorschläge können, aber müssen nicht genutzt werden. Die Gefahr, dass viele wichtige Schritte, Vorgehensweisen oder Hinweise zwar besprochen, nicht aber umgesetzt werden, weil das Management diese für zu Zeit raubend, zu kostenaufwändig oder zu „psychologisch" hält. Obwohl in diesem Dilemma gefangen, kann eine gute Personal- und Organisationsentwicklung hervorragende Unterstützung bei Veränderungsmaßnahmen bieten.

Gleichzeitig ist die Personal- und Organisationsentwicklung Gegenstand von Veränderung. Die Konzepte und Programme müssen der neuen Struktur und/oder Kultur angepasst werden. Häufig zeigt sich jedoch in der Praxis, dass die Funktionen und Aufgaben der Personal- und Organisationsentwicklung als Erste den Kostensparmaßnahmen zum Opfer fallen. Das Personal wird abgebaut und die Programme eingestampft - und dies in Zeiten, in denen sorgfältiges Change-Management an oberster Stelle der Management-Aufgaben steht.

Die Verantwortlichen in diesen Bereichen müssen beizeiten ihren wichtigen Beitrag zum Veränderungsprozess dem Management intern darstellen. Außerdem sollten sich die verantwortlichen Manager nicht scheuen, die Hinweise, Konzepte oder die konkreten Umsetzungshilfen beispielsweise in Workshops durch die Personal- und Organisationsentwicklung in Anspruch zu nehmen.

14.3 Rolle des Controlling in Change-Prozessen

Controllingergebnisse können Change-Prozesse auslösen

In vielen Fällen werden Veränderungen in Unternehmen - von kleinen Umstrukturierungen bis zu großen Firmenzusammenschlüssen - durch das Controlling angestoßen und ausgelöst. Die Zahlen des Finanzwesens geben Anlass zur Sorge, wenn Risiken auftreten oder sie geben Planungssicherheit für neue Investitionen.

> In allen Fällen jedoch sind die Informationen, die durch das Controlling bereitgestellt werden, wichtige Grundlagen für die Neugestaltung einer Organisation.

Controlling wandelt sich umgekehrt im Rahmen von Change-Prozessen

Gleichzeitig muss sich das Controlling als Bereich und als Instrument mit jeder organisatorischen Änderung selbst immer wieder wandeln, um die Controlling-Aufgaben organisationskonform erledigen zu können.

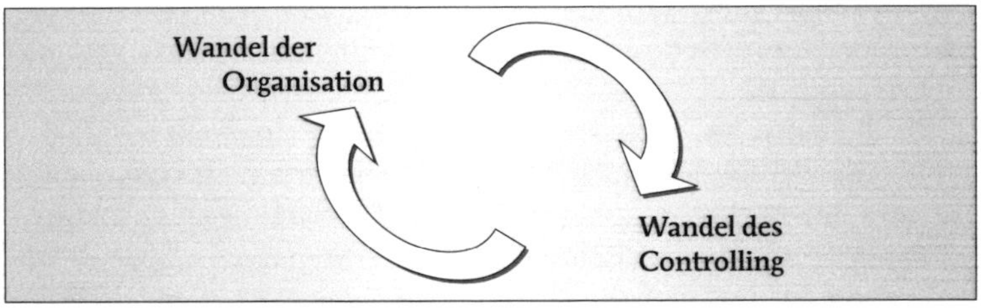

14.3.1 Umwandlung des betrieblichen Rechnungswesens in Controlling

Im Laufe der letzten Jahre haben sich die Aufgaben und die Funktionen im Unternehmen für das Controlling erheblich geändert. Im Zusammenhang mit der Dezentralisierung übernimmt das Controlling immer häufiger Beratungsfunktionen für die verantwortlichen Führungskräfte.

Dass mit umfangreichen Change-Management-Maßnahmen auch die Controllingfunktion geändert werden muss, ist die logische Folge, wenn man sich die Organisation unter dem Gesichtspunkt von Geschäftsprozessen ansieht. Die Zuordnung von Kosten, die Identifizierung von Kostentreibern und eine sorgfältige Budgetierung können nur erfolgen, wenn das Controlling die neuen Strukturen nicht nur abbildet, sondern auch in ihnen arbeitet.

Typische, in der Praxis zu beachtende Veränderungen des klassischen Controlling

Durch die Veränderungen der Aufgaben im Controlling ergeben sich vielfältige Vorteile:

- Die Komplexität und die Kopflastigkeit des Controlling nimmt ab.
- Die im Unternehmen negativ erlebte Kontrollfunktion wird abgebaut.
- Die Anonymität geht verloren, weil die Controlling-Mitarbeiter als kompetente Partner mit Dienstleistungsauftrag bereitstehen.

- Die Informationen können direkt an die verantwortliche Stelle geliefert werden.
- Zahlen, Instrumente und Organisation stimmen in ihrer Zuordnung überein.
- Die operative Steuerung vor Ort verringert die Fehlerquote.
- Durch die Verlagerung der Verantwortung bekommen die Führungskräfte mehr Befugnisse.

14.3.2 Controlling als Mitgestalter der Change-Prozesse

Am häufigsten werden durch das Controlling Informationen und Zahlen geliefert, die Vergleiche und Risikoabschätzung ermöglichen und damit als Entscheidungsgrundlage für organisatorische Veränderungen dienen. In Veränderungsprojekten wird das Controlling im Projektteam eingebunden sein und die Veränderungen mit konzipieren.

Das Controlling ist somit wichtiger Berater für die Geschäftsleitung auch in Fragen der Organisationsveränderung. Es wird bei der Interpretation von Ergebnissen zur Seite stehen und Empfehlungen zu Veränderungen abgeben.

Controller und Change-Manager müssen eng zusammenarbeiten

Für die Führungskräfte stehen nicht nur die aufbereiteten Zahlen zur Verfügung, sondern auch die Controlling-Mitarbeiter können mit Rat und Tat mithelfen, Bedenken oder Widerstände auszuräumen. Eine gute Kooperation zwischen den Change-Managern und dem Controlling ist unumgänglich. Nicht selten haben die Führungskräfte Bedenken, „ihre" Zahlen auf den Tisch zu legen und im Hinblick auf Neuorganisation zu diskutieren. Hilfreiche Unterstützung kann auch hier das Controlling anbieten, wenn Hintergründe und Detailinformationen für die Führungskräfte nach Bedarf bereitstehen. Die Mitarbeiter des Controlling übernehmen damit die Rolle von Moderatoren.

Eine herausragende Rolle kommt dem Controlling bei Change-Prozessen mit hoher Kosteneinsparung zu

INFORMATIONEN FÜR DIE MITARBEITER SIND BESONDERS WICHTIG, WENN DIE VERÄNDERUNGSMASSNAHMEN MIT GROSSEN KOSTENEINSPARUNGEN VERBUNDEN SEIN MÜSSEN.

Zielgruppengerecht aufbereitete Daten, die in konkreten Beispielen für alle gut vorstellbar sind, können die Bereitschaft zu verändertem Verhalten und zum Sparen in Unternehmen positiv beeinflussen.

Ebenso ist auch an den Betriebs- und Personalrat zu denken, der – meistens auch schon durch den Wirtschaftsausschuss – über detaillierte Infos bezüglich der Finanzlage des Unternehmens verfügt. Dennoch sollte besonders frühzeitig bei kostenrelevanten Veränderungen die Arbeitnehmervertretung eingebunden sein und mit dem Controlling kontinuierliche Kommunikation und Austausch pflegen. Durch gemeinsames Auftreten wird in der Belegschaft der Eindruck vermieden, dass gegeneinander gearbeitet wird. Dies ist besonders relevant, wenn die

Einsparmaßnahmen mitbestimmungspflichtige Themen wie Personalabbau, Lohnkürzungen, Arbeitszeitänderungen etc. zur Folge haben.

Vielfach kann Controlling nur schrittweise verändert werden

Dem Controlling kommt weiterhin die Aufgabe zu, die notwendigen Veränderungen in die Controlling-Instrumente einzuarbeiten. Häufig können diese Veränderungen nicht in einem „großen Wurf" geschaffen werden. Eine schrittweise Vorgehensweise ist nötig, um die Vielfalt der Transformation verständlich und lebbar zu machen. Die Planungszyklen und Planungsgrößen werden überprüft oder das Berichtswesen verändert.

Beispiele

Je nach Veränderungszielen kann beispielsweise bei der Einführung von Geschäfts- und Teilprozessen die Prozesskostenrechnung eingeführt werden.
Ebenso sind als Instrumente Balanced Score-Card oder Zielkostenrechnung möglich. Diese Führungs- und Controlling-Instrumente können sinnvoll sein, wenn sie von allen gemeinsam genutzt werden.
Sehr dienlich sind Kennzahlen, die konkrete Informationen enthalten und für alle Mitarbeiter vorstellbar sind und zur Verfügung stehen sollten. Dies könnten Informationen sein wie Umsatz je Mitarbeiter oder produzierte Stückzahl je Schicht.

Neue Controllinginstrumente erfordern Schulung

Ein umfassendes **Trainingsprogramm**, das für die Beteiligten durchgeführt wird, ist unverzichtbar. In den Maßnahmen steht die Wissensvermittlung und die Konkretisierung der Arbeiten in den Finanz- und Reporting-Prozessen an erster Stelle. Dennoch werden nicht nur die relevanten Informationen gegeben, es können auch Befürchtungen aufgearbeitet und Missverständnisse ausgeräumt werden. Je sicherer sich Führungskräfte und Mitarbeiter mit den neuen Instrumenten fühlen, umso mehr kann davon ausgegangen werden, dass die Implementierung gelungen ist und die Veränderungen gelebt werden. Personalentwicklung und Controlling können gemeinsam die Veränderungen in Nachwuchsprogramme oder Anforderungskriterien einbinden, um für die Zukunft die neue „Denke" zu unterstützen.

Wenn umfassende mentale Veränderungsprogramme notwendig sind – wie beispielsweise Kosteneinsparung oder Kundenorientierung, die ohne organisatorische Umbaumaßnahmen einhergehen, können viele Methoden eingesetzt werden, um das Bewusstsein im Hinblick auf bestimmte Themen zu sensibilisieren.

Informationen werden in Informationsveranstaltungen, Schulungen und Trainings angeboten, um Wissen und Fertigkeiten aufzubauen, Gesprächszirkel, Gesprächsgruppen oder Workshops führen die Menschen zusammen, um sich gemeinsam mit Lösungen zu beschäftigen, Besuche bei anderen Firmen dienen dazu, den eigenen Wissenshorizont themenspezifisch zu erweitern, Aktionen zu Verbesserungsvorschlägen können zum Anregen der Kreativität genutzt werden, Tage der offenen Tür im Controlling oder in der Geschäftsleitung bringen die teilweise abstrakten Themen durch persönliche Gespräche näher, Quiz, Preisausschreiben etc. bieten einen Anreiz, sich mit der Thematik oder dem Problemlösen zu beschäftigen.

14.3.3 Veränderungen im Controlling durch Change-Prozesse

Wenn das Controlling die neuen Aufgaben bereits übernommen hat, können die Aufgaben dennoch nicht auf lange Sicht beibehalten werden. Mit jeder Änderung der Organisation schlagen sich die Veränderungen im Controllingbereich nieder, seien es die Aufteilung der Prozesse, die Kostenstellen, die Verantwortlichen oder auch die Instrumente selbst, die durch die neue Situation angepasst werden müssen. Dies ist bereits eingangs beschrieben worden. Es ist also nicht zu vernachlässigen, die Controlling-Funktion bei Change-Maßnahmen stets mit einzubinden. Dies ist besonders im Change-Projekt wichtig, damit die Mitarbeiter im Rechnungswesen- und Controlling-Bereich sich ihrer Doppelrolle bewusst sind.

14.3.4 Implementierung von Veränderungen durch den Controllingbereich

Durch die Change-Maßnahmen veränderte Berichtswege, Planungsentscheidungen und sonstige operative Controllingaufgaben werden durch das zentrale Controlling angestoßen, indem die Unterlagen, IT-Berechtigungen etc. verändert und kommuniziert werden. Sehr hilfreich sind kontinuierliche Infos, die für bestimmte Zielgruppen aufbereitet, beispielsweise in Intranet bereitgestellt werden

Das zunehmend geforderte Kostenbewusstsein bei allen Mitarbeitern kann sich nur im Unternehmen durchsetzen, wenn durch den Controlling-Bereich entsprechende Präsenz gezeigt wird, die Mitarbeiter konkret als Ansprechpartner zur Verfügung stehen und die neuen Instrumente in Veranstaltungen trainiert wurden.

Neben diesen Top-down-Maßnahmen können zusätzlich flankierend Workshops angeboten werden, die beispielsweise ein bestimmtes Thema bearbeiten. Auch ein Tag der offenen Tür im Controlling kann helfen, die Hintergründe für neue Instrumente, Kennzahlen oder die Notwendigkeit für Kostensparmaßnahmen bekannt zu machen.

Teil E

Fallbeispiele

Change-Prozesse sind hoch komplex und jeder Change-Prozess verläuft anders. Fahrpläne oder gar Patentrezepte lassen sich deshalb kaum angeben. Gerade bei solchen „lebenden" Prozessen ist es aber extrem hilfreich, in der Vergangenheit abgelaufene Prozesse zu studieren und aus der Praxis zu lernen.

In diesem Teil sind, unter Verarbeitung konkreter Erfahrungen in der Beratung, vier Fallbeispiele zusammengestellt, die vier typische Change-Prozesse repräsentieren:

- Verbesserung der Kundenorientierung
- Fusion
- Turnaround
- Strukturveränderung der Organisation (Komplexitätserhöhung)

Fallbeispiel I: Verbesserung der Kundenorientierung

Branche:	Versicherung
Anzahl Mitarbeiter:	Die Organisation hat 5.000 Mitarbeiter im Verwaltungsbereich.
Aufbauorganisation:	2 Vorstände 16 Direktoren 150 Abteilungs- und Teamleiter
Geschäftszweck:	Versicherung
Ausgangssituation:	Viele Kunden sind mit der Art des Services nicht zufrieden. Vorgänge dauern zu lang. Es sind behördenähnliche Strukturen vorhanden. Auf Grund einer Kundenbefragung kam man zu mittelmäßigen Ergebnissen. Der Aufsichtsrat hat daraufhin den Vorstand beauftragt, die Kundenorientierung des Unternehmens stark zu verbessern. Die Vorstände haben unterschiedliche Interessen. Ein Vorstand ist kurz vor der Pensionierung. Er würde am besten alles so lassen, wie es ist. Der andere Vorstand ist eher überzeugt, dass sich etwas ändern müsste. Sie sind als Berater von dem Leiter der Organisation angesprochen worden, den Prozess der Veränderung zu unterstützen.
Aufgabenstellung:	Sie sollen das Unternehmen beraten, kundenorientierter zu werden.

Hypothesen und Interventionsschwerpunkte:

Hierbei handelt es sich um ein typischen Fall, bei dem noch kein Committment des Vorstands besteht. Die Veränderung wird durch den Aufsichtsrat initiiert. Der Vorstand ist sich bezüglich der Zielsetzung nicht einig. Der Leiter der Organisation (ohne direkte Macht) ist der interne Treiber. Es sind somit ideale Voraussetzungen für ein Scheitern des Change-Prozesses vorhanden. Um ein sicheres Fundament zu schaffen, muss der Vorstand sich zu den Veränderungszielen committen. Empfehlenswert kann hier ein Strategietag sein.

In einem zweiten Schritt sollte die Führungsmannschaft eingebunden werden. Empfehlenswert ist hierzu ein Workshop mit den Direktoren. In diesem Workshop sollte der Vorstand seine Ziele äußern. Gemeinsam sind dann Ideen zu entwickeln, wie das Ziel erreicht werden kann. Nachdem die obere Führungsebene beteiligt ist, muss das mittlere Management eingebunden werden. Dies kann auf zwei Arten geschehen:

- Erstens über die klassische Führungskaskade (jeder Direktor bespricht die Ziele mit seinen Abteilungsleitern, diese informieren ihre Teamleiter) oder
- zweitens über ein gemeinsames Event. (Alle 150 Abteilungs- und Teamleiter werden zu einer Veranstaltung eingeladen, in der der Vorstand verkündet, worauf es ihm ankommt, und bittet um tatkräftige Mitarbeit. Alternativ ist auch eine Open Space-Veranstaltung möglich.)

Es werden in einem nächsten Schritt Projektgruppen definiert, die die definierten Projekte planen und umsetzen. Durch eine regelmäßige Information der Mitarbeiter über den Fortschritt der Projekte ist sichergestellt, dass die Mitarbeiter eingebunden sind. Hierzu wird ein Interventionsdesign erstellt, das folgende Aspekte behandelt:

1. Wann wird wie über die Inhalte des Veränderungsprozesses informiert?
2. Wann treffen sich welche Projektgruppen, um sich über den Prozess auszutauschen?
3. Welche Projekte werden initiiert, welche Meilensteine werden definiert?

Fallbeispiel II: Change auf Grund von Fusion

Branche:	Automobilzulieferindustrie
Anzahl Mitarbeiter:	Die Organisation hat 1.200 Mitarbeiter, davon sind 400 in der Verwaltung eingesetzt.
Aufbauorganisation:	1 Vorstand 8 Bereichsleiter 120 Abteilungs- und Teamleiter
Geschäftszweck:	Das Unternehmen beliefert die Automobilindustrie mit Systemkomponenten.
Ausgangssituation:	Vor einigen Monaten gab es eine Firmenübernahme. Das übernommene Unternehmen hat 400 Mitarbeiter und arbeitet in der gleichen Branche mit einem ähnlichen Produktportfolio, jedoch in einem anderen Kundensegment. Nun gilt es, Synergien und Einsparungspotenziale zu identifizieren. Beide Unternehmen arbeiten mit unterschiedlichen Softwaresystemen. Das übernommene Unternehmen hat eine sehr ausgefeilte Softwarelösung, die genau auf die Bedürfnisse des Unternehmens angepasst ist. Das „Mutterunternehmen" verfügt über eine eher mittelmäßige Softwarelösung. Aus Kosten- und Vereinheitlichungsgründen soll das übernommene Unternehmen (mit der besseren Softwarelösung) die Software des „Mutterunternehmens" übernehmen. Die Mitarbeiter protestieren gegen diese Entscheidung.
Aufgabenstellung:	Akzeptanz für die Softwareentscheidung schaffen.

Hypothesen und Interventionsschwerpunkte:

Dies ist eine typische Situation im Rahmen einer Fusion. Nicht immer wird das Beste aus den zwei Welten genommen. Die Mitarbeiter des übernommenen Unternehmens haben reale Nachteile durch die Konzernentscheidung. Es entsteht ein Gefühl der Machtlosigkeit und der Frustration. Die Management-Kompetenz wird infrage gestellt. Die Motivation und das Engagement für das Unternehmen kann stark darunter leiden. In einer solchen Phase ist viel Überzeugungsarbeit zu leisten. Es kommt darauf an, dass die Mitarbeiter aus der Sichtweise der Froschperspektive herauskommen und die Gesamtzusammenhänge erkennen. Akzeptanz kann in diesem Fall nur durch Verstehen erreicht werden.

Empfehlenswert ist:
1. Aufteilung der Mitarbeiter in zwei Kategorien
   - Wie stark sind die Mitarbeiter durch den Softwarewechsel betroffen?
   - Welchen Einfluss haben die Mitarbeiter auf die Stimmung im Unternehmen?
2. Die Mitarbeiter, die am stärksten betroffen sind und den größten Einfluss auf die Stimmung haben, in Workshops einbinden. Das Ziel der Workshops ist:
   - Verstehen der Unternehmensstrategie bzgl. Software,
   - Klären, was getan werden muss, um Akzeptanz für die Lösung herbeizuführen.
3. Abteilungsworkshops durchführen, in dem sich die Mitarbeiter aus beiden Unternehmen kennen lernen - am besten kombiniert mit einem Outdoor-Event (Betriebsausflug, Wanderung, etc. ...). So erhöht sich die Chance, dass persönliche Gespräche und positive Beziehungen zwischen den Beteiligten entstehen.
4. Durchführen von Bereichsworkshops, in dem der Vorstand auftritt und die Hintergründe seiner Strategie erläutert.
5. Durchführen von „Kaminabenden" (alle 2–3 Wochen), in denen der Vorstand mit einem Kreis von ca. 8–10 Führungskräften ausführlich über seine Strategie diskutiert. Ziel ist, das untere und mittlere Management als Treiber der Veränderung zu gewinnen.

Überzeugungsarbeit zu leisten, ist eines der schwierigsten Unterfangen; insbesondere deshalb, da es viel Zeit und Energie des oberen Managements bedarf. Sollten Bereitschaft und Zeit nicht vorhanden sein, erhöhen sich die Chancen eines Scheiterns.

Eine Emnid-Umfrage aus dem Jahr 2000 hat z.B. Folgendes offenbart:
Der Erfolg von Fusionen ist bedroht, weil
- Mitarbeiter zu spät integriert werden (87 %),
- zu wenig Transparenz herrscht (86 %),
- späte, schlechte, fehlerhafte und unvollständige Informationsvermittlung erfolgt (81 %).

Fallbeispiel III: Turnaround-Management

Branche:	Ein Tochterunternehmen eines Konzerns aus der Holzbranche
Anzahl Mitarbeiter:	Die Organisation hat 150 Mitarbeiter. Davon 15 in der Verwaltung
Aufbauorganisation:	1 Gesamtgeschäftsführer 5 Abteilungs- und Teamleiter
Geschäftszweck:	Das Unternehmen produziert Möbel aus Holz.
Ausgangssituation:	Das Unternehmen steckt in einer Krise. Es macht einen operativen Verlust von 5 % des Umsatzes. Eine Unternehmensberatung kommt in einer Analyse zu folgenden Ergebnissen: 1. Outsourcing der Abteilung Rohholzverarbeitung (Schnittholz) 2. Personalabbau von 150 auf 100 Mitarbeiter 3. Fixkostenreduzierung um mind. 10 % 4. Erhöhung der Arbeitszeit auf 42 Stunden 5. Streichung Weihnachtsgeld
Aufgabenstellung:	Sie werden vom Vorstand des Mutterkonzerns angesprochen, das Unternehmen im Change-Prozess zu unterstützen.

Hypothesen und Interventionsschwerpunkte:

Hier handelt es sich um eine typische Situation für ein Turnaround-Management. Es müssen harte, drastische Entscheidungen getroffen werden. Einige Mitarbeiter werden entlassen, andere müssen finanzielle Einbußen akzeptieren. Dabei ist Folgendes zu beachten:

Zum einen muss sichergestellt werden, dass die Mitarbeiter nicht das Vertrauen in das Unternehmen verlieren. Das Turnaround-Konzept muss plausibel sein und aus Sicht der Mitarbeiter verstanden werden. Viele der Maßnahmen greifen nur, wenn der Mitarbeiter diesem Konzept freiwillig zustimmt. Auf der anderen Seite ist es wichtig, dass die Entscheidungen klar und konsequent getroffen werden.

Daraus ergeben sich folgende Interventionsschwerpunkte:

1. Einbindung der Mitarbeitervertretung in das Turnaround-Konzept,
2. Vorstellung des Turnaround-Konzepts in einer Betriebsversammlung,
3. Diskussion des Turnaround-Konzepts in den Abteilungen,
4. sämtliche Personalentscheidungen und Gespräche müssen von dem Geschäftsführer persönlich geführt werden. Dies erhöht die Verbindlichkeit und zeigt auch die Bedeutung. Für den Mitarbeiter ist dies ein Zeichen, dass er ernst genommen wird.
5. Neben den Entscheidungen ist es wichtig, regelmäßig über den Fortschritt des Gesamtprozesses zu berichten. Die Mitarbeiter müssen sehen, dass das Konzept greift. Nur so kann verhindert werden, dass die guten Mitarbeiter „das sinkende Schiff" verlassen.

Fallbeispiel IV: Komplexitätserhöhung in der Organisation

Branche:	Chemiekonzern
Anzahl Mitarbeiter:	Die Organisation hat einige hunderttausend Mitarbeiter. Sie sind in einem Bereich mit 20.000 Mitarbeitern tätig.
Aufbauorganisation:	1 Bereichsvorstand 8 Bereichsleiter 300 Abteilungs- und Teamleiter
Geschäftszweck:	Das Unternehmen entwickelt und produziert pharmazeutische Erzeugnisse.
Ausgangssituation:	Der Bereich arbeitet an drei Standorten (USA, Japan und Deutschland). Bisher war jeder Standort für sich eine eigenständige Einheit. Eine Unternehmensberatung hat vorgeschlagen, die Aufbauorganisation zu ändern und eine Matrixorganisation einzuführen. Dies wurde so entschieden. Früher hatte jeder Standort einen Forschungsleiter, einen Einkaufsleiter und einen Produktionsleiter. In Zukunft gibt es einen weltweiten Verantwortlichen für die Entwicklung, einen für den Einkauf und einen für die Produktion.
Aufgabenstellung:	Den Change-Prozess begleiten

Hypothesen und Interventionsschwerpunkte:

Dies ist ein Beispiel für eine Komplexitätserhöhung in der Organisation. Folgende Gefahren sind vorhanden:

1. Durch die Matrixstruktur hat der Mitarbeiter zwei Chefs (den Funktionalen und den Disziplinarischen). Dies kann zu einem Identitätsverlust führen. „Wer ist denn nun mein Chef?“
2. 20.000 Mitarbeiter in eine „neue Denke“ zu bringen, ist ein Kraftakt. Hier erleben wir oft halbherzige Maßnahmen. Dies führt jedoch zu paradoxen Situationen. Die neue Organisation ist dann zwar formal umgesetzt. Die Mitarbeiter verhalten sich jedoch immer noch wie früher. Meistens wird dann die Organisationsform wieder infrage gestellt anstatt zu hinterfragen, wieso die Menschen diese nicht mit Leben füllen.

3. Das Zusammenarbeiten über drei Kontinente führt zu zwei weiteren Erschwernissen. Auf der einen Seite sind interkulturelle Aspekte zu beachten, auf der anderen Seite ist die pragmatische Zusammenarbeit zu regeln (Zeitverschiebung, Reisezeiten ...).

Bei einem solchen Prozess muss sich die Komplexität des Prozesses auch in der Zeitleiste niederschlagen. So ein Prozess ist nicht in sechs Monaten abgeschlossen. Hierfür sollte ein Zeitraum von mind. zwei Jahren angesetzt werden. Dies ist zwar in der immer schnelllebigeren Zeit schwer zu vermitteln – aber in der Praxis kaum schneller zu bewältigen.

In einem ersten Schritt ist es wichtig, ein Unterstützungsteam für den Veränderungsprozess zur Verfügung zu stellen. Die Aufgaben dieses Teams sollten sein:
- Projektoffice,
- interkulturelle Personalentwicklung,
- Begleitung von Integrationsworkshops,
- interne Kommunikation.

Das Projektoffice koordiniert sämtliche Integrationsprojekte und berichtet über den Stand der Projekte an den Vorstand. Durch das Projektoffice bleibt der Druck in den Projekten. Dadurch, dass an den Vorstand regelmäßig berichtet wird, wird jeder Projektleiter versuchen, sein Projekt voranzutreiben und erfolgreich abzuschließen.

Eine interkulturelle Personalentwicklung hat die Aufgabe, Seminare und Beratungsunterstützung bereitzustellen. Dadurch bekommen die Mitarbeiter Hilfen, besser mit anderen Kulturen umzugehen und sich darin adäquat zu bewegen.

Viele Teams müssen sich in einem solchen Prozess kennen lernen und die Zusammenarbeit schrittweise optimieren. Durch Teamentwicklungen werden diese Prozesse gefördert. Trainer und Berater können diese Workshops moderieren und in die richtige Richtung lenken.

Bei 20.000 Mitarbeitern ist es wichtig, sich Gedanken über ein ganzheitliches Kommunikationskonzept zu machen. Sinnvoll ist es, die interne Firmenzeitung, die regelmäßig über den Fortschritt der Integration berichtet, zu nutzen. Hilfreich ist es auch, Multiplikatoren zu nutzen, die den Prozess der Veränderung kommunikativ in verschiedener Weise und auf diversen Wegen unterstützen.

Teil F

Service

- Glossar wichtiger Fachbegriffe
- Literaturverzeichnis
- Stichwortverzeichnis

Glossar

Ablauforganisation

Prozess, der strukturiert die zeitlichen und inhaltlichen Abläufe von Arbeitsbeziehungen regelt. Man versteht darunter in Unterscheidung zur Aufbauorganisation, auch die betriebliche Gliederung eines Betriebes unter dem Blickwinkel der Abläufe und deren Dokumentation in einem (Fluss-)Diagramm, während die Aufbauorganisation die statische Struktur nach Bereichen und Abteilungen meint (s. dort).

Allegorie

Bildhafte Darstellung, meist von Ideen, Personen, Ereignissen, z.B. „In einem Boot sitzen".

Aspekte des Change-Managements

Professionelles Change-Management bezieht sich immer auf folgende vier Aspekte:

- sachlicher Aspekt,
- persönlicher Aspekt,
- zeitlicher Aspekt,
- prozessualer Aspekt.

Alle diese Aspekte spielen zusammen, ergänzen und beeinflussen sich, sodass effektives Veränderungsmanagement stets alle diese Aspekte berücksichtigen muss.

Aufbauorganisation

Organisationsstruktur, die die festgelegten Unterstrukturen definiert (Organigramm), siehe auch in Abgrenzung Ablauforganisation.

Auftraggeber

Der Auftraggeber ist der Kunde, der die Dienste eines Beraters in Anspruch nimmt. Die Klärung der Ziele mit dem Auftraggeber ist besonders bei so genannten Dreiecksverträgen wichtig. In einem anderen Sinn ist der Auftraggeber derjenige, der in einem Unternehmen/einer Organisation ein Projekt oder einen Prozess anstößt und in oberster Instanz auch verantwortet.

BPR (business process reengineering)

Hammer und Champy haben 1993 mit ihrem Buch „Business reengineering" diesen Trend ausgelöst. Ziel ist die Erhöhung der Kundenzufriedenheit und Leistungsfähigkeit des Unternehmens in einer revolutionären Größenordnung – „es geht um Quantensprünge". Das Geschäftsmodell soll fundamental neu durchdacht werden, um das Unternehmen auf neue Anforderungen des Markts auszurichten.
Die Erreichung dieser Zielsetzung wird durch eine radikale Erneuerung aller Unternehmensprozesse mit dem Ziel entscheidender Vereinfachung und damit Kostenreduktionen und Qualitätssteigerungen angestrebt.
Die Konzeption ist in ihrer grundlegenden Ausprägung top-down orientiert und scheint vor allem dort erfolgreich, wo hoher Veränderungsdruck – „Krise" – die Wahrnehmung bestimmt.

Business Reengineering

Unter Business Reengineering wird ein radikaler Veränderungsprozess verstanden, der durch tief greifende Veränderungen im Unternehmen eine Neuausrichtung z.B. auf die Kundenorientierung erreicht, (siehe auch BPR).

Dezentrale Verantwortungsbereiche

Der Gestaltung von dezentralen Verantwortungsbereichen liegt zu Grunde, dass direkte Aufgaben als auch indirekte Tätigkeiten delegiert werden. Die Feinsteuerung liegt in den dezentralen Einheiten und ermöglicht damit eine Vereinfachung des administrativen Aufwandes und kurze Regelkreise als Steuerungsinstrument.

Diagnose

Professionelles Erheben von Daten oder Informationen, um Konzepte zu erstellen oder weiteres Vorgehen zu planen. Die Diagnose wird auf die Fragestellung oder den Auftrag hin erstellt. Ferner dienen die erhobenen Ergebnisse als Grundlage für nachfolgende Evaluierung.

Dienstleistung
Die Dienstleistung ist eine von Personen oder Organisationen erbrachte spezifische Leistung.

Dreiecksvertrag
Darunter versteht man eine besondere Form der Vereinbarung, bei der es einen Auftraggeber, eine Zielperson oder Zielgruppe und einen Berater gibt. Nicht selten fallen die Ziele des Auftraggebers und die der Zielgruppe auseinander, was eine besondere Sensibilität des Beraters erfordert.

Ebenen der Veränderung
Veränderungen in Organisationen laufen auf verschiedenen Ebenen und mit unterschiedlichen Geschwindigkeiten ab.
- Die größte Ebene mit schnellster Veränderungsgeschwindigkeit ist die Ebene der Information, des Wissens und der Einsicht.
- In etwas langsamerer Geschwindigkeit kann die formale Struktur einer Organisation verändert werden.
- Danach folgen die Veränderungen von Einstellungen und Verhaltensweisen der Mitglieder einer Organisation.
- Am langsamsten und auch nur am geringsten kann die Unternehmenskultur verändert werden.

Entwicklungsphasen einer Organisation
Organisationen durchlaufen drei Entwicklungsphasen, um sich zu bilden.
1. Die Pionierphase, in der die Vision und die Produktidee im Vordergrund steht. Ordnungsprinzipien sind noch nicht vorhanden.
2. In der Differenzierungsphase wird die Organisation mittels Betriebsführung logisch, steuerbar und kontrollierbar.
3. In der Integrationsphase werden Bedingungen geschaffen, damit der Einzelne und die Gruppe im Sinne der gesamten Organisation selbstständig handeln kann.

Erfolgsfaktoren der Führung in der Veränderung
Erfolgsrelevante Faktoren der Führung in Zeiten der Veränderung beziehen sich auf folgende Aspekte:
- Konzeption, Pläne und Ziele,
- Umsetzung und Realisierung,
- Prozess und Vorgehensweisen,
- Kommunikation und Motivation,
- Kontrolle der Realisierung,
- Zeit- und Ablaufplanung.

Fehler und Gefahren bei Veränderungsprozessen
Fehler und Gefahren betreffen alle Themen und Phasen des Managements:
- mangelhafte Analyse der Ausgangssituation,
- schlechte Planung des Veränderungsprozesses,
- unzureichende Bereitstellung von Ressourcen (Zeit, Geld, Arbeitskraft),
- unzureichende und falsche Kommunikation,
- falsches Zeitmanagement (zu wenig Prozessdenken),
- mangelhafte Berücksichtigung der Veränderungsdynamiken (Widerstände, Machtspiele, politische Interessen),
- fehlende Kontrolle der Realisierung und der Wirksamkeit.

Führung
Führung = steuerndes Einwirken auf Verhaltensweisen von Menschen, um Ziele zu erreichen.
Zur sachlichen Funktion der Aufgabenerledigung durch Delegation, Koordination, Kontrolle und Steuerung gehören auch die sozialen Funktionen der Beziehungsgestaltung und der Motivation.

Führung in Zeiten der Veränderung
Führung hat in Zeiten der Veränderung besondere Schwerpunkte zu beachten:

Klare Konzepte und Ziele, Orientierung an die Mitarbeiter, konsequente Umsetzung und Stabilisierung sowie Veränderungen von sich selbst.

Führungsstil
Gliederungsraster, nach dem die Führung entsprechend verschiedenen Kriterien betrachtet wird und wonach die wesentlichen Charakteristika namensgebend fungieren, z.B.

- partizipativer Führungsstil,
- situativer Führungsstil,
- mitarbeiter- oder aufgabenorientierter Führungsstil.

Heilige Kuh
Eine Gewohnheit, eine Einstellung oder Überzeugung in einer Organisation, die den Mitgliedern halb bewusst ist. Die heilige Kuh darf unter keinen Umständen infrage gestellt, angetastet oder verändert werden. Meistens stehen die Inhalte einer heiligen Kuh für weitere und andere Themen, die ebenfalls tabu sind. Wer sich offen für das „Schlachten einer heiligen Kuh" ausspricht, wird nicht selten von den Mitgliedern der Organisation mit Sanktionen belegt oder gar ausgeschlossen.

Interventionen
Interventionen sind im Rahmen von Veränderungen „Eingriffe", die meisten durch einen Coach oder Berater ausgelöst werden, um eine Kurskorrektur zu erreichen. Im persönlichen Coaching können dadurch alte Denkverläufe unterbrochen und durch neue Ideen verändert werden.
Bei Change-Management-Maßnahmen werden durch Interventionen umfangreiche Richtungsänderungen bewirkt.

Kaizen = ständige Verbesserung (japanisch). Das Kaizen-Konzept basiert auf Prinzipien von Verbesserung der Aufgaben, der Methoden und der Instrumente im Unternehmen.

KVP = Kontinuierlicher Verbesserungsprozess
Im Unternehmen werden kreative Potenziale aktiviert, um kontinuierliche Verbesserungen der Abläufe, der Qualität, der Produkte, des Services, der Kundenorientierung etc. zu erreichen.

Lean Production
Bei der Lean Production wird der Fokus auf die Wertschöpfung der Prozesse gelegt und alle nicht am Prozess-Output beteiligten Aufgaben/Kosten abgebaut. Häufig ist TQM ein wichtiger Bestandteil der Lean Production.

Lernende Organisation
U.a. im Wissensmanagement viel diskutierter Begriff, der jedoch in der Praxis ungenau ist. Er will besagen, dass das kontinuierliche Lernen in einer Organisation bewusst durch den Einsatz moderner Medien und Methoden gesteuert und gefördert wird und dies mit dem Ziel, Fähigkeiten ständig weiterzuentwickeln.

Metapher
Oft bildhafter Vergleich von zwei Begriffen, um etwas besonders dadurch zu verdeutlichen.

Methoden
Planmäßiges Vorgehen, das mehr oder weniger strukturiert ist, um ein bestimmtes Ergebnis zu erreichen.

Monitoring
Erfassen, Überprüfen und Steuern einer Intervention zur Kontrolle der Wirksamkeit.

Mythos
In einem Mythos werden Wertvorstellungen, Handlungsanweisungen oder Grundwerte in Form einer Geschichte eingekleidet und durch ihre Struktur auch mit unbewussten und vorbewussten Inhalten angereichert. Die Kommunizierbarkeit von nicht ausgesprochenen Werten wird damit ermöglicht.

Organisation

Formale Struktur einer Gruppe/eines Unternehmens, das in festgelegte Einheiten gegliedert ist und deren Einheiten in definierten Arbeitsbeziehungen zueinander stehen, um bestimmte Aufgaben zu erfüllen.
Der Begriff Organisation wird verwendet für Unternehmen, Betrieb, Bereich, Abteilung, Team oder auch für andere Gruppen, die nach bestimmten Strukturen, Regeln und Normen zusammengesetzt sind, z.B. Schulklassen, Vereine, Hausgemeinschaften. Eine Organisation wird als soziales System angesehen.

Organisationsdesign

Unter Organisationsdesign werden die kontinuierlichen Veränderungen einer Organisation verstanden, die nach den Strategie-Entwicklungen erarbeitet werden und unter „structure follows strategy" bezeichnet werden.

Organisationsentwicklung

Gezielter Veränderungsprozess einer Organisation und der dazu gehörenden Menschen. Wird hier verwandt für Teamtrainings, Workshops, Umstrukturierungen, Betriebsänderungen, Fusion, Übernahmen und Betriebsschließungen.

Organisationspflege

Darunter wird die „Inventur" einer Organisation hinsichtlich ihrer Aufgaben, der Abläufe, der Organisationsgrenzen, der sozialen Rollen ihrer Mitglieder und der Ergebnisse verstanden. Die Organisationspflege erfolgt in Workshops oder Teamtrainings. Sie dient dazu, sich einschleichende Probleme schnell zu erkennen und zu beheben oder das Wir-Gefühl der Gruppe positiv zu bestärken
Phasen des Gruppenprozesses:

1. Orientierung, in der noch kein Vertrauen herrscht und in der Klarheit gesucht wird.
2. Kampf um die Positionen und Findung der Rollen, Neuausrichtung an Normen.
3. Phase der Vertrautheit und Intimität, in der verstärktes persönliches und zwischenmenschliches Engagement und Tendenz zum Sich-Öffnen entsteht.
4. In der Phase der Differenzierung herrscht gute Kommunikation, klare Rollenaufteilung und ein Zusammenhalt der Gruppe.
5. In der Phase der Trennung und Ablösung beginnt die Abwendung von der Gruppe, die Entwertung ihrer Normen und die Suche nach neuen Aktivitäten.

Phasen des Wandels

Menschen reagieren im Verlaufe von Veränderungen mit unterschiedlichen Gefühls- und Verhaltensweisen.
In der Regel kristallisieren sich sechs Phasen heraus:

1. Schockphase = die Phase der Konfusion, in der der Schock überwiegt und die Orientierung fehlt .
2. Verneinungsphase = die Phase des Kampfes bzw. der Flucht, wenn das Neue als unangenehm empfunden wird. Wenn das Neue positiv erlebt wird, beginnt die Phase der Neugier.
3. Neugier = danach wird die neue Situation kognitiv bearbeitet und das Nachdenken und Fragen beginnt.
   Gleichzeitig wird Altes langsam losgelassen.
4. Ausprobieren = erfolgt, sobald die Neugier weit genug entwickelt ist.
5. Erkenntnis = bei Erfolg werden die neuen Denk- und Verhaltensweisen übernommen, bei Misserfolg wird das eigene Denken und Verhalten korrigiert.
6. Integration = in der letzten Phase wird das Neue akzeptiert und in Routine überführt bzw. angesehen.

Qualitätszirkel

Eine betriebsinterne Gruppe, in der sich Mitarbeiter mit Problemen ihrer Tätigkeiten beschäftigen, um auf der Arbeitsebene die Qualität ihrer Arbeit (d.h. des Arbeitsergebnisses) zu verbessern.

Rationalisierung
Rationalisierung (nicht im organisatorischen, sondern psychologischen Sinn) ist ein Abwehrmechanismus, der die Frustration verdecken soll, indem das Objekt der Begierde abgewertet wird.
Ein bekanntes Beispiel ist der Fuchs, dem die Trauben, die er nicht bekommen kann, zu sauer sein sollen.

Reflexion
Bewusstes Wahrnehmen von wechselseitiger Beziehung zwischen dem eigenen Denken, Verhalten, Fühlen („System") und der Situation, dem Nutzen, der Sinnhaftigkeit („Umwelt").

Regression
Regression ist ein Rückfall in eine frühere Erlebens- und Verhaltensweise. Sie ist daher nicht alters- oder realitätsangemessen. Da regressive Verhaltensweisen meistens vorübergehend sind, lösen sie sich selbst auf, wenn neue Verhaltensmuster gelernt werden oder Auswege in Sicht sind.

Ressourcenorientierung
In Entwicklungsprozessen wird der Fokus nicht auf die Probleme, sondern auf die vorhandenen Ressourcen gelenkt. Ressourcen können sein: Menschen, Ideen, Kreativität, Umweltbedingungen, Fähigkeiten, Kontakte usw.

Rituale
Rituale sind symbolische Handlungen, die für die Beteiligten oder Anwesenden verständlich sind und somit einen gemeinsamen Sinn darstellen.

Selbstorganisation
Kein System kann bis ins Kleinste gestaltet und bestimmt werden. Daher werden Prozesse der Selbstorganisation angeregt, damit sich die Gruppe bzw. das System selbst in den verschiedenen Anforderungen steuern kann.

Simultanuous Engineering
Darunter wird die Produktentwicklung sowie die gleichzeitige Entwicklung der entsprechenden Produktionsmittel und -einrichtungen verstanden. Es werden zeitgleich auch Lieferanten und Systemhersteller in die Entwicklung einbezogen.

Stereotype
Stereotype sind vereinfachte Urteile oder Feststellungen, die innerhalb einer Gruppe herrschen. Sie sind nahe verwandt mit den Vorurteilen und dienen dazu, schnell Situationen einschätzen und handeln zu können, indem die Erfahrung grob vereinfacht wird und ein schnelles, nicht nah an die Realität angepasstes Handeln ermöglicht wird.

Strategien der Veränderung
Es gibt drei grundlegend verschiedene Strategien, die bei Veränderungen angewandt werden können.

- Rationale Strategie, bei der Experten die Situation analysieren und eine Lösung präsentieren.
- Machtstrategien, bei denen durch Autorität, Zwang oder Befehl Einfluss genommen wird.
- Entwicklungsstrategien, bei denen die Verantwortung für die Veränderung beim Rat suchenden bleibt und die Lösungsfähigkeit des Einzelnen und des gesamten Systems angeregt und gefördert wird.

Strategisches Redesign
Umfassender Veränderungsansatz, der sowohl die sachlich-strukturellen Aspekte als auch die sozialen Aspekte von Change-Management berücksichtigt. Allerdings ist der Aspekt des stetigen Wandels zu wenig enthalten.

Systemisch/als ein System betrachtet
Dabei ist gemeint, dass etwas als System betrachtet wird und sich Prozesse darin dem System entsprechend abspielen. Die Menschen

und Strukturen innerhalb eines Systems richten sich nach von ihnen geschaffenen Regeln und Normen und nehmen auch in diesen Normen wahr.

Tabu
Ein Tabu regelt in einem Werterahmen, wo die Grenzen zwischen dem liegen, was öffentlich und dem, was nicht öffentlich werden kann. Nicht selten sind es die persönlichen oder privaten Dinge, die nicht angesprochen oder kommuniziert werden dürfen. Tabus entstehen, weil sie andere Werte oder Normen verletzen könnten. Sie dienen damit dem Schutz des Einzelnen vor den Sanktionen aus der Gruppe.

TBM = Time Based Management
Konzept der Leistungserstellung in Wirtschaftsunternehmen, bei dem die Durchlaufzeiten in den Geschäftsprozessen so verkürzt und aufeinander abgestimmt sind, dass die Leistung zu dem Zeitpunkt und an dem Punkt eintrifft, an dem sie benötigt wird.

Theorien
Theorien implizieren alle unbewussten und/ oder bewussten Annahmen oder Weltbilder, die die Grundlage darstellen, auf der Konzepte, Interventionen oder Methoden angewandt werden.

Time-to-market-Prinzip
Prinzip, bei dem die zeitliche Nähe zum Markt bestimmend ist und die Prozesse und Abläufe danach ausgerichtet sind.

TPM = Total Productive Maintenance
Unter dieser Bezeichnung wird die umfassende produktive Instandhaltung bzw. Anlageneffizienz verstanden. Das Hauptaugenmerk liegt auf der Vermeidung von Maschinenstörungen und dem Erstellen von Standards zur Instandhaltung, Wartung, Reinigung und Bedienung von Maschinen und Anlagen.

TQM = Total Quality Management
Qualitätsprinzipien, die im gesamten Unternehmen eingeführt werden und damit zum Unternehmenserfolg führen.
Dabei wird besonders auf die Verbesserung der Geschäftsprozesse und die Qualität der Ergebnisse Wert gelegt. TQM ist eine wichtige Grundlage für die Zertifizierung von Unternehmen und Organisationen, beispielsweise nach der Normenserie DIN ISO 9000.

Widerstand
Reaktion, die durch Abwehr, Abwertung, Feindseligkeit und Gegensatz gekennzeichnet ist. Oft entsteht Widerstand in Change-Prozessen, weil die Neuerungen (noch) nicht vorstellbar sind.
Der Widerstand kann sachlich verursacht sein. Manchmal ist er auch die psychologische Reaktion auf intrapsychische Gefühle wie Angst, Unsicherheit oder Furcht. Durch Widerstand sollen die äußeren Bedingungen geändert werden, um die innere Befindlichkeit wieder ins Gleichgewicht zu bringen.

Zeremonie
Form der feierlichen Gestaltung einer öffentlichen Handlung. Sie wird für Ereignisse genutzt, um diese besonders aus dem Alltag hervorzuheben. Wenn Zeremonien wiederholbar sind, verstärkt es ihre Wirksamkeit. Für die Beteiligten stellt eine Zeremonie eine verbindende Geste dar.

Literaturverzeichnis

Baumgartner, I. u.a.: **OE-Prozesse** – Die Prinzipien systemischer Organisationsentwicklung. Bern. 1996

Berndt, R. (Hg.): **Business Reengineering.** Effizientes Neugestalten von Geschäftsprozessen. Berlin. 1997

Birker, K.: **Betriebliche Kommunikation.** Lehr- und Arbeitsbuch für Fort- und Weiterbildung. Berlin. 2004

Blanke, T.: **Unternehmen nutzen Kunst.** Stuttgart. 2002

Böning, U.; Fritschle, B.: **Veränderungsmanagement.** Freiburg. 1997

Bullinger, H. -J.; Warnecke; H. J. (Hg.): **Neue Organisationsformen im Unternehmen.** Berlin. 1996

Czichos, R.: **Change Management.** München. 1993

Dörner, D.: **Die Logik des Misslingens.** Reinbeck 2003

Doppler, K. & Lauterburg, C.: **Change Management** – Den Unternehmenswandel gestalten. Campus, Frankfurt/Main. 2002

Doppler, K.; Lauterburg, C.: **Change Management.** Frankfurt. 1997

DaimlerChrysler AG: **Arbeitsleitfaden Benchmarking im Personalbereich,** Stuttgart 1995

Elias, H. J.: **Verfahren zur Reorganisation und Bewertung von Arbeitssystemen.** Darmstadt. 1982

Felbert, D. v.: **Nachholbedarf für deutsche Unternehmen.** Personalwirtschaft, Nr. 10, S. 16–18. 1997

French, W.; Bell, C.: **Organization Development.** Prentice Hall. 1995

Frey/Schnabel: **Change Management – der Mensch im Mittelpunkt.** 1999

Hammer, M.; Champy, J.: **Business Reengineering.** Die Radikalkur für das Unternehmen. Ffm, New York. 1994

Hansen, K.: **Zeit- und Selbstmanagement.** Berlin. 2001

Hauser, E.: **Coaching von Mitarbeitern.** In L. v. Rosenstiel, E. Regnet & M. Domsch (Hg.): Führung von Mitarbeitern. Handbuch für erfolgreiches Personalmanagement. Verlag Schaefer. 1993

Herbst, D.: **Corporate Identity.** Berlin. 2003

Herbst, D.: **Praxishandbuch Unternehmenskommunikation.** Berlin. 2003

Hersey, P. & Blanchard, K. H. : **Management of organizational behavior.** Englewood Cliff: Prentice Hall. 1977

Hock, D.: **Die chaordische Organisation.** Stuttgart. 2001

Jung, H.: **Personalwirtschaft.** München. 1997

Kälin, K.; Müri, P.: **Sich und andere führen.** Thun. 1989

Kälin, K.; Müri, P. (Hg.): **Führen mit Kopf und Herz.** Thun. 1990

Kaplan, R. S. & Norton, D. P.: **Balanced Scorecard.** Stuttgart. 1997

Kastner, M.; Gerstenberg, B. : **Personalmanagement** – Denken und Handeln im System. München. 1991

Kießling-Sonntag, J.: **Handbuch Mitarbeitergespräche.** Berlin. 2000

Kießling-Sonntag, J.: **Handbuch Trainings- und Seminarpraxis.** Berlin 2003.

Königswieser, R.; Exner, A. : **Systemische Interventionen.** Stuttgart. 1998

Königswieser, R.; Keil, M. (Hg.): **Das Feuer großer Gruppen.** Stuttgart. 2000

Königswieser, R.; BGN u. a. (Hg.): **Simsalabim.** Stuttgart. 2001

Kraft, P. B.: **NLP – Übungsbuch für Anwender**. Paderborn. 2004

Kraus G.; Becker-Kolle, C. : **Führen in Krisenzeiten**. Wiesbaden. 2003

Kraus G.; Westermann R. : **Projektmanagement mit System**. Wiesbaden. 1996

Kraus, G.: **Mit Projektmanagement zum Erfolg**. Eschborn. 2002

Krebsbach-Gnath, C.: **Organisationslernen** – Theorie und Praxis der Veränderung. Wiesbaden. 1996

Luhmann, N.: **Soziale Systeme**. Frankfurt. 2001

Malik, F.: **Führen, leisten, leben**. München. 2001

Müri, P.: **Dreidimensional führen**, Band 2. Thun. 1990

Neuberger, O.: **Wir, die Firma** – Der Kult um die Unternehmenskultur. Weinheim. 1987

Neuberger, O.: **Führen und geführt werden**. Stuttgart. 2001

Nütten, I.; Sauermann, P.: **Die anonymen Kreativen**. Wiesbaden. 1988

Oechsler, W. A.: **Personal und Arbeit**. München. 1997

Oetinger von, B.: **Boston Consulting Strategie-Buch**. Düsseldorf. 1993

Oppermann-Weber, U.: **Handbuch Führungspraxis**. Berlin. 2001.

Pankoke, E.: **Organisation und Kultur**. Hagen. 1992

Probst, G. u.a.: **Wissen managen**. Frankfurt/M. 1998

Sattelberger, T. (Hg.): **Die Lernende Organisation** – Konzepte für eine neue Qualität der Unternehmensentwicklung. Wiesbaden. 1994

Schmidbauer, W.: **Wie Gruppen uns verändern**. München. 1992

Scholz, Chr.: **Personalmanagement**. München. 1994

Senge, Peter u.a.: **Fieldbook zur Fünften Disziplin**. Stuttgart. 2000

Spendolini, Michael J.: **The Benchmarking Book**. New York, AMACOM/American Management Association. 1992

von Rosenstiel, L.: **Mitarbeiterführung in Wirtschaft und Verwaltung**. München: Bayerisches Staatsministerium für Arbeit. 1984

von Rosenstiel, L.: **Grundlagen der Organisationspsychologie**. Stuttgart. 2000

von Rosenstiel, L. u.a. (Hg.): **Führung von Mitarbeitern**. Stuttgart. 1999

Vroom, V. H. & Yetton, P. W.: **Leadership and decision making**. Pittsburgh: University of Pittburgh Press. 1973

Warnecke, H.-J.: **Revolution der Unternehmenskultur**. Berlin. 1993

Weyh, H.; Krause, P.: **Kreativität** – Ein Spielbuch für Manager. Düsseldorf. 1991

Wunderer, R. u.a. (Hg.): **Qualitätsorientiertes Personalmanagement**. München. 1997

Stichwortverzeichnis